高等学校信息工程类专业系列教材

现代通信系统新技术

（第三版）

主　编　王兴亮

副主编　刘建都　李　波

参　编　田　宠　寇媛媛　李　伟

　　　　周义健　李　凡　惠　亮

U0379975

西安电子科技大学出版社

内 容 简 介

本书较为全面地介绍了各种通信系统和通信热点技术,分析了通信的发展趋势,并对通信技术的应用进行了深入的介绍。

本书是在上一版的基础上修订而成的。全书共 8 章,内容包括通信基础、数字通信、微波与卫星通信、卫星导航与定位、移动通信、光通信、宽带接入网络以及大数据和云计算技术简介。

本书语言简洁、通俗易懂,内容系统全面,材料充实丰富,可作为通信工程、计算机通信、信息技术及其他相关专业的本科生教材,也可供相关行业的科技人员阅读和参考。

图书在版编目(CIP)数据

现代通信系统新技术/王兴亮主编. —3 版. —西安:西安电子科技大学出版社,2024.1
ISBN 978-7-5606-6900-7

Ⅰ. ①现… Ⅱ. ①王… Ⅲ. ①通信系统—高等学校—教材 ②通信技术—高等学校—教材 Ⅳ. ①TN91

中国国家版本馆 CIP 数据核字(2023)第 097947 号

策　　划　马乐惠
责任编辑　买永莲
出版发行　西安电子科技大学出版社(西安市太白南路 2 号)
电　　话　(029)88202421　88201467　　　邮　　编　710071
网　　址　www.xduph.com　　　　　　　电子邮箱　xdupfxb001@163.com
经　　销　新华书店
印刷单位　陕西天意印务有限责任公司
版　　次　2024 年 1 月第 3 版　　2024 年 1 月第 1 次印刷
开　　本　787 毫米×1092 毫米　1/16　　印　张　20
字　　数　473 千字
定　　价　47.00 元
ISBN 978-7-5606-6900-7/TN
XDUP　7202003-1
如有印装问题可调换

前 言
Preface

本书反映了当今最新的通信技术的发展和应用情况，是在上一版的基础上修订而成的，特别增加了"第五代移动通信技术简介"，补充完善了"大数据和云计算技术简介"，并对北斗卫星通信系统及技术进行了简要描述。

本书突出概念的描述，避免繁琐的公式推导，重点讲述各种通信技术的性能和物理意义，并列举了大量的实例加以说明。本书每章都以本章教学要点开始，以小结结束，并附有适量的思考与练习题。

本书可作为通信工程、计算机通信、信息技术及其他相关专业的本科生教材，还可供相关行业的科技人员阅读和参考。

此次修订工作由王兴亮教授担任主编并统稿全书。感谢各位参编老师为本书的编写付出的辛勤劳动，感谢西安电子科技大学出版社相关人员为本书的出版付出的心血。

由于编者水平有限，书中不妥与疏漏之处在所难免，欢迎广大读者批评指正。

QQ：935363445

E-mail：935363445@qq.com

编 者

2023 年 9 月于西安

目 录

Contents

第1章

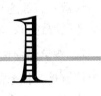

通 信 基 础

【本章教学要点】

- 通信的概念
- 信息论基础
- 通信系统的性能指标
- 通信信道的基本特性

通信基础内容主要涉及通信的定义、分类、方式和通信系统的模型、性能指标以及相关的理论基础，同时对通信信道的基本性能也有涉及。

1.1　通 信 概 述

1.1.1　通信的定义

通信(Communication)就是信息的传递，是指由一地向另一地进行信息的传输与交换，其目的是传输消息。从本质上讲，通信是实现信息传递功能的一门科学技术，它要将大量有用的信息快速、准确、无失真、高效率、安全地进行传输，同时还要在传输过程中抑制无用信息和有害信息。当今的通信不仅要能有效地传输信息，还要具备存储、处理、采集及显示信息等功能，通信已成为信息科学技术的一个重要组成部分。

在自然科学中，"通信"一般指"电信"(Telecommunication)，即利用有线电、无线电、光和其他电磁媒质，对消息、情报、指令、文字、图像、声音等进行传输。电信业务可分为电报、电话、传真、数据传输、可视电话等。从广义的角度看，广播、电视、雷达、导航、遥测、遥控等也可列入电信的范畴。这种通信具有迅速、准确、可靠等特点，且几乎不受时间、空间的限制，因而得到了飞速发展和广泛应用。

1.1.2　通信的分类

1．按传输媒质分

按消息由一地向另一地传递时传输媒质的不同，通信可分为两大类：一类为有线通信，另一类为无线通信。所谓有线通信，是指传输消息的媒质为导线、电缆、光缆、波导等的通信形式，其特点是媒质能看得见、摸得着。所谓无线通信，是指传输消息的媒质看不见、摸不着(如电磁波)的通信形式。

通常，有线通信也可进一步分为明线通信、电缆通信、光缆通信等。无线通信常见的形式有微波通信、短波通信、移动通信、卫星通信、散射通信等。

2. 按信道中传输的信号分

信道是个抽象的概念，这里可理解成传输信号的通路。通常，信道中传输的信号可分为数字信号和模拟信号两种；由此，通信也可分为数字通信和模拟通信，与它们相对应的系统是数字通信系统和模拟通信系统。

若信号的某一参量(如连续波的振幅、频率、相位，脉冲波的振幅、宽度、位置等)可以取无限多个数值，且直接与消息相对应，则称其为模拟信号。模拟信号有时也称为连续信号，"连续"是指信号的某一参量可以连续变化(即可以取无限多个值)，而不一定在时间上也连续。例如，将在第 2 章介绍的脉冲幅度调制(Pulse Amplitude Modulation，PAM)信号，经过调制后，已调信号脉冲的某一参量是可以连续变化的，但在时间上是不连续的。这里的"某一参量"是指所关心的并作为研究对象的那一参量，而不是仅指时间参量。当然，参量在连续时间上连续变化的信号，毫无疑问也是模拟信号，如强弱连续变化的语音信号、亮度连续变化的电视图像信号等。

若信号的某一参量只能取有限个数值，并且常常不直接与消息相对应，则称其为数字信号。数字信号有时也称为离散信号，"离散"是指信号的某一参量是离散(不连续)变化的，而不一定在时间上也离散。

3. 按工作频段分

根据通信设备工作频段的不同，通信通常可分为长波通信、中波通信、短波通信、微波通信等。为了使读者对通信中所使用的频段有一个比较全面的了解，下面把通信使用的频段及其说明列入表 1-1 中作为参考。

表 1-1　通信使用的频段及其说明

频率范围(f)	波长(λ)	符　号	常用传输媒质	用　　途
3 Hz～30 kHz	10^8～10^4 m	甚低频(VLF)	有线线对、长波无线电	音频、电话、数据终端、长距离导航、时标
30～300 kHz	10^4～10^3 m	低频(LF)	有线线对、长波无线电	导航、信标、电力线通信
300 kHz～3 MHz	10^3～10^2 m	中频(MF)	同轴电缆、中波无线电	调幅广播、移动陆地通信、业余无线电
3～30 MHz	10^2～10 m	高频(HF)	同轴电缆、短波无线电	移动无线电话、短波广播、定点军用通信、业余无线电
30～300 MHz	10～1 m	甚高频(VHF)	同轴电缆、米波无线电	电视、调频广播、空中管制、车辆通信、导航、集群通信、无线寻呼
300 MHz～3 GHz	100～10 cm	特高频(UHF)	波导、分米波无线电	电视、空间遥测、雷达导航、点对点通信、移动通信
3～30 GHz	10～1 cm	超高频(SHF)	波导、厘米波无线电	微波接力、卫星和空间通信、雷达
30～300 GHz	10～1 mm	极高频(EHF)	波导、毫米波无线电	雷达、微波接力、射电天文学
10^5～10^7 GHz	3×10^{-4}～3×10^{-6} cm	紫外、可见光、红外	光纤、激光空间传播	光通信

通信中，工作频率和工作波长可互换，公式为

$$c = \lambda \cdot f \qquad (1\text{-}1)$$

式中，λ 为工作波长；f 为工作频率；c 为电波在自由空间中的传播速度，通常认为 $c = 3 \times 10^8 \text{ m/s}$。

4. 按调制方式分

根据消息在送到信道之前是否进行调制，通信可分为基带传输和频带传输。基带传输是指信号没有经过调制而直接送到信道中传输的通信系统；频带传输是指信号经过调制后再送到信道中传输，且接收端有相应解调措施的通信系统。表 1-2 列出了一些常用的调制方式。

表 1-2　常用的调制方式

调 制 方 式			用 途
连续波调制	线性调制	常规双边带调幅(AM)	广播
		抑制载波双边带调幅(DSB)	立体声广播
		单边带调幅(SSB)	载波通信、无线电台、数传
		残留边带调幅(VSB)	电视广播、数传、传真
	非线性调制	频率调制(FM)	微波中继、卫星通信、广播
		相位调制(PM)	中间调制方式
	数字调制	幅度键控(ASK)	数据传输
		频率键控(FSK)	
		相位键控(PSK、DPSK、QPSK 等)	数据传输、数字微波、空间通信
		其他高效数字调制(QAM、MSK 等)	数字微波、空间通信
脉冲调制	脉冲模拟调制	脉幅调制(PAM)	中间调制方式、遥测
		脉宽调制(PDM)	中间调制方式
		脉位调制(PPM)	遥测、光纤传输
	脉冲数字调制	脉码调制(PCM)	市话、卫星、空间通信
		增量调制(DM)	军用、民用电话
		差分脉码调制(DPCM)	电视电话、图像编码
		其他语言编码方式(ADPCM、APC、LPC)	中低速数字电话

1.1.3　通信的方式

1. 按消息传送的方向与时间划分

如果通信仅在点对点之间或一点对多点之间进行，那么按消息传送的方向与时间，通信的方式可分为单工通信、半双工通信和全双工通信，如图 1-1 所示。

单工通信是指消息只能单方向传输的通信方式，如广播、遥控、无线寻呼等。在这种通信方式下，信号(消息)从广播发射台、遥控器和无线寻呼中心分别单向传送到收音机、遥控对象和 BB 机上。

半双工通信是指通信双方都能收/发消息，但不能同时进行收/发的通信形式，如使用同一频段的对讲机、收/发报机等。

全双工通信是指通信双方可同时收/发消息的通信方式。很明显，全双工通信的信道必须是双向信道。生活中全双工通信的例子很多，如普通电话、各种手机等。

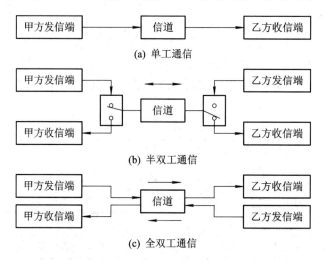

图 1-1　按消息传送的方向与时间划分的通信方式

2．按数字信号排序划分

在数字通信中，按照数字信号排列顺序的不同，通信方式可分为串序传输和并序传输。所谓串序传输，是指将代表信息的数字信号按时间顺序一个接一个地在信道中传输的方式，如图 1-2(a)所示；若将代表信息的数字信号分割成两路或两路以上同时在信道上传输，则称为并序传输，如图 1-2(b)所示。

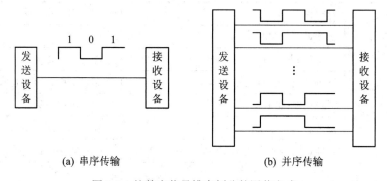

(a) 串序传输　　　　　　　　　(b) 并序传输

图 1-2　按数字信号排序划分的通信方式

一般的数字通信都采用串序传输方式，其优点是只占用一条通路，缺点是占用通路时间相对较长；并序传输方式在通信中有时也会用到，其优点是传输时间较短，缺点是需要占用多条通路。

3．按通信网络形式划分

通信网络形式通常可分为三种：点到点通信方式、点到多点通信(分支)方式和多点到多点通信(交换)方式。它们的示意图如图 1-3 所示。

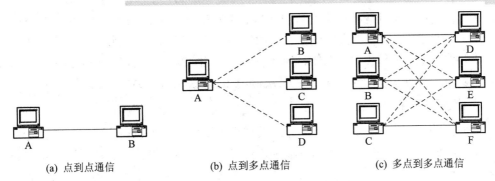

(a) 点到点通信　　　　(b) 点到多点通信　　　　(c) 多点到多点通信

图 1-3　按通信网络形式划分的通信方式

点到点通信方式是通信网络中最为简单的一种形式。网络中终端 A 与终端 B 之间的线路是专用的。

点到多点通信(分支)方式中，每一个终端(A, B, C, …, N)都经过同一信道与转接站相连接；此时，终端之间不能直通信息，而必须经过转接站转接。此种方式只在数字通信中出现。

多点到多点通信(交换)方式是终端之间通过交换设备灵活地进行线路交换的一种方式，即把需要通信的两终端之间的线路接通(自动接通)，或者通过程序控制实现消息交换，也就是通过交换设备先把发方来的消息存储起来，然后再转发至收方。这种消息转发可以是实时的，也可以是延时的。

分支方式及交换方式均属于网通信的范畴。无疑，它们和点到点通信方式相比，有其特殊的一面，例如通信网中不仅有一套具体的线路交换与消息交换的规定、协议等，而且还有信息控制问题、网同步问题等。尽管如此，点到点通信仍是网通信的基础。

1.1.4　通信系统的模型

通信的任务是完成消息的传递和交换。以点到点通信为例，要实现消息从一地向另一地的传递，通信系统必须有三个部分，即发送端、接收端和收发两端之间的信道，如图 1-4 所示。

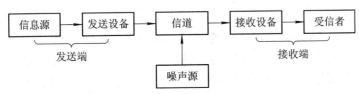

图 1-4　通信系统的模型

下面介绍通信系统各部分的作用。

1. 信息源和受信者

信息源简称信源，是信息的发生源。受信者简称信宿，是信息的归宿。根据信源输出信号性质的不同，它分为模拟信源和数字(离散)信源，如模拟电话机为模拟信源，数字摄像机及计算机为数字信源。

2. 发送设备

发送设备的作用是将信源产生的信号变换为传输信道所需的信号(使信源和信道匹

配)，并送往信道。这种变换根据对传输信号的不同要求，有不同的变换方式，通常情况下的要求有实现大功率发射、频谱搬移、信源编码、信道编码、多路复用、保密处理等，其相应的变换方式为功率放大、调制、模/数转换、纠错编码、频分复用(Frequency Division Multiplexing，FDM)或时分复用(Time Division Multiplexing，TDM)、加密等。

3．信道

信道是指传输信号的通道，即信号从发送设备到接收设备所经过的媒质。信道可以是有线的，也可以是无线的，两者均有多种传输媒质。信道既给信号提供通路，也对信号产生各种干扰和噪声，直接影响通信的质量，其干扰和噪声的产生由传输媒质的固有特性决定。注意，图1-4中的噪声源是信道中的所有噪声及分散在通信系统其他各处噪声的集合。注意图中这种表示并非指通信中一定要有一个噪声源，而是为了在分析和讨论问题时便于理解而人为设置的。

4．接收设备

接收设备的基本功能是完成发送设备的反变换，即进行接收放大、解调、数/模转换、纠错译码、FDM或TDM的分路、解密等，最终从带有干扰的信号中正确恢复出原始信号。

图1-4仅是一个单向的通信系统模型，如果实际通信系统要实现双向通信来保证通信双方可以随时交流信息，那么信源兼为信宿，且双方都要有发送设备和接收设备。若两个方向分别使用各自的传输媒质，则双方独立地进行发送和接收；若两个方向共用一个传输媒质，则必须采用频率、时间或代码分割的办法来实现资源共享。

通信系统除了完成信息传输之外，还必须进行信息交换。传输系统和交换系统共同组成了一个完整的通信系统。

1.2　信息论基础

1.2.1　信息的量度

虽然"信息"(Information)一词在概念上与消息(Message)相似，但其含义更具普遍性、抽象性。信息可理解为消息中包含的有意义的内容。消息有各种各样的形式，但消息的内容可统一用信息来表述，传输信息的多少可直观地用"信息量"来衡量。

消息都有其量值的概念。在一切有意义的通信中，虽然消息的传递意味着信息的传递，但对接收者而言，某些消息比另外一些消息具有更多的信息。例如，甲方告诉乙方一件非常可能发生的事情"明天中午12时正常开饭"，与告诉乙方一件极不可能发生的事情"明天12时有地震"相比，前一消息包含的信息显然要比后者少些。因为对乙方(接收者)来说，前一件事很可能(或必然)发生，不足为奇，而后一事情却极难发生，使人惊奇。这表明消息确实有量值的意义，而且，对接收者来说，事件越不可能发生，越使人感到意外和惊奇，则信息量就越大。消息是多种多样的，因此，量度消息中所含的信息量值，必须能够估计任何消息的信息量，且与消息种类无关。另外，消息中所含信息的多少也应和消息的重要程度无关。

由概率论可知，事件的不确定程度可用事件出现的概率来描述。事件出现(发生)的可能性越小，则概率越小；反之，概率越大。由此可知：消息中的信息量与消息发生的概率紧密相关。消息出现的概率越小，则消息中包含的信息量就越大。概率为零时(不可能发生事件)，信息量为无穷大；概率为 1 时(必然事件)，信息量为 0。

消息中所含的信息量与消息出现的概率之间的关系应符合如下规律：

(1) 消息中所含信息量 I 是消息出现的概率 $P(x)$ 的函数，即

$$I = I[P(x)] \tag{1-2}$$

(2) 消息出现的概率越小，它所含信息量越大；反之，信息量越小。

$$I = \begin{cases} 0 & P = 1 \\ \infty & P = 0 \end{cases}$$

(3) 若干个互相独立的事件构成的消息，所含信息量等于各独立事件信息量的和，即

$$I[P_1(x)P_2(x)\cdots] = I[P_1(x)] + I[P_2(x)] + \cdots$$

可以看出，I 与 $P(x)$ 之间应满足以上三点，且有如下关系：

$$I = \log_a \frac{1}{P(x)} = -\log_a P(x) \tag{1-3}$$

信息量 I 的单位与对数的底数 a 有关。当 $a = 2$ 时，I 的单位为比特(bit 或 b)；$a = e$ 时，I 的单位为奈特(nat 或 n)；$a = 10$ 时，I 的单位为笛特(Det)或称为十进制单位；$a = r$ 时，I 的单位称为 r 进制单位。通常使用的单位为比特。

1.2.2 平均信息量

平均信息量 $\overline{I}$ (单位为 b/符号)等于各符号的信息量与各符号出现的概率的乘积之和。

二进制时：

$$\overline{I} = -P(1)\mathrm{lb}P(1) - P(0)\mathrm{lb}P(0) \tag{1-4}$$

把 $P(1) = P$ 和 $P(0) = 1 - P$ 代入，则

$$\overline{I} = -P\,\mathrm{lb}P - (1-P)\mathrm{lb}(1-P) = -P\,\mathrm{lb}P + (P-1)\mathrm{lb}(1-P) \quad \text{b/符号}$$

对于多个信息符号的平均信息量的计算，设各符号出现的概率为

$$\begin{pmatrix} x_1, x_2, \cdots, x_n \\ P(x_1), P(x_2), \cdots, P(x_n) \end{pmatrix} \text{且} \sum_{i=1}^{n} P(x_i) = 1$$

则每个符号所含信息的平均值(平均信息量)为

$$\begin{aligned} \overline{I} &= P(x_1)[-\mathrm{lb}P(x_1)] + P(x_2)[-\mathrm{lb}P(x_2)] + \cdots + P(x_n)[-\mathrm{lb}P(x_n)] \\ &= \sum_{i=1}^{n} P(x_i)[-\mathrm{lb}P(x_i)] \end{aligned} \tag{1-5}$$

由于平均信息量与热力学中熵的形式相似，故通常又称其为信息源的熵。

当离散信息源中每个符号等概率出现，且各符号的出现为统计独立时，该信息源的信息量最大。此时最大熵(平均信息量)为

$$\bar{I}_{\max} = \sum_{i=1}^{n} P(x_i)[-\mathrm{lb}P(x_i)] = -\sum_{i=1}^{n} \frac{1}{N}\left(\mathrm{lb}\frac{1}{N}\right) = \mathrm{lb}N \quad n = N \tag{1-6}$$

1.3　通信系统的性能指标

衡量、比较一个通信系统的好坏时，必然要涉及系统的主要性能指标。无论是模拟通信，还是数字、数据通信，尽管业务类型和质量要求各异，但它们都有一个总的质量指标，即通信系统的性能指标。

1.3.1　一般通信系统的性能指标

通信系统的性能指标包括有效性、可靠性、适应性、保密性、标准性、维修性、工艺性等。从信息传输的角度来看，通信的有效性和可靠性是最主要的两个性能指标。

通信系统的有效性与系统高效率地传输消息相关联，即通信系统怎样才能以最合理、最经济的方法传输最大数量的消息。

通信系统的可靠性与系统可靠地传输消息相关联。可靠性是一种量度，用来表示收到的消息与发出的消息之间的符合程度。因此，可靠性取决于通信系统的抗干扰性。

一般情况下，要增加系统的有效性，就得降低可靠性；反之亦然。在实际应用中，常依据实际系统要求采取相对统一的办法，即在满足一定可靠性指标的前提下，尽量提高消息的传输速率，即有效性；或者，在维持一定有效性的前提下，尽可能提高系统的可靠性。

1.3.2　通信系统的有效性指标

在模拟通信系统中，每一路模拟信号需占用一定的信道带宽，如何在信道具有一定带宽时充分利用它的传输能力？这里有几个方面的措施，其中的两个主要方面的措施，一是多路信号通过频率分割复用，即频分复用(FDM)，以复用路数的多少来体现其有效性。例如，同轴电缆最高可容纳 10 800 路 4 kHz 的模拟语音信号；目前使用的无线频段为 $10^5 \sim 10^{12}$ Hz 范围的自由空间，更是利用多种频分复用方式实现了各种无线通信。另一方面，要提高模拟通信的有效性，可根据业务性质减少信号带宽，如语音信号的调幅单边带(SSB)为 4 kHz，调频信号带宽则较其高了数倍，但其可靠性较差。

数字通信的有效性主要体现为单个信道通过的信息速率。数字信号基带传输可以采用时分复用(TDM)以充分利用信道带宽。数字信号频带传输可以采用多元调制来提高其有效性。数字通信系统的有效性可用传输速率来衡量，传输速率越高，则系统的有效性越好。通常可从以下三个角度来定义传输速率。

1. 码元传输速率 R_B

码元传输速率通常又称为码元速率，用符号 R_B 表示。码元速率是指单位时间(每秒)内传输码元的数目，其单位为波特(Baud)。例如，某系统在 2 s 内共传送了 4800 个码元，则系统的码元速率为 2400 Baud。

数字信号一般有二进制与多进制之分，但码元速率 R_B 与信号的进制无关，只与码元宽度 T_B 有关，即

$$R_B = \frac{1}{T_B} \tag{1-7}$$

通常在给出系统码元速率时，要说明码元的进制。多进制(M)码元速率 R_{BM} 与二进制码元速率 R_{B2} 之间，在保证系统信息速率不变的情况下，可相互转换，转换关系式为

$$R_{B2} = R_{BM} \cdot \mathrm{lb}M \tag{1-8}$$

式中，$M = 2^k$，$k = 2, 3, 4, \cdots$。

2．信息传输速率 R_b

信息传输速率简称信息速率，又可称为传信率、比特率等。信息传输速率用符号 R_b 表示。R_b 是指单位时间(每秒)内传送的信息量，单位为比特/秒(bit/s)，简记为 b/s。例如，若某信源在 1 s 内传送 1200 个符号，且每一个符号的平均信息量为 1 b，则该信源的 R_b 为 1200 b/s。

因为信息量与信号进制数 M 有关，所以，R_b 也与 M 有关。例如，在八进制中，当所有传输的符号独立等概率出现时，一个符号能传递的信息量为 lb 8 = 3；当码元速率为 1200 Baud 时，信息速率为 1200 × 3 = 3600 b/s。

3．R_b 与 R_B 的关系

在二进制中，码元速率 R_{B2} 同信息速率 R_{b2} 的关系在数值上相等，只是单位不同。

在多进制中，R_{BM} 与 R_{bM} 数值不同，单位也不同。它们之间在数值上有如下关系：

$$R_{bM} = R_{BM} \cdot \mathrm{lb}M \tag{1-9}$$

在码元速率保持不变的情况下，二进制信息速率 R_{b2} 与多进制信息速率 R_{bM} 之间的关系为

$$R_{bM} = (\mathrm{lb}M)R_{b2} \tag{1-10}$$

4．频带利用率 η

频带利用率指传输效率。不仅要关心通信系统的传输速率，还要看在这样的传输速率下所占用的信道频带宽度。如果频带利用率高，则说明通信系统的传输效率高；否则相反。

频带利用率的定义是单位频带内码元速率的大小(单位为 Baud/Hz)，即

$$\eta = \frac{R_B}{B} \tag{1-11}$$

频带宽度 B 的大小取决于码元速率 R_B，而码元速率 R_B 与信息速率有确定的关系。因此，频带利用率(单位为 b·s^{-1}/Hz)还可用信息速率 R_b 的形式来定义，以便比较不同系统的传输效率，即

$$\eta = \frac{R_b}{B} \tag{1-12}$$

1.3.3　通信系统的可靠性指标

对于模拟通信系统，可靠性通常以整个系统的输出信噪比来衡量。信噪比是指信号的平均功率与噪声的平均功率之比。信噪比越高，说明噪声对信号的影响越小，信号的质量越好。例如，在卫星通信系统中，发送信号功率总是有一定量的，信道噪声(主要是热噪声)则随传输距离的增加而增加，其功率也不断累积，并以相加的形式来干扰信号，所以信号加噪声的混合波形与原信号相比有一定程度的失真。模拟通信的输出信噪比越高，通信质量就越好。例如，公共电话(商用)的信噪比在 40 dB 以上，则信号质量为优良；电视节目信噪比至少在 50 dB；优质电视接收信号信噪比应在 60 dB 以上；公务通信可以降低质量要求，但也须在 20 dB 以上。当然，衡量信号质量还可以用均方误差，它是衡量发送的模拟信号与接收端恢复的模拟信号之间误差程度的质量指标。均方误差越小，说明恢复的信号越逼真。

衡量数字通信系统可靠性的指标，可用信号在传输过程中出错的概率来表示，即用差错率来衡量。差错率越大，表明系统可靠性越差。差错率通常有两种表示方法。

1．码元差错率 P_e

码元差错率 P_e 简称误码率，是指接收的错误码元数在传送的总码元数中所占的比例，更确切地说，误码率就是码元在传输系统中被传错的概率，用表达式可表示成

$$P_e = \frac{\text{单位时间内接收的错误码元数}}{\text{单位时间内系统传输的总码元数}} \tag{1-13}$$

2．信息差错率 P_b

信息差错率 P_b 简称误信率，或误比特率，它是指接收的错误信息量在传送的总信息量中所占的比例，或者说，它是码元的信息量在传输系统中被丢失的概率，用表达式可表示成

$$P_b = \frac{\text{单位时间内接收的错误比特数(错误信息量)}}{\text{单位时间内系统传输的总比特数(总信息量)}} \tag{1-14}$$

3．P_e 与 P_b 的关系

对于二进制信号，误码率和误比特率相等。而 M 进制信号的每个码元含有 $n = \mathrm{lb}M$ 比特的信息，并且一个特定的错误码元可以有 $M-1$ 种不同的错误样式。当 M 较大时，误比特率为

$$P_b \approx \frac{1}{2}P_e \tag{1-15}$$

1.4　通信信道的基本特性

信道是通信系统必不可少的组成部分，信道特性的好坏直接影响到系统的总特性。信号在信道中传输时，噪声作用于所传输的信号，接收端所接收的信号是传输的信号与噪声的混合体。

1.4.1 信道

1. 信道的定义

笼统地说，信道是指以传输媒介(质)为基础的信号通路；具体地说，信道是指由有线或无线线路提供的信号通路；抽象地说，信道是指定的一段频带，它让信号通过，同时又限制和损害信号。信道的作用是传输信号。信道大体可分成两类：狭义信道和广义信道。

狭义信道按具体媒质类型的不同，可分为有线信道和无线信道。所谓有线信道，是指传输媒质为明线、对称电缆、同轴电缆、光缆、波导等看得见的媒质。有线信道是现代通信网中最常用的信道之一，如对称电缆(又称电话电缆)，它广泛应用于近程(市内)传输。无线信道的传输媒质比较多，包括短波电离层、对流层散射等。虽然无线信道的传输特性不如有线信道稳定可靠，但无线信道具有方便、灵活、通信者可移动等优点。

广义信道通常分成调制信道和编码信道两种。调制信道是根据调制与解调的基本问题而定义的，它的范围是从调制器输出端到解调器输入端。从调制和解调的角度来看，由调制器输出端到解调器输入端的所有转换器及传输媒质只是把已调信号进行了某种变换，即只需关注变换的最终结果，而无须关注详细过程。因此，研究调制与解调问题时，定义一个调制信道是方便和恰当的。

调制信道常用在模拟通信中。如果着眼于编码和译码问题，则可得到编码信道。从编码和译码的角度看，编码器的输出仍是一数字序列，而译码器的输入同样也是一数字序列，它们在一般情况下是相同的。因此，从编码器输出端到译码器输入端的所有转换器及传输媒质可用一个完成数字序列变换的方框加以概括，此方框称为编码信道。调制信道和编码信道的示意图如图 1-5 所示。另外，根据研究对象和关注问题的不同，也可以定义其他形式的广义信道。

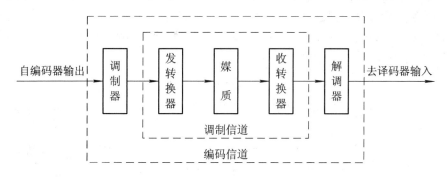

图 1-5 调制信道与编码信道示意图

2. 信道的模型

为了方便表述信道的一般特性，引入了信道的模型——调制信道模型和编码信道模型。

1) 调制信道模型

在频带传输系统中，已调信号离开调制器后便进入调制信道。对于调制和解调而言，通常可以不管调制信道包括什么样的转换器，也不管选用了什么样的传输媒质，以及传输过程如何，而仅关注已调信号通过调制信道后的最终结果。因此，把调制信道概括成一个模型是可行的。

调制信道的主要特性如下：

(1) 若有一对(或多对)输入端，则必然有一对(或多对)输出端；

(2) 绝大部分信道是线性的，即满足叠加原理；

(3) 信号通过信道需要一定的迟延时间；

(4) 信道对信号有损耗(固定损耗或时变损耗)；

(5) 即使没有信号输入，在信道的输出端仍可能有一定的功率输出(噪声)。

由此看来，可用一个二对端(或多对端)的时变线性网络替代调制信道。这个网络就称作调制信道模型，如图 1-6 所示。

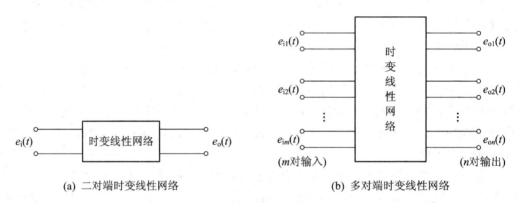

(a) 二对端时变线性网络   (b) 多对端时变线性网络

图 1-6   调制信道模型

对于二对端的信道模型来说，它的输入和输出之间的关系式可表示成

$$e_o(t) = f[e_i(t)] + n(t) \tag{1-16}$$

式中，$e_i(t)$ 为信道输入信号；$e_o(t)$ 为信道输出信号；$n(t)$ 为信道噪声(或称信道干扰)；$f[e_i(t)]$ 为信道对信号影响(变换)的某种函数关系。

由于 $f[e_i(t)]$ 形式是个高度概括的结果，为了进一步理解信道对信号的影响，可把 $f[e_i(t)]$ 写成 $k(t) \cdot e_i(t)$ 形式。于是，式(1-16)可写成

$$e_o(t) = k(t) \cdot e_i(t) + n(t) \tag{1-17}$$

式中，$k(t)$ 称为乘性干扰，它依赖于网络的特性，对信号 $e_i(t)$ 影响较大；$n(t)$ 则称为加性干扰(或噪声)。

这样，信道对信号的影响可归纳为两点：一是乘性干扰 $k(t)$ 的影响；二是加性干扰 $n(t)$ 的影响。若了解了 $k(t)$ 和 $n(t)$ 的特性，则信道对信号的具体影响也就清楚了。不同特性的信道，其信道模型有不同的 $k(t)$ 及 $n(t)$ 参数。

通常所期望的信道(理想信道)应是 $k(t) =$ 常数，$n(t) = 0$，即

$$e_o(t) = k \cdot e_i(t) \tag{1-18}$$

但现实中，乘性干扰 $k(t)$ 一般是一个复杂函数，它可能包括各种线性畸变、非线性畸变、交调畸变、衰落畸变等，而且通常只能用随机过程加以表述，这是由网络的迟延特性和损耗特性随时间随机变化决定的。大量测试表明，有些信道的 $k(t)$ 基本不随时间变化，或变化极为缓慢，或者说信道对信号的影响是固定的。因此，在分析研究乘性干扰 $k(t)$ 时，

在相对意义上可把调制信道分为两大类：一类称为恒参信道，即 $k(t)$ 可看成不随时间变化或变化极为缓慢的信道；另一类则称为随参信道(或称变参信道)，或者说，$k(t)$ 是随时间随机变化的信道，它是非恒参信道的统称。有线信道绝大部分为恒参信道，而无线信道大部分为随参信道。

2) 编码信道模型

编码信道是指包括调制信道及调制器、解调器在内的信道。编码信道模型与调制信道模型明显不同，调制信道对信号的影响是通过 $k(t)$ 和 $n(t)$ 使调制信号发生"模拟"变化的，编码信道对信号的影响则是一种数字序列的变换，即把一种数字序列变换成另一种数字序列。故有时把编码信道看成一种数字信道。

编码信道包含调制信道，因而它同样受调制信道的影响。但是，从编/译码的角度看，调制信道的影响已被反映在解调器的最终结果里——使解调器输出的数字序列以某种概率发生差错。显然，调制信道越差，即特性越不理想，以及加性噪声越严重，则发生错误的概率就越大。

由此看来，编码信道的模型可用数字信号的转移概率来描述。例如，在最常见的二进制数字传输系统中，一个简单的编码信道模型可通过图 1-7 来表示。之所以说这个模型是"简单的"，是因为这里假设解调器输出的每个数字码元发生的差错是相互独立的。

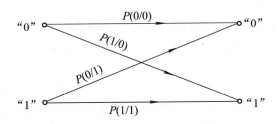

图 1-7　二进制无记忆编码信道模型

用编码的术语来说，这种信道是无记忆的(当前码元的差错与其前后码元的差错没有依赖关系)。在这个模型里，$P(0/0)$、$P(1/0)$、$P(0/1)$ 和 $P(1/1)$ 称为信道转移概率。具体地说，$P(0/0)$ 和 $P(1/1)$ 称为正确转移概率，$P(1/0)$ 和 $P(0/1)$ 称为错误转移概率。根据概率性质可知：

$$P(0/0) + P(1/0) = 1 \tag{1-19}$$
$$P(1/1) + P(0/1) = 1 \tag{1-20}$$

转移概率完全由编码信道的特性决定，一个特定的编码信道有相应确定的转移概率。编码信道的转移概率一般需要对实际编码信道进行大量的统计分析才能得到。

编码信道可细分为无记忆编码信道和有记忆编码信道，其中，有记忆编码信道是指信道中码元发生差错的事件不是独立的，而是前后有联系的。

1.4.2　传输信道

1. 有线信道

1) 双绞线

双绞线又称双扭线，由若干对且每对由两条相互绝缘的铜导线按一定规则绞合而成。

这种绞合结构可以减少临近线对间的电磁干扰。双绞线既可以传输模拟信号，又可以传输数字信号，其通信距离一般为几千米到十几千米。导线越粗，通信距离越远，但导线价格越高。

根据是否外加屏蔽层，双绞线还可分为屏蔽双绞线和非屏蔽双绞线。屏蔽双绞线传输质量较好，传输速率也高，但施工不便；非屏蔽双绞线传输性能不如屏蔽双绞线，但施工方便、组网灵活、造价较低，因而较多采用。

2) 同轴电缆

同轴电缆以硬铜线为芯，外包一层绝缘材料。这层绝缘材料用密织的网状导体环绕金属屏蔽层，网外又覆盖一层保护性材料。金属屏蔽层能将磁场反射回中心导体，同时也使中心导体免受外界干扰，故同轴电缆比双绞线具有更宽的带宽和更好的噪声抑制特性。

同轴电缆按特性阻抗(指电缆导体各点的电磁电压与电流之比)数值的不同，可分为两种：一种为 50 Ω 同轴电缆，用于数字信号的传输，称为基带同轴电缆；另一种为 75 Ω 同轴电缆，用于宽带模拟信号的传输，称为宽带同轴电缆。

基带同轴电缆只支持一个信道，传输带宽的速率为 1 Mb/s，它能以 10 Mb/s 的速率把基带数字信号传输 1～1.2 km，在局域网中广泛使用；宽带同轴电缆支持的带宽为 300～450 MHz，用于宽带数据信号的传输，传输距离可达 100 km。

3) 光纤

光纤即光导纤维，软而细，是利用全反射原理来传导光束的。由于可见光的频率非常高，约为 10^8 MHz 的数量级，故一个光纤通信系统的传输带宽远远大于其他各种传输媒质的带宽。

光纤为圆柱状，由纤芯、包层和护套三个同心部分组成。纤芯是光纤最中心的部分，由一条或多条非常细的玻璃或塑料纤维线构成；每根纤维线都有自己的包层。包层涂层的折射率比芯线低，故可使光波保持在芯线内。最外层的护套可防止外部潮湿气体侵入，并防止磨损、挤压等伤害。

根据传输模式的不同，光纤有单模光纤和多模光纤之分。单模光纤纤芯比较细，光在光纤中的传播只有一种模式；多模光纤纤芯比较粗，光纤中可有多条不同角度入射的光线同时传播。

与同轴电缆相比，光纤可提供极宽的频带且功率损耗小、传输距离远(2 km 以上)、传输速率高(可达数千兆位/每秒)、抗干扰性强(不会受到电子监听)，是构建安全网络的理想选择。

2. 无线信道

无线信道的传输载体主要是无线电波和光波。根据频率、媒质及媒质分界面对电波传播产生的不同影响，电波传播的方式有地波传播、天波传播、视距传播、散射传播、对流层传播和电离层传播。

1) 地波传播

当接收天线距离发射天线较远时，地球表面拱起部分将两者隔开，只有某些中低频电波能够沿着地球表面拱起的部分传播出去，这种沿着地球表面传播的电波就叫地波，也叫表面波。地波沿着地球表面传播的方式，称为地波传播。其特点是信号比较稳定，但电波频率越高，地波随距离的增加衰减得越快。因此，这种传播方式主要适用于长波和中波。

2) 天波传播

在大气层中，几十千米至几百千米的高空有多层"电离层"，它们形成了一种天然的反射体，就像一只悬空的金属盖。电波射到"电离层"就会被反射回来。沿这一途径传播的电波就称为天波或反射波。电波中的短波具有这种特性。

3) 视距传播

若收、发天线距离地面的高度远大于波长，则电波直接从发信天线传到收信地点(有时有地面反射波)，这种传播方式称为视距传播。此方式仅限于在视线距离以内传播信号。

4) 散射传播

散射传播指利用对流层或电离层中媒质的不均匀性或流星通过大气时的电离余迹对电磁波的散射作用来实现超视距传播。该方式主要用于超短波和微波的远距离通信。

5) 对流层传播

无线电波在对流层与平流层中的传播，简称为对流层传播。

6) 电离层传播

无线电波在电离层中的传播，简称为电离层传播。

在实际通信中，虽然可以同时选择几种传播方式来传播无线电波，但一般情况下都是根据使用波段的特点，利用天线的方向性来限定一种主要的传播方式。

1.4.3 信道内的噪声

信道内噪声的来源很多，表现的形式也多种多样，通常需根据噪声的来源和噪声的性质进行分类。根据噪声的来源，可以粗略地将其分为四类。

(1) 无线电噪声：来源于各种无线电发射机。这类噪声的频率范围很广，从甚低频到特高频都可能有无线电干扰存在，并且干扰的强度有时很大。但它的干扰频率是固定的，因此可以预先设法防范；特别是在加强了无线电频率的管理工作后，对频率的稳定性、准确性及谐波辐射等方面都有严格的规定，从而使信道内信号所受的影响可降到最低程度。

(2) 工业噪声：来源于各种电气设备，如电力线、点火系统、电车、电源开关、电力铁道、高频电炉等。这类干扰源分布很广，无论是城市还是农村，内地还是边疆，都有工业干扰存在；尤其是在现代化社会里，各种电气设备越来越多，这类干扰的强度也就越来越大。但它的干扰频谱集中于较低的频率范围，如几十兆赫兹以内，因此，高于这个频段工作的信道就可以免受它的干扰。另外，也可以设法消除干扰源或减小干扰，如加强屏蔽和滤波等措施。

(3) 天电噪声：来源于雷电、磁暴、太阳黑子、宇宙射线等，是客观存在的。这类自然现象和时间、季节、地区关系密切，因此天电干扰的影响大小不同。例如，夏季比冬季严重，赤道比两极严重；在太阳黑子活动的年份，天电干扰加剧。这类干扰所占的频谱范围很宽，并且频率不固定，因此很难预防。

(4) 内部噪声：来源于信道的各种电子器件、转换器、天线或传输线等。例如，电阻及各种导体都会在分子热运动的影响下产生热噪声，电子管或晶体管电子器件会由于电子发射不均匀产生器件噪声。这类干扰是由无数个自由电子的不规则运动所形成的，因此它的波形也是不规则变化的，显示在示波器上就像一堆杂乱无章的茅草，通常称之为起伏噪声。在数学上可以用随机过程来描述这类干扰，因此又称之为随机噪声，简称噪声。

以上是根据噪声的来源来分类的，比较便于理解。但是，从防止或减小噪声对信号传输影响的角度来说，根据噪声的性质来分类更为有利，这时噪声可分为以下几种。

(1) 单频噪声：主要指无线电干扰。电台发射的频谱集中在比较窄的频率范围内，因此可近似地看做是单频性质的。另外，电源交流电、反馈系统自激振荡等也属于单频干扰。它是一种连续波干扰，并且频率可以通过实测来确定，因此采取适当的措施就能预防。

(2) 脉冲干扰：包括电火花、断续电流及雷电等产生的干扰。其特点是波形不连续，呈脉冲性质，并且发生这类干扰的时间很短、强度很大、周期随机，因此可用随机的窄脉冲序列来表示。由于脉冲很窄，故占用的频谱很宽；但是，随着频率的提高，频谱幅度逐渐减小，干扰影响也相应减弱。因此，在适当选择工作频段的情况下，这类干扰的影响也是可以预防的。

(3) 起伏噪声：主要指信道内部的热噪声、器件噪声及来自空间的宇宙噪声。它们都是不规则的随机过程，只能通过大量统计的方法来寻求其统计特性。由于起伏噪声来自信道本身，故它对信号传输的影响是不可避免的。

1.4.4　常见的几种噪声

1. 白噪声

所谓白噪声，是指功率谱密度函数在整个频率域($-\infty < \omega < +\infty$)内是常数，即服从均匀分布的噪声。称其为白噪声，是因为它类似于光学中包括全部可见光频率在内的白光。实际上完全理想的白噪声是不存在的；通常，只要噪声功率谱密度函数均匀分布的频率范围超过通信系统工作的频率范围很多，就可近似认为是白噪声。例如，热噪声的频率可以高达 10^{13} Hz，且功率谱密度函数在 $0 \sim 10^{13}$ Hz 内基本呈均匀分布，所以可将它看作白噪声。

理想的白噪声功率谱密度通常定义为

$$P_n(\omega) = \frac{n_0}{2}, \quad -\infty < \omega < +\infty \tag{1-21}$$

式中，n_0 是白噪声的单边功率谱密度，单位是 W/Hz。

白噪声的自相关函数 $R_n(\tau)$ 是一个位于 $\tau = 0$ 处的冲激函数，强度为 $n_0/2$。白噪声的 $P_n(\omega)$ 和 $R_n(\tau)$ 图形如图 1-8 所示。

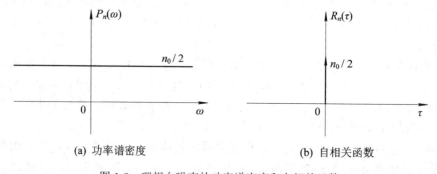

(a) 功率谱密度　　　　　　　　　　(b) 自相关函数

图 1-8　理想白噪声的功率谱密度和自相关函数

2．高斯噪声

所谓高斯(Gaussian)噪声，是指概率密度函数服从高斯分布(即正态分布)的一类噪声，其数学表达式为

$$p(x) = \frac{1}{\sqrt{2\pi}\sigma} \exp\left[-\frac{(x-a)^2}{2\sigma^2}\right] \tag{1-22}$$

式中，a 为噪声的数学期望值，也就是均值；σ^2 为噪声的方差；$\exp(x)$ 是以 e 为底的指数函数。

正态概率分布函数 $F(x)$ 为

$$F(x) = \int_{-\infty}^{x} p(x)\mathrm{d}x = \frac{1}{\sqrt{2\pi}\sigma} \int_{-\infty}^{x} \exp\left[-\frac{(z-a)^2}{2\sigma^2}\right]\mathrm{d}z = \Phi\left(\frac{x-a}{\sigma}\right) \tag{1-23}$$

式中，$\Phi(x)$ 称为概率积分函数，简称概率积分，其定义为

$$\Phi(x) = \int_{-\infty}^{x} \frac{1}{\sqrt{2\pi}\sigma} \exp\left(-\frac{z^2}{2}\right)\mathrm{d}z \tag{1-24}$$

这个积分不易计算，但可借助于积分表查出不同 x 对应的近似值。

正态概率分布函数还经常表示成与误差函数相联系的形式。误差函数的定义式为

$$\mathrm{erf}(x) = \frac{2}{\sqrt{\pi}} \int_{0}^{x} \mathrm{e}^{-t^2} \mathrm{d}t \tag{1-25}$$

互补误差函数的定义式为

$$\mathrm{erfc}(x) = 1 - \mathrm{erf}(x) = \frac{2}{\sqrt{\pi}} \int_{x}^{\infty} \mathrm{e}^{-t^2} \mathrm{d}t \tag{1-26}$$

式(1-25)和式(1-26)是讨论通信系统抗噪声性能时常用到的基本公式。

3．高斯型白噪声

由前文可知，白噪声是根据噪声的功率谱密度是否均匀来定义的，高斯噪声则是根据它的概率密度函数来定义的。那么什么是高斯型白噪声呢？所谓高斯型白噪声，是指噪声的概率密度函数满足正态分布统计特性，同时它的功率谱密度函数是常数的一类噪声。

在通信系统理论分析中，特别是在分析、计算系统抗噪声性能时，经常假定系统信道中的噪声为高斯型白噪声。其中一个原因是高斯型白噪声可用具体数学表达式表述，便于推导、分析和运算；另一个原因是高斯型白噪声反映了具体信道中的噪声情况，比较真实地代表了信道噪声的特性。

4．窄带高斯噪声

当高斯噪声通过以 ω_c 为中心角频率的窄带系统时，就可形成窄带高斯噪声。所谓窄带系统，是指系统的频带宽度 B 比中心频率小很多的通信系统，即 $B \ll f_c = \dfrac{\omega_c}{2\pi}$ 的系统。这是符合大多数信道的实际情况的：信号通过窄带系统后就形成窄带信号。其特点是频谱局限

在 $\pm\omega_c$ 附近很窄的频率范围内，包络和相位都在进行着缓慢的随机变化。

随机噪声通过窄带系统后，可表示为

$$n(t) = \rho(t)\cos[\omega_c t + \varphi(t)] \tag{1-27}$$

式中，$\varphi(t)$ 为噪声的随机相位；$\rho(t)$ 为噪声的随机包络。

1.4.5 信道容量

1. 信号带宽

带宽这个名称在通信系统中经常出现，而且常常代表不同的含义，在这里先作一些说明。从通信系统中信号的传输过程来看，有两种不同含义的带宽：一种是信号(包括噪声)的带宽，也就是本节要定义的带宽，由信号(或噪声)能量谱密度 $G(\omega)$ 或功率谱密度 $P(\omega)$ 在频域的分布规律确定；另一种是信道的带宽，由传输电路的传输特性决定。信号带宽和信道带宽的符号都用 B 表示，单位为 Hz。本书中在提到带宽时将说明是信号带宽，还是信道带宽。

从理论上讲，除了极个别的信号外，信号的频谱都是无穷宽分布的。如果把凡是有信号频谱的范围都算带宽，那么很多信号的带宽都变为无穷大了，显然这样定义带宽是不恰当的。一般信号虽然频谱很宽，但绝大部分实用信号的主要能量(功率)都集中在某个不太宽的频率范围内，因此，通常根据信号能量(功率)集中的情况，恰当地定义信号的带宽，常用的定义有以下三种。

1) 以集中一定百分比的能量(功率)来定义

对于能量信号，可由

$$\frac{2\int_0^B |F(\omega)|^2\,\mathrm{d}f}{E} = \gamma \tag{1-28}$$

求出 B。带宽 B 是指正频率区域，不计负频率区域。如果信号是低频信号，那么能量集中在低频区域，$2\int_0^B |F(\omega)|^2\,\mathrm{d}f$ 就是 $0\sim B$ 频率范围内的能量。

对于功率信号，可由

$$\frac{2\int_0^B \left[\lim_{T\to\infty}\dfrac{|F(\omega)|^2}{T}\right]\mathrm{d}f}{S} = \gamma \tag{1-29}$$

求出 B。γ 的百分比取值为 90%、95% 或 99% 等。

2) 以能量谱(功率谱)密度下降 3 dB 时的频率间隔作为带宽

对于频率轴上有明显的单峰形状(或者一个明显的主峰)且峰值位于 $f=0$ 处的能量谱(功率谱)密度的信号，信号带宽为正频率轴上 $G(\omega)$(或 $P(\omega)$)下降到 3 dB(半功率点)处对应的频率与 $f=0$ 的间隔，如图 1-9 所示。

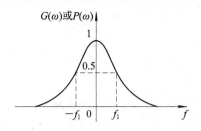

图 1-9 3 dB 带宽

$G(\omega)\sim f$ 曲线中，由

$$G(2\pi f_1) = \frac{1}{2}G(0)$$

或

$$P(2\pi f_1) = \frac{1}{2}P(0)$$

得

$$B = f_1 \tag{1-30}$$

3) 等效矩形带宽

若用一个矩形的频谱代替信号的频谱，则矩形频谱具有的能量与信号的能量相等，矩形频谱的幅度为信号频谱 $f = 0$ 时的幅度，如图 1-10 所示。

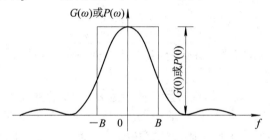

图 1-10 等效矩形带宽

由

$$2BG(0) = \int_{-\infty}^{\infty} G(\omega)\mathrm{d}f$$

或

$$2BP(0) = \int_{-\infty}^{\infty} P(\omega)\mathrm{d}f$$

得

$$B = \frac{\int_{-\infty}^{\infty} G(\omega)\mathrm{d}f}{2G(0)} \tag{1-31}$$

或

$$B = \frac{\int_{-\infty}^{\infty} P(\omega)\mathrm{d}f}{2P(0)} \tag{1-32}$$

2. 信道容量的计算

从信息论的观点来看，各种信道都可以概括为两大类，即离散信道和连续信道。所谓离散信道，就是输入与输出信号都是取值离散的时间函数；而连续信道是指输入和输出信号都是取值连续的时间函数。信道容量是指单位时间内信道中无差错传输的最大信息量。这里仅给出连续信道的信道容量。

在实际的有扰连续信道中，当信道受到加性高斯噪声的干扰，且信道传输信号的功率和信道的带宽受限时，可依据高斯噪声下关于信道容量的香农(Shannon)公式计算信道容量。这个结论不仅在理论上有特殊的贡献，在实践意义上也有一定的指导价值。

设连续信道(或调制信道)的输入端加入单边功率谱密度为 n_0(W/Hz)的加性高斯白噪声，信道的带宽为 B(Hz)，信号功率为 S(W)，则通过这种信道无差错传输的最大信息速率 C(单位为 b/s)为

$$C = B\,\mathrm{lb}\left(1 + \frac{S}{n_0 B}\right) \tag{1-33}$$

式中，C 值就称为信道容量；$n_0 B$ 是噪声的功率。

令 $N = n_0 B$，则式(1-33)也可写为

$$C = B\,\mathrm{lb}\left(1 + \frac{S}{N}\right) \tag{1-34}$$

式(1-33)就是著名的香农信道容量公式，简称香农公式。根据香农公式可以得出以下重要结论。

(1) 任何一个连续信道都有信道容量。在给定 B、S/N 的情况下，信道的极限传输能力为 C。如果信源的信息速率 R 小于或等于信道容量 C，那么在理论上存在着一种方法，使信源的输出能以任意小的差错概率通过信道传输；若 R 大于 C，则无差错传输在理论上是不可能的。因此，实际传输速率一般不能大于信道容量，除非允许存在一定的差错率。

(2) 增大信号功率 S 可以增加信道容量 C。当信号功率 S 趋于无穷大时，信道容量 C 也趋于无穷大，即

$$\lim_{S \to \infty} C = \lim_{S \to \infty} B\,\mathrm{lb}\left(1 + \frac{S}{n_0 B}\right) \to \infty \tag{1-35}$$

减小噪声功率 $N(N = n_0 B$，相当于减小噪声功率谱密度 n_0)，也可以增加信道容量 C。若噪声功率 N 趋于零(或 n_0 趋于零)，则信道容量趋于无穷大，即

$$\lim_{N \to 0} C = \lim_{N \to 0} B\,\mathrm{lb}\left(1 + \frac{S}{N}\right) \to \infty \tag{1-36}$$

增大信道带宽 B 可以增加信道容量 C，但不能无限增大。当信道带宽 B 趋于无穷大时，信道容量 C 的极限值为

$$\lim_{B \to \infty} C = \lim_{B \to \infty} B \, \text{lb}\left(1 + \frac{S}{n_0 B}\right) \approx 1.44 \frac{S}{n_0} \tag{1-37}$$

由此可见，当 S 和 n_0 一定时，虽然信道容量 C 随带宽 B 的增大而增大，然而当 $B \to \infty$ 时，C 不会趋于无穷大，而是趋于常数 $1.44 S/n_0$。

(3) 当信道容量保持不变时，信道带宽 B、信号噪声功率比 S/N 及传输时间三者是可以互换的。增加信道带宽，可以换来信号噪声功率比的降低，反之亦然。如果信号噪声功率比不变，那么增加信道带宽就可以换来传输时间的减少，反之亦然。

当信道容量 C 给定时，B_1、S_1/N_1 和 B_2、S_2/N_2 分别表示互换前后的带宽和信号噪声功率比，则有

$$B_1 \text{lb}\left(1 + \frac{S_1}{N_1}\right) = B_2 \text{lb}\left(1 + \frac{S_2}{N_2}\right) \tag{1-38}$$

当维持同样大小的信号噪声功率比 S/n_0 时，给定的信息量 $I = TB \, \text{lb}[1 + S/(n_0 B)]$（$C = I/T$，$T$ 为传输时间）可以用不同带宽 B 和传输时间 T 来互换。若 T_1、B_1 和 T_2、B_2 分别表示互换前后的传输时间和带宽，则有

$$T_1 B_1 \, \text{lb}\left(1 + \frac{S}{n_0 B_1}\right) = T_2 B_2 \, \text{lb}\left(1 + \frac{S}{n_0 B_2}\right) \tag{1-39}$$

通常把实现了极限信息速率传输(即达到信道容量值)且能做到任意小差错率的通信系统，称为理想通信系统。香农公式只证明了理想通信系统的"存在性"，却没有指出具体的实现方法。因此，理想系统常常只作为实际系统的理论界限。

小　结

本章介绍了通信系统的概念，包括通信的定义、分类、方式、模型等。在信息论基础中，介绍了信息的量度方法和平均信息量的计算。衡量通信系统性能的指标主要是有效性和可靠性。通信系统的性能指标是贯穿全书的指标体系，要求学习者掌握和正确运用。信道是为信号提供的通路，既允许信号通过，又会使信号产生损耗；信道有狭义信道和广义信道之分。噪声可认为是对有用信号产生影响的所有干扰的集合。香农公式 $C = B \, \text{lb}(1 + S/N)$（单位为 b/s）不仅在理论上有特殊的贡献，在实践中也有一定的指导价值。

思考与练习 1

1.1　什么是通信？常见的通信方式有哪些？

1.2　通信系统是如何分类的？

1.3　何谓数字通信？数字通信的优、缺点各是什么？

1.4　试画出数字通信系统的模型，并简要说明各部分的作用。

1.5　衡量通信系统的主要性能指标是什么？数字通信具体用什么来表述?

1.6　假设英文字母 E 出现的概率为 $P(E)=0.105$，X 出现的概率为 $P(X)=0.002$，试求 E 和 X 的信息量。

1.7　某信源的符号集由 A、B、C、D、E、F 组成，设每个符号独立出现，其概率分别为 1/4、1/4、1/16、1/8、1/16、1/4，试求该信息源输出符号的平均信息量。

1.8　已知某四进制信源{0，1，2，3}，每个符号独立出现，对应的概率分别为 P_0、P_1、P_2、P_3，且 $P_0+P_1+P_2+P_3=1$。

(1) 试计算该信源的平均信息量；

(2) 指出每个符号的概率为多少时，平均信息量最大。

1.9　设一数字传输系统传送二进制信号，码元速率 $R_{B2}=2400$ Baud，试求该系统的信息速率 R_{b2}。若将该系统改为十六进制信号，码元速率不变，则此时的系统信息速率为多少？

1.10　一个系统传输 4 电平脉冲码组，每个脉冲宽度为 1 ms，高度分别为 0 V、1 V、2 V、3 V，且等概率出现；每 4 个脉冲之后紧跟 1 个宽度为 −1 V 的同步脉冲，将各组脉冲分开。试计算该系统传输信息的平均速率。

1.11　某消息由 S1、S2、S3、S4、S5、S6、S7 和 S8 八个符号组成，它们的出现相互独立，对应的概率分别是 1/128、1/128、1/64、1/32、1/16、1/8、1/4 和 1/2。

(1) 求每个单一符号的信息量；

(2) 求消息的平均信息量。

1.12　在信息速率为 1200 b/s 的电话线路上，经测试，在 2 h 内共有 54 b 误码信息，则系统误码率是多少？

1.13　在串行传输中，数据波的时间长度 $T=833\times10^{-6}$ s。试求采用二进制和十六进制时，数据信号的速率(码元速率)和信息速率。

1.14　已知某数字传输系统传送八进制信号，信息速率为 3600 b/s，试问码元速率应为多少。

1.15　已知某传输系统的二进制信号的信息速率为 4800 b/s，试问变换成四进制和八进制数字信号时的传输速率各为多少(码元速率不变)。

1.16　已知某四进制数字信号传输系统的信息速率为 2400 b/s，接收端在 0.5 h 内共收到 216 个错误码元，试计算该系统的 P_e。

1.17　在强干扰环境下，某电台在 5 min 内共接收到的正确信息量为 355 Mb，系统信息速率为 1200 kb/s。

(1) 试求系统误信率 P_b；

(2) 若系统所传数字信号为四进制信号，P_b 值是否改变？为什么？

(3) 若信号为四进制信号，系统传输速率为 1200 kb/s，则 P_b 为多少？

1.18　某系统经长期测定，误码率 $P_e=10^5$，系统码元速率为 1200 Baud，问：在多长时间内可能收到 360 个错误码元？

1.19　黑白电视图像每幅含有 3×10^5 个像素，每个像素有 16 个等概率出现的亮度等级，要求每秒传输 30 帧图像。若信道输出信噪比为 30 dB，计算传输该黑白电视图像所要求的最小信道带宽。

1.20　举例说明什么是狭义信道，什么是广义信道。

1.21　何谓调制信道？何谓编码信道？它们如何进一步分类？

1.22　试画出调制信道模型和二进制无记忆编码信道模型。

1.23　恒参信道的主要特性有哪些？对所传信号有何影响？如何改善？

1.24　群迟延畸变是如何定义的？

1.25　变参信道的主要特性有哪些？对所传信号有何影响？如何改善？

1.26　什么是高斯型白噪声？它的概率密度函数、功率谱密度函数如何表示？

1.27　试画出四进制数字系统无记忆编码信道的模型。

1.28　窄带高斯噪声、余弦信号加窄带高斯噪声的随机包络服从什么分布？相位服从什么分布？

1.29　信道容量是如何定义的？香农公式有何意义？

1.30　根据香农公式，当系统的信号功率、噪声功率谱密度 n_0 为常数时，试分析系统容量 C 是如何随系统带宽变化的。

1.31　有扰连续信道的信道容量为 10^4 b/s，信道带宽为 3 kHz，如果要将信道带宽提高到 10 kHz，所需要的信号噪声比 S/N 约为多少？

第 2 章　数字通信

【本章教学要点】

- 数字通信系统模型
- 时分多路复用(TDM)
- 准同步数字体系(PDH)
- 同步数字体系(SDH)

　　数字通信是未来全球数字化的基础,其内容包括模拟信号的数字化、时分多路复用(TDM)、准同步数字体系(PDH)、同步数字体系(SDH)、数字基带传输系统和数字频带传输系统。

2.1　数字通信系统模型

　　信道中传输数字信号的系统称为数字通信系统。数字通信系统可进一步划分为数字基带传输通信系统、数字频带传输通信系统和模拟信号数字化传输通信系统。

1. 数字基带传输通信系统

　　把原始数字信号进行简单变换,不改变信号的频谱特性,将其送到信道中进行传输,而不需调制器/解调器的数字通信系统称为数字基带传输通信系统。数字基带传输通信系统模型如图 2-1 所示。

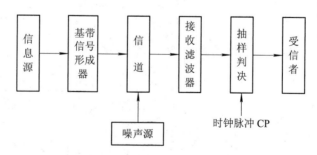

图 2-1　数字基带传输通信系统模型

　　图 2-1 中的基带信号形成器包括编码器、加密器及波形转换器等;接收滤波器包括译码器、解密器等。

2. 数字频带传输通信系统

数字通信的基本特征是消息或信号具有"离散"或"数字"特性，因此数字通信存在许多特殊的问题。

在数字通信中，要处理好以下几个问题：第一，数字信号传输时，信道噪声或干扰所造成的差错原则上是可以控制的，可通过差错控制编码来实现。因此，就需要在发送端增加一个编码器，相应地，在接收端就需要一个解码器。第二，当需要实现保密通信时，可对数字基带信号进行"扰乱"(加密)，此时在接收端必须进行解密。第三，由于数字通信是一个接一个按一定节拍传送数字信号的，因而接收端必须与发送端有相同的节拍；否则，就会因收、发步调不一致而造成混乱。另外，为了表述消息内容，基带信号都是按消息特征进行编组的，因此，收、发之间的编码规律也必须一致，否则接收时无法恢复消息的真正内容。在数字通信中，称节拍一致为"位同步"或"码元同步"，而称编组一致为"群同步"或"帧同步"，故数字通信中还必须解决"同步"这个重要问题。

点对点的数字频带传输通信系统模型一般如图 2-2 所示。图中，同步环节没有示出，这是因为同步贯穿于通信系统的整个过程，在此主要强调信号流程的部分。

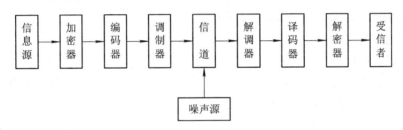

图 2-2　点对点的数字频带传输通信系统模型

需要说明的是，图 2-2 中的调制器/解调器、加密器/解密器、编码器/译码器等环节在具体通信系统中是否全部采用，取决于具体设计条件和要求。但在一个系统中，若发送端有调制器/加密器/编码器，则接收端必须有解调器/解密器/译码器。通常把有调制器/解调器的数字通信系统称为数字频带传输通信系统。

3. 模拟信号数字化传输通信系统

上面讲述的数字通信系统中，信源输出的信号均为数字基带信号。实际上，在日常生活中，大部分信号(如语音信号)为连续变化的模拟信号。那么，要实现模拟信号在数字系统中的传输，必须在发送端将模拟信号数字化，即 A/D 转换；在接收端则需进行相反的转换，即 D/A 转换。实现模拟信号数字化传输的通信系统模型如图 2-3 所示。

图 2-3　模拟信号数字化传输通信系统模型

4. 数字通信的主要优、缺点

数字通信的优、缺点是相对于模拟通信而言的。

1) 数字通信的主要优点

(1) 抗干扰、抗噪声性能好。在数字通信系统中，若信号受到干扰和影响，在可以识别和判决的前提下，数字信号是能够被完好地恢复的。以二进制为例，信号的取值只有两个，这样发送端传输的、接收端需要接收和判决的电平也只有两个值，即"1"和"0"。在传输过程中信道噪声的影响必然会使波形失真。在接收端恢复信号时，首先对其进行抽样判决，再确定是"1"码还是"0"码，并产生"1""0"码的波形。因此只要不影响判决的正确性，即使波形有失真，也不会影响再生后的信号波形。而在模拟通信中，模拟信号叠加上噪声后，即使噪声很小，也很难消除它。

数字通信抗噪声性能好，还表现在微波中继(接力)通信中，即可以消除噪声积累。这是因为数字信号在每次再生后，只要不发生错码，它仍然像信源中发出的信号一样，完美无缺。因此中继站再多，数字通信仍具有良好的通信质量，而模拟通信中继时，只能增加信号能量(对信号放大)，而不能消除噪声。

(2) 差错可控。数字信号在传输过程中出现的错误(差错)可通过纠错编码技术来控制。

(3) 易加密。数字信号与模拟信号相比，容易加密和解密。因此，数字通信保密性好。

(4) 易与现代技术结合。由于计算机技术、数字存储技术、数字交换技术及数字处理技术等现代技术的飞速发展，许多设备、终端接口均是数字信号，所以极易与数字通信系统相连接。因此，数字通信才得以高速发展。

2) 数字通信的缺点

(1) 频带利用率不高。数字通信中，数字信号占用的频带较宽。以电话为例，一路数字电话一般要占用约 20～60 kHz 的带宽，而一路模拟电话仅占用约 4 kHz 的带宽。如果系统传输带宽一定，则模拟电话的频带利用率比数字电话的要高出 5～15 倍。

(2) 需要严格的同步系统。数字通信中，要准确地恢复信号，要求接收端和发送端必须保持严格同步。因此，数字通信系统及设备一般都比较复杂。

随着数字集成技术的发展，各种中、大规模集成器件的体积不断减小，加上数字压缩技术的不断完善，数字通信设备的体积将会越来越小。所以随着科学技术的不断发展，数字通信的两个缺点也显得越来越不重要了。实践表明，数字通信是现代通信的发展方向。

2.2 时分多路复用(TDM)

在数字通信中，模拟信号的数字传输或数字基带信号的多路传输一般都采用时分多路复用(Time Division Multiplexing，TDM)方式来提高系统的传输效率。

2.2.1 TDM 的基本原理

在模拟信号的数字传输中，抽样定律告诉我们，一个频带限制在 $0\sim f_x$ 以内的低通模拟信号 $x(t)$ 可以用时间上离散的抽样值来传输，抽样值中包含 $x(t)$ 的全部信息。当抽样速率 $f_s \geqslant 2f_x$ 时，可以从已抽样的输出信号中用一个带宽为 $f_x \leqslant B \leqslant f_s - f_x$ 的理想低通滤波器不失真地恢复出原始信号。

由于单路抽样信号在时间上离散的相邻脉冲间有很大的空隙，因此如果在空隙中插入若干路其他抽样信号，只要各路抽样信号在时间上不重叠并能区分开，那么一个信道就有可能同时传输多路信号，达到多路复用的目的。这种多路复用称为时分多路复用(TDM)。下面以 PAM 为例说明 TDM 原理。

假设有 N 路 PAM 信号进行时分多路复用，系统框图如图 2-4 所示。各路信号首先通过相应的低通滤波器(LPF)变为带限信号，然后被送到抽样电子开关。电子开关每 T_s 秒将各路信号依次抽样一次，这样 N 个样值按先后顺序错开插入抽样间隔 T_s 之内，最后得到的复用信号是 N 个抽样信号之和，如图 2-4(e)所示。各路信号脉冲间隔为 T_s，各路复用信号脉冲间隔为 T_s/N。由各消息构成单一抽样的一组脉冲叫作一帧，一帧中相邻两个脉冲之间的时间间隔叫作时隙，未被抽样脉冲占用的时隙叫作保护时间。

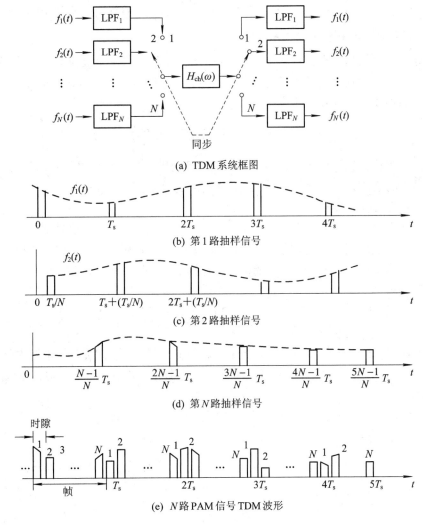

(a) TDM 系统框图

(b) 第 1 路抽样信号

(c) 第 2 路抽样信号

(d) 第 N 路抽样信号

(e) N 路 PAM 信号 TDM 波形

图 2-4　TDM 系统框图及波形

在接收端，合成的多路复用信号先由与发送端同步的分路转换开关区分出不同路的信号，把各路信号的抽样脉冲序列分离出来，再用低通滤波器恢复各路所需要的信号。

多路复用信号可以直接送到某些信道传输，或者经过调制变换成适合于某些信道传输的形式再进行传输。传输接收端的任务是将接收到的信号经过解调或适当的反变换后恢复出原始多路复用信号。

2.2.2 TDM 信号的带宽及相关问题

1. 抽样速率 f_s、抽样脉冲宽度 τ 与复用路数 N 的关系

由抽样定理可知，抽样速率 $f_s \geqslant 2f_x$。以语音信号 $x(t)$ 为例，通常取 f_s 为 8 kHz，即抽样周期 $T_s = 125$ μs，抽样脉冲的宽度 τ 要比 125 μs 还小。

对于 N 路时分复用信号，在抽样周期 T_s 内要顺序地插入 N 路抽样脉冲，而且各脉冲间要留出一些空隙作为保护时间。若取保护时间 t_g 和抽样脉冲宽度 τ 相等，则抽样脉冲的宽度 $\tau = T_s/2N$。N 越大，τ 就越小，但 τ 不能太小，因此，时分复用的路数也不能太多。

2. 信号带宽 B 与路数 N 的关系

时分复用信号的带宽有不同的含义。一般情况下，从信号本身具有的带宽来考虑，TDM 信号是一个窄脉冲序列，它应具有无穷大的带宽，但其频谱的主要能量集中在 $0 \sim 1/\tau$ 以内。因此，从传输主要能量的观点来考虑，可得

$$B = \frac{1}{\tau} \sim \frac{2}{\tau} = 2Nf_s \sim 4Nf_s \qquad (2\text{-}1)$$

如果不考虑传输复用信号的主要能量，也不要求脉冲序列的波形不失真，只要求传输抽样脉冲序列的包络，那么只要幅度信息没有损失，脉冲形状的失真就无关紧要，因为抽样脉冲的信息携带在幅度上。

根据抽样定律，一个频带限制在 f_x 的信号，只要有 $2f_x$ 个独立的信息抽样值，就可用带宽 $B = f_x$ 的低通滤波器恢复其原始信号。N 个频带都是 f_x 的复用信号，它们的独立对应值为 $2Nf_x = Nf_s$。如果将信道表示为一个理想的低通滤波器，那么为了防止组合波形丢失信息，传输带宽必须满足

$$B \geqslant \frac{Nf_s}{2} = Nf_x \qquad (2\text{-}2)$$

式(2-2)表明，N 路信号时分复用时每秒 Nf_x 中的信息可以在 $Nf_s/2$ 的带宽内传输。总的来说，带宽 B 与 Nf_s 成正比。对于语音信号，抽样速率 f_s 一般取 8 kHz，因此，路数 N 越大，带宽 B 就越大。

式(2-2)中的 Nf_x 与频分复用 SSB 所需要的带宽 $N\omega_m$ 是一致的。

3. 时分复用信号仍然是基带信号

时分复用后得到的总和信号仍然是基带信号，只不过这个总和信号的脉冲速率是单路抽样信号的 N 倍，即

$$f = Nf_s \qquad (2\text{-}3)$$

这个信号可以通过基带传输系统直接传输，也可以经过频带调制后在频带传输信道中传输。

4. 时分复用系统必须严格同步

在 TDM 系统中，发送端的转换开关与接收端的分路开关要严格同步，否则系统就会

紊乱。实现同步的方法与脉冲调制的方式有关。

2.2.3 时分复用的 PCM 通信系统

PCM 和 PAM 的区别在于，PCM 要在 PAM 的基础上量化和编码，把 PAM 中的抽样值量化后编为 k 位二进制代码。图 2-5 为一个只有三路 PCM 复用的方框图。

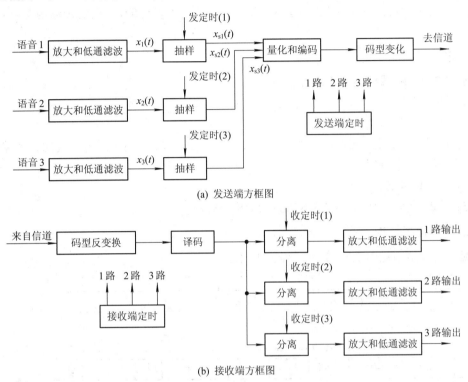

(a) 发送端方框图

(b) 接收端方框图

图 2-5 TDM-PCM 方框图

图 2-5(a)画出了发送端的方框图。语音信号经过放大和低通滤波后得到 $x_1(t)$、$x_2(t)$、$x_3(t)$；然后经过抽样得三路 PAM 信号 $x_{s1}(t)$、$x_{s2}(t)$、$x_{s3}(t)$，它们在时间上是分开的，由各路发定时抽样脉冲控制。三路 PAM 信号一起加到量化和编码器上进行编码，每个 PAM 信号的抽样脉冲经量化后编为 k 位二进制代码。编码后的 PCM 代码经码型变换，变为适合于信道传输的码型，然后经过信道传到接收端。

图 2-5(b)为接收端的方框图，接收端收到信码后首先经过码型反变换，然后加到译码器进行译码，译码后是三路合在一起的 PAM 信号，再经过分离电路把各路 PAM 信号区分出来，最后经过放大和低通滤波还原为语音信号。

TDM-PCM 的信号代码在每一个抽样周期内有 Nk 个(N 为路数，k 为每个抽样值编码时编的码位数)。因此码元速率为 $Nkf_s = 2Nkf_x$ (单位为 Baud)。实际应用中带宽 $B = Nkf_s$。

2.2.4 PCM 30/32 路典型终端设备

PCM 30/32 路端机在脉冲调制多路通信中是一个基群设备，它可组成高次群，也可独立使用，可与市话电缆、长途电缆、数字微波系统和光纤等传输信道连接，作为有线或无线电话的时分多路终端设备。

交换局内，在 PCM 30/32 路端机外加适当的市话出入中继器接口，可与步进制、纵横制等各式交换机连接，用于市内或长途通信。

PCM 30/32 路端机除提供电话外，还可以通过适当接口传输数据、载波电报、书写电话等。

上述 PCM 30/32 路端机性能是按 CCITT 的有关建议设计的，其主要指标均符合 CCITT 标准。

1. 基本特性

PCM 30/32 路端机的基本特性如下：

(1) 话路数目：30；

(2) 抽样速率：8 kHz；

(3) 压扩特性：13 折线 A 律压扩，$A = 87.6$，编码位数 $k = 8$，采用逐次比较型编码器，其输出为折叠二进制码；

(4) 每帧时隙数：32；

(5) 总的码元速率：$8 \times 32 \times 8000 = 2048$ kb/s。

2. 帧与复帧结构

帧与复帧结构见图 2-6。1 复帧等于 16 帧。

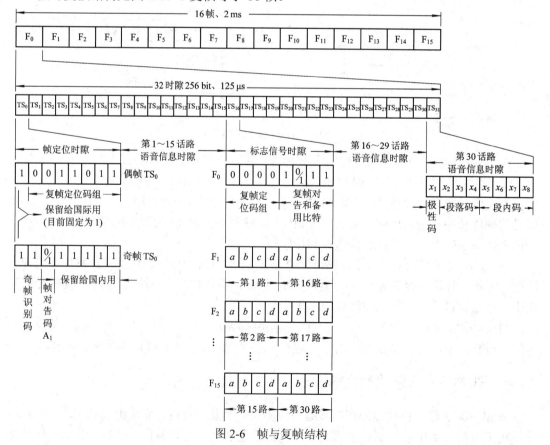

图 2-6　帧与复帧结构

(1) 时隙分配。在 PCM 30/32 路制式中，抽样周期为 1/8000 = 125 μs，称为一个帧周期，即 125 μs 为一帧。一帧内要时分复用 32 路，每路占用的时隙为 125/32 = 3.9 μs，称为 1 个时隙。因此一帧有 32 个时隙，按顺序编号为 TS_0、TS_1、…、TS_{31}。

时隙的使用分配为：

① $TS_1 \sim TS_{15}$、$TS_{17} \sim TS_{31}$ 为 30 个话路时隙；

② TS_0 为帧同步码、监视码时隙；

③ TS_{16} 为信令(振铃、占线、摘机等各种标志信号)时隙。

(2) 话路比特的安排。每个话路时隙内要将样值编为 8 位二元码，每个码元占 3.9 μs/8 = 488 ns，称为 1 比特，编号为 $x_1 \sim x_8$。第 1 比特为极性码，第 2~4 比特为段落码，第 5~8 比特为段内码。

(3) TS_0 时隙的比特分配。为了使收、发两端严格同步，每帧都要传送一组特定标志的帧同步码组或监视码组，分偶帧和奇帧传送。帧同步码组为 "0011011"，占用偶帧 TS_0 的第 2~8 比特。第 1 比特供国际通信用，不使用时发送 "1" 码。奇帧比特分配的第 3 位为帧失步告警用，以 A_1 表示，同步时送 "0" 码，失步时送 "1" 码。为避免奇帧 TS_0 的第 2~8 比特出现假同步码组，第 2 比特规定为监视码，固定为 "1"。第 4~8 比特为国内通信用，目前暂定为 "1"。

(4) TS_{16} 时隙的比特分配。若将 TS_{16} 时隙的码位按时间顺序分配给各话路传送信令，需要用 16 帧组成一个复帧，分别用 F_0、F_1、…、F_{15} 表示，复帧周期为 2 ms，复帧频率为 500 Hz。复帧中各子帧的 TS_{16} 分配为如下：

① F_0 帧：第 1~4 比特传送复帧同步码 "0000"；第 6 比特传送复帧失步对局告警信号 A_2，同步为 "0"，失步为 "1"；第 5、7、8 比特传送 "1" 码。

② $F_1 \sim F_{15}$ 各帧的 TS_{16} 前 4 比特传送 1~15 话路的信令信号，后 4 比特传送 16~30 话路的信令信号。

2.3 准同步数字体系(PDH)

在数字通信网中，为了扩大传输容量和提高传输效率，总是把若干个小容量低速数字流合并成一个大容量高速数字流，然后通过高速信道传到对方后再分开，这就是数字复接。完成数字复接功能的设备称为数字复接终端或数字复接器。

根据不同的需要和传输能力，传输系统应具有不同话路数和不同速率的复接技术，以形成一个系列，由低级向高级复接，这就是准同步数字体系(Plesiochronous Digital Hierarchy，PDH)。采用准同步数字体系的系统，在数字通信网的每个节点上都分别设置有高精度的时钟，这些时钟的信号都具有统一的标准速率。尽管每个时钟的精度都很高，但还是有一些微小的差别。为了保证通信的质量，要求这些时钟的差别不能超过规定的范围。因此，这种同步方式严格来说不是真正的同步，而是 "准同步"。准同步数字体系(PDH)有两大系列：

(1) PCM24 路系列：北美、日本使用，基群速率为 1.544 Mb/s；

(2) PCM30/32 路系列：欧洲、中国使用，基群速率为 2.048 Mb/s。

PDH 系统的优点主要有三个：易于构成通信网，便于分支与插入，具有较高的传输效率；可视电话、电视信号以及频分制信号可与高次群相适应；可与多种传输媒介的传输容量相匹配，如电缆、同轴电缆、微波、波导、光纤等。

2.3.1　数字复接的概念和方法

PDH 复用方法与数字复接方法是不同的。

PCM 复用方法是直接将多路信号编码复用，如基群 30/32 路，但不适用于高次群。高次编码速率快，对编码器元件精度要求高，不易实现，所以，一般不采用高次群。

数字复接方法是将几个低次群在时间的空隙上叠加合成高次群。

图 2-7 是数字复接系统的方框图。从图中可见，数字复接设备包括复接器和分接器，复接器是把两个以上的低速数字信号合并成一个高速数字信号的设备；分接器是把高速数字信号分解成相应的低速数字信号的设备。一般把两者制作成一个设备，简称为数字复接器。

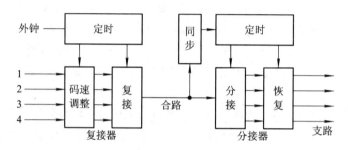

图 2-7　数字复接系统方框图

复接器由定时、码速调整和同步复接单元组成；分接器由同步、定时、分接和支路码速恢复单元组成。

在复接器中，复接单元输入端上各支路信号必须是同步的，即数字信号的频率与相位是完全确定的关系。只要使各支路数字脉冲变窄，将相位调整到合适位置，并按照一定的帧结构排列起来，即可实现数字合路复接功能。如果复接器输入端的各支路信号与本机定时信号是同步的，那么称为同步复接器；若不是同步的，则称为异步复接器；如果输入支路数字信号与本机定时信号标称速率相同，但实际上有一个很小的容差，这种复接器就称为准同步复接器。

在图 2-7 中，码速调整单元的作用是把各准同步的输入支路的数字信号的频率和相位进行调整，形成与本机定时信号完全同步的数字信号。若输入信号是同步的，则只需调整相位。

复接的定时单元在内部时钟或外部时钟的控制下产生复接所需的各种定时控制信号；调整单元及同步复接单元受定时单元控制，将合路数字信号和相应的时钟同时送给分接器；分接器的定时单元受合路时钟控制，因此它的工作节拍与复接器定时单元同步。

分接器定时单元产生的各种控制信号与复接器定时单元产生的各种控制信号是类似的；同步单元从合路信号中提出帧定时信号，再用它控制分接器定时单元；同步分接单元受分接定时单元控制，把合路信号分解为支路数字信号；受分接器定时单元控制的恢复单元则把分解出的数字信号恢复出来。

数字复接的特点是复接后速率提高了，但各低次群的编码速率没有变。

2.3.2 同步复接与异步复接

1. 数字复接的实现

1) 按位复接

按位复接的方法是每次复接时各低次群的一位编码形成高次群。如图 2-8(b)是四路集群信号按位复接的示意图。

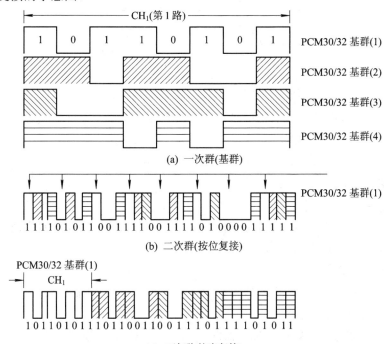

(a) 一次群(基群)

(b) 二次群(按位复接)

(c) 二次群(按字复接)

图 2-8 数字复接示意图

按位复接的结果是复接后每位码的间隔是复接前各支路的 1/4,即高次群的速率提高到复接前的 4 倍。

其特点是复接电路存储量小,简单易行,在 PDH 中大量使用;不足是破坏了一个字节的完整性,不利于以字节(即码字)为单位的处理和交换。

2) 按字复接

按字复接的方法是每次复接按低次群的一个码字形成高次群。图 2-8(c)是四路信号按字复接的示意图。其特点是每个支路都要设置缓冲存储器,要求有较大的存储容量,保证一个字的完整性,有利于按字处理和交换。同步 SDH 中大多采用这种方法。

2. 数字复接的同步

数字复接同步主要解决下面两个问题:

(1) 同步:被复接的几个低次群数码率相同。

(2) 复接:不同系统的低次群往往数码率不同,是因为各晶体振荡频率不相同。

不同步带来的问题是如果直接将几个低次群进行复接,就会产生重叠和错位,在接收端不可能完全恢复。图 2-9 是两路信号不同步产生重叠和错位的示意图。

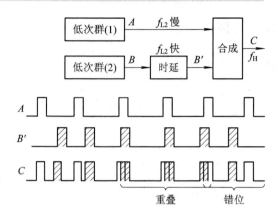

图 2-9　两路信号不同步产生重叠和错位示意图

因此，数码速率不同的低次群信号不能直接复接，同步就意味着使各低次群数码率相同，且符合高次群帧结构的要求。

数字复接同步是系统与系统的同步，亦称为系统同步。

3. 同步复接

同步复接是由一个高稳定的主时钟来控制被复接的几个低次群，使这几个低次群的数码率统一在主时钟的频率上，可直接复接。同步复接方法的缺点是一旦主时钟发生故障，相关的通信系统将全部中断，所以它只限于局部地区使用。

1) 码速变换与恢复

码速变换即为使复接器、分接器正常工作，在码流中插入附加码，这不仅使系统码速相等，而且能够在接收端分接。

- 附加码：如对端告警码、邻站监测、勤务联系等公务码。
- 移相：复接之前进行延时处理。
- 缓冲存储器：完成码速变换和移相。

下面以一次群复接成二次群为例进行介绍，如图 2-10 所示。

二次群速率：8448 kb/s；

基群变换速率：8448/4 = 2112 kb/s；

码速变换：为插入附加码留下空位且将码速由 2048 kb/s 提高到 2112 kb/s；

插入码之后的子帧长度：$L_s = (2112 \times 10^3) \times T = (2112 \times 10^3) \times (125 \times 10^{-6}) = 264$ bit；

插入比特数：$L_s - 256$(原来码) $= 264 - 256 = 8$ bit；

插入 8 bit 的平均间隔时间(按位复接)：256/8 = 32 bit；

码速恢复：去掉发送端插入的码元，将各支路速率由 2112 kb/s 还原成 2048 kb/s；

复接过程：慢写快读；

写入：基群 2048 kb/s；

读出：2112 kb/s；

起始：读脉冲滞后写脉冲将近一个周期；

第 32 次读：读、写几乎同时；

第 33 次读：没有写入脉冲，这时空 1 比特；

周而复始，每 32 位加插一个空位，构成 2112 kb/s 速率；

分接过程：快写慢读；

写入：2112 kb/s；

读出：2048 kb/s；

起点：读、写几乎同时；

第 33 位读：读到写入信号 32 位。

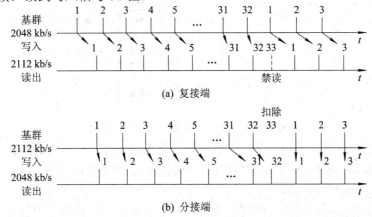

图 2-10　码速变换与恢复

分接器已知信号 33 位是插入码位，写入时扣除了该处一个写入脉冲，从而在写入第 33 位后的第一位后，将时钟第 32 位后的第 1 个脉冲立即读出该位，然后回到起点。如此循环下去，2112 kb/s 恢复成了 2048 kb/s。

同步复接系统结构(发送部分)如图 2-11 所示。

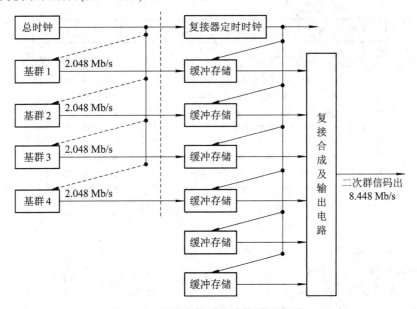

图 2-11　同步复接系统结构(发送部分)

同步复接系统结构(接收部分)如图 2-12 所示。

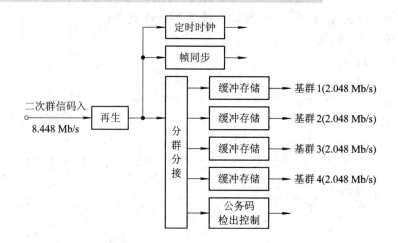

图 2-12　同步复接系统结构(接收部分)

(1) 复接端的作用：时钟一致，支路时钟、复接时钟来自同一时钟源；各支路码率严格相等(2048 kb/s)；缓冲存储器完成各支路的码速变换；复接合成完成各支路合路并在所留空位插入附加码(包括帧同步码)。

(2) 分接端的作用：时钟从码流中提取，产生复接定时；帧同步保证收、发间步调一致；分群分接分开 4 个支路信号，并检出公务码；缓冲存储器扣除各自支路附加码，恢复原信号。

2) 同步二次群的帧结构

同步二次群的帧结构如图 2-13 所示。

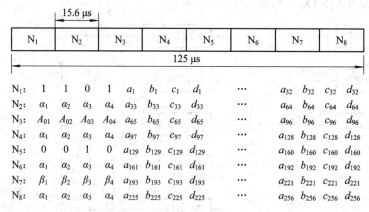

图 2-13　同步二次群的帧结构

说明：

共八段：N_1、N_2、N_3、N_4、N_5、N_6、N_7、N_8；

二次群的一帧长度：125 μs，可分为八段；

每段长：125 μs/8 = 15.625 μs；

每段内信码(4 个基群)：$(256/8) \times 4 = 128$ 码元；

每段插入 4 个码元，每段信码码元：$128 + 4 = 132$ 码元；

一帧码元：$132 \times 8 = 1056$ 码元；

一帧共插码元：$4 \times 8 = 32$ 码元；

N_1：插 1101；

N_5：插 0010——二次群帧同步码；

N_2、N_4、N_6、N_8：它们发出的码元信息分别为 α_1、α_2、α_3、α_4，速率为 $\dfrac{4\ \text{bit}}{125\ \mu s} = 32\ \text{kb/s}$，

供 4 路公务电话使用；

N_7：公务电话呼叫码；

N_3：A_{01}——二次群对端告警码(正常为"0"，失步为"1")，A_{02}——数据用，A_{03}——待定；

a、b、c、d——分别为 4 个基群的码元，一帧共有 $4 \times 32 \times 8 = 1024$ 原基群码元(不包含附加码)。

4. 异步复接

由于各低次群使用自己的时钟，且各时钟不一致，因此各低次群的数码率不完全相同(不同步)，需要调整码速使它们同步后再进行复接。PDH 大多采用这种复接方法。图 2-14 是异步复接与分解示意图。

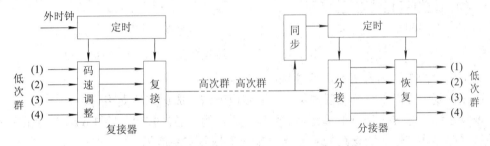

图 2-14　异步复接与分解示意图

其中：

(1) 数字复接器：把 4 个低次群(支路)合成一个高次群。

(2) 数字复接器组成：定时单元——提供统一的时钟给设备；码速调整单元——使各支路码速一致，即同步(分别调整)；复接单元——将低次群合成高次群。

(3) 数字分接器：把高次群分解成原来的低次群。

(4) 数字分接器组成：定时单元——从接收信号中提取；同步单元——使分接器时钟与复接器基准时钟同频、同相，达到同步；分接单元——将合路的高次群分离成同步支路信号；恢复单元——恢复各支路信号为原来的低次群。

采用正码速调整与恢复将 2048 kb/s 调整为 2112 kb/s 的原理图如图 2-15 所示，其过程说明如下：

码速调整装置用于各支路单独调整，将准同步码流变成同步码流。

准同步码流是标称数码率相同、瞬时数码率不同的码流。

缓冲存储器是码速调整的主体。

f_i 是写入脉冲的频率，与输入支路的数码率相等。

f_m 是读出脉冲的频率，与缓存器支路信码输出速率相等。因为是正码速，所以 $f_m > f_i$。

复接过程: f_i 送相位比较器(与 f_m 比较, f_m 起始滞后一个周期); f_m 复接脉冲送扣除电路(扣与不扣由插入请求决定, 请求时扣, 不请求时则不扣), 已扣的 f_m 复接脉冲送相位比较器(与 f_i 比较), 且作为读出脉冲; 缓存器输出的 f_m 码流有空闲(扣除造成), 防止空读; 插入请求使标志信号合成插入; 合成电路将 f_m 和标志信号合在一起。

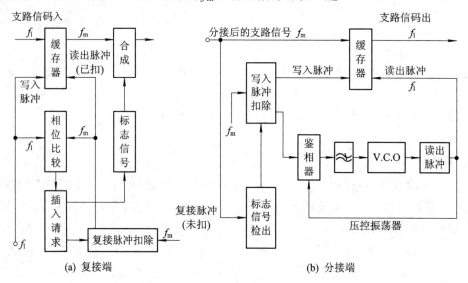

图 2-15　正码速调整与恢复

相位比较器在 f_i 和 f_m 相位几乎相同时, 有输出。

码速恢复装置用于将分接后的每一个同步码流恢复成原来的支路码流。

恢复过程: 标志信号检出单元有信号输出时, 写入脉冲扣除扣除 1 bit; 扣除的写入脉冲通过缓存器将与输入的支路信号 f_m 合并输出, 恢复支路信码 f_i。

5. 码速调整

异步复接中的码速调整技术可分为正码速调整、正/负码速调整和正/零/负码速调整三种, 其中正码速调整应用最为普遍。正码速调整的含义是使调整以后的速率比任一支路可能出现的最高速率还要高。例如, 二次群码速调整后每一支路速率均为 2112 kb/s, 而一次群调整前的速率在 2048 kb/s 上下波动, 但不会超过 2112 kb/s。

根据支路码速的具体变化情况, 适当地在各支路插入一些调整码元, 使其瞬时码速都达到 2112 kb/s(这个速率还包括帧同步、业务联络、控制等)是正码速调整的任务。码速恢复过程则是把因调整速率而插入的调整码元及帧同步码元等去掉, 恢复出原来的支路码流。

正码速调整的具体实施总是按规定的帧结构进行的。例如 PCM 二次群异步复接时就是按图 2-16 所示的帧结构实现的。图 2-16(a)是复接前各支路进行码速调整的帧结构, 其长为 212 bit, 共分成 4 组, 每组都是 53 bit, 第 I 组的前 3 个比特 F_{11}、F_{12}、F_{13} 用于帧同步和管理控制, 后 3 组的第一个比特 C_{11}、C_{12}、C_{13} 作为码速调整控制比特, 第 IV 组第 2 比特 V_1 作为码速调整比特。具体实现的时候, 在第 I 组的末端进行是否需要调整的判决(即比相), 若需要调整, 则在 C_{11}、C_{12}、C_{13} 位置插入 3 个 "1" 码, V_1 仅作为速率调整比特, 不带任何信息, 故其值可为 "1", 也可为 "0"; 若不需调整, 则在 C_{11}、C_{12}、C_{13} 位置插入 3 个 "0" 码, V_1 位置仍传送信码。那么, 根据什么来判断需要调整或不需要调整? 这个问题可用图

2-17 来说明，输入缓存器的支路信码是由时钟频率 2048 kHz 写入的，而从缓存器读出信码的时钟是由复接设备提供的，其值为 2112 kHz，由于写入慢、读出快，所以在某个时刻就会把缓存器读空。

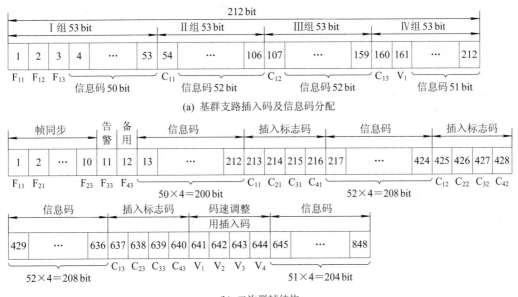

(a) 基群支路插入码及信息码分配

(b) 二次群帧结构

图 2-16 异步复接二次群帧结构

一次群插入码和信息码如图 2-16(a)所示，其中，

第 1～3 bit：F_{11}、F_{12}、F_{13}，同步、告警、备用码；

第 4～53 bit：信息码，50 bit；

第 55～106 bit：信息码，52 bit；

第 108～159 bit：信息码，52 bit；

第 162～212 bit：信息码，51 bit；

第 54 bit、107 bit、160 bit：C_{11}、C_{12}、C_{13}，标志位；

第 161 bit：插入或信息码。

共 212 bit = 信息位 205(或 206) + 插入比特 7(或 6)。

异步复接二次群如图 2-16(b)所示，其中，

帧周期：100.38 μs；

帧长度：212 × 4 = 848 bit；

(最少)信息码：205 × 4 = 820 bit；

(最多)插入码：7 × 4 = 28 bit；

第 1～10 bit：$F_{11}F_{21}F_{31}F_{41}F_{12}F_{22}F_{32}F_{42}F_{13}F_{23}$ = 1111010000，帧同步码；

第 11 bit：F_{33}——告警码，1 bit；

第 12 bit：F_{43}——备用码，1 bit；

第 213～216 bit、425～428 bit、637～640 bit：插入标志码；

第 641～644 bit：信息码或插入码；

第 13～212 bit、217～424 bit、429～636 bit、645～848 bit：信息码(最少)205 × 4 = 820 bit。接收端分接过程就是去除发送端插入的码元，叫作"消插"或"去塞"。

判断基群 161 位有无插入的方法为"三中取二"，即当各路三个标志码中有两个以上的"1"时，则有 V_i 插入；当各路三个标志码中有两个以上的"0"时，则无 V_i 插入。设误码率为 P_e，正确率为 $1 - P_e$，则一个错、两个对的概率(有三种情况)为 $3P_e(1 - P_e)^2$，三个全对的概率为 $(1 - P_e)^3$，总正确判断概率为 $3P_e(1 - P_e)^2 + (1 - P_e)^3 = 1 - 3P_e^2 + 2P_e^3$。

通过图 2-17 中的比较器可以做到缓存器快要读空时发出一条指令，命令 2112 kHz 时钟停读一次，使缓存器中的存储量增加，而这一次停读就相当于使图 2-16(a)的 V_1 比特位置没有置入信码，而只是一位作为码速调整的比特。图 2-16(a)帧结构的意义就是每 212 bit 就比相一次，即作一次是否需要调整的判决。若判决结果需要停读，则 V_1 是调整比特；若不需要停读，则 V_1 仍然是信码。这样就把在 2048 kb/s 上下波动的支路码流都变成了同步的 2112 kb/s 码流。

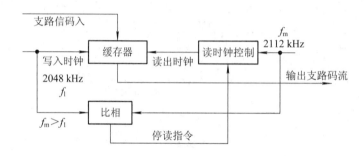

图 2-17 正码速调整原理

在复接器中，每个支路都要经过正码速的调整。由于各支路的读出时钟都是由复接器提供的同一时钟 2112 kHz，所以经过调整，4 个支路的瞬时数码率都会相同，即均为 2112 kb/s，故一个复接帧长为 848 bit，其帧结构如图 2-16(b)所示。

图 2-16(b)是由图 2-16(a)所示的 4 个支路比特流按比特复接的方法复接起来而得到的。所谓按比特复接，就是将复接开关每旋转一周，就在各支路取出一个比特。也有按字复接的，即开关旋转一周，在各支路上取出一字节。

在分接侧恢复码速时，需要识别 V_1 到底是信码还是调整比特，如果是信码，将其保留；如果是调整比特，就将其舍弃。这可通过 C_{11}、C_{12}、C_{13} 来决定。因为复接时已约定，若比相结果无须调整，则 C_{11}、C_{12}、C_{13} 为 000；若比相结果需要调整，则 C_{11}、C_{12}、C_{13} 为 111。所以恢复码速时，根据 C_{11}、C_{12}、C_{13} 是 111 还是 000，就可以决定 V_1 应舍去还是保留。

从原理上讲，要识别 V_1 是信码还是调整比特，只要 1 位码就够了。这里用 3 位码，主要是为了提高可靠性。如果用 1 位码，这位码传错了，就会导致对 V_1 的错误处置。例如用"1"表示有调整，"0"表示无调整，经过传输，若"1"错成"0"，就会把调整比特错当成信码；反之，若"0"错成"1"，就会把信码错当成调整比特而舍弃。现在用 3 位码，采用大数判决，即"1"的个数比"0"多时认定是 3 个"1"码；反之，则认定是 3 个"0"码。这样，即使传输中错一位码，也能正确判别 V_1。

在大容量通信系统中，高次群失步必然引起低次群的失步。所以为了使系统能可靠工作，四次群异步复接调整控制比特 C_j 为 5 个，五次群的 C_j 为 6 个(二、三次群都是 3 个比特)。这样安排，可使因误码而导致对 V_1 比特的错误处理的概率更小，从而保证大容量通信系统的稳定可靠工作。

2.3.3　PCM 高次群

1．PCM 三次群

PCM 三次群的总话路数为 $120 \times 4 = 480$ 个，速率为 34.368 Mb/s。

三次群复接过程：

(1) 将 4 个标称速率 8448 kb/s 转换为 8592 kb/s；

(2) 再复接成三次群。

PCM 三次群帧结构如图 2-18 所示。

(a)　三次群码速调整后码位安排示意图

(b)　三次群帧结构

图 2-18　PCM 三次群帧结构

调整后的三次群的总比特数为 384 bit，分成 4 组，每组 96 bit；帧周期 = 384/8592 = 44.69 μs；384 bit = 3(同步) + 3(标志) + 1(插入信息) + (93 + 95 + 95 + 94)(信息)。

码长度：1536 bit(384 × 4)；

帧周期：44.69 μs；

(最少)信息位：377 × 4 = 1508 bit；

(最多)插入码：28 bit；

前 10 bit 帧同步码：1111010000；

第 11 位：告警；

第 12 位：备用；

(最多)插入：4 bit($V_1 \sim V_4$)；

标志码：$3 \times 4 = 12$ bit。

2. PCM 四次群

PCM 四次群帧结构如图 2-19 所示。

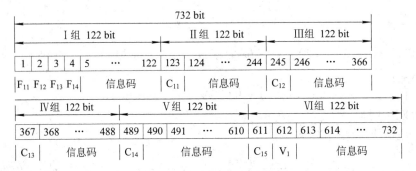

(a) 四次群码速调整码位安排示意图

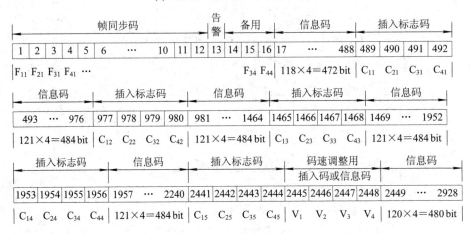

(b) 四次群帧结构

图 2-19　PCM 四次群帧结构

图 2-19 说明：

总话路数：$480 \times 4 = 1920$ 个三次群话路数；

速率：139.264 Mb/s(34.816×4)；

帧长度：$732 \times 4 = 2928$ bit 三次群调速后；

帧周期：$(732 \times 4)/(34.816 \times 4) = 21.02 \ \mu s$；

(最少)信息位：$722 \times 4 = 2888$ bit；

(最多)插入码：40 bit；

前 12 bit：帧同步码，1111010000；

第 13 bit：告警；

第 14~16 bit：备用；

插入码或原信息码：4 bit；

标志码：$5 \times 4 = 20$ bit。

3. PCM 五次群

PCM 五次群帧结构如图 2-20 所示。

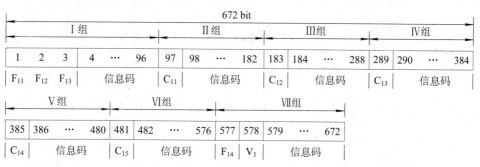

(a) 五次群码速调整码位安排

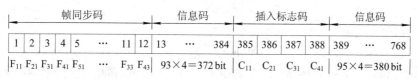

(b) 五次群帧结构

图 2-20　PCM 五次群帧结构

总话路数：$1920 \times 4 = 7680$ 个；

速率：564.992 Mb/s(141.248×4)；

四次群：139.264 Mb/s→正码速调整为 141.248 Mb/s；

帧长度：$672 \times 4 = 2688$ bit；

帧周期：$(672 \times 4)/(141.248 \times 4) = 4.76$ μs；

第 1～12 bit：五次群帧同步码，111110100000；

第 2305 bit：告警码；

第 2306～2308 bit：备用码；

插入码：4 bit；

标志码：$5 \times 4 = 20$ bit；

(最少)信息位：$662 \times 4 = 2648$ bit；

(最多)插入：40 bit。

4. 高次群数字复接

国际上两大系列的准同步数字体系构成更高速率的二、三、四、五次群，如表 2-1 所示。

表 2-1　准同步数字体系速率系列和复用路数

		一次群(基群)	二次群	三次群	四次群	五次群
T体系	北美	T1 24 路 1.544 Mb/s	T2 96(24 × 4)路 6.312 Mb/s	T3 672(96 × 7)路 44.736 Mb/s	T4 4032(672 × 6)路 274.176 Mb/s	T5 8064(4032 × 2)路 560.160 Mb/s
	日本			T3 480(96 × 5)路 32.064 Mb/s	T4 1440(480 × 3)路 97.728 Mb/s	T5 5760(1440 × 4)路 397.200 Mb/s
E体系	欧洲 中国	E1 30 路 2.048 Mb/s	E2 120(30 × 4)路 8.448 Mb/s	E3 480(120 × 4)路 34.368 Mb/s	E4 1920(480 × 4)路 139.264 Mb/s	E5 7680(1920 × 4)路 565.148 Mb/s

在表 2-1 中，二次群(以 30/32 路作为一次群)的标准速率 8448 kb/s＞2048 × 4 = 8192 kb/s。其他高次群复接速率也存在类似情况。这些多出来的码元是用来解决帧同步、业务联络以及控制等问题的。

复接后的大容量高速数字流可以通过电缆、光纤、微波、卫星等信道传输，而且光纤将取代电缆，卫星将利用微波段传输信号。因此，大容量的高速数字流主要是通过光纤和微波来传输的。经济效益分析表明，二次群以上的数字通信用光纤、微波传输都是合算的。

基于 30/32 路系列的数字复接体系(E 体系)的结构如图 2-21 所示。

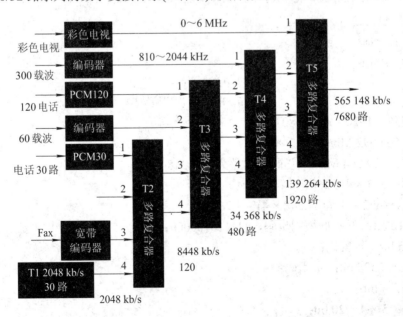

图 2-21　PCM 30/32 路系列数字复接体系(E 体系)结构

目前的复接器、分接器采用了先进的通信专用超大规模集成芯片 ASIC，所有数字处理均由 ASIC 完成。其优点是设备体积小、功耗低(每系统功耗仅 13 W)、可靠性高、故障率低，同时具有计算机监测接口，便于集中维护。

5. 高次群接口码型

高次群接口码型的要求与基带传输时对码型的要求类似。线路与机器、机器与机器的接口必须使用协议的同一种码型。一至四次群接口速率与码型如表 2-2 所示。

表 2-2 群接口速率与码型

群路等级	一次群(基群)	二次群	三次群	四次群
接口速率(kb/s)	2048	8448	34 368	139 264
接口码型	HDB$_3$	HDB$_3$	HDB$_3$	CMI

2.4 同步数字体系(SDH)

在以往的电信网中，PDH 设备得到了广泛应用，这是因为 PDH 系列对传统的点到点通信有较好的适应性。而随着数字通信技术的迅速发展，点到点的直接传输越来越少，大部分数字传输都要经过转接，因此，PDH 系列再也不能适应现代电信业务的发展以及现代化电信网管理的需要了。为此，同步数字体系(Synchronous Digital Hierarchy，SDH)应运而生了。

2.4.1 SDH 的基本概念

20 世纪 80 年代中期以来，光纤通信在电信网中获得了广泛应用，其应用范围已逐步从长途通信、市话局间中继通信转向用户入网。光纤通信优良的宽带特性、传输性能和低廉价格使之成为电信网的主要传输手段。然而，随着电信网的发展和用户要求的提高，光纤通信中的传统准同步数字体系(PDH)暴露出一些固有的弱点：

(1) 欧洲、北美、日本等国家规定的语音信号编码率各不相同，给国际间互通造成困难。

(2) 没有世界性的标准光接口规范，导致各厂家自行开发的专用接口(包括码型)只有通过光/电转换成标准电接口(G.703 建议)才能互通，从而限制了联网应用的灵活性，也增加了网络运营成本。

(3) 低速支路信号不能直接接入高速信号通路上，例如目前低速支路多数采用准同步复接，而且大多数采用正码速调整来形成高速信号，其结构复杂。

(4) 系统运营、管理与维护能力受到限制。

为了克服 PDH 的上述缺点，CCITT 以美国 AT&T 提出的同步光纤网(SONET)为基础，经过修改与完善，使之适应欧美两种数字系列，然后将它们统一于一个传输构架之中，并取名为同步数字体系(SDH)。

SDH 是由一些网络单元(例如终端复用器 TM、分插复用器 ADM、同步数字交叉连接设备 SDXC 等)组成的在光纤上进行同步信息传输、复用和交叉连接的网络，其优点是：

(1) 具有全世界统一的网络节点接口(NNI)。

(2) 有一套标准化的信息结构等级，称为同步传输模块(STM-1、STM-4、STM-16 和 STM-64)。

(3) 帧结构为页面式，具有丰富的用于维护管理的比特。

(4) 所有网络单元都具有标准光接口。

(5) 有一套灵活的复用结构和指针调整技术，允许现有的准同步数字体系、同步数字体系和 B-ISDN 信号进入其帧结构，因而具有广泛的适应性。

(6) 采用大量软件进行网络配置和控制，使得其功能开发、性能改变较为方便，适应将来的不断发展。

为了比较 PDH 和 SDH，这里以从 140 Mb/s 码源中分插一个 2 Mb/s 支路信号的任务为例来加以说明，其工作过程如图 2-22 所示。

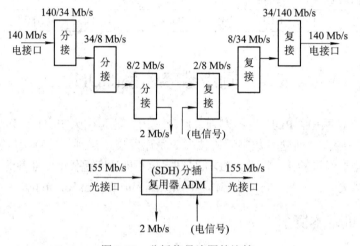

图 2-22　分插信号流图的比较

由图 2-22 可知，为了从 140 Mb/s 码源中分插一个 2 Mb/s 支路信号，PDH 需要经过 140/34 Mb/s、34/8 Mb/s 和 8/2 Mb/s 三次分接。

SDH 的特点是由基本复用单元组成，有若干中间复用步骤；业务信号的种类包括两大基本系列的各次群速率；STM-N 的复用过程包括映射、定位、复用三个步骤；复用技术为指针调整定位。

SDH 网络最核心的特点是拥有同步复用、标准光接口和强大的网络管理能力。

2.4.2　SDH 的速率和帧结构

在 SDH 网络中，信息是以同步传输模块(Synchronous Transport Module，STM)的结构形式传输的。一个同步传输模块(STM)主要由信息有效负荷和段开销(Section Over Head，SOH)组成块状帧结构。

SDH 最基本的模块信号是 STM-1，其速率是 155.520 Mb/s；更高等级的 STM-N 是将基本模块信号 STM-1 同步复用、字节间插的结果。其中 N 是正整数，可以取 1、4、16、64。ITU-T G.707 建议规范的 SDH 标准速率如表 2-3 所示。

表 2-3　SDH 标准速率

等　级	STM-1	STM-4	STM-16	STM-64
速率/(Mb/s)	155.520	622.080	2488.320	9953.280

STM-N 的帧结构如图 2-23 所示，它有 $270 \times N$ 列、9 行，即帧长度为 $270 \times N \times 9$ B(字

节 Byte 简记为 B)，或 $270 \times N \times 9 \times 8$ bit；帧重复周期为 125 μs。

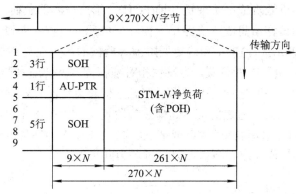

图 2-23 STM-N 的帧结构

STM-N 有三个主要区域，即段开销(SOH)、管理单元指针(AU-PTR)和净负荷(Payload)。图中$(1\sim9) \times N$列的第 $1\sim3$ 行和 $5\sim9$ 行是段开销信息；第 4 行用于管理单元指针；其余的用于信息净负荷。

1. 段开销

段开销分两个部分，第 $1\sim3$ 行为再生段开销(RSOH)，与再生器功能相关；第 $5\sim9$ 行为复用段开销(MSOH)，与管理单元群(AUG)的组合和拆解相关。SOH 中所含字节主要用于网络的运行、管理、维护和指配(OAM&P)，以保证信息正确灵活地传输。

2. 管理单元指针

AU-PTR 位于帧结构左边的第 4 行，其作用是指示净负荷区的第一个字节在 STM-N 帧内的准确位置，以便接收时能正确分离净负荷区。

3. 净负荷

STM-1 的净负荷是指可真正用于通信业务的比特，净负荷量为 8 bit/B $\times$ 261 B $\times$ 9 行 $=18\,792$ bit。另外，该区域还存放着少量可用于通道维护管理的通道开销(POH)字节。

对于 STM-1 而言，帧长度为 270×9 B，或 $270 \times 9 \times 8 = 19\,440$ bit，帧周期为 125 μs，其比特速率为 $270 \times 9 \times 8/125 \times 10^{-6} = 155.520$ Mb/s。STM-N 的比特速率为 $270 \times 9 \times N \times 8/125 \times 10^{-6} = 155.520N$ Mb/s。

2.4.3 同步复用结构

同步复用与映射方法是 SDH 最具特色的内容之一。它能使数字复用由 PDH 固定的大量硬件配置转换为灵活的软件配置。

在 SDH 网络中，采用同步复用法、净负荷指针技术来表示 STM-N 帧内净负荷的准确位置。SDH 的一般复用结构如图 2-24 所示，它是由一些基本复用和映射单元组成的、有若干中间复用步骤的复用结构。各种业务信号复用进 STM-N 帧的过程都要经历映射(Mapping)、定位(Aligning)和复用(Multiplexing)三个步骤。其中，采用指针调整定位技术取代 125 μs 缓存器来校正支路频差和实现相位对准，是复用技术的一项重大改革。

映射是一种在 SDH 网络边界处使支路信号适配进虚容器的过程(用细线箭头标出)；虚

容器的信息结构每帧长 125 μs 或 500 μs；即各种速率的 PDH 信号分别经过码速调整装入相应的标准容器，再加进低阶或高阶通道开销(POH)，形成虚容器负荷。

定位是一种将帧偏移信息收进支路单元或管理单元的过程，即以附加于虚容器上的支路单元指针(或管理单元指针)指示和确定低阶虚容器帧的起点在支路单元(或高阶虚容器帧的起点在管理单元)净负荷中的位置。当发生相对帧相位偏差使虚容器帧起点浮动时，指针值随之调整，从而始终保证指针值准确指示信息结构起点在虚容器帧中的位置。

复用是一种使多个低阶通道的信号适配进高阶通道或者把多个高阶通道层信号适配进复层的过程，即把 TU 组织进高阶 VC 或把 AU 组织进 STM-N。由于经 TU 和 AU 指针处理后的各 VC 支路已相位同步，所以此复用过程为同步复用。

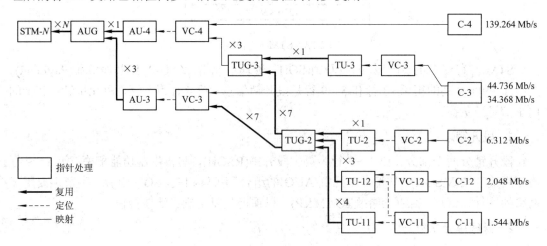

图 2-24　SDH 的一般复用结构

图中各单元的名称及作用分别为：

(1) 容器(C)。容器是一种用来装载各种速率的业务信号的信息结构。容器的种类有五种：C-11、C-12、C-2、C-3、C-4，其输入比特率分别为 1.544 Mb/s、2.048 Mb/s、6.312 Mb/s、34.368 或 44.736 Mb/s、139.264 Mb/s。参与 SDH 复用的各种速率的业务信号都要经过码速调整等适配技术装进一个恰当的标准容器之中。已装载的标准容器又作为虚容器(VC)的净负荷。

(2) 虚容器(VC)。虚容器是用来支持 SDH 的通道层连接的信息结构。它是 SDH 通道的信息终端。虚容器有低阶 VC 和高阶 VC 之分，前端的 VC-11、VC-12、VC-2、VC-3 为低阶虚容器；后端的 VC-3、VC-4 为高阶虚容器。虚容器的信息结构由通道开销和标准容器的输出组成，即

$$VC\text{-}n = C\text{-}n + VC\text{-}n\ POH$$

(3) 支路单元(TU)。支路单元是提供低阶通道层和高阶通道层之间适配的信息结构。其信息 TU-n(n = 11，12，2，3)由一个相应的低阶 VC-n 信息净负荷和一个相应的支路单元指针 TU-n PTR 组成。TU-n PTR 指示 VC-n 净负荷起点在支路帧中的偏移，即

$$TU\text{-}n = VC\text{-}n + TU\text{-}n\ PTR$$

(4) 支路单元组(TUG)。支路单元组是由一个或多个在高阶 VC 净负荷中占据固定且确定位置的支路单元组成的。

(5) 管理单元(AU)。管理单元是提供高阶通道层和复用通道层之间适配的信息结构，

有 AU-3 和 AU-4 两种管理单元。其信息 AU-*n*(*n* = 3，4)由一个相应的高阶 VC-*n* 信息净负荷和一个相应的管理单元指针 AU-*n* PTR 组成。AU-*n* PTR 指示 VC-*n* 净负荷起点在 TU 帧内的位置。AU 指针相对于 STM-*N* 帧的位置总是固定的，即

$$AU\text{-}n = VC\text{-}n + AU\text{-}n\ PTR$$

(6) 管理单元组(AUG)。管理单元组是由一个或多个在 STM-*N* 净负荷中占据固定且确定位置的支路单元组成的。

(7) 同步传输模块。基本帧模块 STM-1 的信号速率为 155.520 Mb/s，更高阶的 STM-*N* (*N* = 4，16，64，…)由 STM-1 信号以同步复用方式构成。

当各种 PDH 速率信号输入到 SDH 网时，首先要进入标准容器 C-*n*(*n* = 11，12，2，3，4)；进入容器的信息结构为后接的虚容器 VC-*n* 组成与网络同步的信息有效负荷；这就是映射过程。

TUG 可以混合不同容量的支路单元，增强了传输网络的灵活性。VC-4/3 中有 TUG-3 和 TUG-2 两种支路单元组。一个 TUG-2 由一个 TU-2 或 3 个 TU-12 或 4 个 TU-11 按字节交错间插组合而成；一个 TUG-3 由一个 TU-3 或 7 个 TU-2 按字节交错间插组合而成。一个 VC-4 可容纳 3 个 TUG-3；一个 VC-3 可容纳 7 个 TUG-2。

一个 AUG 由一个 AU-4 或 3 个 AU-3 按字节交错间插组合而成。在 *N* 个 AUG 的基础上再附加上段开销 SOH，便可形成最终的 STM-*N* 帧结构。

由图 2-25 所示的复用结构可见，从一个有效信息负荷到 STM-*N* 的复用路线不是唯一的，但对于一个国家或地区而言，其复用路线应是唯一的。我国的光同步传输网技术体制规定以 2 Mb/s 为基础的 PDH 系列作为 SDH 的有效负荷，并选用 AU-4 复用路线；其基本复用映射结构如图 2-25 所示。

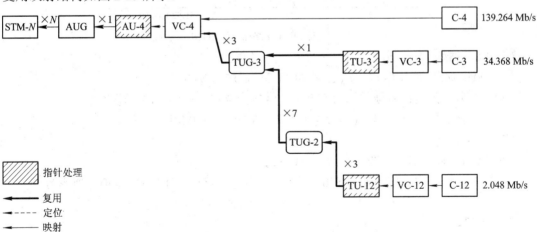

图 2-25　我国的 SDH 基本复用映射结构

我国在 PDH 中应用最广的是 2 Mb/s 和 140 Mb/s 支路接口，一般不用 34 Mb/s 支路接口。这是因为一个 STM-1 只能映射进 3 个 34 Mb/s 支路信号，而将 4 个 34 Mb/s 支路信号复用成 140 Mb/s 后再映射进 STM-1 更为经济。

下面以 2.048 Mb/s 转换为 STM-*N* 速率来说明信号的复用、定位、映射过程，如图 2-26 所示。

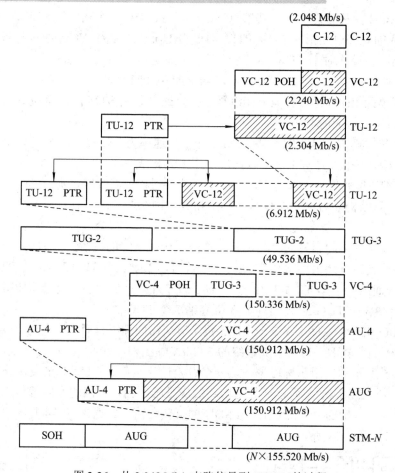

图 2-26　从 2.048 Mb/s 支路信号到 STM-N 的过程

1) 映射过程

将 2.048 Mb/s 送入 C-12，加上 VC-12 POH 后成为 VC-12。

VC-12 复帧结构：复帧周期为 500 μs，结构为 $4 \times (4 \times 9 - 1)$B，速率为

$$4 \times (4 \times 9 - 1) \times 8 \times 2000 = 2.240 \text{ Mb/s}$$

2) 定位过程

将 VC-12 加上 TU-12 PTR 后成为 TU-12。

TU-12 复帧结构：帧周期为 500 μs，结构为 $4 \times (4 \times 9 - 1) + 4$(定位)B，速率为

$$[4 \times (4 \times 9 - 1) + 4] \times 8 \times 2000 = 2.304 \text{ Mb/s}$$

3) 复用过程

(1) 3 个 TU-12 复用为 TUG-2。

TUG-2 的周期为 125 μs，速率为

$$9 \times 12 \times 8 \times 8000 = 6.912 \text{ Mb/s}$$

(2) 7 个 TUG-2 复用为 TUG-3。

TUG-3 的周期为 125 μs，速率为

$$[(9 \times 12 \times 8) \times 7 + 9 \times 2 \times 8] \times 8000 = 49.536 \text{ Mb/s}$$

(3) 3 个 TUG-3 加上 VC-4 POH 和 2 列固定插入成为 VC-4。

VC-4 的周期为 125 μs，速率为

$$[9 \times (86 \times 3 + 3) \times 8] \times 8000 = 150.336 \text{ Mb/s}$$

(4) 定位。VC-4 加上 AU-4 PTR 后成为 AU-4。

AU-4 的速率为

$$(\text{VC-4 比特数} + \text{AU-4 PTR 比特数}) \times 8000 = \{[9 \times (86 \times 3 + 3) \times 8] + 9 \times 8\} \times 8000$$
$$= 150.912 \text{ Mb/s}$$

(5) 复用。将 AU-4 置入 AUG，速率不变；将 AUG 加上 SOH，成为 STM-1。

STM-1 的速率为

$$\text{AUG 速率} + \text{SOH 速率} = 150.912 \text{ Mb/s} + 9 \times 8 \times 8 \times 8000 = 155.520 \text{ Mb/s}$$

这样就构成了 STM-1 的速率。STM-1 的帧结构为 9 行 × 270 列个字节，每字节 8 bit，帧频为 8000 Hz。所以 STM-1 的最终速率为

$$9 \times 270 \times 8 \times 8000 = 155.520 \text{ Mb/s}$$

STM-N 的速率为

$$N \text{ 个 AUG 速率} + \text{SOH 速率} = 155.520N \text{ Mb/s}$$

2.4.4　映射的方法

映射是一种在 SDH 边界处使支路信号适配进 VC 的过程。各种速率先经过码速调整装入 C-n 中，再加入相应的 VC-n POH，形成 VC-n。

1. 高阶通道开销(HPOH)

高阶通道开销位于 VC-3、VC-4 帧结构的第一列，有 9 个字节，即 J1、B3、C2、G1、F2、H4、F3、K3、N1，分别如图 2-27、图 2-28 所示。

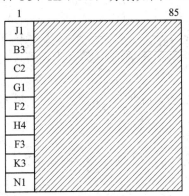
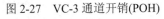

图 2-27　VC-3 通道开销(POH)

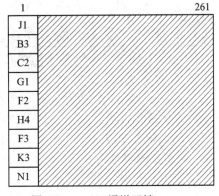

图 2-28　VC-4 通道开销(POH)

加入通道开销后，VC-3 的速率为 $9 \times 85 \times 8 \times 8000$ b/s；VC-4 的速率为 $9 \times 261 \times 8 \times 8000$ b/s。

9 个字节的功能如下：

J1——通道踪迹字节；

B3——通道 BIP-8 码字节；

C2——信号标识字节；

G1——通道状态字节；

F2、F3——通道使用者字节;

H4——通道使用者字节;

K3——自动保护倒换 APS 指令(前 4 bit);备用字节(后 4 bit);

N1——网络操作者字节。

2. 低阶通道开销(LPOH)

低阶通道开销位于 VC-1x、VC-2 的一个复帧各基帧的头一个字节。

VC-1x、VC-2 复帧结构的 POH 由 V5、J2、N2、K4 组成。加入 POH 的 VC-12 复帧结构如图 2-29 所示。有多种不同形式的复帧,适用不同容量的净负荷在网中传输。

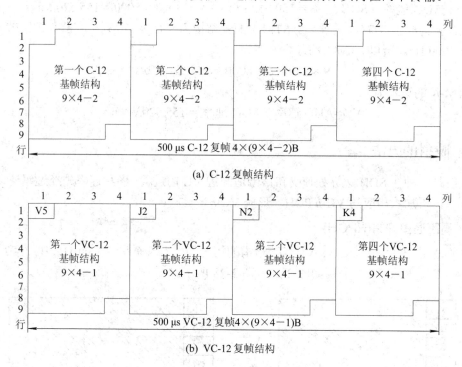

(a) C-12 复帧结构

(b) VC-12 复帧结构

图 2-29 加入 POH 的 VC-12 复帧结构

低阶通道开销的功能:

V5——通道状态功能;

J2——通道踪迹字节;

N2——网络操作者字节;

K4(b1～b4)——APS 通道;

K4(b5～b7)——远端缺陷指示;

K4(b8)——备用。

多种复帧形式的说明如下:

C-12 复帧:4 个 C-12 基帧(125 μs)映射到 VC-12 复帧(500 μs)。

C-12 复帧参数:周期为 500 μs,帧频为 2000 Hz,结构为 $4 \times (9 \times 4 - 2)$B;速率为 $4 \times (9 \times 4 - 2) \times 8 \times 2000$ b/s。

VC-12 复帧:在 4 个基帧的开头加上 LPOH 4 个字节,就可形成 VC-12 复帧。

VC-12 复帧参数：周期为 500 μs，帧频为 2000 Hz，结构为 $4 \times (9 \times 4 - 1)$B，速率为 $4 \times (9 \times 4 - 1) \times 8 \times 2000$ b/s。

C-11 复帧参数：周期为 500 μs，帧频为 2000 Hz，结构为 $4 \times (9 \times 3 - 2)$B，速率为 $4 \times (9 \times 3 - 2) \times 8 \times 2000$ b/s。

VC-11 复帧参数：周期为 500 μs，帧频为 2000 Hz，结构为 $4 \times (9 \times 3 - 1)$B，速率为 $4 \times (9 \times 3 - 1) \times 8 \times 2000$ b/s。

C-2 复帧参数：周期为 500 μs，帧频为 2000 Hz，结构为 $4 \times (9 \times 12 - 2)$B，速率为 $4 \times (9 \times 12 - 2) \times 8 \times 2000$ b/s。

VC-2 复帧参数：周期为 500 μs，帧频为 2000 Hz，结构为 $4 \times (9 \times 12 - 1)$B，速率为 $4 \times (9 \times 12 - 1) \times 8 \times 2000$ b/s。

3．映射举例

1）139.264 Mb/s 支路信号(H-4)的映射

该映射是异步映射，浮动模式。

(1) 139.264 Mb/s 支路信号装入 C-4。

该映射是正码速调整异步装入。

C-4 的子帧结构：容量 > 139.264 Mb/s，每行为 20×13 B = 260 B，周期为 125 μs。

特点：每行为一个子帧；每个子帧为一个速率调整单元，分成 20×13 字节块；每块的第一个字节依次为 W、X、Y、Y、Y、X、Y、Y、Y、X、Y、Y、Y、X、Y、Y、Y、X、Y、Z。其中，

$$W = IIIIIIII，\quad X = CRRRRROO，\quad Y = RRRRRRRR，\quad Z = IIIIIISR$$

I 表示信息比特；O 表示开销比特；R 表示固定插入非信息比特；C 表示正码速调整控制比特；S 表示正码速调整中调整的位置。

例如，C-4 子帧 = 260 B = 260×8 bit = 2080 bit，那么就有 I—1934 bit，O—10 bit，R—130 b/s，C—5 b/s，S—1 b/s，调整比特。

发送端：CCCCC=00000 时，S=I，无须插入比特；CCCCC=11111 时，S=R，调整比特，接收端将会剔出 R。

S = I 时，C-4 信息速率取得最大值 IC_{max}，即

$$IC_{max} = (1934 + 1) \times 9 \times 8000 = 139.320 \text{ Mb/s}$$

S = R 时，C-4 信息速率取得最小值 IC_{min}，即

$$IC_{min} = (1934 + 0) \times 9 \times 8000 = 139.248 \text{ Mb/s}$$

所以，139.264 Mb/s 支路信号的速率调整范围为

$$139.264 \pm 15 \times 10^{-6} = 139.261 \sim 139.266 \text{ Mb/s}$$

(2) C-4 装入 VC-4。

该映射是在 C-4 的 9 个子帧前分别插入 VC-4 POH 字节 J1、B3、C2、G1、F2、H4、F3、K3、N1，即可构成 VC-4 帧。

结构：$(260 + 1) \times 9$ B。

周期：125 μs。

速率：$261 \times 9 \times 8 \times 8000 = 150.336$ Mb/s。

139.264 Mb/s 支路信号(H-4)的映射过程如图 2-30 所示。

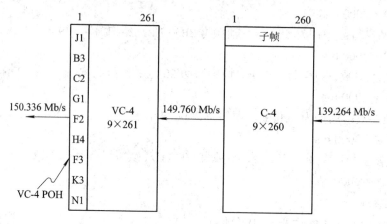

图 2-30　139.264 Mb/s 支路信号(H-4)的映射过程

2)　2.048 Mb/s 支路信号(H-12)的映射

该映射是异步映射，比特同步、字节同步均可；均需要复帧形式；异步映射需码速调整；同步映射不需要码速调整。

这里采用异步映射，过程如下：

(1) 将 2.048 Mb/s 装入 4 个基帧组成的复帧 C-12 中。

C-12 基帧：周期 = 125 μs，结构为 $9 \times 4 - 2$ B。

C-12 复帧：周期 = 500 μs，结构为 $4 \times (9 \times 4 - 2)$B。

(2) 标称 2.048 Mb/s 的速率比实际偏高或偏低时，需要调整码速。

(3) 在 C-12 复帧中加入 VC-1 POH 字节 V5、J2、N2、K4，可构成复帧 VC-12。

VC-12 总比特 $= 4 \times 8$(VC-1 POH) + 1023(信息) +

$\qquad$ 6(C1C2) + 1(调整 S2)+ 12(POH) +

$\qquad$ 46(固定插入 R)

$\qquad = 4 \times (9 \times 4 - 1) \times 8$

$\qquad = 1120$ bit

正码速调整：C1C2C3 = 000 时，S2 是 I；C1C2C3 = 111 时，S2 是调整比特。

2.048 Mb/s 支路信号异步映射成 VC-12(复帧)的原理如图 2-31 所示。

低阶通道开销位置示意图如图 2-32 所示。

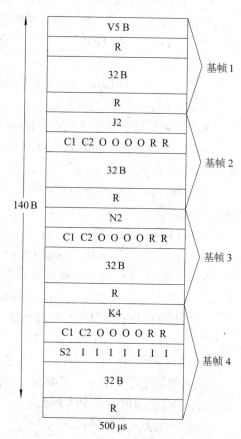

图 2-31　2.048 Mb/s 支路信号异步

映射成 VC-12(复帧)的原理

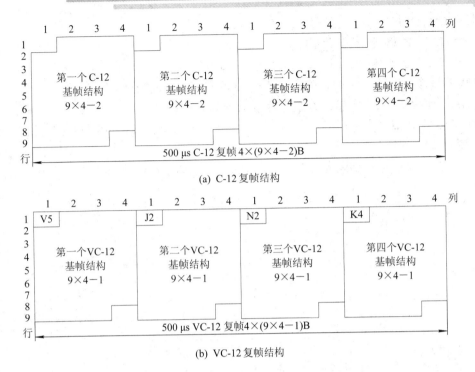

(a) C-12 复帧结构

(b) VC-12 复帧结构

图 2-32　低阶通道开销(LPOH)位置示意图

2.4.5　定位

定位的作用是将帧偏移信息收进 TU 和 AU。其步骤如下:

(1) 在 VC 上附加 TU-PTR 或 AU-PTR 指针指示。

(2) 确定低阶 VC 在 TU 净负荷中的起点位置或确定高阶 VC 在 AU 净负荷中的起点位置。

(3) 发现相位偏差、帧起点浮动时,指针随之调整,以保证指针准确指示 VC 帧的起点位置。

指针作用如下:

(1) 网络同步时,指针用来同步信号间的校准。

(2) 网络失同步时(准同步),指针用来进行频率和相位的校准;异步工作时,指针用作频率跟踪校准。

(3) 容纳网络中的频率抖动和漂移。

1. VC-4 在 AU-4 中的定位

1) AU-4 PTR

VC-4 进入 AU-4 时,应加上 AU-4 PTR,即 AU-4 = VC-4 + AU-4 PTR。AU-4 PTR 的位置位于 VC-4 前 9 列第 4 行的对应位置。

$$\text{AU-4 PTR} = \text{H1YYH21*1*H3H3H3}$$

其中,Y = 1001SS11,SS 为未规定比特。H1H2 = NNNN SS ID IDIDIDID。NNNN 是 NDF 新数据标识;SS 是指针标识;IDIDIDIDID 是 10 个 bit 指针值,I 表示增加比特、D 表示减

少比特；1*=11111111。

3 个 H3 用于 VC 帧速率调整。

10 个 bit 用于调整 VC-4 净负荷 $9 \times 261 = 2349$ B：

(1) 每 3 个字节为一个调整单位，共有 $2349/3 = 783$ 个调整单位。

(2) ID 比特共有 $2^{10} = 1024$ 个值，足以表示 783 个调整单位。

(3) 783 个调整单位分别用 000、111、222、…、781 781 781、782 782 782 指针调整单位序列表示。

图 2-33 中 000 的位置是从 AU-4 PTR 后的第一个调整单位算起的。

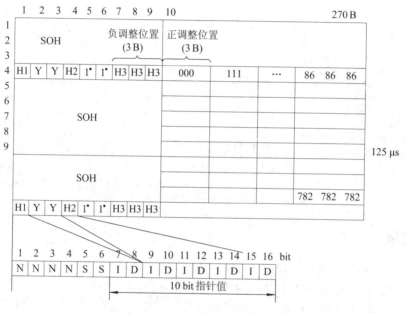

图 2-33　指针位置和偏移编号

2) 速率调整

(1) 正调整。

• 假定 VC-4 的前 3 个字节在 000 位置，即指针为 0。

• 当 VC-4 速率小于 AU-4 速率时，应提高 VC-4 的速率。

• 在 VC-4 的第一个字节 J1 前插入 3 个伪字节，放在 000 指针位置上。

• 指针格式中的 NNNN 由稳定态 0110 变为调整态 1001，ID10 bit 中的 I 全部反转，由 0000000000 变为 1010101010。

• VC-4 在时间上向后推移一个调整单位，10 bit 指针加 1，由 0000000000 变为 0000000001。VC-4 的前 3 个字节后移至 111 位置。

• 正码速调整的相邻两次操作间隔要大于 3 帧。调整一次，指针应在下 3 帧内保持不变，第 4 帧方可再调整，NNNN 重新恢复稳定值。

说明：指针的最大值为 782，加 1 后恢复为 0。

(2) 负调整。

• 假定 VC-4 的前 3 个字节在 000 位置，即指针为 0。

• 当 VC-4 速率大于 AU-4 速率时，应降低 VC-4 的速率。

- 将 VC-4 的前 3 个字节左移放在 AU-4 PTR 的 H3H3H3 位置上。
- 指针格式中的 NNNN 由稳定态 0110 变为调整态 1001，10 bit 中的 D 全部反转，由 0000000000 变为 0101010101。
- VC-4 在时间上向前推移一个调整单位，10 bit 指针减 1，由 0000000000 变为 1100001110(782)。
- 负码速调整的相邻两次操作间隔要大于 3 帧。调整一次，指针应在下 3 帧内保持不变，第 4 帧方可再调整，NNNN 重新恢复稳定值。

说明：指针的最小值为 0，减 1 后恢复为 782。

3) 举例

(1) 假定上一稳定帧指针为 6：

$$\text{NNNN}\quad\text{SS}\quad 10\text{ bit} = \underline{0110}\ \underline{10}\ \underline{0000000110}$$

其中，0110 表示是稳定态；10 表示 AU-4；0000000110 表示指针为 6。

(2) 本帧速率偏差，正调整：

$$\text{NNNN}\quad\text{SS}\quad 10\text{ bit} = \underline{1001}\ \underline{10}\ \underline{1010101010}$$

其中，1001 表示是调整态；10 表示 AU-4；1010101010 中 I 反转为 1。

(3) 确定了新的指针后，进入稳定态：

$$\text{NNNN}\quad\text{SS}\quad 10\text{ bit} = \underline{0110}\ \underline{10}\ \underline{0000000111}$$

其中，0110 是调整态；10 表示 AU-4；0000000111 表示新的指针为 7。

指针调整小结如表 2-4 所示。

表 2-4　指针调整小结

N	N	N	N	S	S	I	D	I	D	I	D	I	D	I	D
新数据标识(NDF)表示所载净负荷容量有变化； 净负荷无变化时，NNNN 为正常值"0110"； 在净负荷有变化的那一帧，NNNN 反转为"1001"，即 NDF； NDF 出现的那一帧指针值随之改变为指示 VC 新位置的新值，称为新数据；若净负荷不再变化，下一帧 NDF 又返回到正常值"0110"并至少在 3 帧内不作指针值增减操作				AU 类别 对于 AU-4 SS = 10		10 bit 指针值： 　AU-4 指针值为 0~782；指针值指示了 VC 帧的首字节 J1 与 AU 指针中最后一个 H3 字节间的偏移量。 指针调整规则： 　(1) 在正常工作时，指针值确定了 VC-4 帧在 AU-4 帧内的起始位置，NDF 设置为"0110"； 　(2) 若 VC 帧速率比 AU 帧速率低，5 个 I 比特反转表示要作正帧频调整，该 VC 帧的起始点后移，下一帧中的指针值是先前指针值加 1； 　(3) 若 VC 帧速率比 AU 帧速率高，5 个 D 比特反转表示要作负帧频调整，负调整位置 H3 用 VC 的实际信息数据重写，该 VC 帧的起始点前移，下一帧中的指针值是先前指针值减 1； 　(4) 当 NDF 出现更新值 1001 时，表示净负荷容量有变，指针值也要相应地增减，然后 NDF 回归正常值 0110； 　(5) 指针值完成一次调整后，至少停 3 帧，方可有新的调整； 　(6) 收端对指针解码时，除仅对连续 3 次以上收到的前后一致的指针进行解读外，将忽略任何指针的变化										

2. VC-12 在 TU-12 中的定位

1) TU-12 指针

V1、V2、V3、V4 分别为 TU-12 基帧的指针。在 VC-12 基帧结构的基础上加入指针即可构成 TU-12，VC-12 基帧结构和 TU-12 指针位置如图 2-34 所示。

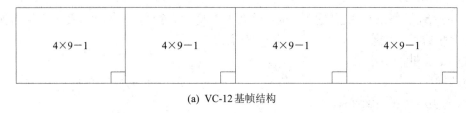

(a) VC-12 基帧结构

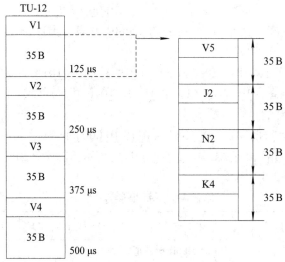

(b) TU-12 指针位置

图 2-34   VC-12 基帧结构及 TU-12 指针位置

图 2-34 中，

$$V1V2 = \underline{NNNN}\ \underline{SS}\ \underline{IDIDIDIDID}$$

其中，$\underline{NNNN}$ 表示 NDF 新数据标识；$\underline{SS}$ 表示指针标识，SS = 10→TU-12，SS = 11→TU-11，SS = 00→TU-2；$\underline{IDIDIDIDID}$ 表示 10 个比特指针值，I 表示增加比特，D 表示减少比特。

2) TU-12 指针调整原理

TU-12 指针调整原理与 AU-4 原理相同，区别是 TU-12 只有一个调整字节，而 AU-4 有 4 个调整字节。

2.4.6   复用

复用使多个低阶通道层的信号适配进高阶通道，或把多个高阶通道层信号适配进复用层，即以字节交错间插方式把 TU 组织进高阶 VC 或把 AU 组织进 STM-N。

SDH 复用为同步复用。TU 和 AU 指针处理后的各 VC 支路已实现相位同步。

1. TU-12 复用进 TUG-2，再复用进 TUG-3

(1) 3 个 TU-12 按字节间插复用进 1 个 TUG-2；1 个 TU-12 基本帧为 9 行 × 4 列 = 36 字节；1 个 TUG-2 为 9 行 × 12 列 = 108 字节。

(2) 7 个 TUG-2 按字节间插复用进 1 个 TUG-3；TUG-3 的前两列为插入字节，所以，TUG-3 共有

$$9 \text{ 行} \times (12 \times 7 + 2) \text{ 列} = 9 \text{ 行} \times 86 \text{ 列} = 774 \text{ 字节}$$

TU-12 复用进 TUG-2，再复用进 TUG-3 的过程如图 2-35 所示。

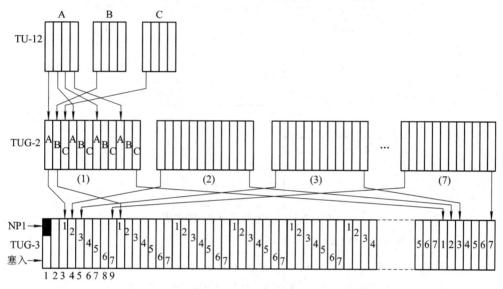

图 2-35　TU-12 复用进 TUG-2，再复用进 TUG-3 的过程

2. 3 个 TUG-3 复用进 VC-4

VC-4 共有

$$9 \text{ 行} \times (3 \times 86 + 1 + 2) \text{ 列} = 9 \text{ 行} \times 261 \text{ 列} = 2349 \text{ 字节}$$

其中，括号内的 1 表示在第 1 列插入的 POH 信号；2 表示在第 2、3 列插入固定字节 POH 信号。3 个 TUG-3 复用进 VC-4 的过程如图 2-36 所示。

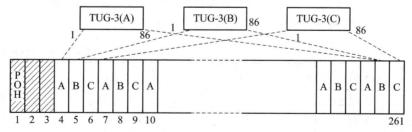

图 2-36　TUG-3 复用进 VC-4 的过程

3. AU-4 复用进 AUG

因为 AU-4 = VC-4 + AU-4PTR，即将 VC-4 加上管理单元指针后就成为 AU-4，而 AU-4 和 AUG 之间有固定相位关系，所以将 AU-4 直接置入 AUG 即可。VC-4 复用进 AUG 的过程如图 2-37 所示。

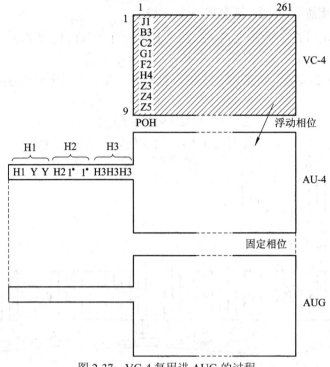

图 2-37　VC-4 复用进 AUG 的过程

4. N 个 AUG 复用进 STM-N 帧

N 个 AUG 按字节间插复用，再加上 SOH 形成 STM-N 帧，N 个 AUG 与 STM-N 帧有确定的相位关系。将 N 个 AUG 复用进 STM-N 的过程如图 2-38 所示。

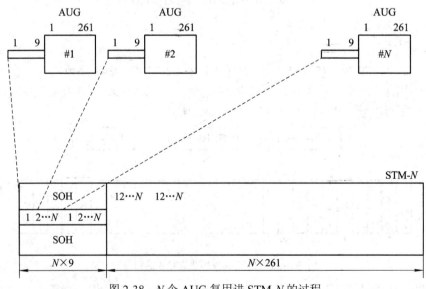

图 2-38　N 个 AUG 复用进 STM-N 的过程

5. 2.048 Mb/s 信号映射、定位、复用过程回顾

1) 映射

2.048 Mb/s(进入)→C-12(加 VC-12POH)→VC-12。

VC-12 复帧：帧周期为 500 μs，结构为 $4 \times (4 \times 9 - 1)$，速率为

$$4 \times (4 \times 9 - 1) \times 8 \times 2000 = 2.240 \text{ Mb/s}$$

2) 定位

VC-12(加 TU-12PTR)→TU-12。

TU-12 复帧：帧周期为 500 μs，结构为 $4 \times (4 \times 9 - 1) + 4$(定位)，速率为

$$[4 \times (4 \times 9 - 1) + 4] \times 8 \times 2000 = 2.304 \text{ Mb/s}$$

3) 复用

(1) $3 \times$ TU-12(复用)→TUG-2：TUG-2 周期 125 μs，速率为

$$9 \times 12 \times 8 \times 8000 = 6.912 \text{ Mb/s}$$

(2) $7 \times$ TUG-2(复用)→TUG-3：TUG-3 周期为 125 μs，速率为

$$[(9 \times 12 \times 8) \times 7 + 9 \times 2 \times 8] \times 8000 = 49.536 \text{ Mb/s}$$

(3) $3 \times$ TUG-3(+VC-4 POH 和 2 列固定插入)→VC-4：VC-4 周期 125 μs，速率为

$$[(9 \times (86 \times 3 + 3)) \times 8] \times 8000 = 150.336 \text{ Mb/s}$$

(4) 定位。VC-4(加上 AU-4 PTR)→AU-4：AU-4 速率为

$$(\text{VC-4 比特数} + \text{AU-4 PTR 比特数}) \times 8000 = \{[9 \times (86 \times 3 + 3)] \times 8] + 9 \times 8\} \times 8000$$
$$= 150.912 \text{ Mb/s}$$

(5) 复用。AU-4(置入)→AUG，速率不变；AUG(加上 SOH)→STM-1。

STM-1 速率为

$$\text{AUG 速率} + \text{SOH 速率} = 150.912 + 9 \times 8 \times 8 \times 8000 = 155.520 \text{ Mb/s}$$

即 STM-1 速率为 $70 \times 9 \times 8 \times 8000 = 155.520$ Mb/s。

小　　结

TDM 是指数字基带信号传输中各路信号按不同的时隙进行传输，其频域特性是混叠的。TDM 信号的带宽与抽样速率及复用路数有关，TDM 系统需要严格的同步。但总的来说，TDM 系统使用数字逻辑器件，且对滤波器特性要求不高，应用较为广泛，多用于数字通信中。

准同步数字体系(PDH)对不同话路数和不同速率进行复接，形成了一个系列。有两种 PDH 传输制式，一种是 30/32 路制式，在中国和欧洲一些国家使用；另一种是 24 路制式，在日本和北欧一些国家使用。

根据复接器输入支路数字信号是否与本地定时信号同步，可将复接分为同步复接和异步复接，而绝大多数异步复接都属于准同步复接。准同步复接有正码速调整、负码速调整和正/零/负码速调整。

SDH 是由一些网络单元组成的、在光纤上进行同步信息传输、复用和交叉连接的网络。SDH 有一套标准化的信息结构等级(即同步传递模块)，并且全世界有统一的速率，其帧结构为页面式的。SDH 最主要的特点是拥有同步复用、标准的光接口和强大的网络管理能力，而且 SDH 与 PDH 完全兼容。

SDH 复用结构显示了将 PDH 各支路信号通过复用单元复用进 STM-N 帧结构的过程。

我国主要采用的是将 2.048 Mb/s、34.368 Mb/s(用得较少)及 139.264 Mb/s PDH 支路信号复用进 STM-N 帧结构。SDH 的基本复用单元包括标准容器 C、虚容器 VC、支路单元 TU、支路单元组 TUG、管理单元 AU 和管理单元组 AUG。

　　将 PDH 支路信号复用进 STM-N 帧的过程要经历映射、定位和复用三个步骤。

思考与练习 2

2.1　SDH 帧结构分为哪几个区域？各自的作用是什么？

2.2　通过 STM-1 帧结构计算 STM-1、SOH 和 AU-PTR 的速率。

2.3　简述数字复接原理。

2.4　数字复接器和分接器的作用是什么？

2.5　准同步复接和同步复接的区别是什么？

2.6　为什么数字复接系统中二次群的速率不是一次群(基群)的 4 倍？

2.7　采用什么方法可以形成 PDH 高次群？

2.8　为什么复接前首先要解决同步问题？

2.9　数字复接的方法有哪几种？PDH 采用的是哪一种？

2.10　为什么同步复接要进行码速变换？简述同步复接中的码速变换与恢复过程。

2.11　异步复接中的码速调整与同步复接中的码速变换有什么不同？

2.12　异步复接码速调整过程中，每个一次群在 100.38 μs 内插入几个比特？

2.13　异步复接二次群的数码率是如何算出的？

2.14　为什么说异步复接二次群的一帧中最多有 28 个插入码？

2.15　什么叫 PCM 零次群？PCM 一至四次群的接口码型分别是什么？

2.16　网络节点接口的概念是什么？

2.17　SDH 的特点有哪些？

2.18　由 STM-1 帧结构计算出：

　　(1)　STM-1 的速率；

　　(2)　SOH 的速率；

　　(3)　AU-PTR 的速率。

2.19　STM-1 帧结构中，C-4 和 VC-4 的容量分别占百分之多少？

2.20　简述 139.264 Mb/s 支路信号复用映射进 STM-1 帧结构的过程。

2.21　映射的概念是什么？

2.22　定位的概念是什么？指针调整的作用是什么？

2.23　同步复接二次群一帧中有 4 bit 的传输公务电话的呼叫码，计算其传输速率。

2.24　重叠和错位的概念有何区别？

2.25　STM-1 的传输速率是多少？最大容量是多少个 2 M 口？

2.26　VC-12 含有多少个 2 M 口？传输速率是多少？

2.27　C-12 传输速率是多少？TU-12 传输速率是多少？

2.28　画出 2.048 Mb/s 支路的异步映射图。

2.29 画出 VC-4 到 STM-1 的映射图。

2.30 画出下列各种容器的结构图并计算出其速率。

C-4：周期 = 125 μs，结构为 260×9；

C-3：周期 = 125 μs，结构为 84×9；

C-2：复帧周期 = 500 μs，结构为 $4 \times (12 \times 9 - 2)$;

C-12：复帧周期 = 500 μs，结构为 $4 \times (4 \times 9 - 2)$;

C-11：复帧周期 = 500 μs，结构为 $4 \times (3 \times 9 - 2)$。

2.31 画出下列各种虚容器的结构图并计算出其速率。

VC-4：周期 = 125 μs，结构为 261×9；

VC-3：周期 = 125 μs，结构为 85×9；

VC-2：复帧周期 = 500 μs，结构为 $4 \times (12 \times 9 - 1)$;

VC-12：复帧周期 = 500 μs，结构为 $4 \times (4 \times 9 - 1)$;

VC-11：复帧周期 = 500 μs，结构为 $4 \times (3 \times 9 - 1)$。

2.32 画出下列各种 TU 和 AU 的结构图并计算出其速率。

AU-4：周期 = 125 μs，结构为 $261 \times 9 + 9$；

AU-3：周期 = 125 μs，结构为 $87 \times 9 + 3$；

TU-3：复帧周期 = 125 μs，结构为 $85 \times 9 + 3$；

TU-2：复帧周期 = 500 μs，结构为 $4 \times (4 \times 9)$;

TU-12：复帧周期 = 500 μs，结构为 $4 \times (4 \times 9)$;

TU-11：复帧周期 = 500 μs，结构为 $4 \times (3 \times 9)$。

第 3 章

微波与卫星通信

【本章教学要点】

- 微波通信技术
- 微波通信系统
- 卫星通信技术
- 卫星通信系统

作为传输介质，微波有着其他通信方式无法比拟的优点。微波中继通信系统以及现有的微波宽带通信系统是已经商用的系统。从通信系统使用的信道传输频率来看，属于微波通信系统的有卫星通信系统、地面微波中继通信系统、本地多点分配接入系统(LMDS)等。

3.1　微波通信技术

微波通信所使用的频段为 300 MHz～300 GHz，相应的波长为 1 m～0.1 mm。人们习惯上将微波划分为分米波、厘米波、毫米波和亚毫米波波段。通常用不同的字母代表不同的微波波段，如 S 代表 10 cm 波段、C 代表 5 cm 波段、X 代表 3 cm 波段、Ka 代表 8 mm 波段、U 代表 6 mm 波段、F 代表 3 mm 波段等。微波的主要特性如下：

(1) 似光性。微波的波长范围为 0.1 mm～1 m，与地球上的物体(如飞机、舰船、建筑物)的尺寸相比小得多或属于同一个数量级，故当微波照射到这些物体上时将产生强烈的反射。微波的这种直线传播特性与光线的传播特性相似，所以称微波具有"似光性"，利用这一特性可实现无线电定位。超视距微波通信就是依靠中继站进行长距离信号传输的。

(2) 高频性。微波的振荡周期为 $10^{-9}\sim10^{-13}$ s，利用微波的高频特性可以设计制造出微波振荡、放大与检波等器件，如磁控管、行波管等。同时，由于微波的频率高、频带宽、传输信息容量大，所以大信息量的无线传输大多采用微波通信。

(3) 穿透性。微波照射到媒质时具有良好的穿透性，云、雾、雪等对微波的传播影响小，这为微波遥感和全天候通信奠定了基础。同时，1～10 GHz、10～30 GHz、91 GHz 附近波段的微波受电离层影响较小，从而成为人类探测太空的"宇宙之窗"，为射电天文学、卫星通信、卫星遥感提供了宝贵的无线电通道。

(4) 散射性。利用微波的散射性，可以进行远距离的微波散射通信，也可以根据散射的特征进行微波遥感。

(5) 抗干扰性。由于微波的频率很高，一般自然界和电气设备产生的人为电磁干扰的频率与其差别很大，所以基本上不会影响微波通信，即它的抗干扰能力强。

(6) 热效应。微波在有耗媒质中传播时，会使媒质分子相互碰撞、摩擦，从而使媒质发热，微波炉就是利用这一效应制成的。同时，这一效应也成了有效的理疗方式，是微波医学的基础。

由此可见，利用微波进行通信具有频带宽、信息传输量大、抗自然和人为干扰能力强的优点，因此微波通信技术得到了越来越广泛的应用。

3.1.1 微波中继通信

微波传输是沿直线进行的，但地球是一个球体，地面自然是曲面，这样，微波在地面上的传播距离只能局限在视距以内，其视线传播距离取决于发射天线和接收天线的高度。设发射天线和接收天线的高度(单位为 m)分别为 h_1 和 h_2，考虑到地球表面大气层对微波折射的影响，则视距传播距离(单位为 km)为

$$L = 4.12(\sqrt{h_1} + \sqrt{h_2}) \tag{3-1}$$

视距传播距离一般可达到 50 km 左右。当两点距离超过 50 km 时，则必须在它们之间设立相互距离小于视线距离的多个中继站，这样就构成了微波中继通信，如图 3-1 所示。常用的微波中继转接方式有再生转接、中频转接和微波转接，如图 3-2 所示。

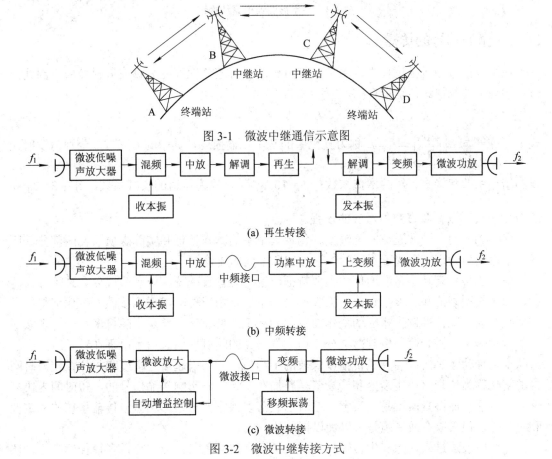

图 3-1　微波中继通信示意图

(a) 再生转接

(b) 中频转接

(c) 微波转接

图 3-2　微波中继转接方式

3.1.2　数字微波通信的特点

微波通信分为模拟微波通信和数字微波通信两种制式。模拟微波通信用于传输频分多路-调频制(FDM-FM)基带信号；数字微波通信用于传输数字基带信号。远距离的微波中继传输一般都采用数字通信的方式。

数字微波通信的优点：① 抗干扰能力强，整个线路噪声不积累；② 保密性强，便于加密；③ 器件便于固态化和集成化，设备体积小，耗电少；④ 便于组成综合业务数字网(ISDN)。

数字微波通信的不足：① 因为要求传输信道带宽较宽，因此会产生频率选择性衰落；② 抗衰落技术复杂。

数字微波通信系统主要由发射端、微波信道和接收端三部分构成，如图 3-3 所示。不论信源提供的是数字信号，还是模拟信号，最终都将经编码器转变成符合传输要求的数字信号，再经微波信道传输，最后解码器将接收到的信号还原为原始信号传给信宿。

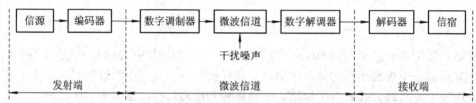

图 3-3　数字微波通信系统框图

3.1.3　微波信号的传播

在微波信号的传播过程中，由于大气对微波不可避免地存在吸收或散射效应，因此，传输损耗不能忽视。传输损耗(单位为 dB)为

$$L = L_f - A \tag{3-2}$$

式中，$L_f = \dfrac{P_i}{P_R} = \left(\dfrac{4\pi r}{\lambda}\right)^2 \dfrac{1}{G_i G_R}$，称为真空中的基本传输损耗，其中的 G_i 和 G_R 分别为发射天线的增益系数和接收天线的增益系数；$A = 10 \lg \dfrac{E}{E_0}$，称为信道的衰减系数，其中的 E 和 E_0 分别为实际场强和真空中对应的场强。

式(3-2)表明，微波通信的传输损耗包括真空中的基本损耗和实际媒质损耗两部分。所以，信道的传输衰减取决于不同的传输方式和不同的传输媒质。

信道的传输衰减是微波通信的主要特征，这种传输衰减统称为衰落现象。衰落分为两种，即吸收型衰落和干涉型衰落。吸收型衰落主要是由于传输媒质电参数的变化使得信号在媒质中的衰减特性发生相应的变化而引起的；干涉型衰落主要是由随机多径干涉现象引起的。衰落又有慢衰落和快衰落之分。由大气气象的随机性引起信号电平在较长时间内的起伏变化称为慢衰落；由天线传播或媒质的不均匀传播而引起信号幅度和相位在较短时间内的变化称为快衰落。快衰落和慢衰落是叠加在一起共同影响传输信号的，短时间内快衰落表现明显，而慢衰落不易被察觉。信号的衰落现象将严重地影响微波传输系统的稳定性和可靠性，但采取有效措施是可以加以控制的。

无线电波通过媒质除产生传输损耗外，由于媒质的色散效应和随机多径传输效应，还会产生振幅失真和相位失真。色散效应是不同频率的无线电波在媒质中的传播速度有差别而引起的信号失真。载有信号的无线电波都占据一定的频带,当电波通过媒质传播到达接收端时,由于各频率成分传播速度不同,因而不能保持原来信号中的相位关系,引起波形失真;至于色散效应引起信号畸变的程度,则要结合具体信道的传输情况而定。多径传输也会引起信号畸变,因为无线电波在传播时通过两个以上不同长度的路径到达接收端,接收天线获得的信号是几个不同路径传来的信号的总和。

3.1.4　微波通信的频率配置

微波通信的频带虽然很宽,几乎是普通无线电波长、中、短波各波段带宽总和的 1000 倍。为避免各种应用之间的相互干扰,同时也为了提高无线电频率资源的利用效率,人们对频率的使用进行了划分。

微波通信频率配置的基本原则是使整个微波传输系统中的相互干扰最小、频带利用率最高。频率配置应包括微波通信线路中各个微波站上多波道收、发信频率的确定,并根据选中的中频频率确定收、发本振频率,因此应考虑的因素如下:

(1) 在一个中间站,单向波道的收信和发信必须使用不同的频率,而且要在频率间留有足够的间隔,以避免收、发信号之间相互干扰;

(2) 多波道同时工作时,相邻波道频率之间必须有足够的间隔,以免发生邻波道之间的干扰;

(3) 整个频谱安排必须紧凑合理,使给定的通信频段能得到有效的利用,并有较高的传输速率;

(4) 多波道系统一般使用公用天线(减少微波天线塔的建设),所以选用的频率配置方案应有利于天线公用,既能降低天线建设总投资,又能满足技术指标的要求;

(5) 不应产生镜像干扰,即不允许某一波道的发信频率等于其他波道收信机的镜像频率。

我国国家无线电管理委员会根据国际电联组织 ITU-R 关于波道频率配置的建议,公布了我国使用的三种频率配置方案。

1. 集体排列配置方案

射频波道可以分为收信波道和发信波道。通常的做法是将某一频段的 $2n$ 个波道分割成低端与高端两段,每段有 n 个波道,分别为 f_1, f_2, $\cdots$, f_n 和 f_1', f_2', $\cdots$, f_n'。对某台收发信机来说,如果发信波道取低端的 f_i,那么收信波道一定取高端相应的 f_i',反之亦然,如图 3-4 所示。这样 f_i 和 f_i' 就组成了一对波道,整个频段共有 n 对波道。还规定 $f_i' - f_i$ 为同一对波道的收、发中心频率间隔,f_0 为中心频率,n 为工作波道对的数目,Δf_B 为占用带宽(单位为 MHz),并有

$$\Delta f_B = 2(n-1)XS + YS + 2ZS \tag{3-3}$$

式中,XS 为波道间隔;YS 为中心频率附近相邻的收、发信波道间隔;ZS 为相邻频段间的保护间隔。

集体排列配置方案的优点是收、发信频段中相邻频点的工作电平基本相同,所以相互影响较小。这是常用的方法。在集体排列方案中,相邻收(发)信频率间隔可以小一些,而收、发信频率间隔却可以选得大一些。

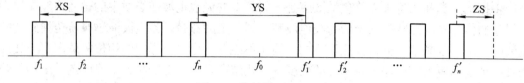

图 3-4　集体排列配置方案

2. 交替波道配置方案

为了使更多的波道能够共用天线并减小系统内的干扰,现在微波天线大多采用双极化天线。对于双极化天线和圆馈线,通常使用两种互相垂直的极化波:水平极化波和垂直极化波。这两种极化波互相垂直,它们之间的影响很小。交替波道配置方案的奇数和偶数波道会分别使用不同的极化方法,这种方案可以减小邻道干扰。

3. 同波道交叉极化配置方案

为了提高频谱利用率,可以采用同波道交叉极化配置方案。为了更好地减小交叉极化干扰的影响,又提出了波道中心频率交替的同波道交叉极化频率复用方案。

另外,根据 CCIR 第 746 号建议,SDH 微波通信系统的射频波道配置方法与现有的射频波道配置方法兼容,便于 SDH 微波传输系统的推广,尽量减小对现有 PDH 微波传输系统的影响。原有 PDH 微波传输系统单波道传输的最高速率为 140 Mb/s,波道的最大带宽小于 30 MHz。在小于 30 MHz 的波道带宽内传输 SDH 的各个等级速率有着很大的技术难度。为了适合 SDH 微波传输的需求,CCIR 将微波波道的最大传输带宽提高到 40 MHz。加拿大北方电信采用 512 QAM 调制及双波道并行传输的方法,利用两个 40 MHz 波道传输 STM-4 的信息速率;日本公司使用同波道交叉极化的方法,在一个波道中传输 2 × STM-1 的信息速率,并且 30 MHz 和 40 MHz 两种波道带宽分别使用 128QAM 和 64QAM 的调制方法,较好地实现了与 PDH 微波传输系统的兼容。

1～30 GHz 数字微波接力通信系统容量系列及射频波道配置的国家标准中规定 1.5 GHz 和 2 GHz 频段的波道带宽较窄,取 2 GHz、4 GHz、8 GHz、14 GHz 波道带宽用于中、小容量的信号传输;4 GHz、5 GHz、6 GHz 频段的电波传输条件较好,用于大容量的高速率信号传输,如 SDH 信号的传输。部分射频波道的配置参数见表 3-1。

表 3-1　部分射频波道的配置参数

工作频段 /GHz	频率范围 /MHz	传输容量 /(Mb/s)	中心频率 f_0/MHz	占用频率 /MHz	工作波道数 n/对	XS /MHz	YS /MHz	同一波道收、发间隔 /MHz
2	1700～1900	8.448	1808	200	6	14	49	119
2	1900～2300	34.368	2101	400	6	29	68	213
4	3400～3800	2 × 34.368	3592	400	6	29	68	213
4	3800～4200	139.264	4003.5	400	6	29	68	213
6	6430～7110	139.264	6770	680	8	40	60	340
7	7125～7425	8.448	7275	300	20	7	28	161
8	7725～8275	34.368	8000	500	8	29.65	103.77	311.32
11	10 700～11 700	2 × 34.368 139.264	11 200	1 000	12	40	90	530

3.1.5　信号的传输与复用

目前在长距离微波通信干线中以传输数字信号为主，构成了数字微波通信系统；常用脉冲形式的基带序列对中频频率为 70 MHz 或 140 MHz 的信号进行调制，然后再变换到微波频率进行传输。

在 SDH 数字微波通信系统中，采用多进制编码的 64QAM、128QAM、256QAM、512QAM 调制方式。同时还采用多载频的传输方式，如采用 4 个载频使每个载频都用 256QAM 调制方式传输 100 Mb/s 的信息，这样一个波道的 4 个载频同时传输，就可以传输 4 倍这样的信息，而其占用的频谱却与只用一个载频传输时所占用的频谱相当。数字微波就可朝着既扩大容量，又不占用较大信道带宽的方向发展。

目前，广泛采用的多路复用方式有两种：频分多路复用(FDM)和时分多路复用(TDM)。FDM 是从频域的角度进行分析的，它使各路信号在频率上彼此分开，而在时域上相互混叠；TDM 是从时域的角度进行分析的，它使各路信号在时间上彼此分开，而在频域上相互混叠。

模拟信号一般采用频分多路复用的方式，各路用户信号采用单边带调制(SSB)将其频谱分别搬移到互不重叠的频率上，形成多路复用信号，然后在一个信道中同时传输；接收端用滤波器将各路信号分离。由于使用频率来区分信号，故称之为频分多路复用。

在频分多路复用中，信道的可用频带被分成若个干彼此互不重叠的频段，每路信号占据其中的一个频段。为了使各路信号的频谱互不重叠，在各路信号的发送端都使用了适当的滤波器。若不考虑信道中所引入的噪声和干扰的影响，在接收端进行信息接收时，各路信号应严格地限制在本信道通带之内。这样，当信号经过带通滤波器之后，就可提取出各自信道的已调波，然后通过解调器、低通滤波器获得原信号。

频分多路复用系统中的主要问题在于各路信号之间存在相互干扰。这是由于系统非线性器件的影响使各路信号之间产生了组合波，当其落入本波道通带之内时，就构成了干扰。特别值得注意的是，信道传输中的非线性所造成的干扰是无法消除的，因而频分复用系统对系统线性的要求很高，同时还必须合理地选择各路载波频率，并在各路载波频带之间增加保护带宽来减小干扰。

对数字信号而言，通常采用时分多路复用方式。它将一条通信线路的工作时间周期性地分割成若干个互不重叠的时隙，分配给若干个用户，每个用户分别使用指定的时隙。这样，多路信号可在时间轴上互不重叠地穿插排列在同一条公共信道上进行传输。因此在接收端可以利用适当的选通门电路在各时隙中选出各路用户的信号，然后再恢复成原来的信号。

3.1.6　信号的调制与解调

在数字微波通信系统中，常用脉冲形式的基带序列对中频频率为 70 MHz 或 140 MHz 的信号进行调制，然后再变换到微波频率进行传输。

在数字调制中以正弦波作为载波信号，用数字基带信号键控正弦信号的振幅、频率和相位，便可得到振幅键控(ASK)、频移键控(FSK)和相移键控(PSK 及 DPSK)三种基本调制方式。其中相移键控在卫星通信中使用较多。另外，正交振幅调制(Quadrature Amplitude Modulation，QAM)、最小频移键控(MSK)和高斯最小频移键控(GMSK)也得到较多应用。

3.1.7　编解码技术

1. 信源编码技术

信源编码是指先将语音、图像等模拟信号转换成为数字信号，然后再根据传输信息的性质采用适当的方式进行编码。为了降低系统的传输速率，提高通信系统效率，需对语音或图像信号进行频带压缩传输。

数字微波通信系统采用的最基本的语音编码方式为标准的脉冲编码调制(PCM)方式，即以奈奎斯特抽样定理为基准，将频带宽度为 300～3400 Hz 的语音信号变换成编码速率为 64 kb/s 的数字信号，调制后经微波线路传输，然后在接收端进行解调，经数模(D/A)转换便恢复出原有的模拟信号。系统可以在有限的传输带宽内保证系统的误码性能，实现高质量的信号传输。在数字系统中所采用的语音信号的基本编码方式包括三大类：波形编码、参数编码和混合编码。

(1) 波形编码是直接将时域信号变为数字代码的一种编码方式，如 PCM、ΔM、ADPCM、SBC、VQ 等。

(2) 参数编码是以发音机制模型为基础直接提取语音信号的一些特征参量，并对其进行编码的一种编码方式。其基本原理是先由语音产生的条件建立语音信号产生的模型，然后提取语音信号中的主要参量，经编码发送到接收端；接收端经解码恢复出与发送端相应的参量，再根据语音产生的物理模型合成并输出相应语音。也就是说，参数编码采取的是语音分析与合成的方法，其特点是可以大大压缩数码率，因而获得了广泛的应用。当然，其语音质量与波形编码方式下的相比要差一点。

(3) 混合编码是一种综合编码方式，它吸取了波形编码和参数编码的优点，使编码数字语音中既包括语音特征参量，又包括部分波形编码信号。

无论是 PCM 信号还是 ΔM 信号，其所占用的频带宽度均远大于模拟语音信号。因此，人们长期以来一直在进行降低数字化语音占用频带的工作，即在相同质量指标条件下降低数字化语音的数码率，以提高数字通信系统的频带利用率。这一点对于频率资源十分紧张的超短波陆地移动通信、卫星通信系统等非常有实用意义。

通常把编码速率低于 64 kb/s 的语音编码方法称为语音压缩编码技术。其方法很多，如自适应差分脉码调制(ADPCM)、自适应增量调制(ADM)、子带编码(SBC)、矢量量化编码(VQ)、变换域编码(ATC)、参量编码(声码器)等。

2. 信道编码技术

信道编码是指在数据发送之前，在信息码之外附加一定比特数的监督码元使监督码元与信息码元构成某种特定的关系，接收端根据这种特定的关系来进行检验。

信道编码不同于信源编码，信源编码的目的是提高数字信号的有效性，具体地讲就是尽可能压缩信源的冗余度，其去掉的冗余度是随机的、无规律的；而信道编码的目的在于提高数字通信的可靠性，它通过加入冗余码来减少误码，其代价是降低了信息的传输速率，即以减小有效性来增加可靠性，其增加的冗余度是特定的、有规律的，故可利用其在接收端进行检错和纠错以保证传输质量。因此，信道编码技术也称为差错控制编码技术。

差错控制编码的基本思想是：通过对信息序列作某种变换使原来彼此独立、相关性极小的信息码元产生某种相关性，这样在接收端就可利用这种特性来检出并纠正信息码元在信道传输中所造成的差错。

差错的类型可分为随机差错和突发差错两类。差错控制方式可以分为前向纠错(FEC)和自动请求重传(ARQ)两类，结合这两种方式的优点便产生了混合纠错(HEC)方式。在 HEC 方式中，发送端发送的码不仅能够检测错误，而且还具有一定的纠错能力。所接收的信号如果在码的纠错能力以内，接收端会自动进行纠错；如果错误很多，超出了码的纠错能力，那么只能检错而不能纠错，这时接收端需通过反馈信道向发送端发送要求重发的指令，然后发送端再次重传正确的信码。

差错控制编码按照功能的不同可分为检错码和纠错码。检错码只能检测误码，不能纠错；纠错码则兼有检错和纠错的能力，并且在发现有不可纠正的错误时还会给出错误指示。按照信息码元和附加的监督码元之间的检验关系，差错控制编码又可分为线性码和非线性码，若信息码元与监督码元之间满足一组线性方程式，则称为线性码；否则称为非线性码。常用的差错控制编码一般都是线性码，线性码又包括了分组码和卷积码。汉明码是 1950 年由汉明提出的纠正单一随机错误的线性分组码，因其编译码器结构简单而得到广泛应用；分组码的重要分支循环码具有许多特殊的代数性质。BCH 码有严密的代数结构，在 SDH 微波通信设备中常常使用能纠多重错误的 BCH 码来降低传输误码率。

实际通信系统中除了随机差错外，还常会遇到突发干扰使一个码字内出现多个码元的连续错误。交织编码将一纠错码的码字交织，使突发误码转换为一个纠错误码字内的随机误码，因而交织码是突发差错的有效纠错码。

与分组码不同，卷积码在任意给定的时间单元内，编码器的 n 个输出不仅与本时间单元的 k 个输出码元有关，而且与前 $m-1$ 个时间单元的输入码元有关。这里 m 是约束度，这种约束关系使已编码序列的相邻码字之间存在着相关性，正是这一记忆特性使该序列可以看成是输入序列经某种卷积运算的结果。由卷机码的相关性导出的维特比(Viterbi)译码算法是一种最佳的译码方法。由于维特比算法具有一定的克服突发错误的能力，因此在译码、信号解调和 SDH 微波传输方面得到了广泛的应用。

3.2　微波通信系统

3.2.1　数字微波通信系统

1. 数字微波的发信系统

从目前使用的数字微波通信设备来看，数字微波发信机可分为直接调制式发信机(使用微波调相器)和变频式发信机。中容量的数字微波(480 路以下)设备采用前一种方案，而大容量的数字微波设备多采用后一种方案，这是因为变频式发信机的数字基带信号调制在中频上实现，可得到较好的调制特性和设备兼容性。下面以一种典型的变频式发信机为例加以说明，如图 3-5 所示。

由调制机或收信机送来的中频已调信号经发信机的中频放大器放大后送到发信混频器，再经发信混频器将中频已调信号变为微波已调信号，并使用单向器和滤波器取出混频后的一个边带(上边带或下边带);然后由功率放大器把微波已调信号放大到额定电平,最后经分路滤波器送往天线。

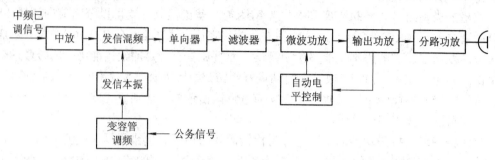

图 3-5　变频式发信机框图

微波功放及输出功放多采用场效应晶体管功率放大器。为了保证末级的线性工作范围,避免过大的非线性失真,常用自动电平控制电路使输出维持在一个合适的电平。

公务信号是采用复合调制方式传送的,并运用变容管在发信本振前对公务信号进行调频。这种调制方式设备简单,在没有复用设备的中继站也可以传输上、下公务信号。

2. 数字微波的收信系统

数字微波的收信设备和解调设备组成了收信系统。这里所讲的收信设备只包括射频和中频两部分。目前收信设备都采用外差式收信方案,如图 3-6 所示。

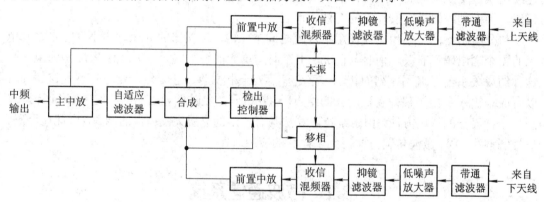

图 3-6　外差式收信机框图

图 3-6 是一个空间分集接收的收信设备组成框图,分别来自上天线、下天线的直射波和经过各种途径(多径传播)到达接收点的电波经过两个相同的信道(带通滤波器、低噪声放大器、抑镜滤波器、收信混频器、前置中放)进行合成,再经主中频放大器后输出中频已调信号。图 3-6 中画出的是最小振幅偏差合成分集接收方式。下天线的本机振荡源是由中频检出电路的控制电压对移相器进行相位控制的,以便抵消上、下天线收到多径传播的干涉波(反射波和折射波),改善带内失真,获得最好的抗多径衰落效果。

为了更好地改善因衰落造成的带内失真,在性能较好的数字微波收信机中还要加入中频自适应均衡器,使它与空间分集技术配合使用,这样可最大限度地减少通信中断的时间。

图 3-6 中的低噪声放大器采用砷化镓场效应晶体管(FET)放大器,这种放大器的低噪声性能很好,并能降低整机的噪声系数。由于 FET 放大器是宽频带工作的,其输出信号的频

率范围很宽，因此在其前面要加带通滤波器，其输出要加装抑制镜像干扰的抑镜滤波器，要求对镜像频率噪声的抑制度为 13～20 dB 以上。

3.2.2　数字微波通信系统的性能

1. 数字微波发信系统的性能指标

1) 工作频段

从无线电频谱的划分来看，把频率为 0.3～300 GHz 的射频称为微波频率，目前的使用范围只有 1～40 GHz；工作频率越高，越能获得较宽的通频带和较大的通信容量，也可以得到更尖锐的天线方向性和天线增益。但是，当频率较高时，雨、雾及水蒸气对电波的散射或吸收衰耗增加，会造成电波衰落和收信电平下降。这些影响对 12 GHz 以上的频段尤为明显，甚至随频率的增加而急剧增加。

目前，我国主要使用 2 GHz、4 GHz、6 GHz、7 GHz、8 GHz、11 GHz 频段。其中 2 GHz、4 GHz、6 GHz 频段因电波传播比较稳定，故用于干线微波通信，而支线或专用网微波通信常用 2 GHz、7 GHz、8 GHz、11 GHz。当然，对频率的使用还要经过申请，由上级主管部门和国家无线电管理委员会批准才行。

2) 输出功率

输出功率是指发信机输出端口处功率的大小。输出功率的确定与设备的用途、站距、衰落影响及抗衰落方式等因素有关。由于数字微波的输出比模拟微波的输出有较好的抗干扰性能，故在要求同样的通信质量时，数字微波的输出功率可以小些。当用场效应晶体管功率放大器做末级输出时，输出功率一般为几十毫瓦到 1 瓦。

3) 频率稳定度

发信机的每个波道都有一个标称的射频中心工作频率，用 f_0 表示，工作频率的稳定度取决于发信本振源的频率稳定度。设实际工作频率与标称工作频率的最大偏差值为 Δf，则频率稳定度的定义为

$$K = \frac{\Delta f}{f_0} \tag{3-4}$$

式中，K 为频率稳定度。

对于采用 PSK 调制方式的数字微波通信系统，若发信机工作频率不稳定，即有频率漂移，则解调的有效信号幅度下降后误码率将增加。对于 PSK 调制方式，要求频率稳定度为 $1 \times 10^{-5} \sim 5 \times 10^{-5}$。发信本振源的频率稳定度与本振源的类型有关。近年来，由于微波媒质稳频振荡源可以直接产生微波频率，并具有电路简单、杂波干扰及热噪声较小的优点，因此被广泛采用，其自身的频率稳定度可达到 $1 \times 10^{-5} \sim 2 \times 10^{-5}$。当用公务信号对媒质稳频振荡源进行浅调制时，其频率稳定度会有所下降。当对频率稳定度要求较高或较严格时，如要求频率稳定度达到 $2 \times 10^{-6} \sim 5 \times 10^{-6}$ 时，可采用脉冲抽样锁相振荡源等形式的本振源。

4) 交调失真

发信设备处在大信号工作状态时往往工作在非线性区域，如功率放大器、上变频器等。如果存在两个正弦信号，其角频率分别为 ω_1 和 ω_2，那么由于电路的非线性作用，将产生许多交叉调制分量 $(m\omega_1 \pm n\omega_2, m, n = 0, 1, 2, \cdots)$。在各阶交调分量中，$2\omega_1 - \omega_2$ 和 $2\omega_2 - \omega_1$

处在 ω_1 和 ω_2 附近，大多数情况下都处在通频带之内，从而成为干扰信号。在数字微波通信中，更高阶的交调分量和高次谐波分量已处在频带之外，而且功率也不大，所以不构成危害。电路非线性度越高，交调分量越大。

用来表示交调分量大小的指标为交调系数 M_{m+n}，它是各交调分量功率 P_{m+n} 与基频功率 P_1 或 P_2 之比。例如，三阶交调系数是 $M_3 = 10\,\lg(P_3/P_1) = 10\,\lg(P_3/P_2)$，$P_3$ 是 $2\omega_1 - \omega_2$ 或 $2\omega_2 - \omega_1$ 的功率。

5) 电源效率

由于系统整机电源功率主要消耗在发信信道，因此设计发信各部件时，要着重考虑电源效率。尤其是射频功率放大器的电源效率，其中射频功放的平均电源效率一般为 35%，甲类功放电源效率一般低于 15%。但是，对于中、大容量数字微波系统，为了保证信道传输的非线性指标，电源效率的高低应以线性条件是否满足为原则。

6) 谐波抑制度

总体设计在规定此项指标时，除了考虑数字微波通信系统本身的各种干扰以外，还应考虑其对模拟通信系统和卫星通信系统的干扰。因此，应适当地配置工作频率和采取必要的防护措施。

7) 通频带宽度

除了滤波器以外，发信信道的各组成部件都应具有宽频带特性。通常，上变频器和微波小信号功率放大器易于实现宽带设计，而要求大功率微波放大器有很宽的工作频带是不合适的，一般只要求其能覆盖两个工作波段。这样，总体设计时，可不考虑它们对发信信道通频带的影响。

8) 非线性指标

不是所有的系统都要求有较高的功率非线性指标，如 2PSK 系统中信道的功率非线性指标意义不大。这时为了保证较高的电源效率，往往首先考虑采用丙类射频功率放大器。对于含有调幅信息的调制方式，如 16 QAM 系统，信道的功率非线性指标就显得至关重要。这时，为了保证非线性指标，往往不得不牺牲其他性能，如电源效率、经济成本、设备的复杂程度等。实际上，不同的调制信号对信道的非线性指标要求也不同。

2. 数字微波收信系统的性能指标

1) 工作频率

收信机是与发信机相配合的，对于一个中继段而言，前一个微波站的发信频率就是本收信机同一波道的收信频率。频段的使用可参见前面有关发信设备主要性能指标中的内容。

接收的微波射频的频率稳定度是由发信机决定的，但是收信机输出的中频是收信本振与收信微波射频混频的结果，所以若收信本振偏离标称值较大，就会使混频输出的中频偏离标称值。这样，就会使中频已调信号频谱的一部分不能通过中频放大器，造成频谱能量的损失，导致中频输出信噪比下降，引起信号失真，使误码增加。对收信本振频率稳定度的要求与收信设备的基本一致，通常为 $1 \times 10^{-5} \sim 2 \times 10^{-5}$，要求较高者为 $2 \times 10^{-6} \sim 5 \times 10^{-6}$。

收、发本振频率虽常用同一方案，但它是两个独立的振荡源，收信本振的输出功率往往比发信本振要小些。

2) 噪声系数

数字微波收信机的噪声系数一般为 3.5～7 dB，比模拟微波收信机的噪声系数小 5 dB 左右。噪声系数是衡量收信机热噪声性能的一项指标，它的基本定义为：在环境温度为标准室温(17℃)、一个网络(或收信机)的输入端与输出端匹配的条件下，噪声系数 N_F 等于输入端的信噪比与输出端的信噪比的比值，即

$$N_F = \frac{P_{si}/P_{ni}}{P_{so}/P_{no}} \tag{3-5}$$

设网络的增益系数为 $G = P_{so}/P_{si}$，由于输出端的噪声功率是由输入端的噪声功率(被放大 G 倍)和网络本身产生的噪声功率两部分组成的，因此可写为

$$P_{so} = P_{si}G + P_{网}$$

则式(3-5)可改写为

$$N_F = \frac{P_{so}}{P_{si}G} = \frac{P_{si}G + P_{网}}{P_{si}G} = 1 + \frac{P_{网}}{P_{si}G} \tag{3-6}$$

由式(3-6)可以看出，网络(或收信机)的噪声系数最小值为 1(合 0 dB)。$N_F = 1$ 说明网络本身不产生热噪声，即 $N_{网} = 0$，其输出端的噪声功率仅由输出端的噪声源所决定。

实际的收信机不可能有 $N_F = 1$，即 $N_F > 1$。式(3-6)说明，收信机本身产生的热噪声功率越大，N_F 值越大。收信机本身的噪声功率比输入端噪声功率放大 G 倍后的值要大很多。根据噪声系数的定义，可以说 N_F 是衡量收信机热噪声性能的一项指标。

在工程上微波无源损耗网络(如馈线和分路系统的波导组件)的噪声系数在数值上近似于其正向传输损耗。对图 3-6 所示的收信机(是由多级网络组成的)，在 FET 放大器增益较高时，其整机的噪声系数可近似为

$$N_F(dB) \approx L_0(dB) + N_{F场}(dB)$$

式中，$L_0(dB)$ 为输入带通滤波器的传输损耗；$N_{F场}(dB)$ 为 FET 放大器的噪声系数。

假设分路带通滤波器的损耗为 1 dB，FET 放大器的噪声系数为 1.5～2.5，则数字微波收信机噪声系数的理论值仅为 3.5 dB。考虑到使用时的实际情况，较好的数字微波收信机的噪声系数为 3.5～7 dB。

3) 通频带

收信机接收的已调波是一个频带信号，即已调波频谱的主要成分要占有一定的带宽。收信机要使这个频带信号无失真地通过，就要具有足够的工作带宽，这就是通频带。通频带过宽，信号的主要频谱成分当然都会无失真地通过，但也会使收信机收到较多的噪声；反之，噪声自然会减小，但却造成了有用信号频谱成分的损失，所以要合理地选择收信机的通频带和通带的幅频衰减特性等。经分析，一般数字微波收信设备的通频带可取为传输码元速率的 1～2 倍，对于 $f_s = 8.448$ Mb/s 的二相调相数字微波通信设备，可取通频带为 13 MHz，这个带宽等于码元速率(二相调相中与比特速率相等)的 1.5 倍。通频带的宽度是由中频放大器的集中滤波器予以保证的。

4) 选择性

对某个波道的收信机而言，要求它只接收本波道的信号，且对邻近波道的干扰、镜像频率干扰及本波道的收、发干扰等要有足够大的抑制能力，这就是收信机的选择性。

收信机的选择性是用增益－频率($G-f$)特性表示的。要求在通频带内其增益足够大，而且 $G-f$ 特性平坦；通频带外的衰减越大越好；通带与阻带之间的过渡区越窄越好。

收信机的选择性是靠混频之前的微波滤波器和混频后中频放大器的集中滤波器来保证的。

5) 收信机的最大增益

天线收到的微波信号经馈线和分路系统到达收信机。由于受衰落的影响，收信机的输入电平会随时变动。要维持解调机正常工作，收信机的中放输出应达到所要求的电平，例如，要求中放在 75 Ω 负载时输出为 250 mV(相当于 － 0.8 dBm)。但是收信机的输入端信号是很微弱的，假设其门限电平为 80 dBm，则此时收信机输出与输入的电平差就是收信机的最大增益，对于上面给出的数据，其最大增益为 79.2 dB。

这个增益值要分配到 FET 低噪声放大器、前置中放和主中放的各级放大器，而且由它们来增益和控制。

6) 自动增益控制范围

以自由空间传播条件的收信电平为基准，当收信电平高于基准电平时，称为上衰落；低于基准电平时，称为下衰落。假定数字微波通信系统的上衰落为 +5 dB，下衰落为 － 40 dB，则其动态范围(即收信机输入电平变化范围)为 45 dB。当收信电平变化时，若仍要求收信机的额定输出电平不变，就应在收信机的中频放大器内设置自动增益控制(AGC)电路，这样，当收信电平下降时，中放增益随之增大；收信电平增大时，中放增益随之减小。

3.3　微波无线固定接入

3.3.1　LMDS 无线接入

LMDS(Local Multipoint Distribute Service，本地多点分配业务)是近年逐渐发展起来的一种工作于 10 GHz 以上频段、宽带无线点对多点的接入技术，在某些国家也称之为本地多点通信系统(Local Multipoint Communication System，LMCS)。所谓本地，是指单个基站所能够覆盖的范围，LMDS 因受工作频率电波传播特性的限制，单个基站在城市环境中所覆盖的半径通常小于 5 km；"多点"是指信号由基站到用户端是以点对多点的广播方式传送的，信号由用户端到基站则以点对点的方式传送；"分配"是指基站将发出的信号(可能同时包括语音、数据及 Internet、视频业务)分别分配至各个用户；"业务"是指系统运营者与用户之间的业务提供与使用关系，即用户从 LMDS 网络所能得到的业务完全取决于运营者对业务的选择。

在不同国家或地区，电信管理部门分配给 LMDS 的具体工作频段及频带宽度有所不同，其中大约有 80%的国家将 27.5～29.5 GHz 定为 LMDS 频段。

LMDS 工作在 24～38 GHz 频段，所以一般在毫米波的波段附近，可用频谱往往达到 1 GHz 以上。由于该技术利用高容量点对多点微波通过毫米波进行传输，因此它几乎可以提供任何种类的业务，支持双向语音、数据及视频图像业务，能够实现从 64 kb/s 到 2 Mb/s，甚至高达 155 Mb/s 的用户接入速率，具有很高的可靠性，被称为"无线光纤"技术。

1. LMDS 系统的组成

一个完善的 LMDS 网络是由 4 部分组成的：基础骨干网络、基站、用户端设备以及网管系统。

(1) 基础骨干网络，又称为核心网络。为了使 LMDS 系统能够提供多样化的综合业务，该核心网络可以由光纤传输网、ATM 交换或 IP 交换或 IP + ATM 架构而成的核心交换平台以及与 Internet、公共电话网(PSTN)的互连模块等组成。

(2) 基站。基站直接进入电信骨干网络或核心网络。由于 LMDS 直接支持 ATM 协议(无线 ATM)，所以使用无线 ATM 协议，可以使链路效率得到提高。基站负责用户端的覆盖，并提供骨干网络的接口，包括 PSTN、Internet、ATM、帧中继、ISDN 等。基站实现信号在基础骨干网络与无线传输之间的转换。基站设备包括与基础骨干网络相连的接口模块、调制与解调模块及通常置于楼顶或塔顶的微波收/发模块。

LMDS 系统的基站采用多扇区覆盖，即使用在一定角度范围内聚焦的喇叭天线来覆盖用户端设备。基站的容量取决于以下技术因素：可用频谱的带宽、扇区数、频率复用方式、调制技术、多址方式及系统可靠性指标等；系统支持的用户数则取决于系统容量和每个用户所要求的业务。基站覆盖半径的大小与系统可靠性指标、微波收/发信机性能、信号调制方式、电波传播路径以及当地降雨情况等众多因素密切相关。

(3) 用户端设备。用户端设备的配置差异较大，不同的设备供应商有不同的选择。一般来说都包括室外单元(含定向天线、微波收/发设备)与室内单元(含调制与解调模块以及与用户室内设备相连的网络接口模块)。

LMDS 无线收发双工方式大多数为频分双工(FDD)。下行链路一般由基站到用户端设备通过时分复用(TDM)的方式进行复用；上行链路中，多个用户端设备可通过时分多址(TDMA)、频分多址(FDMA)等多址方式与基站进行通信。FDMA 用于大量的连续非突发性数据接入；TDMA 则支持多个突发性或低速率数据用户的接入。LMDS 运营者应根据用户业务的特点及分布来选取适合的多址方式。

LMDS 系统可以采用的调制方式为相移键控 PSK(包括 BPSK、DQPSK、QPSK 等)和正交幅度调制 QAM(包括 4QAM)。目前可以提供 6QAM、16QAM 等调制技术。

(4) 网管系统。网管系统负责完成告警与故障诊断、系统配置、计费、系统性能分析、安全管理等功能。与传统微波技术不同的是，LMDS 系统还可以组成蜂窝网络的运作形式，并向特定区域提供业务。当由多基站提供区域覆盖时，需要进行频率复用与极化方式规划、无线链路计算、覆盖与干扰的仿真与优化等工作。

2. LMDS 系统的服务范围

LMDS 可以采用蜂窝式的小区结构覆盖整个城域范围。典型的 LMDS 系统利用地理上分散的类似蜂窝的配置，由多个枢纽发射机(或称为基地站)在一定小区范围的服务区管理用户群，每个发射机经点对多点无线链路与服务区内的固定用户通信。每个蜂窝站的覆盖区为 5～7 km，若采用具有更高发射功率、更强接收灵敏度的基地站，则可增加基站的覆盖范围，使覆盖范围达到 10 km 以上。

由于 LMDS 覆盖区可相互重叠，每个蜂窝的覆盖区又可以划分为多个扇区，而且可以根据需要在该扇区提供特定业务或服务。通过多扇区、先进的调制方式、不同极化等途径，可以进一步增加频谱利用率，提高网络容量。LMDS 系统特别适合在高密度用户地区使用，如繁华的城市商贸区、技术开发区、写字楼群、城市居民小区等。

3. LMDS 系统的优势

与传统的有线接入或者低频段无线接入方式相比，LMDS 具有以下优势：

(1) 工作频带宽，可提供宽带接入。目前，各国分配的 LMDS 工作频带带宽至少有 1000 MHz，可支持的用户接入数据速率高达 155 Mb/s，能够满足广大用户对通信带宽日益增长的需求。

(2) 运营商启动资金较少，后期扩容能力强，投资回收快。在网络建设初期，服务商只需以较少投资建立一个配置较简单的基站，覆盖若干用户即可开始运营。运营者所需的初期投资较少，仅在用户数量增加，即有业务收入时才需再增加资金投入，所以投资回收很快。

(3) 业务提供速度快。LMDS 系统实施时，不仅避免了有线接入开挖路面的高额补偿费，而且设备安装调试容易，建设周期大大缩短，因此可以迅速为用户提供服务。

(4) 在用户发展方面极具灵活性。LMDS 系统具有良好的可扩展性，容量的扩充和新业务的提供都很容易，服务商可以随时根据用户需求进行系统设计或动态分配系统资源，添加所需的设备，提供新的服务，也不会因用户变化而造成资金或设备的浪费。

(5) 可提供质优价廉的多种业务。LMDS 工作在毫米波波段上，被许可的频率是 24 GHz、28 GHz、31 GHz、38 GHz，其中以 28 GHz 获得的许可较多，因为该频段具有较宽松的频谱范围，最有潜力提供多种业务。LMDS 的宽带特性决定了它几乎可以承载任何业务，包括语音、数据、图像等。

(6) 频率复用度高，系统容量大。LMDS 基站的容量很可能超过其覆盖区内可能的用户业务总量，因此，LMDS 系统很可能是一个"范围"受限的系统，而不是"容量"受限的系统，所以 LMDS 系统特别适合在高密度用户地区使用。

4. LMDS 系统提供的业务

LMDS 系统可提供多种业务，可同时向用户提供语音、数据及视频综合业务，还可以提供承载业务，如蜂窝系统或 PCS/PCN 基站之间的传输等。

(1) 语音业务。LMDS 系统是一种高容量的点对多点微波传输技术，可提供高质量的语音服务；与传统的 POTS 业务相连，可实现 PSTN 主干网无线接入。

(2) 数据业务。LMDS 系统的数据业务包括低速、中速、高速三挡：低速数据业务的速率为 1.2～9.6 kb/s，能处理开放协议的数据，网络允许从本地接入点接到增值业务网；中速数据业务的速率为 9.6 kb/s～2 Mb/s，这样的数据接口通常是增值网络本地接点；高速数据业务的速率为 2～155 Mb/s，BER 低于 10^{-9}，提供这样的数据业务必须有以太网和光纤分布数据接口。

(3) 视频综合业务。LMDS 能提供模拟和数字视频业务，如远程医疗、高速会议电视、远程教育、远程商业及用户电视、VOD 等。

5. LMDS 在有线电视网络中的应用

在 CATV 宽带城域网的接入网中，固定无线接入技术虽不是主要的接入方式，但它是光纤接入方式必要且有益的补充，在适当情况下甚至可以完全替代光纤接入方式。在固定无线接入方式中，新兴的 LMDS 接入技术与 MMDS(多路多点分配业务)和 DBS(直播卫星系统)接入技术相比，可提供更高的带宽和更多的宽带交互式业务。

在拥有 HFC 网络的城市和地区，是利用已有的光纤网络作为部署 LMDS 的网络核心层(光纤骨干网络)来连接各个 LMDS 基站。由于接入网方式最终要实现光纤到楼(FTTB)、光纤到户(FTTH)，因此，LMDS 凭借其优势完全可以充当光纤接入网的补充手段。先通过光纤到小区、光纤到楼的接入方式连接 LMDS 基站，然后通过 LMDS 基站向覆盖区内的固定用户提供各类宽带交互式多媒体业务(包括各类窄带业务)。

在使用 LMDS 时，为了使带宽不受限制，CATV 网络经营者可以根据需要任意划分使用频段。假定 LMDS 的频段有 1100 GHz，可将该频段中的 500 GHz 用于数字广播电视，600 GHz 用于双向数据。即使采用 QPSK 方式调制，该频宽也可提供所有的 DBS 广播信道和最高达 1 Gb/s 的全部双向数据业务，即提供比卫星电视更丰富的电视节目、比铜轴电缆更多的数据业务。

CATV 构架的 LMDS 系统开始向用户提供业务时，要考虑上/下行链路采用何种设计方式。通常设计无线系统有三个主要的接入方式：时分多址(TDMA)、频分多址(FDMA)和码分多址(CDMA)。大多数厂商在提供 LMDS 下行链路的通信方式上都采用 TDMA 技术，而上行链路的通信方式可选择 TDMA 技术和 FDMA 技术。

LMDS 成功的关键在于识别和服务于有潜在商业用户的人口密集地区，故非常适合在市(城)区使用。CATV 宽带城域网正是面向并服务于工商贸产业区集中、人口密集、覆盖地域紧凑的市(城)区，而 LMDS 又具备无线通信特有的优势，即实施迅速、投资较低、可靠性高等特点，因此为 CATV 网络运营者开展各类接入业务、发展宽带用户提供了高成效、低成本的方法，所以受到业界人士的广泛关注。当然，LMDS 作为 CATV 接入网的发展情况最终还取决于市场。

总的来看，宽带无线接入技术代表了宽带接入技术中一种新的不可忽视的发展趋势，不仅敷设开通快、维护简单、用户较密时成本低，而且改变了本地电信业务的传统观念，最适合于新的电信竞争者与传统电信公司和有线电视网络公司展开有效的竞争，也可以作为电信公司和有线电视网络公司有线接入的重要补充。LMDS 系统对于宽带业务的经营者和用户双方都是一种多用途且具有良好成本效益的选择方案。由于它能迅速和廉价地建立起来，因此对经营者和用户来说，特别有吸引力。

3.3.2　MMDS 无线接入

1. MMDS 的概念

MMDS(Multichannel Microwave Distribution System，多路微波分配系统)是一种无线通信技术，它是最近才发展起来的、通过无线微波传送有线电视信号的一种新型传送技术。这种技术不但安装调试方便，而且由这种技术组成的系统重量轻、体积小、占地面积少，很适合中小城市或郊区有线电视覆盖不到的地方。这种技术是一种以视距传输为基础的图像分配传输技术，其正常工作频段一般为 2.5～3.5 GHz。这种技术不需要安装太多的屋顶设备就能覆盖一大片区域，因此利用这种技术可以在反射天线周围 50 km 范围内将 100 多路数字电视信号直接传送至用户。一个发射塔的服务区就可以覆盖一座中型城市，同时控制上行和下行的数据流。

MMDS 是一种新的宽带数据接入业务，在移动用户和数据网络之间提供一种连接，给移动用户提供高速无线宽带接入服务。在系统的更新换代方面，MMDS 技术比其他通信技术更容易升级。MMDS 最显著的特点就是各个降频器本振点可以不同，可由用户自选频点，即多点本振，所以，各降频器变频后的信号可以分别落在电视标准频道的 VHF I、VHFIII 频段及增补的 A、B 频段和 UHF 的 13CH～45CH(频段)，这对于用户避开当地的开路无线电视或 CATV 占用的频道有极大的好处。早期的 MMDS 主要是一种单向非分配型图像业务传输系统，但现在已可以用比 T-1 更快的速率发送和接收数据信号。MMDS 不需要与本地的电话和有线电信服务公司频繁交往。MMDS 系统中通常是用以太网与无线 Modem 连接的。

2. MMDS 提供的业务

MMDS 技术可以为用户提供多种业务，包括点对点面向连接的数据业务、点对多点业务、点对点无连接型网络业务。

(1) 点对点面向连接的数据业务是在两个用户或者多个用户之间发送多分组的业务，该业务要求有建立连接、数据传送以及连接释放等工作程序。

(2) 点对多点业务可以根据某个业务请求者的要求把单一信息传送给多个用户，该业务又可以分为点对多点多信道广播业务、点对多点群呼业务等。

(3) 点对点无连接型网络业务中的各个数据分组彼此独立，用户之间的信息传输不需要端到端的呼叫建立程序，分组的传送没有逻辑连接，分组的交付没有确认保护。

除了提供点对点、点对多点的数据业务外，MMDS 还支持用户终端业务、补充业务、GSM 短消息业务和各种 GPRS 电信业务。

MMDS 最热门的应用就是 Internet 的接入，这有别于 MMDS 最初的单向无线电缆服务。MMDS 连接与其他任何 ISP 连接不一样，ISP 有一个路由器端口与外部 ISP 网络连接，而在 MMDS 中，则通常用以太网与无线 Modem 连接。Cisco 等厂商还为它们的路由器提供了无线 Modem 卡，在 Modem 和无线设备之间先以电缆连接，然后再连接到天线。无线设备和天线可被集成为一个紧凑的单元。

3. MMDS 的发射与接收

MMDS 的传输发射方式分为单频点发射机和宽带发射机两种。

1) 单频点发射机特点

(1) 可靠性比较高。如果某一路发射机发生故障而中断了发射，不会影响其他路信号的传输。

(2) 传输距离较大。该发射机的覆盖范围最大可达 50 km 以上，通常传输 12 路电视信号的农村有线电视网要覆盖 30 km 以上距离都使用此类发射机。

(3) 由于它采用独立发射机，成本造价较高。

(4) 发射机置于室内，维护方便。

2) 宽带发射机特点

(1) 结构简单，使用方便。

(2) 覆盖范围较小，一般在 30 km 半径以内。

(3) 成本低，很受经济不发达地区用户的欢迎。

(4) 可置于室外天线后部，省去了建机房及购买馈管和波导的费用。

4．MMDS 的特点

随着通信人数的不断增长以及人们对通信能力要求的不断提高，接入网的宽带化将成为未来接入网发展的主要技术趋向，其特点如下：

(1) MMDS 技术使用了最新传送数字信号的信源编码与信道编码技术，同时在 MMDS 系统中还引入了最新的调制技术，这使得数字信号的频谱得以压缩，从而大大提高了频道利用率，最终有助于通信功率与频谱的综合利用。

(2) 与传统的 AML、FM 微波传输方式的工作频段相比，MMDS 的工作频段要稍微低一点；与地面电视广播 VHF、UHF 频段相比，MMDS 的绕射能力要弱一点，各种楼层建筑物对其吸收大，反射波弱，不会产生重影。此外，组建 MMDS 系统需要的设备价格费用很低，特别是变频器小型化、集成化、大批量生产更显示出其性能/价格比优的独特魅力，所以 MMDS 技术适用于大、中城市个人用户或单位用户，不须敷设光缆、耗费大量的财力物力，而且操作简单方便。

(3) MMDS 无线传输网与有线电视光纤网一样可采用加/解扰技术和实现可寻址收费系统、计算机用户管理系统。MMDS 无线传输网与光纤网一样，可实现双向传送话务和数据信息、视频点播、电视会议等。数字压缩技术最终解决了 MMDS 频道容量少的缺陷，可将 4～10 路电视节目压缩在一个模拟的 8 MHz 通道中传输。

(4) MMDS 通信技术采用数字滤波与数字存储方式，因此人们用很简单的方法就能消除伴随图像传输的噪声，高效改善图像传输的信噪比；此外，MMDS 技术采用的数字滤波与数字存储方式也很容易实现自适应的二维、三维亮度分离，彻底消除亮度干扰；有了这些提高图像质量的措施，通过 MMDS 系统传输数字电视信号的图像质量要比通过普通方式传输的信号质量高得多。

(5) MMDS 通信系统采用数字压缩发射机，大大减少了模拟发射机的数量，而且从建设的成本来考虑，采用数字传输系统要比采用相应的模拟发射机的成本低很多，这种方式甚至比通信光缆的敷设更能节省投资。而且它的图像质量等同于光缆传输质量，大大优于模拟传输质量，其可靠性也大大高于光缆传输。如果省、市级已采用了 MPEG-2 数字压缩传输，那么县、乡级不必自行解决压缩设备。

3.3.3　LMDS/MMDS 混合型无线接入

MMDS 与 LMDS 系统在容量、传播距离上各有优势与劣势。在业务上，MMDS 系统适合于用户分布较分散而业务需求量不大的用户业务模型；LMDS 系统则适合于用户分布集中、业务需求量大的用户业务模型，如大、中城市密集城区的商业大厦、高档写字楼、大集团等。因此，必须对目前开展的业务及短期内的发展作一个综合的评估，根据用户的需求和分布来选择适当的系统和解决方案。目前，大唐移动公司根据中国市场的具体情况，结合各宽带无线接入设备的特点，提出了 LMDS/MMDS 混合型无线宽带接入的整体解决方案。LMDS/MMDS 混合型无线宽带接入网络结构分为 3 个层次：第 1 层，以容量较大的

LMDS 设备建设"无线光纤"骨干网，同时解决大容量业务接入业务；第 2 层，依托 LMDS 骨干网，通过 LMDS 提供传输资源，建设 MMDS 网，加强网络的覆盖，解决中小容量的接入业务；第 3 层，以 PDH 微波、2.4/5.8 GHz 点对多点微波作为补充接入手段。

LMDS 由于具有超大容量和高 QoS 的 ATM 传输机制，完全可以在城域网建网初期起到城域接入的作用；同时配合 ATM 交换机与骨干网资源相连，起到汇聚、接入的功能。LMDS/MMDS 混合型无线宽带接入网具有以下主要技术优势：

(1) 网络建设方面。在大中城市重点发展 LMDS/MMDS 混合型无线宽带接入网，适合于拥有骨干网传输资源而本地接入资源相对匮乏的运营商快速开展业务，参与市场竞争，提高骨干网的经济效益。

(2) 业务能力方面。充分利用 LMDS 传输容量大的特点，集中解决大集团、大客户的多业务接入；利用 MMDS 设备成本低，特别是终端价格低的优势，重点发展中小企业、小商业用户的接入业务。

(3) 市场运营方面。由于大的商业用户多集中在各商业中心，所以在市中心、各商业中心、产业区以 LMDS 网络热点覆盖，而由 MMDS 解决城市、城郊的普遍覆盖问题。LMDS/MMDS 混合型无线宽带接入网在网络覆盖和系统容量分配上，符合城市商业用户在地域上分布的实际情况。根据用户情况，可以灵活进行资源配置，最大程度节约投资。

(4) 网络传输方面。利用 LMDS ATM 传输机制作为无线宽带接入的骨干网络，可提高 QoS 的保证；同时解决无线宽带接入网中第二层 MMDS 网络的接入和传输问题。

(5) 频率资源和覆盖方面。LMDS 具有较丰富的频率资源，便于运营商特别是大运营商在全国范围内进行网络的统一规划和统一建设；同时可利用 MMDS 良好的传播特性，在网络的覆盖上对无线宽带网络的覆盖能力进行有力的补充。

3.4　卫星通信技术

3.4.1　卫星通信的特点

卫星通信是指利用人造地球卫星作为中继站转发或反射无线电信号，在两个或多个地球站之间进行的通信。这里，地球站是指设在地球表面(包括地面、海洋和大气)的无线电通信站，这种用于实现通信目的的人造地球卫星叫作通信卫星。卫星通信工作在微波频段 300 MHz～300 GHz，相应的波长为 0.1 m～1 mm。卫星通信实际上就是利用通信卫星作为中继站而进行的一种特殊的微波中继通信，这里主要指静止卫星通信。卫星通信示意图如图 3-7 所示。

卫星通信的优点如下：

(1) 通信距离远，费用与距离无关。

(2) 覆盖面积大，可以进行多址通信。

(3) 通信频带宽，传输容量大，适于多种业务传输。

(4) 通信质量高，通信线路稳定可靠。

(5) 通信电路灵活、机动性好。

(6) 可以自发自收地进行监测。

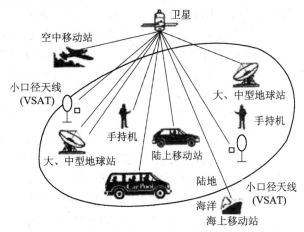

图 3-7　卫星通信示意图

卫星通信的缺点如下：

(1) 发射与控制技术比较复杂。

(2) 地球两极为通信盲区，而且在地球的高纬度地区通信效果不好。

(3) 存在星蚀和日凌中断现象。

(4) 有较大的信号传输延迟和回波干扰。

(5) 具有广播特性，保密措施要加强。

卫星通信的应用范围极为广泛，不仅可用于语音、电报、数据等的传输，还特别适用于广播电视节目的传输。

3.4.2　卫星信号的传输

卫星通信线路由发端地球站、收端地球站、卫星转发器及上行、下行线传输路径组成。其组成框图如图 3-8 所示。

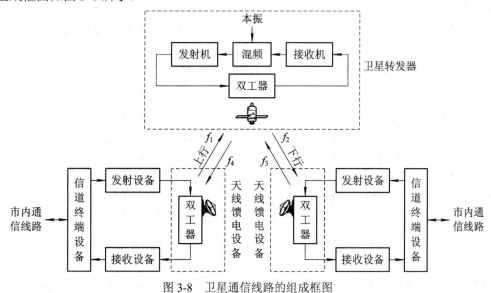

图 3-8　卫星通信线路的组成框图

卫星转发器是卫星中的通信系统，是设在空中的微波中继站，其主要功能是接收来自发端地球站的信号，然后对其进行低噪声放大、混频，再对混频后的信号进行功率放大，最后将处理后的信号送回收端地球站。由发端地球站传向卫星转发器的信号称为上行信号，由卫星转发器传向收端地球站的信号称为下行信号。上行信号和下行信号的频率是不同的，目的是防止卫星天线中产生同频信号的干扰。一个通信卫星往往有多个卫星转发器，每个卫星转发器被分配在某一工作频段中，并根据所使用的天线覆盖区域把转发器租用或分配给处在覆盖区域内的卫星通信用户。

发端和收端地球站的组成类似，均由天线馈电设备、发射设备、接收设备、信道终端设备等组成。天线馈电设备把发射机输出的信号辐射给卫星，同时把卫星发来的电磁波收集起来送到接收设备，收、发支路主要是靠馈电设备中的双工器来分离的；发射设备主要是将信道终端设备输出的中频信号变换成射频信号，并把射频信号放大到一定值；接收设备的任务是把接收到的来自卫星转发器的微弱射频信号先进行低噪声放大，然后变频为中频信号供信道终端设备进行解调和其他处理；信道终端设备的基本任务是将用户设备(电话、电话交换机、计算机、传真机等)通过传输线接口输入的信号进行处理，然后将接收设备送来的信号恢复成用户的信号。

1. 卫星信号传播的特点

卫星通信是在空间技术和地面微波中继通信的基础上发展起来的，靠大气外卫星的中继实现远程通信。其载荷信息的无线电波先要穿越大气层，然后经过很长的距离在地面站和卫星之间传播，因此它受到多种因素的影响。传播问题会影响信号质量和系统性能，这也是造成系统运转中断的一个原因。因此，电波传播特性是卫星通信以及其他无线通信在进行系统设计和线路设计时必须考虑的基本特性。

卫星通信的电波在传播中会有损耗，其中最主要的是自由空间传播损耗，它占总损耗的大部分。其他损耗还有大气、雨、云、雪、雾等造成的吸收、散射损耗等。卫星移动通信系统还会因为受到某种阴影遮蔽而增加额外的损耗，固定业务卫星通信系统则可通过适当选址来避免这一额外的损耗。

卫星移动通信系统中，由于移动用户的特点，接收电波不可避免地受到山、植被、建筑物的遮挡反射和折射所引起的多径衰落影响，海面上的船舶、海面上空的飞机还会受到海面反射等引起的多径衰落影响，这是卫星移动通信系统不同于固定业务卫星通信的地方。固定站通信时，虽然存在多径传播，但是信号不会快速衰落，只有由温度等引起的信号包络相对时间的缓慢变化，当然条件是不能有其他移动物体发射电波等情况发生。

卫星通信接收机输入端存在着噪声功率，这是由内部和外部噪声源引起的。

内部噪声来源于接收机。接收机中含有大量的电子元件，由于温度的影响，这些元件中的自由电子会作无规则运动，这些运动影响了电路的工作，这就是热噪声。在理论上，如果温度降低到绝对温度，这种内部噪声会变为零，但实际上达不到绝对温度，所以内部噪声不能根除，只能抑制。

外部噪声由天线引起，分为太空噪声和地面噪声。太空噪声来源于宇宙、太阳系等；地面噪声来源于大气、降雨、地面、工业活动、人为噪声等。

太阳系噪声指的是太阳系中太阳、各行星以及月亮辐射的电磁干扰被天线接收而形成的噪声,其中太阳是最大的热辐射源。只要天线不对准太阳,在静寂期太阳噪声对天线影响不大;而对于行星和月亮,没有高增益天线直接指向时,对天线影响也不大。实际上当太阳和卫星汇合在一起,即太阳接近地球站指向卫星的延长线时,地球站才会受到干扰,甚至中断。宇宙噪声指的是外空间星体的热气体及分布于星际空间的物质所形成的噪声,在银河系中心的指向上达到最大值,而在天空其他部分的指向上很低。宇宙噪声是频率的函数,在频率低于 1 GHz 以下时,它是天线噪声的主要成分。

大气噪声指的是电离层、对流层吸收电波的能量后产生电磁辐射而形成的噪声,其中主要是氧气和蒸汽构成的大气噪声。大气噪声是信号频率和天线仰角的函数,大气噪声在频率 10 GHz 以上显著增加;仰角越小,则由于电波穿越大气层的路径长度增加,因而大气噪声作用加大;降雨、云、雾在产生电波吸收衰减的同时,也产生噪声,称为降雨噪声。影响天线噪声温度的因素有雨量、信号频率、天线仰角;即使在 4 GHz 的频率下,仰角小的时候,大雨对天线噪声温度的影响也能达到 50~100 K,因此在设计系统的时候要充分考虑这些因素。

2. 卫星通信的频率配置

卫星通信工作频段的选择将影响到系统的传输容量、地球站发信机及卫星转发器的发射功率、天线口径尺寸及设备的复杂程度等。虽然这个频段也属于微波频段(300 MHz~300 GHz),但由于卫星通信电波传播的中继距离远,所以从地球站到卫星的长距离传输中,电波既要受到对流层大气噪声的影响,又要受到宇宙噪声的影响,因此,在选择工作频段时,主要考虑以下因素:

(1) 天线系统接收的外界干扰噪声小;

(2) 电波传播损耗及其他损耗小;

(3) 设备重量轻,体积小,耗电小;

(4) 可用频带宽,以满足传输容量的要求;

(5) 与其他地面无线系统(微波中继通信系统、雷达系统等)之间的相互干扰尽量小;

(6) 能充分利用现有的通信技术和设备。

综合考虑各方面的因素,应将工作频段选在电波能穿透电离层的特高频段或微波频段。

目前大多数卫星通信系统选择在下列频段工作:

· 超高频(UHF)频段——400/200 MHz;

· 微波 L 频段——1.6/1.5 GHz;

· 微波 C 频段——6.0/4.0 GHz;

· 微波 X 频段——8.0/7.0 GHz;

· 微波 Ku 频段——14.0/12.0 GHz 和 14.0/11.0 GHz;

· 微波 Ka 频段——30/20 GHz。

从降低接收系统噪声的角度考虑,卫星通信工作频段最好选为 1~10 GHz,而最理想的频段在 6.0/4.0 GHz 附近。6.0/4.0 GHz 频段带宽较宽,便于利用成熟的微波中继通信技术。在实际应用中,国际商业卫星和国内卫星通信中大多数都使用 6.0/4.0 GHz 频段,其上行频段为 5.925~6.425 GHz,下行频段为 3.7~4.2 GHz,卫星转发器的带宽可达 500 GHz。

为了不受上述民用卫星通信系统的干扰，许多国家的军用和政府用卫星通信系统使用 8.0/7.0 GHz 频段，其上行频段为 7.9～8.4 GHz，下行频段为 7.25～7.75 GHz。

由于卫星通信业务量的急剧增加，1～10 GHz 的无线电窗口日益拥挤，所以 14.0/11.0 GHz 频段已得到开发和使用，其上行频段为 14.0～14.5 GHz，下行频段为 10.95～11.2 GHz 和 11.45～11.7 GHz。

3. 信号的传输与复用

卫星系统采用了频带传输方式。

卫星通信系统有单路制和群路制两种方式。所谓单路制，是指一个用户的一路信号调制一个载波，即单路单载波(Single Channel Per Carrier，SCPC)方式；所谓群路制，是指多个要传输的信号按照某种多路复用方式组合在一起构成基带信号，再调制载波，即多路单载波(Multi Channel Per Carrier，MCPC)方式。

4. 信号的调制与解调

在卫星通信系统中，模拟卫星通信系统主要采用频率调制(FM)，这是因为频率调制技术成熟、传输质量好，且能得到较高的信噪比。

在数字调制中以正弦波为载波信号，用数字基带信号键控正弦信号的振幅、频率和相位，便可得到振幅键控(ASK)、频移键控(FSK)和相移键控(PSK 及 DPSK)三种基本调制方式，其中相移键控在卫星通信中使用较多。另外，正交振幅调制(QAM)、最小频移键控(MSK)和高斯最小频移键控(GMSK)也得到较多应用。

卫星通信的编解码技术与微波通信中的基本相同，包括信源编码技术和信道编码技术。

3.4.3　信号处理技术

如何提高卫星通信系统的通信容量和传输性能，是人们普遍关注的问题。近年来，大规模集成电路的迅速发展，使得信号处理技术在卫星通信领域取得了巨大的进展。例如，在 TDM 卫星移动通信系统中采用了数字语音内插(DSI)技术，从而大大地扩大了通信容量。又如，在具有长延时的卫星线路的基带线路中采用接入回波抑制器或回波抵消器的方法，可以削弱或抵消回波的影响。下面就数字语音内插技术和回波控制技术进行介绍。

1. 数字语音内插技术

数字语音内插技术是目前在卫星通信系统中广泛采用的一种技术，能够提高通信容量。由于在两个人通过线路进行双工通话时，总是一方讲话而另一方在听，因而只有一个方向的话路中有语音信号，而另一方的线路则处于收听状态，这样就某一方的话路而言，只有一部分的时间处于讲话状态，其他时间处于收听状态。统计分析资料显示，一个单方向线路实际传送语音的平均时间百分比(即平均语音激活率)通常只有 40%左右。为此采用一定的技术手段，仅仅在讲话时间段为通话者提供讲话话路，在其空闲时间段将话路分配给其他用户，这种技术就叫语音内插技术，也称为语音激活技术；它特别适用于大容量数字语音系统。

通常所使用的数字语音内插技术包括时分语音内插(TASI)技术和语音预测编码(SPEC)

技术两种。时分语音内插技术利用呼叫之间的间隙、听话而未说话以及说话停顿的空闲时间，把空闲的通路暂时分配给其他用户以提高系统的通信容量。语音预测编码技术则是当某一个时刻样值与前一个时刻样值的 PCM 编码有不可预测的明显差异时，才发送此时刻的码组，否则不发送，这样便减少了需要传输的码组数量，以便有更多的容量供其他用户使用。

(1) 图 3-9 所示是数字式语音内插系统的基本组成。

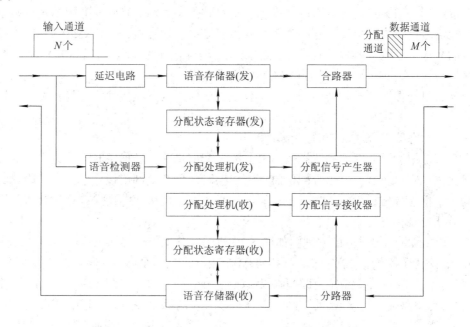

图 3-9　数字式语音内插系统的基本组成

从图 3-9 中可以看出，当以 N 路 PCM 信号经 TDM 复用后的信号作为输入信号时，在帧内 N 个话路经语音存储器与 TDM 格式的 N 个输出话路连接，其各部分功能如下：

发送端的语音检测器依次对各话路的工作状态进行检测，以判断是否有语音信号。当某话路的电平高于门限电平时，则认为该话路中有语音；否则认为无语音。如果语音检测器中的门限电平能随线路上所引入的噪声电平的变化而自动地快速调节，那么就可以大大减少因线路噪声而引起的检测错误。

分配状态寄存器主要负责记录任何一个时刻、任意输入话路的工作状态以及它与其输出话路之间的连接状态。

分配信号产生器必须每隔一帧的时间在分配话路时隙内发送一个用来传递话路间连接状态信息的分配信号，这样接收端便可根据此信号从接收信息中恢复出原输入的数字语音信号。

由于语音检测和话路分配均需要一定的时间，而且新的连接信息应在该组信码存入语音存储器之前送入分配状态寄存器，故 N 个话路的输入信号应先经过大约 16 ms 的时延以保持协调工作。

在发送端，语音检测器依次对各输入话路的工作状态加以识别，判断它们是否有语音信号通过，当某话路中有语音信号通过时，立即通知分配处理机，并由其支配分配状态寄存储器在"记录"中进行搜寻。若需为其分配一条输出通道，则立即为其寻找一条空闲的输出通道。当寻找到这样一条输出通道时，分配处理机立即发出指令，把经延迟电路时延后的该通道信码存储到语音存储器内相对应的、需与之相连接的输出通道单元中，并在分配给该输出通道的时间位置"读出"该信码，同时将输入通道及与之相连的输出通道的一切新连接信息通知分配状态寄存器和分配信号产生器。如果此路一直处于讲话状态，那么直至通话完毕，才再次改变分配状态寄存器的记录。

在接收端，当数字时分语音内插接收设备收到扩展后的信码时，分配处理机则根据收到的分配信号更新收端分配状态寄存器的"分配表"，并让各组语音信码分别存到收端语音存储器的有关单元中，再依次在特定的时间位置进行"读操作"，最后恢复出原输入的 N 个通路的符合 TDM 帧格式的信号供 PCM 解调器使用。

分配信息的传送方式有两种：一种是只发送最新的状态连接信息；另一种是发送全部连接状态信息。由于在目前使用的卫星系统中经常使用第二种方式，因而着重讨论采用发送全部连接状态信息方式工作的系统特性。

当系统是用发送全部连接状态信息来完成分配信息的传递任务时，无论系统的分配信息如何变化，它只负责在一个分配信息周期中实时地传送全部连接状态信息，因此其设备比较简单。但在分配话路时，如发生误码，则很容易出现错接的现象。相比起来，系统中只发送最新连接状态时的误码影响要小一些。

(2) 语音预测编码发端的原理图如图 3-10 所示，其工作过程如下：

① 语音检测器依次对输入的、采用 TDM 复用格式的 N 个通道编码码组进行检测，当有语音编码输入时，打开传送门，将此编码码组送至中间帧存储器；否则传送门仍保持关闭状态。

② 延迟电路提供约 5 ms 的时延，正好与语音检测所允许的时间相同。

③ 零级预测器将预测器帧存储器中所储存的、上一次取样时刻通过该通道的那一组编码与刚收到的码组进行比较，并计算出它们的差值。如果差值小于或等于某一个规定值，则认为刚收到的码组是可预测码组并将其除去；如果差值大于某一个规定值，则认为刚收到的码组是不可预测码组，随后将其送入预测器帧存储器代替前一个码组，作为下次比较时的参考码组。

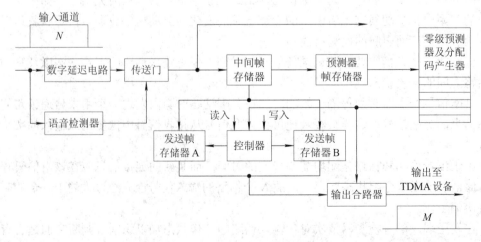

图 3-10　语音预测编码发端原理图

④ 与此同时，又将此码组"写入"发送帧存储器，并在规定时间进行"读操作"。其中的发送帧存储器是双缓冲存储器，一半读出时另一半写入，这样，便可以不断地将信码送至输出合路器。

⑤ 在零级预测器中，各次比较的情况被编成分配码(SAW)，如可预测用"0"表示，而不可预测用"1"表示。这样，每一个通道便用 1 bit 标示出来，总共 N 个通道。当 N 个比特送到合路器时，便构成"分配通道"和"M 个输出通道"的结构，并送入卫星链路。

⑥ 在接收端，根据所接收到的"分配通道"和"M 个输出通道"的结构，就可恢复出原发端输入的 N 个通道的 TDM 帧结构。

在语音预测编码方式中，同样也存在竞争问题，因此有可能出现应发而未发的现象，而接收端却按前一码组的内容进行读操作，致使信噪比下降。只有当卫星话路数 M 较小时，采用语音预测编码方式时的 DSI 增益才稍大于时分语音内插方式时的 DSI 增益。

2. 回波控制技术

图 3-11 所示的是卫星通信线路产生回波干扰的原理图。由图可知，与地球站相连接的 PSTN 用户的用户线采用二线制，即在一对线路上传输两个方向的信号，而地球站与卫星之间的信息接收和发送是由两条不同线路(上行和下行链路)完成的，故称为四线制。从图中可以清楚地看出，通过一个混合线圈 H 实现了二线和四线的连接，这样，当混合线圈中平衡网络的阻抗 R_A(或 R_B)等于二线网络的输入阻抗 R_1 时，用户 A 便可以通过混合线圈与发射机直接相连，然后发射机的输出信号被送往地球站，利用其上行链路发往卫星，再经卫星转发器转发，使与用户 B 相连的地球站接收到来自卫星的信号，并通过混合线圈到达用户 B。理想情况下，收、发信号彼此分开，但当 PSTN 电话端的二/四线混合线圈处于不平衡状态时，例如，A 端的 $R_1 \neq R_A$，B 端的 $R_2 \neq R_B$，用户 A 通过卫星转发器发送给用户 B 的语音信号中就会有一部分泄露到发送端并重新发到卫星转发器后回到用户 A，这样的一个泄露信号就是回波。

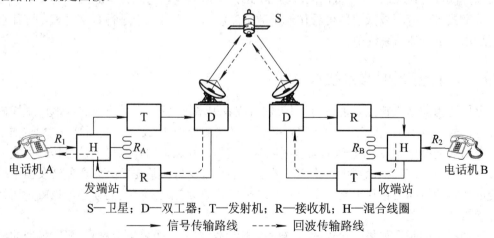

S—卫星；D—双工器；T—发射机；R—接收机；H—混合线圈
—→ 信号传输路线　----→ 回波传输路线

图 3-11 卫星通信线路产生回波干扰的原理图

由于卫星通信系统中信号传输时延较长，因而卫星终端发出的语音和收到的对方泄露语音的时延也较长。这除了使得使用电话线路的双方在通话时会感到不自然外，更重要的是还会出现严重的回波干扰。

为了抑制回波干扰的影响，通常在语音线路中接入一定的电路，这样在不影响语音信号正常传输的条件下，可将回波削弱或者抵消。图 3-12 所示的是一个回波抵消器的原理图。它用一个横向滤波器来模拟混合线圈，使其输出与接收到的语音信号的泄露相抵消，以此防止回波的产生，而且对发送与接收通道并没有引入任何附加的损耗。

图 3-13 所示的是一种数字式自适应回波抵消器原理图。

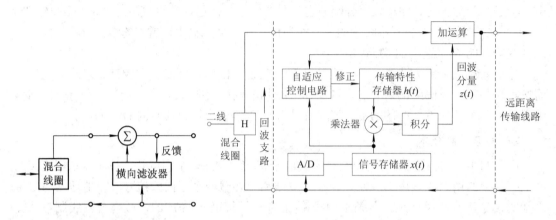

图 3-12　回波抵消器原理图　　　　图 3-13　数字式自适应回波抵消器原理图

数字式自适应回波抵消器的工作过程如下：

首先把对方送来的语音信号 $x(t)$ 经过 A/D 变换变成数字信号，存储于信号存储器中，然后将存储于信号存储器中的信号 $x(t)$ 与存储于传输特性存储器中的回波支路脉冲响应 $h(t)$ 进行乘法运算，构成作为抵消用的回波分量，随后再经加法运算从语音信号中扣除，于是便抵消掉了语音信号中经混合线圈带来的回波分量 $z(t)$。

其中，自适应控制电路可根据剩余回波分量和由信号存储器送来的信号自动地确定 $h(t)$。通常这种回波抵消器可抵消回波约 30 dB，自适应收敛时间为 250 ms。

数字式自适应回波抵消器可看作一种数字滤波器，非常适于进行数字处理，因而已被广泛运用于卫星通信系统中。

3.4.4　卫星通信中的多址技术

卫星通信的基本特点是能进行多址通信(或者说多址连接)。系统中的各地球站均向卫星发送信号，然后卫星将这些信号混合并进行必要的处理(如放大、变频等)与交换(如不同波束之间的交换)，之后向地球的某些区域分别转发。那么，用什么样的信号传输方式才能使接收站从这些信号中识别出发给本站的信号并知道发自何站呢？又怎样使转发器中进行混合的各站信号间的相互干扰尽量小呢？这是多址通信首先要解决的问题，也就是所谓的多址连接方式问题。

应该指出的是，如果一个站只发送一个射频载波(或一个射频分帧)，那么多址的概念是清楚的。但是，一个站很可能发送几个射频载波(或多个射频分帧)，那么就要区分出不同的射频载波或分帧，因此，有时把多址连接称为"多元连接"会更恰当一些。所以应广义地理解"多址"这一概念。

1．实现多址连接的依据

实现多址连接的技术基础是信号分割，就是在发端进行恰当的信号设计，使系统中各地球站发射的信号间有差别；各地球站接收端则具有信号识别的能力，能从混合的信号中选择出所需的信号。图 3-14 是多址连接的实现模型。

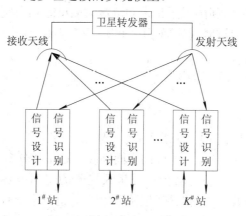

图 3-14 多址连接的实现模型

一个无线电信号可以用若干个参量(指广义的参量，下同)来表征，最基本的参量是信号的射频频率、信号出现的时间以及信号所处的空间。信号之间的差别可集中反映在上述信号参量之间的差别上。在卫星通信中，信号的分割和识别可以利用信号的任一种参量来实现。考虑到实际存在的噪声和其他因素的影响，最有效的分割和识别方法是设法利用某些信号所具有的正交性来实现多址连接。图 3-15 画出了由频率 F、时间 T 和空间 S 组成的三维坐标所表征的多址立方体的分割。

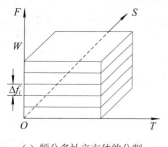

(a) 频分多址立方体的分割

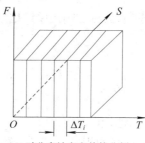

(b) 时分多址立方体的分割

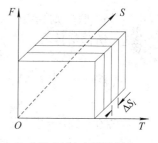

(c) 空分多址立方体的分割

图 3-15 多址立方体的分割

1) 频分多址(FDMA)

图 3-15(a)所示是垂直于频率轴对多址立方体进行切割(时间上、空间上不分割)的方法，通过该方法，切割后形成了许多互不重叠的频带，这是频分多址对各站所发信号的频率参量所作的分割。各信号在卫星总频带 W 内各占不同的频带 Δf_i，而它们在时间上可重叠，并且可最大限度地利用空间(使用覆球波束)；收方则利用频率正交性(式(3-7))，通过频率选择(用滤波法)，从混合信号中选出所需的信号。

$$\int_{\Delta f_i} X_i(t) \cdot X_j(t) \mathrm{d}f = \begin{cases} 1 & i = j \\ 0 & i \neq j \end{cases} \qquad i, j = 1, 2, \cdots, k \tag{3-7}$$

式中，X_i、X_j分别代表第 i 站和第 j 站发送的信号。

图 3-15(b)所示是垂直于时间轴对多址立方体进行切割(频率、空间则不分割)的方法，通过该方法，切割后形成了许多互不重叠的时隙。这是时分多址对各站所发信号的时间参量所作的分割，使各信号在一帧时间内以各不相同的时隙ΔT_i(也称分帧)通过卫星。由于频率不分割，故可最大限度地利用卫星频带并可最大限度地利用空间(覆球波束)；收方则利用时间正交性(式(3-8))，通过时间选择(用时间闸门)，从混合信号中选出所需信号。

$$\int_{\Delta T_i} X_i(t) \cdot X_j(t)\mathrm{d}t = \begin{cases} 1 & i = j \\ 0 & i \ne j \end{cases} \qquad i, j = 1,2,\cdots,k \qquad (3\text{-}8)$$

2) 空分多址(SDMA)

图 3-15(c)所示是垂直于空间轴对多址立方体进行切割(频率、时间不分割)的方法，通过该方法，切割后形成了许多互不重叠的空间间隔。这是空分多址的小空间对各站所发信号的空间参量所作的分割，使各信号在卫星天线阵的空间内各占据不同的小空间(窄波束)ΔS_i。这种分割方式可最大限度地利用卫星的频带，也可不受时间限制地连续使用；收方则利用空间正交性(式(3-9))，通过空间选择(用窄波束天线)，从混合信号中选出所需信号。

$$\int_{\Delta S_i} X_i(s) \cdot X_j(s)\mathrm{d}s = \begin{cases} 1 & i = j \\ 0 & i \ne j \end{cases} \qquad i, j = 1,2,\cdots,k \qquad (3\text{-}9)$$

3) 码分多址(CDMA)

除频率、时间、空间分割外，还可利用波形、码型等复杂参量的分割来实现多址连接。其中的码分多址，是指各站用各不相同的、相互准正交的地址码分别调制各自要发送的信号，而发射的信号在频率、时间、空间上不作分割，也就是使用相同的频带、空间(时间上也可重叠)；收方则利用码型的正交性(式(3-10))，通过地址识别(用相关检测法)，从混合信号中选出所需信号。

$$\int_\tau C_i(t) \cdot C_j(t)\mathrm{d}t = \begin{cases} 1 & i = j \\ 0 & i \ne j \end{cases} \qquad i, j = 1,2,\cdots,k \qquad (3\text{-}10)$$

式中，$C_i(t)$、$C_j(t)$分别是第 i、j 站的地址码。

应指出的是，为了更好地完成信号的识别，在被分割的参量段之间应留有一定的保护量，如保护频带、保护时隙等(见图 3-16)。此外，上述是一个体积元代表一个地球站的信号，如果一个站要发送多个信号(多个射频载波或多个射频分帧)，那么对每一个信号来说，为把它们识别出来，也要作类似的分割。

卫星通信的传输路由包括上行链和下行链。卫星上如果没有交换装置，那么上行链体积元与下行链体积元是一一对应的，它们之间只差一个固定的频率——卫星上的本振频率。

2. 各种组合形式的多址连接

为了满足卫星通信业务量日益增长的需要，在卫星具有多个转发器的前提下，人们研究了各种组合形式的多址连接方式。从理论上讲，可以有各种组合方式，下面简要介绍其中的三种。

图 3-16 是 TDMA 与 FDMA 组合(TDMA/FDMA)的示意图。图示方案中，卫星共有 4
个转发器(频带分别为 W_1、W_2、W_3、W_4)，只有一个覆球波束。卫星上不用交换装置，故上
行链体积元与下行链体积元是一一对应的。多址立方体体积元的分配是指一个站用什么频
带、以什么时隙将信号发送给另一站，这是中心根据站间业务量、星体及地球站设备情况
所制定的规则进行的分配。可以有多种不同的排列方式，图中所画只是其中一种，譬如 C
站发向 A 站，用的是 W_2 频带的第 2 个较大的时隙。

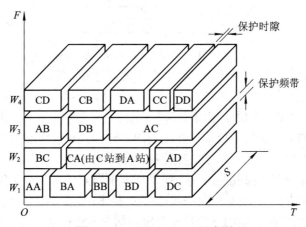

图 3-16　TDMA/FDMA 示意图

图 3-17 是 TDMA 与 SDMA 组合(TDMA/SDMA)的示意图。该方案中，有 4 个点波束
和 4 个转发器。卫星上的点波束 ΔS_1、ΔS_2、ΔS_3、ΔS_4 分别覆盖 A、B、C、D 站，每个点波
束各连接一个转发器。4 个转发器占用的频带相同，也就是频带重复使用 4 次，用交换矩
阵进行转接。图 3-17(a)和(b)分别是上行链和下行链多址立方体的分割示意图。譬如，卫星
的 ΔS_1 接收点波束在 ΔT_2 时隙收到 A 站发送给 B 站的信号，经交换矩阵转接后，由 ΔS_2 发射
点波束在 ΔT_2 将此信号发送给 B 站。

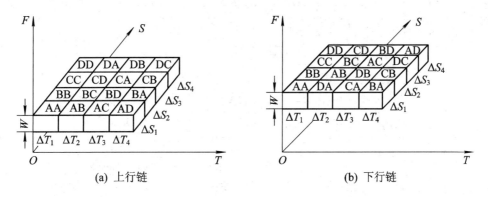

(a) 上行链　　　　　　　　　　　　　(b) 下行链

图 3-17　TDMA/SDMA 示意图

图 3-18 是 TDMA、FDMA 和 SDMA 组合(TDMA/FDMA/SDMA)的示意图。设有 m
个点波束、n 段频带，每个点波束占用全部频带，则卫星上应有 $m \times n$ 个转发器，而每个
转发器又按 TDMA 方式工作，卫星上也有交换装置。显然，这种方式比前述方式的通信
容量更大。

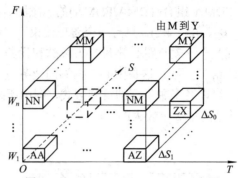

图 3-18　TDMA/FDMA/SDMA 示意图

任何一种组合的多址连接方式都可派生出几种可行的方案。

综上所述,实现多址连接的依据是信号参量的分割;多址问题是卫星通信特有的问题,也是体现其优越性的关键性问题。由于计算机与通信技术的结合,多址技术仍在发展中。

设计一个良好的卫星通信系统是一件复杂的工作,究竟选用哪种多址连接方式,通常需要对一系列因素进行折中考虑。这些因素主要有如下几种:① 通信容量;② 卫星频带、功率的有效利用;③ 相互连接能力;④ 便于处理不同业务,并对业务量和网络的不断增长有灵活的自适应能力;⑤ 成本和经济效益;⑥ 技术的先进性和可实现性;⑦ 能适应技术和政治情况的变化;⑧ 其他的某些特殊要求,如军事上保密、抗干扰等。

3.5　卫星通信系统

3.5.1　静止卫星通信系统

一般来说,一个静止卫星通信系统主要由 5 个分系统组成,如图 3-19 所示。

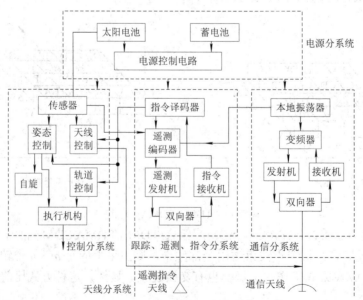

图 3-19　静止卫星通信系统的组成

　　天线分系统定向发射与接收无线电信号；通信分系统接收、处理并重发信号，这部分就是通常所说的转发器；电源分系统为卫星提供电能，通常包括太阳能电池、蓄电池和配电设备；跟踪、遥测、指令分系统中的跟踪部分用来为地球站跟踪卫星发送信标，遥测部分用来在卫星上测定并给地面的 TT&C 发送有关卫星的姿态以及卫星各部件工作状态的数据，指令部分用于接收来自地面的控制指令，处理后送给控制分系统执行；控制分系统用来对卫星的姿态、轨道位置、各分系统工作状态等进行必要的调节与控制。

1. 天线分系统

　　卫星天线有两类，一类是遥测、指令和信标天线，它们一般是全向天线，可以可靠地接收指令并向地面发射遥测数据和信标；另一类是通信天线，按其波束覆盖区域的大小，可分为全球波束天线、点波束天线和赋形波束天线，如图 3-20 所示。

　　(1) 全球波束天线。对于静止卫星而言，其波束的半功率宽度为 $\theta_{1/2} = 17.4°$，恰好能覆盖卫星对地球的整个视区。这类天线一般由圆锥喇叭加上 45° 的反射板所构成，如图 3-21 所示。

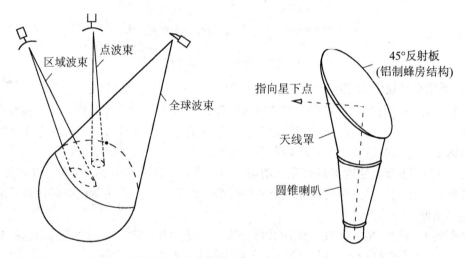

图 3-20　全球波束、点波束与区域波束天线示意图　　　图 3-21　全球波束天线

　　(2) 点波束天线。其覆盖区域面积小，一般为圆形，波束半功率宽度只有几度或更小些。天线结构通常用前馈抛物面天线，馈源为喇叭，可根据需要采取直照或偏照。

　　(3) 赋形波束天线。其覆盖区域轮廓不规则，视服务区的边界而定。为了形成波束，有的通过修改反射器形状来实现，更多的是利用多个馈源从不同方向经反射器产生多波束的组合来实现(见图 3-22)。波束截面的形状除与馈源喇叭的位置排列有关外，还取决于馈源各喇叭的功率与相位，通常用一个波束形成网络来控制。

　　星上的通信天线，除了波束覆盖区的形状和面积应满足整个系统的需要外，还应满足以下因素：

　　(1) 一定的指向精度。通常要求指向误差小于波束宽度的 10%，以保证波束能够覆盖住服务区域。

　　(2) 足够的频带宽度，以满足大容量通信的要求。由于卫星通信上、下行频率往往相差较大，故卫星天线往往是收、发分用的；即使只用一部天线主结构，馈源也是收、发分用的。

(3) 星上转接功能。在大容量通信卫星中往往用多副天线产生多个波束，因此在卫星上应能完成不同波束的信号转接，才能沟通不同覆盖区的地球站间的信道。

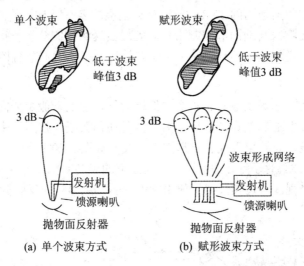

(a) 单个波束方式　　(b) 赋形波束方式

图 3-22　赋形波束形成过程

2. 通信分系统(转发器)

转发器是通信卫星中直接起中继站作用的部分。对转发器的基本要求是：以最小的附加噪声和失真、足够的工作频带和输出功率来为各地球站有效且可靠地转发无线电信号。转发器通常分为透明转发器和处理转发器两大类。

(1) 透明转发器。它收到地面发来的信号后，除进行低噪声放大、变频、功率放大外，不作任何加工处理，只是单纯地完成转发的任务。因此，对工作频带内的任何信号来说，它都是"透明"的通路。

透明转发器的组成，按其变频次数可分为一次变频和二次变频两种方案(见图 3-23(a)和(b))。为使频率变换稳定，后者的两级变频器的本振共用一个主振。

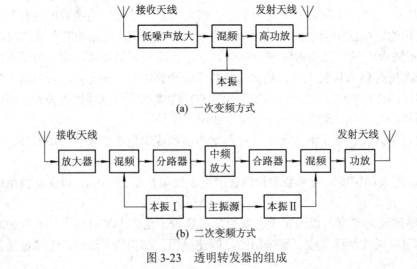

(a) 一次变频方式

(b) 二次变频方式

图 3-23　透明转发器的组成

(2) 处理转发器。它除了转发信号外，还具有信号处理的功能，其组成如图 3-24 所示。与上述的二次变频透明转发器相似，处理转发器只是在两级变频器之间增加了信号的调解器、处理单元和调制器。它先将信号解调，便于进行信号处理，然后经调制、变频、放大后发回地面。

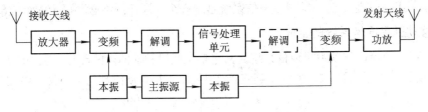

图 3-24　处理转发器的组成

卫星上的信号处理主要包括 3 类：第 1 类是对数字信号进行解调再生，使噪声不会积累；第 2 类是在不同的卫星天线波束之间进行信号交换；第 3 类是进行其他更高级的信号变换和处理，如上行 FDMA 信号变为下行 TDMA 信号等。

3．电源分系统

通信卫星的电源除了要求体积小、重量轻、效率高之外，还要能在卫星寿命内保证输出足够的电能。常用的卫星电源有如下两种：

(1) 太阳能电池。在宇宙空间，阳光是最重要的能源，它每分钟辐射到近地空间中的能量约为 1400 W/m^2。太阳能电池就是把光能直接变换成电能的装置，大多是用 N-P 型单晶做成的薄片(单片尺寸一般为 1 cm × 2 cm 或 2 cm × 2 cm)在星体表面的绝缘膜上或专用的帆板上贴满而成。将各片的电极适当分组串、并联起来就构成了太阳能电池阵。太阳能电池阵输出的电压很不稳定，只有经电压调节器调节后才能使用。

(2) 化学电池。化学电池都采用镍镉(Ni-Cd)蓄电池，与太阳能电池并接。

4．跟踪、遥测、指令分系统

在图 3-19 中，跟踪、遥测、指令分系统主要包括遥测与指令两大部分。

(1) 遥测设备使用传感器、敏感元件等器件不断测得有关卫星姿态及卫星内各部分的工作状态等数据，经放大、多路复用、编码、调制等处理后，再通过专用的发射机和天线发给地面的 TT&C 站。TT&C 站接收并检测出卫星发来的遥测信号后，先转送给卫星检控中心进行分析和处理，然后通过 TT&C 站向卫星发出有关姿态和位置校正、星体内温度调节、主备用部件切换、转发器增益换挡等控制指令信号。

(2) 指令设备专门接收 TT&C 站发给卫星的指令，进行解调与译码后，一方面将其暂时储存起来，另一方面又经遥测设备发回地面进行校对。TT&C 站在核对无误后发出"指令执行"信号，指令设备收到信号后，才将储存的各种指令送到控制分系统，使有关的执行机构正确地完成控制动作。

5．控制分系统

控制分系统是由一系列机械的或电子的可控调整装置组成的，如各种喷气推进器、驱动装置、加热及散热装置、各种转换开关等。它在 TT&C 站的指令控制下完成对卫星的姿态、轨道位置、工作状态主备用切换等各项调整。

3.5.2 移动卫星通信系统

移动卫星通信是指利用卫星实现移动用户与固定用户或移动用户之间的相互通信,是卫星通信的一种。第三代移动卫星通信系统使得人们借助体积很小的手持终端就可直接与卫星建立通信链路,实现个人通信。移动卫星通信系统是未来个人通信网络必不可少的组成部分。

1. 移动卫星通信系统的组成

如图 3-25 所示,移动卫星通信系统通常包括空间段和地面段两部分。空间段是指卫星星座,而地面段是指包括卫星测控中心、网络操作中心、卫星移动终端与关口站在内的地面设备。

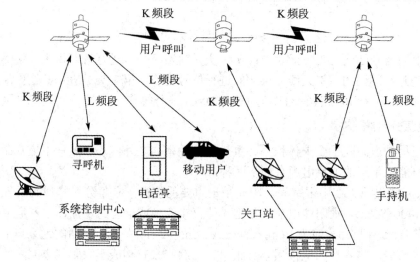

图 3-25　移动卫星通信系统的基本组成

各部分的工作过程如下:

(1) 按规定分布的卫星构成一个移动卫星通信系统的卫星星座,但不同的卫星移动通信系统对组成卫星星座的卫星数量、运行轨道等性能有不同的要求。虽然结构各异,但卫星星座的作用都是提供地面段各设备间信号收/发的转接或交换处理。

(2) 卫星测控中心完成对卫星星座的管理,如修正卫星轨道、诊断卫星工作故障等,以保障卫星在预定的轨道上无故障运行。

(3) 网络操作中心具有管理移动卫星通信业务的功能,如路由选择表的更新、计费以及各链路和节点工作状态的监视等。

(4) 卫星移动终端是终端设备,通过该终端设备,移动用户可在移动环境中,如空中、海上及陆地上实现各种通信业务。

(5) 关口站一方面负责为移动卫星通信系统与地面固定网、地面移动通信网提供接口以实现彼此间的互通,另一方面还负责卫星移动终端的接入控制工作,从而保证通信的正常运行。卫星的关口站分为归属关口站和本地服务关口站。

归属关口站负责卫星移动终端的注册登记。任何一个卫星移动终端一定归属于某一个归属关口站,由此关口站来决定该通信终端是否有权建立呼叫或使用某项业务。由于卫星移动终端具有移动性,因而时常会远离自己的归属关口站。此关口站被称为本地服务关口站,具有为此卫星移动终端提供呼叫服务的功能。

移动卫星通信系统的使用频段为 0.3～10 GHz，大气损耗小。

2．移动卫星通信系统的分类

移动卫星通信系统的性质、用途不同，所采用的技术手段也不同，因此存在多种分类方法，它们分别反映了移动卫星通信的不同方面，具体分类如下：

(1) 若按移动卫星通信系统的业务进行划分，则有海事卫星移动通信系统(MMSS)、航空卫星移动通信系统(AMSS)和陆地卫星移动通信系统(LMSS)。

(2) 若按移动卫星通信系统的卫星轨道进行划分，则有以下三种：

① 静止轨道卫星移动通信系统，其系统卫星位于地球赤道上空约 35 786 km 附近的地球同步轨道上，因此卫星绕地球公转与地球自转的周期和方向相同；

② 中轨道卫星移动通信系统，其系统卫星距地面 5000～15 000 km；

③ 低轨道卫星移动通信系统，其系统卫星距地面 500～1500 km。

(3) 若按移动卫星通信系统的通信覆盖区域进行划分，则有国际卫星移动通信系统、区域卫星移动通信系统和国内卫星移动通信系统三种。

3．移动卫星通信的特点

移动卫星通信是以大气作为传输媒质的，它与地面任何一种通信方式都不同。特别是随着移动通信的迅速发展，移动卫星通信吸取了传统卫星通信和移动通信的长处，为个人通信的实现提供了一整套完备的方案。其特点如下：

(1) 通信距离远，具有全球覆盖能力，能满足陆地、海洋、空中、立体化、全方位的多址通信的需求，从而实现真正意义上的全球通信和个人通信，这是移动卫星通信的优势所在；

(2) 系统容量大，可提供多种通信业务，从而使通信业务向多样化和综合化方向发展，以满足用户多方面的需求；

(3) 在使用静止轨道的同时，也可使用中/低轨道卫星，使业务性能更优良，但在星座设计和技术上更为复杂。

3.5.3　VSAT 卫星通信系统

1．VSAT 的特点

VSAT(Very Smal Aperture Terminal，甚小口径卫星终端站)是一种具有甚小口径天线的、智能的卫星通信地球站，很容易在用户办公地点安装。通常，运行时由大量的微型站和一个大型中枢地球站(Hub Earth Station，也称为主站)协同工作，组成 VSAT 网，用以支持大范围内的双向综合电信和信息业务。VSAT 要同时具备以下三个特点：

(1) 为小(微)型化的地球站，可以很方便地架设在办公地点(如办公楼的楼顶或办公室的窗外等)。因此主要使用 Ku 波段进行传输，天线口径为 1.2～1.8 m。

(2) 有智能的地球站。整个 VSAT 网络，包括大量的 VSAT 在内，采用了一系列的高新技术加以优化、综合，并将通信与计算机技术有效地结合在一起，使得在信号处理、各种业务的自适应、网络结构及网络容量灵活性的改变，以及网络控制中心对关键电路进行工作参数的检测和控制等监控管理功能方面都有不同程度的智能化。

(3) 具有处理双向综合电信和信息业务的能力。VSAT 的业务不单是语音业务，而是各种非语音业务(如数据、图像、视频信号等)的综合业务，能传送各种各样的信息。

2. VSAT 卫星通信网的组成

典型的 VSAT 网由主站(亦称中心站)、卫星转发器和许多远端 VSAT 小站组成。

(1) 主站。主站是 VSAT 网的核心，与普通地球站一样，它使用大型天线，Ku 波段为 3.5～8 m，C 波段为 7～13 m。主站由高功率放大器、低噪声放大器、上/下变频器、调制/解调器以及数据接口设备等组成。主站通常与计算机配置在一起，也可通过地面线路与计算机连接。

主站发射机的高功率放大器的输出功率的大小取决于通信体制、工作频段、数据速率、卫星转发器特性、发射的载波数以及远端接收站(品质因数)值的大小等多种因素，一般为数十瓦到数百瓦。

为了对全网进行监测、控制、管理与维护，在主站还设有网络监控与管理中心，可对全网运行状态进行监控管理，如检测小站及主站本身的工作状况、信道质量及负责信道分配、统计、计费等。由于主站关系到整个 VSAT 网的运行，所以它通常配有备份设备。为了便于重新组合，主站一般都采用模块结构，设备之间以高速局域网的方式进行互联。

(2) 小站。小站由小口径天线、室外单元和室内单元三部分组成，室内单元和室外单元通过同轴电缆连接。VSAT 小站可以采用常用的正馈天线，也可以采用增益高、旁瓣小的偏馈天线；室外单元包括 GaAs 固态功率放大器、低噪声 FET 放大器、上/下变频器及其监测电路等，它们被组装在一起作为一个部件配置在天线馈源附近；室内单元包括调制/解调器、编/译码器和数据接口等。

(3) 卫星转发器。卫星转发器也称空间段，目前主要使用 C 波段或 Ku 波段转发器，其组成及工作原理与一般卫星转发器一样，只是具体参数不同而已。

3. VSAT 网的工作原理

现以星形网络结构为例介绍 VSAT 网的工作原理。由于主站接收系统的 G/T 值大，所以网内所有的小站都可直接与主站通信；对于小站，由于它们的天线口径和 G/T 值小、EIRP 低，因此需要在小站间进行通信时，必须经主站转发，以"双跳"方式进行。

在星形 VSAT 网中进行多址连接时，可以采用不同的多址协议，其工作原理也因此有所不同。这里主要结合随机接入时分多址(RA/TDM)方式来介绍 VSAT 网的工作原理。一般来说，网中任何一个 VSAT 小站的入网传送数据都是以分组方式进行传输与交换的。数据报文在发送之前，先划分成若干个数据段，并加入同步码、地址码、控制码、起始标志以及终止标志等，这样便构成了通常所说的数据分组；到了接收端，再将各分组按原来"打包"时的顺序组装起来，最终恢复出原来的数据报文。

在 VSAT 网内，由主站通过卫星向远端小站发送数据通常称为外向传输；由各小站向主站发送数据称为内向传输。

(1) 外向传输。由主站向各远端小站的外向传输，通常采用时分复用或统计时分复用方式。首先由计算机将发送的数据进行分组并构成 TDM 帧，然后以广播方式向网内所有小站发送；而网内某小站收到 TDM 帧以后，可根据地址码从中选出发给本小站的数据。根据一定的寻址方案，一个报文可以只发给一个指定的小站，也可以发给一群指定的小站或所有的小站。为了使各小站可靠地同步，数据分组中的同步码特性必须能保证 VSAT 小站在未加纠错码和误比特率达到 10^{-3} 时仍能可靠地同步；而且主站还须向网内所有地面终端提供 TDM 帧的起始信息。TDM 帧结构如图 3-26 所示。主站不发送数据分组时，只发送同步分组。

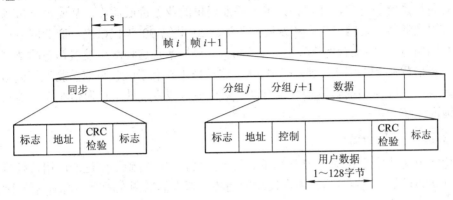

图 3-26　VSAT 网外向传输的 TDM 帧结构

(2) 内向传输。在 RA/TDMA 方式的 VSAT 网中，各小站用户终端一般采用随机突发方式发送数据。当远端小站通过具有一定延时的卫星信道向主站传送数据分组时，由于 VSAT 小站受 EIRP 和 G/T 值的限制，一般收不到自己所发送的数据信号，因而小站不能采用自发自收的方法监视本站数据传输的情况。如果是争用信道，那么必须采用肯定应答 (ACK)方式。也就是说，当主站成功地收到了小站数据分组后，需要通过 TDM 信道回传一个 ACK 信号，表示已成功地收到了小站所发的数据分组；相反地，如果分组发生碰撞或信道产生误码，致使小站收不到 ACK 信号，那么小站需要重新发送这一数据分组。

根据 VSAT 网的卫星信道共享协议，网内可以同时容纳许多小站，至于最多能够容纳的站数，则取决于小站的数据速率。VSAT 网链路两端的设备、执行的功能、内向和外向传输的业务量都不同，内向和外向传输的电平也有相当大的差别，所以 VSAT 网是一个非对称网络。

(3) VSAT 网中的交换。在 VSAT 网中，各站通信终端的连接是唯一的，没有备份路由，所以全部交换功能只能通过主站内的交换设备完成。为了提高信道利用率和可靠性，对于突发性数据，最好采用分组交换方式。特别是对于外向链路，采用分组传输便于对每次经卫星转发的数据进行差错控制和流量控制，成批数据业务也采用数据分组格式。显然，来自各 VSAT 小站的数据分组传到主站后，也应采用分组格式和分组交换。也就是说，通过主站交换设备汇集来自各 VSAT 小站的数据分组，以及从主计算机和地面网发送过来的数据分组，同时又按照数据分组的目的地址转发给外向链路、主计算机和地面网。采用分组交换不但提高了卫星信道利用率，而且减轻了用户设备的负担。

但是，对于实时性要求很强的语音业务，因为分组交换的延时和卫星信道的延时太大而应该采用线路交换，所以 VSAT 网为了能够同时传输数据和语音的综合业务，需要分别设置交换设备并提供自己的接口。

3.5.4　卫星通信新技术

近年来，第二代移动蜂窝系统的成功和因特网业务需求的急剧增长表明，未来用户的需求是"能在任何地点和任何时间使用交互的非对称多媒体业务",所以以多媒体业务和因特网业务为主的宽带卫星系统已成为当前通信发展的新热点之一。传统卫星网的使用价格高昂,而且不能适应目前多媒体业务和因特网业务发展的需求,因此不能开拓大众消费市场。面对各种系统的竞争,如何在技术上保证提供的业务价低质优,从而占领市场,是宽带多媒体卫星通信系统得以生存和发展的关键。20 世纪 90 年代以来,商业网络逐渐向应用 TCP/IP 协议的分组交换网络发展,宽带 IP 卫星技术是这种网络发展趋势的结果,它是将卫星业务搭载在 IP 网络层上应用的技术。这种技术有利于吸收目前蓬勃发展的 IP 技术,降低技术成本。IP 网络的传输特性也有助于降低业务成本,使卫星通信在大众消费市场上可以和地面系统竞争。

1. 宽带 IP 卫星通信

因特网中所使用的 IP 协议结构简单、易于扩展,因而得到了广泛的应用,以至于现在人们普遍认为通信网有朝 IP 化方向发展的趋势,即人们试图在所有的通信网络中使用 IP 协议。宽带 IP 卫星通信是一种在卫星信道上传输 Internet 业务的技术。

卫星 IP 系统在卫星通信系统的基础上使用了 IP 技术,因而它既有卫星通信的特点,又有 TCP/IP 的工作特点。其特点如下:

(1) 有极高的覆盖能力和广播特性。由于卫星通信系统具有无缝覆盖能力,因而可同时向多个地球站发送信号提供必要的条件,使之成为地面网络的补充。特别是对地面网络未到达的不发达地区来说,这是一种有效的通信方式。

(2) 应用范围广,有利于组建灵活的广域网。由于使用了 TCP/IP,因而网络不会受到传输速率和时延的限制,可以与多种地面网络实现互联;加上卫星通信系统的广播特性、灵活的多波束能力以及卫星上交换技术的使用,从而可构成拓扑结构更为复杂的广域网。

(3) 可靠的传输性能。在 TCP(通信控制协议)中提供了确认重发机制,从而保证了数据的可靠传输。特别是在地面通信系统受到洪灾、地震等自然灾害的影响时,卫星通信系统仍能提供高可靠性的通信服务。

2. 宽带 IP 卫星通信系统

卫星通信系统通常包括用户终端、中心站和转发器,宽带 IP 卫星通信系统的基本组成也是如此。

1) 系统结构

基于 S-UMTS 的移动卫星 IP 技术有两个难点,一是如何在移动卫星通信系统中应用 IP 技术(建立在 IP 技术基础上的卫星多媒体应用);二是如何使基于 IP 的 S-UMTS 业务与第三代移动通信系统的 IP 核心网互联。各大公司和研究机构正组织人力分别针对这两大难题进行全力攻关,并提出了不少方案。下面基于 UMTS(通用移动通信系统)来说明移动卫星 IP 系统的结构。

图 3-27 给出了基于 UMTS 的移动卫星 IP 实验系统结构。从图中可以看出,多模终端可以通过不同的星座来实现多媒体移动应用。其中,LEO 或 MEO 星座的卫星信道是用 140 MHz 的中频硬件信道模拟器进行仿真的。信道模型包括城市、郊区、车载等多种通信环境。

第三代移动通信系统的 IP 核心网使用的是 ATM 交换机,而本地交换(LE)具有智能网(IN)功能,因而可为系统提供漫游和切换服务。该实验系统可以实现 140 kb/s 的双向信道,码片速率为 4 Mb/s，带宽为 4.8 MHz。

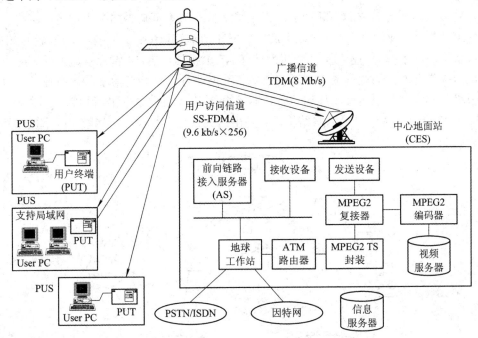

图 3-27 基于 UMTS 的移动卫星 IP 实验系统结构

2) 移动卫星 IP 系统的协议堆栈

图 3-28 是一个较完整的基于 S-UMTS 的移动 IP 系统的协议堆栈。当移动用户欲与某固定网用户进行通话时，移动用户信息首先经过多媒体应用和适配设备进入 TCP，然后逐层封装，并将信号由移动用户物理层递交给移动终端的物理层，接着通过 UMTS 卫星接入网与固定用户相连的固定地面站(地球站)连接，再通过智能网网关及路由器，最终实现移动用户与固定用户的互通。这里物理层的 MAC 层采用同步 CDMA 方式，而且工作于 Ka 波段的卫星具有星上再生功能。

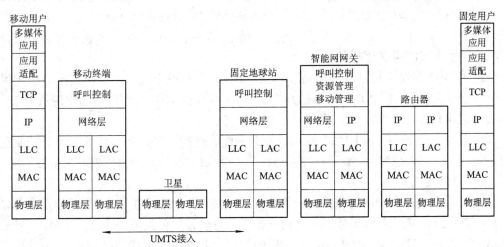

图 3-28 基于 S-UMTS 的移运 IP 系统的协议堆栈

3. 宽带多媒体卫星网络

随着多媒体业务需求的不断增加，卫星网络将成为不可缺少的多媒体通信网络。许多卫星系统计划采用 Ka 波段及 Ka 以上波段的静止地球轨道(GEO)卫星、中低轨道(MEO)卫星和低轨道(LEO)卫星星座，而且将使用具有 ATM 或具有 ATM 特点的星上处理与交换功能，从而提供全双向的业务，包括语音业务、数据业务、IP 业务等多种现有业务，以及在综合卫星—光纤网络上运行的移动业务、专用内部网、高速数据因特网接入等新业务。

图 3-29 给出了宽带卫星网络结构。它是由信关、用户终端、空间段、网络控制站、接口等组成的。

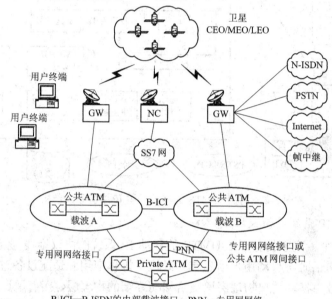

B-ICI—B-ISDN的内部载波接口；PNN—专用网络；
NC—网络控制站；GW—地球工作站

图 3-29　宽带卫星网络结构

(1) 信关必须同时支持几种标准的网络协议，如支持 ATM 网络接口协议(ATM-UNI)、帧中继用户接口协议(FR-UNI)、窄带综合业务数字网(N-ISDN)以及传输控制协议/网间互联协议(TCP/IP)。这样，多种网络信息都能分别通过信关中的相关接口转换成多媒体宽带卫星网络中的 TCP/IP 业务进行传输。

(2) 用户终端设备通过其中的接口单元(TIU)与信关相连接。用户终端接口单元提供包括信道编码、调制/解调功能在内的物理层的多种协议；不同类型的终端支持从 16 kb/s、144 kb/s、384 kb/s 到 2048 Mb/s 的不同速率的业务。

(3) 网络控制站用于完成配置管理、资源分配、性能管理、业务管理等各种控制和管理任务。在多媒体宽带网络中可以同时存在若干个网络控制站，具体数量与网络规模、覆盖范围及管理要求有关。

(4) 接口是与外部专用网络或公众网络互联的接口。如果采用 ATM 卫星，那么可以采用 TIU-TQ 2931 信令；如果采用其他网络，那么可以使用公共信令协议(一般为 7 号信令(SS7))。而专用 ATM 网络之间的其他互联接口则采用 ATM 网际接口(AI-ND)、公共用户网络接口(PUND，或专用接口及两个公共 ATM 网络之间的非标准接口，即 B-ISDN 内部的载波接口(B-ICI)，但这些接口协议都应根据卫星链路的通信要求进行相应的修正。

目前，多媒体宽带卫星网络中的许多协议和标准都处于开发阶段。相信在不久的将来，一个具有良好性能的多媒体宽带卫星网络将呈现在我们面前。

3.6　卫星通信技术的发展

随着通信事业的飞速发展，目前的微波与卫星通信系统越来越难以满足要求，因此要将不断涌现的通信技术应用于现有的通信系统中，使之更加完善。下面就简要讨论一下微波与卫星通信的发展趋势。

3.6.1　激光技术的应用

目前，卫星通信的载波是微波，数据传输速率很难达到 50 Mb/s 以上的主要原因是通信卫星无法容纳体积很大的天线；而未来的卫星通信却要求数据传输速率达到数百兆、数千兆比特每秒，这只能由激光通信来实现。因为激光通信在外层空间进行，不受大气层的影响，所以可充分发挥其优势。据专家测算，在数据传输速率比微波通信高一个数量级的情况下，卫星激光通信的天线孔径尺寸可比微波通信卫星的少一个数量级。因此，未来进行激光通信是很有前途的。

为了解决全球通信中"双跳"法卫星通信带来的信号延时问题，可以采用"星间激光链路"技术，即在通信卫星之间采用激光通信方法。专家测算，在理想的情况下，用激光作载体进行空间无线电通信时，若话路带宽为 4 kHz，则可容纳 100 亿条话路；若彩色电视带宽为 10 MHz，则可同时传送 1000 万套节目而互不干扰。其原因就在于激光的频率单纯、能量高度集中、波束非常细密，且波长在微波和红外线之间，所以利用激光所特有的高强度、高单色性、高相干性和高方向性等诸多特性进行星间链路通信，就可获得容量更大、波束更窄、增益更高、速度更快、抗干扰性更强和保密性更好的通信载体，从而使激光成为发展空间通信卫星中最理想的通信载体。

美国的研究结果表明，铷玻璃激光和砷化镓激光器最适合星间链路应用。因为它们的发光技术简便、不受接收器信号相位的影响，且工作寿命长、可靠性高、综合性能优于其他激光器。

卫星激光通信的主要技术问题是如何精确地进行高数据速率的传输。目前，正在试验中的卫星激光通信数据传输速率为 100～1000 Mb/s，通信距离可达 7×10^4 km 以上。地面与卫星之间的激光通信将受到大气和云层的影响，而且地面对卫星的影响要比卫星对地面的影响更大，所以解决的办法一是利用多个地面站来提高无云层激光发射的概率；二是利用飞机接收地面站信号，然后再飞到云层外，在飞机与卫星之间进行激光通信。

卫星激光通信的信息传输过程一般是：由低轨道卫星将信息传输给数据中转卫星，再将数据传给地面站；或根据低轨道卫星的位置，经第二套激光通信线路将信息传输给另一个数据中转卫星，最后再将数据传输给地面站。如果这种中转卫星是同步轨道卫星，那么可利用两颗同步轨道通信卫星来实现东、西半球之间的通信。

此外，由于各种卫星通信系统利用的是静止轨道卫星，因此星地距离远，往返传递的信号微弱，再经互相转送传输(电波来回次数增至 4 次，延时将为 1.1 s)会给语音通信带来不便。近年来国际上提出发展低轨道的小卫星，可利用不同轨道的多颗卫星转接地面用户的信号，轨道高度一般在 1000 km 左右。由于轨道低，因此卫星上和地面用户的设备都可以简化。这种低轨小卫星的通信系统可用于国内通信系统，也可随着卫星数量的增多而用于全球通信。当然，这种系统还有许多技术问题，其中之一就是为使地球上任意两点之间的用户都能在不断运动中的星与星之间建立通信联系，就必须解决星与星之间的信号传递和星上自动分配等技术问题。

3.6.2 先进通信技术卫星

未来 VSAT 网的发展方向：

(1) 降低小站、主站以及整个通信网的建造和运行费用；

(2) 提供数据传输速率更高、应用范围更广的业务，其中包括语音、数据、图像以及其他类型的业务；

(3) 在操作、管理与维护方面，提供更灵活、更受用户欢迎的网络；

(4) 可以与更多类型的用户设备、新型交换设备以及更先进的地面通信网相互连接，从而构成综合业务数字网。

现代通信的一个重要发展趋势是尽可能使卫星复杂一些，包括星上处理设备，从而简化地球站设备。为了实现这些目标，各国都在开展新一代卫星通信技术的研究，主要包括：

(1) 采用多波束卫星天线和频率再用技术；

(2) 在卫星上进行中频或基带交换，以实现 VSAT 网小站间的直接通信；

(3) 开发 30/20 GHz(Ka)以上的频段；

(4) 采用新型高可靠性的小型天线；

(5) 采用更合理的多址方式，譬如 FDM/TDMA 方式；

(6) 采用整体解调器等。

目前，正在开发的比较典型的通信卫星是先进通信技术卫星(ACTS)。ACTS 是一个实验卫星，由于它采用了上述先进技术，将许多原来由地面系统完成的功能移到了卫星上，因而具有交换、基带处理、波束跳变等许多先进的特性，从而使卫星通信网在性能、组网的灵活性以及费用等方面得到了改进，并支持许多新的业务项目。具体来说，ACTS 所采用的关键技术是 Ka 波段、动态雨衰补偿、多波束卫星天线、星上中频交换(SS/TDMA)和基带处理与基带交换(BBS/TDMA)技术。

3.6.3 宽带多媒体卫星移动通信系统

近年来，微波与卫星通信领域中的热点话题层出不穷，但大多集中在两个方面：一个是有关卫星移动通信的发展问题；另一个是关于宽带 IP 卫星系统的讨论。总的来说，要想满足未来的需要，必须解决卫星网与服务质量(QoS)有关的系统设计问题。而面对各种系统的竞争，提供低价优质的服务和及时占领市场则是宽带多媒体卫星移动通信系统得以生存和发展的关键。下面将从系统结构、移动管理、星上处理技术、多址技术、调制技术的发展等方面进行讨论。

(1) 系统结构。近年来，IP 和多媒体技术在卫星中的应用已成为一个研究热点。ITU-R

于 1999 年 4 月在日内瓦举行会议, IP 多媒体技术在卫星中的应用作为新技术课题提案在会议上获得了通过。这对宽带卫星移动通信系统的发展具有重要的影响。参加会议的有关人士认为, IP 很有可能成为未来的主要通信网络技术, 大有取代目前占主导地位的 ATM 技术的势头。IP 数据包通过卫星传输的可用度和性能目标与 ATM 建议要求的不同, 其关键技术包括卫星 IP 网络结构如何支持卫星 IP 运行的网络层和传输层协议的性能要求, 层协议可以加强卫星链路性能的更高层协议需要进行什么样的潜在改善, IP 保密安全协议及相关问题对卫星链路的要求将产生什么影响。这种技术若能实现与地面 IP 网络的兼容, 将影响卫星通信业务的变革。

(2) 移动管理。为了解决目前移动管理协议效率低的问题, 一系列的移动管理方案被提了出来。例如提出了一种基于 ATM 面向连接和面向非连接方式的混合模型的高效移动管理方案, 其路由策略依据逻辑子网原理进行优化, 可提供满足要求的业务。

在无线移动性目标管理方面, 目前已解决了 ATM 终端用户在大楼或校园内实时移动的管理问题。实验的移动距离从数米到数百米, 数据速率为 2～24 Mb/s, 频段为 2.4 GHz 或 5 GHz。但是, 含有 ATM 交换机的子网整体的移动性管理至今未能解决。一个新的移动管理目标是: 在全球卫星与收信机间通信的特定环境下实现网络段的移动管理。这一目标可以发展为未来全球非 GEO 宽带卫星 ATM 系统的移动管理目标。目前有专家提议, 将 ATM 的专用网络节点接口(PNNI)V.1 协议扩展为一个支持网络段移动的有关定位管理和路由的协议。

用户与网络之间或网络与子网之间的移动性要求必须将切换引入 ATM, 因为如果没有切换支持, 那么在正在进行的呼叫中, 由于链路变化所造成的丢失将被应用层以一种类似其处理临时链路失败的方法进行处理。短暂的中断对某些业务应用而言是无法接受的, 特别是接入点经常变化时, 这种中断会频繁发生, 故这方面的研究是很重要的。

(3) 星上处理技术。在星上设备小型化方面, 人们提出可以使用现场可编程门阵列(FPGA)。最新的 FPGA 具有先进的封装技术、抗辐射能力和现场可编程能力, 因此在工程上容易实现星上处理硬件的高度小型化, 而且速度较快, 利于大批量生产。但目前所使用的抗辐射 FPGA 的选通时间较难匹配, 且 SRAM FPGA 的容量较小, 读/写速度也不够快。

(4) 多址技术和调制技术。为了提高宽带移动卫星通信系统的容量和业务质量, 必须发展新的多址技术和调制技术。近年来, CDMA 多址技术和 OFDM(正交频分复用)多载波调制方式逐渐受到通信产品制造商的重视。CDMA 技术具有联合信道估计和消除干扰的特点, 因此采用此技术可实现多用户接收机的多用户检测功能, 从而有利于通过消除干扰来提高系统容量。OFDM 的难点是它对系统的同步要求难以实现, 特别是突发状态下传输的符号时间恢复问题较难解决, 这是因为常规的同步算法不用于具有快衰减特性以及突发传输要求的 NON-GEO 卫星信道。由此看来, 在宽带卫星移动通信系统中采用 ATM 与 CDMA 及 OFDM 相结合的方式将是较为理想的方式。

宽带卫星系统要求在较差的信道误码惰性情况下传输高速数据, 这就需要有高效率的信道编/解码技术, 以满足各类多媒体业务 QoS 的要求。而宽带多媒体业务因为质量要求的不同, 信道编码要求采用速率可变的差错控制编码。另外, 应充分利用信源和信道的联合编码, 以在提高系统整体性能的同时尽量降低解码技术的复杂性。

小　结

微波通信信号的传输与复用、信号的调制与解调和编解码技术是微波通信的基础知识；微波通信系统、数字微波通信系统、数字微波通信系统的性能和大容量微波通信系统是微波通信应用的具体体现。微波无线接入包括 LMDS 和 MMDS，是较新的微波通信形式，应用比较广泛。本章对静止卫星通信系统、移动卫星通信系统、VSAT 卫星通信系统等卫星通信系统进行了论述，同时介绍了卫星通信新技术及其应用。

思考与练习3

3.1　微波通信常用哪些频段？

3.2　什么是微波中继通信？

3.3　为什么要用中继通信方式？

3.4　有哪些微波转接方式？

3.5　简述微波通信系统的组成和功能。

3.6　微波信号传播具有哪些特点？

3.7　微波通信通常采用哪些技术？

3.8　简述微波通信系统的组成，并说明各部分的作用。

3.9　数字微波通信系统的性能指标有哪些？

3.10　简述常用的信道分配方式及各自的特点。

3.11　卫星通信常用哪些频段？

3.12　简述卫星通信系统的组成和功能。

3.13　简述卫星地球站各部分的组成和功能。

3.14　卫星地球站必备的性能指标有哪些？

3.15　卫星通信系统的基本特点是什么？

3.16　简述 VSAT 卫星通信网的基本概念。

3.17　简述 VSAT 卫星通信网的工作原理。

3.18　卫星通信通常采用哪些技术？

3.19　卫星通信系统与微波通信系统有什么异同点？

3.20　多址方式与多路复用的异同点是什么？

3.21　简述 FDM/FM/FDMA 的工作原理及特点。

3.22　卫星通信中都采用了哪些多址技术？

3.23　卫星通信技术有哪些？

3.24　简要说明下一代卫星通信的发展趋势。

3.25　LMDS 系统由哪几个部分组成？使用频段是多少？基站的覆盖范围有多大？

3.26　LMDS 具有哪些技术特点？

3.27　与传统无线业务相比，本地多点分布业务系统(LMDS)具有什么技术特点？

3.28　LMDS 无线接入系统的优势是什么？

第4章 卫星导航与定位

【本章教学要点】
- GPS 及相关技术
- GLONASS 系统
- Galileo 系统
- 北斗卫星系统
- 北斗卫星导航系统

卫星导航是以卫星为参照物来实现定位、导航和授时功能的系统。它通过卫星发送信号、接收机接收无线电信号来确定自己的位置、速度和时间。美国的 GPS(Global Positioning System, 全球定位系统)于 1978 年推出, 1994 年完成全球性组网。俄罗斯格洛纳斯 GLONASS 是苏联于 1995 年完成组网的, 2010 年正常运行。欧盟伽利略 GALILEO 于 1999 年推出, 现已基本实现全球信号覆盖。我国的北斗卫星系统于 1994 年全面启动, 2020 年完成全球组网。北斗卫星导航系统的成功发布, 终于打破了欧美的垄断。截至 2023 年 1 月, 北斗卫星在地图导航的日定位量已超过 3000 亿次, 是北斗系统民用推广的又一里程碑。卫星导航系统的发展应用可以带来巨大的社会利益和经济利益, 而且已经在信息、交通、安全防卫、农业以及环境监测等方面发挥了其他手段无法替代的作用。

4.1　GPS 概述

4.1.1　GPS 的基本概念

GPS 全球定位系统是美国从 20 世纪 70 年代开始研制的新一代卫星导航与定位系统, 历时 20 年, 耗资 200 亿美元, 于 1994 年全面建成。该系统利用导航卫星进行测时和测距, 具有在海、陆、空进行全方位实时三维导航与定位的能力。GPS 为民用导航、测速、时间比对和大地测量、工程勘测、地壳勘测等众多领域开辟了广阔的应用前景, 已成为当今世界上最实用也是应用最广泛的全球精密导航、指挥和调度系统。

GPS 的应用特点是用途广泛(可在海空导航、车辆引行、导弹制导、精密定位、动态观测、设备安装、时间传递、速度测量等方面得到广泛应用)、自动化程度高、观测速度快、定位精度及经济效益高。

GPS 定位技术比常规手段具有明显的优势。它是一种被动系统，可为无限多个用户使用，且信用度和抗干扰能力强，因此必然会取代常规测量手段。GPS 定位技术的精度已经不仅能与另外两种精密空间定位技术——卫星激光测距(SLR)和甚长基线干涉(VLB)测量系统相媲美，而且由于 GPS 信号接收机轻巧方便、价格较低、时空密集度高，因此更能显示出其定位技术的优越性和更广泛的应用前景。

4.1.2　GPS 的组成及作用

GPS 包括三大部分：空间部分——GPS 卫星星座；地面控制部分——地面监控系统；用户设备部分——GPS 信号接收机。

1. GPS 工作卫星及其星座

由 21 颗工作卫星和 3 颗在轨备用卫星组成的 GPS 卫星星座，记作(21+3)GPS 卫星。如图 4-1 所示，24 颗卫星均匀分布在 6 个轨道平面内，轨道倾角为 55°，各个轨道平面之间相距 60°，每个轨道平面内各卫星之间的升交角距相差 90°，每个轨道平面上的卫星比其西边相邻轨道平面上的相应卫星超前 30°。

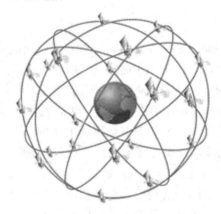

图 4-1　GPS 卫星星座示意图

当地球相对恒星自转一周时，在两万千米高空的 GPS 卫星则绕地球运行两周，即绕地球一周的时间为 12 恒星时。这样，对于地面观测者来说，每天将提前 4 min 见到同一颗 GPS 卫星。位于地平线以上的卫星颗数随着时间和地点的不同而不同，最少见到 4 颗，最多可以见到 11 颗。在用 GPS 信号导航定位时，为了解观测站的三维坐标，必须观测 4 颗 GPS 卫星，称为定位星座。这 4 颗卫星在观测过程中的几何位置分布对定位精度有一定的影响。对于某地某时，有可能不能测得精确的定位坐标，这种时间段叫做"间隙段"。这种时间间隙段是很短暂的，并不影响全球绝大多数地方的全天候、高精度、连续实时的导航定位测量。

GPS 工作卫星的编号和试验卫星的基本相同。其编号方法有：按发射先后次序编号、按 PRN(卫星所采用的伪随机噪声码)的不同编码、NASA 编码(美航空航天局对 GPS 卫星的编号)、国际编号(第一部分为该星发射年代，第二部分表示该年中发射卫星的序号，字母 A 表示发射的有效负荷)、按轨道位置顺序编号等。

GPS 工作卫星的作用如下：

(1) 用 L 波段的两个无线载波(19 cm 和 24 cm 波)接连不断地向广大用户发送导航定位信号。每个载波用导航信息 $D(t)$ 和伪随机码(PRN)测距信号来进行双相调制。用于捕获信号及粗略定位的伪随机码叫 C/A 码(又叫 S 码),精密测距码(用于精密定位)叫 P 码。由导航电文可以知道该卫星当前的位置和卫星的工作情况。

(2) 在卫星飞越注入站上空时,接收由地面注入站使用 S 波段(10 cm 波段)发送到卫星的导航电文和其他有关信息,并通过 GPS 信号电路适时地发送给广大用户。

(3) 接收地面主控站通过注入站发送调度命令到卫星,并适时地改正运行偏差或启用备用时钟等。

GPS 卫星的核心部件是高精度的时钟、导航电文存储器、双频发射和接收机以及微处理机,而 GPS 定位成功的关键在于高稳定度的频率标准。这种高稳定度的频率标准由高度精确的时钟提供,因为 10^{-9} s 的时间误差将会引起 30 cm 的站星距误差,所以每个 GPS 工作卫星一般安设两台铷原子钟和两台铯原子钟,并计划未来采用更稳定的氢原子钟(其频率稳定度优于 10^{-14})。GPS 卫星虽然会发送几种不同频率的信号,但是它们均源于一个基准信号(其频率为 10.23 GHz),所以只需要启用一台原子钟,其余则作为备用。卫星钟由地面站检验,其钟差、钟速连同其他信息由地面站注入卫星后,再转发给用户设备。

2. 地面监控系统

对于导航定位来说,GPS 卫星是一动态已知点。其中,星的位置是依据卫星发射的星历(描述卫星运动及其轨道的参数)算得的,而每颗 GPS 卫星所播发的星历又是由地面监控系统提供的。卫星上的各种设备是否正常工作,以及卫星是否一直沿着预定轨道运行,都要由地面设备进行监测和控制;地面监控系统的另一重要作用是保持各颗卫星处于同一时间标准——GPS 时询系统。这就需要地面站监测各颗卫星的时间,求出钟差,然后由地面注入站发给卫星,再通过导航电文发给用户设备。

监控站是无人值守的数据采集中心,其位置经精密测定。它的主要设备包括 1 台双频接收机、1 台高精度原子钟、1 台电子计算机和若干台环境数据传感器。GPS 工作卫星的地面监控系统包括 1 个主控站、3 个注入站和 5 个监测站。其分布图如图 4-2 所示。

图 4-2　GPS 地面监控站分布

主控站设在美国本土科罗拉多，其任务是收集、处理本站和监测站收到的全部资料，然后编算出每颗卫星的星历和 GPS 时间系统，并将预测的卫星星历、钟差、状态数据以及大气传播编制成导航电文传送到注入站。主控站还负责纠正卫星轨道的偏离，必要时调度卫星，让备用卫星取代失效的工作卫星；另外，也负责监测整个地面监测系统的工作，检验注入站给卫星的导航电文，监测卫星是否将导航电文发送给了用户。

3 个注入站分别设在大西洋的阿松森群岛、印度洋的迭哥伽西亚和太平洋的卡瓦加兰，任务是将主控站发来的导航电文注入相应卫星的存储器中，每天注入 3 次，每次注入 14 天的星历。此外，注入站能自动向主控站发射信号，每分钟报告一次自己的工作状态。

5 个监测站除了位于主控站和 3 个注入站之处的 4 个站以外，还在夏威夷设立了一个监测站。监测站的主要任务是为主控站提供卫星的观测数据。每个监测站每 6 min 均用 GPS 信号接收机对每颗可见卫星进行一次伪距测量和积分多普勒观测、采集气象要素等数据；在主控站的遥控下，监测站还会自动采集定轨数据并对各项进行更正，然后每 15 min 平滑一次观测数据，并依次推算出每 2 min 间隔的观测值，最后将数据发送给主控站。

主控站是整个系统的核心，它为系统提供高精度、稳定的时空框架，具体作用如下：

(1) 采集数据、推算编制导航电文。主控站通过大型电子计算机采集监测站的伪距测量值和积分多普勒观测值、气象参数、卫星时钟、卫星工作状态参数、各监测站工作状态参数等所有观测资料，然后根据采集的数据推算各卫星的星历、卫星钟差改正数、状态数据以及大气改正数，并按一定的格式编辑成导航电文，传送到注入站。

(2) 确定 GPS 系统时间。由于每个 GPS 的监测站和各个卫星上都有自己的原子钟，且它们与主控站的时间并不同步，存在时间偏移，因此 GPS 应以主控站的原子钟为基准，测出其他星钟和监测站站钟对于基准钟的钟差，并将这些钟差信息编辑到导航电文中，传送到注入站后再转发至各卫星。

(3) 负责协调和管理所有地面监测站和注入站系统，并且根据观测到的卫星轨道参数以及卫星姿态参数来管理卫星。当发现失常卫星时，主控站启用备用卫星取代失效卫星，以保证整个系统的正常工作。

注入站主要装有 1 台 C 波段天线、1 台 C 波段发射机和 1 台计算机，其主要任务是将主控站传送来的卫星星历、钟差信息和其他控制指令注入卫星的存储器中，使卫星的广播信号获得更高的精度，以满足用户的需要。

监测站装有双频 GPS 接收机和高精度铯钟。在主控站的直接控制下，监测站自动对卫星进行持续不断的跟踪测量，并将自动采集的伪距观测量、气象数据、时间标准等进行处理，然后存储和传送到主控站。

3. GPS 信号接收机

GPS 信号接收机的任务是：捕获到按一定卫星高度截止角所选择的待测卫星的信号，并跟踪这些卫星的运行；对所接收到的 GPS 信号进行变换、放大和处理，以便测量出 GPS 信号从卫星到接收机天线的传播时间，并解译出 GPS 所发送的导航电文和实时地计算出监测站的三维位置，甚至计算出三维速度和时间。

静态定位时，接收机在捕获和跟踪 GPS 卫星的过程中固定不变，并高精度地测量 GPS 信号的传播时间，然后利用 GPS 卫星在轨的已知位置解算出接收机天线所在位置的三维坐标。动态定位则是指用 GPS 接收机测定一个运动物体的运行轨迹。GPS 信号接收机所位于叫作载体(如航行中的船舰、空中的飞机、行走的车辆等)的运动物体上，载体上的 GPS 相对地球而运动，接收机用 GPS 信号实时地测得运动载体的状态参数(瞬间三维位置和三维速度)。

接收机硬件、机内软件以及 GPS 数据的后处理软件包构成了完整的 GPS 用户设备。GPS 接收机的结构分为天线单元和接收单元两大部分，如图 4-3 所示。对于测地型接收机，两个单元一般分成两个独立的部件。观测时，将天线单元安置在监测站上，接收单元置于监测站附近的适当地方，再用电缆将两者连接成一个整机。也有的接收机将天线单元和接收单元制作成一个整体，观测时将其安置在监测站点上。

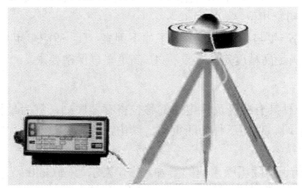

图 4-3　接收机的结构

GPS 接收机一般用蓄电池作电源，同时采用机内、机外两种直流电源。设置机内电池的目的在于更换外电池时可进行不中断的连续观测。在使用机外电池的过程中，机内电池自动充电；关机后，机内电池为 RAM 存储器供电，以防止丢失数据。

4.1.3　GPS 的信号

GPS 用户通过接收机接收卫星播发的信号，以确定接收机的位置、时间改正数以及解算卫星到接收机之间的距离。GPS 卫星所播发的信号包括载波信号(L_1 和 L_2)、测距信号(包括 C/A 码和 P 码)和导航信号(或称 D 码)。而所有的这些信号分量，都是在同一个基本频率 $f_0 = 10.23$ MHz 的控制下产生的，如图 4-4 所示。

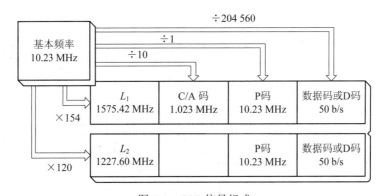

图 4-4　GPS 信号组成

GPS 取 L 波段的两种不同频率的电磁波为载波，分别为 L_1 载波和 L_2 载波。在 L_1 载波上，调制有 C/A 码和 P 码的数据码，频率 $f_1 = 1575.42$ MHz，波长 $\lambda_1 = 19.03$ cm；载波 L_2 上只调制了 P 码，频率 $f_2 = 1227.60$ MHz，波长 $\lambda_2 = 24.42$ cm。

L_1 载波上的 GPS 信号为

$$L_1(t) = A_P P_i(t) D_i(t) \cos(\omega_1 t + \varphi_1) + A_C C_i(t) D_i(t) \sin(\omega_1 t + \varphi_1) \tag{4-1}$$

L_2 载波上的 GPS 信号为

$$L_2(t) = A_P P_i(t) D_i(t) \sin(\omega_2 t + \varphi_2) \tag{4-2}$$

式中，A_P 为 P 码的信号幅度；$P_i(t)$ 为 ±1 状态时的 P 码；$D_i(t)$ 为 ±1 状态时的数据码；A_C 为 C/A 码的信号幅度；$C_i(t)$ 为 ±1 状态时的 C/A 码；ω_1、ω_2 分别为载波 L_1 和 L_2 的角频率；φ_1、φ_2 为载波 L_1 和 L_2 的初始相位。

GPS 卫星信号的产生与构成主要考虑了如下因素：① 适应多用户系统要求；② 满足实时定位要求；③ 满足高精度定位需要；④ 满足军事保密要求。

1. C/A 码

伪随机序列是一种具有特殊反馈电路的移位寄存器序列，称为最长线性移位寄存器。GPS 使用 C/A 码、P 码、Y 码三种伪随机码。其中，Y 码是对 P 码加密后的伪随机码，其数据码是保密的。

GPS 的 C/A 码属于伪随机噪声码的一种，称作果尔德码(Gold 码)。其序列长度为 1023 位，频率为 1.023 MHz，码周期为 1 ms。C/A 码是通过两个 10 位的移位寄存器 G_1 和 G_2 产生的，即由 G_1 的直接输出和 G_2 的延迟输出异或得到。G_1 和 G_2 都是由 1.023 MHz 时钟驱动的 10 级最长线性序列产生的周期等于 $2^{10} - 1 = 1023$ bit 的 M 序列，描述 G_1 的多项式为 $G_1 = 1 + x^3 + x^{10}$；描述 G_2 的多项式为 $G_2 = 1 + x^2 + x^3 + x^6 + x^8 + x^9 + x^{10}$，其框图如图 4-5 所示。

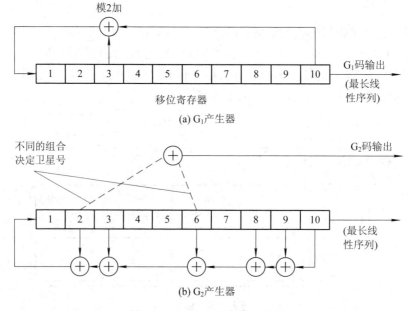

图 4-5　G_1 和 G_2 码寄存器框图

2．P 码

P 码产生的原理与 C/A 码的相似，但更复杂。GPS 发射的 P 码，是用 4 个 12 位移位寄存器的伪随机序列产生的，码率为 10.23 Mb/s，长 $N_u \approx 2.35 \times 10^{14}$ bit，码元宽 $t_u = 1/f_0 = 0.097\,752\,\mu s$，相应的距离为 29.3 m，周期为 266.41 天，约为 38 个星期。由于 P 码的周期很长，因此应用时一般被分为 38 个部分，每一部分周期为 7 天，其中 1 部分闲置，5 部分给地面监控站使用，32 部分分配给不同卫星。每颗卫星使用 P 码的不同部分，虽然都具有相同的码长和周期，但结构不同。P 码的捕获一般是先捕获 C/A 码，再根据导航电文信息捕获 P 码。由于 P 码的码元宽度为 C/A 码的 1/10，因此若取码元对齐精度仍为码元宽度的 1/100，则相应的距离误差为 0.29 m，故 P 码称为精码。

3．导航电文

导航电文是卫星向用户播发的一组包含卫星星历、卫星空间位置、卫星时钟参数、系统时间以及卫星工作状态等重要数据的二进制码。导航电文是以帧为单位向外发送的，每一帧数据包含 1500 bit，历时 30 s 播完，即电文的传输速率为 50 b/s。每帧又分为 5 个子帧，第一子帧包含时钟校正参数及电离层模型改正参数；第二、三子帧为卫星星历表；第四子帧为由字母和数字混合编制的电文；第五子帧是全部 24 颗卫星的日程表的一部分。每个子帧又分为 10 个字，一个字包含 30 个二进制码，这样每个子帧都包含 300 个二进制码，因此导航电文的数据每隔 20 ms 就会变化一次。最后 6 个比特是奇偶校验位，称为纠错码，用以检查传送的信号是否出错，并能纠正单个错误。完整的导航信息由 25 帧数据组成。由于播送速度为 50 b/s，所以全部播完要 12.5 min。每帧导航电文的格式如图 4-6 所示。

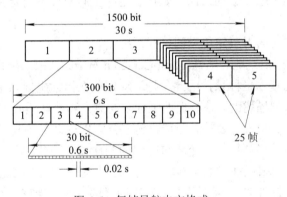

图 4-6　每帧导航电文格式

4.2　GPS 的定位原理

GPS 定位的基本几何原理为三球交会原理：如果用户到卫星 S_1 的距离为 R_1，到卫星 S_2 的距离为 R_2，到卫星 S_3 的距离为 R_3，那么用户的真实位置必定处在以 S_1 为球心、以 R_1 为半径的球面 C_1 上，同时也处在以 S_2 为球心、以 R_2 为半径的球面 C_2 上以及以 S_3 为球心、以 R_3 为半径的球面 C_3 上，即处在三球面的交点上。用户接收机与卫星之间的距离可表示为

$$R = \sqrt{(x_1 - x)^2 + (y_1 - y)^2 + (z_1 - z)^2} \tag{4-3}$$

式中，R 为卫星与接收机之间的距离；x_1、y_1、z_1 表示卫星位置的三维坐标值；x、y、z 表示用户(接收机)位置的三维坐标值。其中，R、x_1、y_1、z_1 是已知量，x、y、z 是未知量。

如果接收机能测出距 3 颗卫星的距离，就可得出 3 个这样的方程式，联立求解这 3 个方程式，便能解出接收机的坐标(x, y, z)，从而确定出用户(接收机)的位置。

GPS 在卫星上和用户接收机中分别设置了两个时钟，通过比对卫星钟和用户钟的时间测量信号传播时间，从而确定用户到卫星的距离。当然，精确的距离测量还需要进行一些修正，如两个时钟的同步补偿、卫星移动带来的多普勒频移以及信号在大气层传播过程中所引起的大气层延迟(电离层延迟和对流层延迟)等误差问题。这仅是卫星定位的基本原理，实际中会采用一些较为复杂的运算方法。

GPS 的定位过程：围绕地球运转的卫星连续向地球表面发射经过编码调制的无线电信号，信号中含有卫星信号的准确发射时间以及不同时间卫星在空间的准确位置。卫星导航接收机接收卫星发出的无线电信号，并测量信号的到达时间、计算卫星和用户之间的距离；然后用最小二乘法或滤波估计法等导航算法就可解算出用户的位置。准确描述卫星位置、测量卫星与用户之间的距离和解算用户的位置是 GPS 定位导航的关键。

4.2.1　GPS 坐标系统

坐标系统是卫星导航确定用户运动过程中的位置、速度等参数的根本。物体的运动是相对于一定的参考坐标系而言的，而且是在一定的空间坐标系内定义的，因此首先要建立适当的参考坐标系。

下面介绍几种常见的卫星定位空间坐标系统。

(1) 地心惯性坐标系。地心惯性(Earth-Centered Inertial，ECI)坐标系是准惯性坐标系，也是空间稳定力学的基本坐标系，因此牛顿运动定律在惯性坐标系中很适用，卫星的运动方程就是在该坐标系中描述的。地心惯性坐标系的原点和地球质心重合，X 轴指向春分点，X 轴和 Y 轴组成地球赤道面，Z 轴和地球自转重合，Y 轴和 X 轴与 Z 轴一起构成右手坐标系。但是，由于地球的形体接近一个赤道隆起的椭球体，因此在日月引力和其他天体引力的作用下，地球在绕太阳运动时的自转轴方向将发生变化，变为绕北黄极缓慢地旋转(从北天极上方观察为顺时针方向)，因而使北天极以同样的方式在天球上绕北黄极旋转，从而使春分点产生缓慢的西移。

(2) 地心地固坐标系。地心地固(Earth-Centered，Earth-Fixed，ECEF)坐标系是一个固联在地球上的坐标系。它的具体定义为：ECEF 坐标系是直角坐标系；原点在地球的质心；X 轴指向穿过格林尼治子午线和赤道的交点；XOY 平面与地球赤道平面重合；Z 轴与地球极轴重合，并指向地球北极，如图 4-7 所示。由于地球自转且绕太阳公转，因此 ECEF 坐标系不是惯性系。接收机一般使用 ECEF 坐标系作为卫星位置定位的参考坐标系。

(3) 地理坐标系。地理坐标系也称为大地坐标系。众所周知，地球形状和椭球相似，因此赤道所在平面的直径大于两极之间的长度。地理坐标系的定义为：地球椭球的中心为地球的地心，椭球的短轴与地球自转轴重合，经度 L 为过地面点的椭球子午面与格林威治大地子午平面之间的夹角，纬度 B 为过地面点的椭球法线与椭球赤道面的夹角，大地高程 H 为地面点沿椭球法线至椭球面的距离，如图 4-8 所示。地理坐标系为极坐标系，当它用于显示时，用户可以很直观地判断出自己在地球上的大概位置。

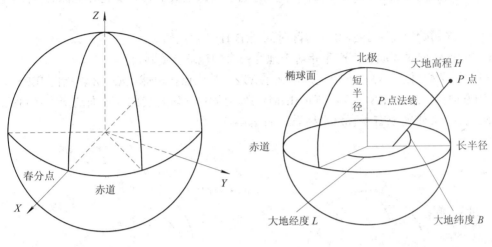

图 4-7　地心地固坐标系　　　　　　　　　　图 4-8　大地坐标系

(4) 地平坐标系。地平坐标系又称为 ENU(East North Up)坐标系，其定义为：原点位于当地参考椭球的球面上，其位置取决于用户位置，当用户位置为椭球面上的 P 点时，原点即为 P 点位置，当 P 点移动时，相应的地平坐标系也随之移动；过 P 点作地球的切平面，X 轴沿参考椭球切面的正东方向，Y 轴沿参考椭球切面的正北方向，Z 轴沿椭球切面外法线方向指向天顶。

该坐标系对地球表面的用户来说比较直观，它给出了东、北、天三个方向的信息，因而适用于导航领域。对于地球表面运动范围不大的载体来说，其运动区域接近于一个平面。只要获得东、北向载体的位移或速度信息，结合载体的起始位置信息，就可以较准确地知道载体的当前位置。地平坐标系示意图如图 4-9 所示，$OX_eY_eZ_e$ 是地心地固坐标系，$PX_LY_LZ_L$ 是地平坐标系。

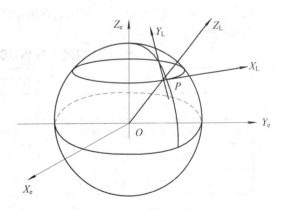

图 4-9　地平坐标系

(5) WGS84 大地坐标系。WGS84 大地坐标系是 GPS 卫星星历解算和定位坐标的参考坐标系，它是由美国国防部制图局建立的。WGS84 大地坐标系是现有应用于导航和测量的最好的全球大地坐标系，它理论上是一个以地球质心为原点的地固坐标系。其定义为：原点位于地球质心，Z 轴指向 BIH 系统定义的协议地球极(CTP)方向，X 轴指向 BIH 1984.0 的零子午面与 CTP 赤道的交点，Y 轴与 Z、X 轴构成右手坐标系，如图 4-10 所示。

(6) CGS2000 坐标系。中国第二代卫星导航系统(BD2)采用的是 CGS2000 坐标系，它

是中国新一代地球坐标系,且满足 IERS(国际地球自转服务局)技术草稿 21 定义协议。地球坐标系的法则如下:

① 坐标系的原点在地心,地心定义为包括海洋和大气的整个地球质量的中心;

② 它的长度单位是米(SI),这一单位与地心局部框架的 TCG(地心坐标时)时间坐标一致;

③ 它的初始定向由 1984.0 时国际时间局(BIH)的定向给定;

④ 它的定向时间演化不产生相对于地壳残余的地球性旋转。

与此定义相对应,存在一个直角坐标系 *XYZ*,其原点在地球质心;*Z* 轴指向 IERS 参考极(IRP)方向;*X* 轴为 IERS 参考子午面(IRM)与原点和同 *Z* 轴正交的赤道面的交线;CGS2000 的 *Y* 轴与 *X*、*Z* 轴构成右手直角坐标系,如图 4-11 所示。

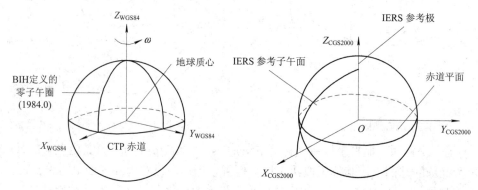

图 4-10　WGS84 坐标系　　　　　　　图 4-11　CGS2000 坐标系

和 WGS84 一样,CGS2000 也是一个协议地球坐标系。它包括了 CGS2000 参考椭球、基本常数以及由基本常数导出的一些物理、几何常数,如二阶带谐项系数、椭球半短轴、第一偏心率、参考椭球的正常重力位、赤道上的正常重力等。其基本常数与 WGS84 的比较如表 4-1 所示。

表 4-1　CGS2000 与 WGS84 参考椭球参数对比

坐　标　系	CGS2000 坐标参考椭球	WGS84 坐标参考椭球
长半轴/m	6 378 137.0	6 378 138.0
地球引力常数(包括大气层)GM/(m³·s²)	3 986 004.418 × 10⁸	3 986 004.418 × 10⁸
椭球扁率的倒数 1/*f*	298.257 222 101	298.257 223 563
地球自转角速度 *ω*/(rad·s)	7 292 115.0 × 10⁻¹¹	7 202 115.0 × 10⁻¹¹

CGS2000 坐标系通过空间大地网(包括 GPS 连续运行网,GPSA/B 级网和 GPS 一、二级网及区域网)与天文大地网的组合来实现,由空间大地网体现的参考框架的实现精度可达到厘米级。参考框架通过连续的或重复的高精度空间大地测量观测来维持其动态性,CGS2000 坐标的参考历元为 2000。

4.2.2　GPS 时间系统

在天文学和空间科学技术中,时间系统是精确描述天体和卫星运行位置及其相互关系的重要基准，也是利用卫星进行定位的重要基准。时间包含了"时刻"和"时间间隔"两个概念。时刻是指发生某一现象的瞬间，在天文学和卫星定位中，与所获取数据对应的时刻也称历元；时间间隔是指发生某一现象所经历的过程，是这一过程始末的时间之差。时间间隔的测量称为相对时间测量，而时刻的测量相应称为绝对时间测量。卫星导航定位中，时间系统的重要意义体现在如下几方面：

(1) GPS 卫星作为高空观测目标，位置不断变化，在给出卫星运行位置的同时，必须给出相应的瞬间时刻。例如，若要求 GPS 卫星的位置误差小于 1 cm，则相应的时刻误差应小于 2.6×10^{-6} s。

(2) GPS 信号传播时，只有精密地测定信号的传播时间，才能准确地测定观测站至卫星的距离。若要距离误差小于 1 cm，则信号传播时间的测定误差应小于 3×10^{-11} s。

(3) 由于地球的自转现象，天球坐标系(又名天文坐标系，是一种以天极和春分点作为天球定向基准的坐标系)中地球上的点的位置是不断变化的，因此，若要求赤道上一点的位置误差不超过 1 cm，则时间测定误差要小于 2×10^{-5} s。

显然，若要利用 GPS 进行精密导航和定位，则尽可能获得高精度的时间信息是至关重要的。

对于时间系统的规定，必须建立一个测量的基准，即时间的单位(尺度)和原点(起始历元)。GPS 卫星系统中，连续和恒定的周期运动都可作为其中时间的尺度，而原点可根据实际应用加以选定。

在实践中，因所选择的周期运动现象不同，便产生了不同的时间系统。现在先介绍 GPS 定位中具有重要意义的几类时间系统。

1. 世界时系统

地球的自转运动是连续的，且比较均匀。最早建立的时间系统是以地球自转运动为基准的世界时系统。由于观察地球自转运动时所选取的空间参考点不同，世界时系统又分为恒星时、平太阳时和世界时。

(1) 恒星时。以春分点为参考点，由春分点的周日视运动所确定的时间称为恒星时。春分点连续两次经过本地子午圈的时间间隔为一恒星日，由于恒星日的长短不是恒定的，就有了平均恒星日。因为恒星时是以地球自转为基础的，且是与地球自转的角度相对应的时间系统，所以一个平均恒星日的长度大概是 23 小时 56 分钟 4 秒。恒星时以春分点通过本地子午圈的时刻为起算原点，在数值上等于春分点相对于本地子午圈的时角。同一瞬间不同测站的恒星时不同，因而恒星时具有地方性，也称地方恒星时。

(2) 平太阳时。由于地球公转的轨道为椭圆，根据天体运动的开普勒定律可知太阳的视运动速度是不均匀的，即真太阳日为地球相对太阳自转一周的时间，因此，若以真太阳作为观察地球自转运动的参考点，则不符合建立时间系统的基本要求。于是，假设一个参考点的视运动速度是平均的，它等于真太阳周年运动的平均速度，这个假设的参考点在天文学中称为平太阳。平太阳连续两次经过本地子午圈的时间间隔为一个平太阳日，包含 24 个平太阳时。平太阳时也具有地方性，常称为地方平太阳时。

(3) 世界时。世界时即格林尼治平均太阳时，是格林尼治的标准时间，是地球自转速度的一种形式，是基于地球自转换的时间测量系统。

2．原子时

科学技术对测量精度的要求导致世界时已不能满足尺度的要求，因此建立了原子时。原子时(International Atomic Time，IAT)是以物质的原子内部发射的电磁振荡频率为基准的时间计量系统。这是因为物质内部的原子跃迁所辐射和吸收的电磁波频率具有很高的稳定度，能够满足卫星导航对精度的要求。

原子时秒的定义为：位于海平面上的铯 133 原子基态的两个超精细能级在零磁场中跃迁辐射振荡 9 192 631 770 周所持续的时间。原子时秒为国际制秒(SI)的时间单位，它约等于平太阳日长平均值的 1/86 400。

原子时的原点 AT = UT2 − 0.0039 s，UT2 为 1958 年 1 月 1 日 0 时。不同地方的原子时之间存在差异，因此建立了国际原子时，它是通过大约 100 座原子钟相互比对、经数据处理推算出的统一原子时系统。因此原子时是现今不容易受到外部干扰、精度最高的时间系统。在卫星测量中，原子时作为高精度的时间基准，普遍用于精密测定卫星信号的传播时间。

3．力学时

力学时主要用来描述天体在坐标系和引力场作用下的运动。在导航计算中，卫星的星历是以力学时为时间参数，根据天体动力学理论建立的运动方程来编算的。根据描述运动方程所对应的不同参考点，力学时分为太阳系质心力学时和地球质心力学时。

(1) 太阳系质心力学时(Barycentric Dynamic Time，TDB)是相对于太阳系质心的运动方程所采用的时间参数，在系统中考虑了相对论效应。

(2) 地球质心力学时(Terrestrial Dynamic Time，TDT)是相对于地球质心的运动方程所采用的时间参数，它的前身是历书时(用来描述近地天体历书的时间尺度)。TDT 的基本单位是国际制秒(SI)，与原子时的尺度一致。在 GPS 导航系统中，TDT 作为一种独立的变量和均匀的时间尺度，被用于描述卫星的运动。

国际天文学联合会(International Astronomical Union，IAU)决定，1977 年 1 月 1 日国际原子时(IAT)零时与地球质心力学时的严格关系为 TDT = IAT + 32.184 s。若以 ΔT 表示地球质心力学时 TDT 与世界时 UT1(格林尼治标准时间)之间的时差，则可得

$$\Delta T = TDT - UT1 = IAT - UT1 + 32.184 \text{ s}$$

4．协调世界时

世界时是以地球自转为基础的，因此在进行大地天文测量、天文导航和空间飞行器的跟踪定位时，都要以世界时作为时间尺度。同时，由于地球自转速度是变化的，这 20 多年里的速度不断变慢，因此世界时每年比原子时慢约 1 s，并且随着时间的增长，差距也将不断增大。为避免产生过大偏差，从 1972 年开始采用了一种以原子时秒长为基础、在时刻上尽量接近于世界时的折中时间系统，称为协调世界时(Universal Time Coordinated，UTC)或协调时。

采用润秒或跳秒的方法，可使协调时与世界时的时刻相接近，即当协调时与世界时的时刻差超过 ±0.9 s 时，便在协调时中引入 1 润秒(正或负)。一般在 12 月 31 日或 6 月 30 日末加入，具体日期由国际地球自转和参考系服务(International Earth Rotation and Reference System，IERS)组织安排并通告。

协调时(UTC)与国际原子时(IAT)的关系定义为

$$IAT = UTC + 1\,s \times n$$

其中，n 为调整参数，由 IERS 发布。

5. GPS 时间系统

为满足精密导航和测量需要，全球定位系统建立了专用的时间系统，由 GPS 主控站的原子钟控制。GPS 时属于原子时系统，秒长与原子时的相同，但与国际原子时的原点不同，即 GPST 与 IAT 在任一瞬间均有一常量偏差，约为 IAT − GPST = 19 s。

规定 GPS 时与协调时的时刻在 1980 年 1 月 6 日 0 时一致。这样，随着时间的积累，两者的差异将表现为秒的整数倍。GPS 时与协调时之间的关系为 GPST = UTC + 1 s × n − 19 s。

到 1987 年，调整参数 n 为 23，两系统之差为 4 s；到 1992 年调整参数为 26，两系统之差已达 7 s。时间系统及其关系如图 4-12 所示。

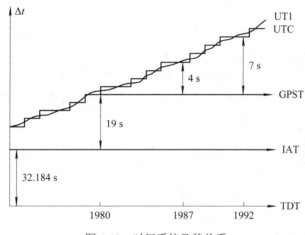

图 4-12　时间系统及其关系

4.2.3　测量误差

GPS 系统定位过程中包含各种误差，按照来源不同，可以分为三种，分别是与卫星有关的误差、与信号传播有关的误差和与接收设备有关的误差，如图 4-13 所示。

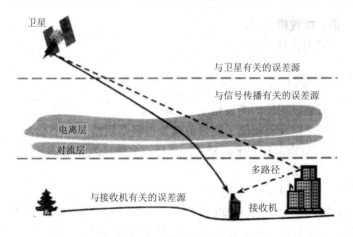

图 4-13　测量误差来源

与卫星有关的误差包括卫星时钟误差和卫星星历误差，这是由于 GPS 监控部分不能对卫星的时钟频漂做出测量和预测引起的；与信号传播有关的误差是由 GPS 信号在大气层传播时的大气延迟引起的，延迟误差主要包括电离层误差和对流层误差；与接收设备有关的误差是由于接收机地点可能受到地理环境的影响而产生的多路径误差和电磁干扰引起的误差，这种误差同时也包括接收机内部的噪声误差和时钟误差。

1. 卫星时钟误差

GPS 观测量均以精密测时为依据，而 GPS 定位中要求卫星钟和接收机钟都与 GPS 时保持严格同步。尽管 GPS 卫星上设有高精度的原子钟，但实际上仍不可避免地存在钟差和漂移，偏差总量约在 1 ms 内，引起的等效距离误差可达 300 km。

卫星钟的偏差一般可通过对卫星运行状态的连续监测精确地确定，用二阶多项式表示为

$$\Delta t = a_0 + a_1(t - t_0) + a_2(t - t_0)^2 \tag{4-4}$$

式中，a_0 为卫星钟在 t_0 时的钟差；a_1 为卫星钟钟速；a_2 为钟速变化率。这些参数由主控站测定，然后通过卫星的导航电文提供给用户。

经钟差模型改正后，各卫星钟之间的同步差可保持在 20 ns 以内，引起的等效距离偏差不超过 6 m。卫星钟经过改正的残差，在相对定位中可通过观测量求差(差分)方法消除。

2. 卫星星历误差

卫星星历误差又称为卫星轨道误差，它是由于卫星在运动中受到多种不清楚的摄动力的复杂影响而引起的。卫星星历给出的卫星轨道和实际的卫星轨道有差别，这种差别便是卫星星历误差。同时，由于通过地面监测站难以可靠地测定这些摄动力并掌握其作用规律，因此卫星轨道误差的估计和处理一般较困难。目前，通过导航电文所得的卫星轨道信息的相应位置误差为 20～40 m。随着摄动力模型和定轨技术的不断完善，卫星的位置精度将提高到 5～10 m。卫星的轨道误差是当前 GPS 定位的重要误差来源之一。

在 GPS 定位中，由于卫星轨道的偏差主要是由各种不同的摄动力综合作用产生的，且摄动力对卫星各个轨道参数的影响不同，因此在对卫星轨道摄动力进行修正时，所要求的各摄动力模型精度也不一样。在用轨道改进法进行数据处理时，根据引入轨道偏差改正数的不同，可将改进方法分为短弧法和半短弧法。

(1) 短弧法：引入全部轨道参数的偏差改正作为待估参数，然后在数据处理中与其他待估参数一并求解。这样可明显减弱轨道偏差的影响，但计算工作量大。

(2) 半短弧法：根据摄动力对轨道参数的不同影响，只对其中影响较大的参数引入相应的改正数作为待估参数。据分析，目前该方法修正的轨道偏差不超过 10 m，而且计算量明显减小。也可利用两个或多个观测站上对同一卫星的同步观测值求差，这样可减弱轨道误差影响。当基线较短时，此方法的有效性尤其明显，且对相对精密定位也有极其重要的意义。

3. 电离层延迟误差

电离层是地面以上高度为 50～1000 km 之间的大气层。由于受到太阳的强烈辐射，电离层中的大部分气体被电离，从而在电离层中存在着大量的自由电子和质子，使进入电离

层的卫星信号的传播速度和方向发生了变化，这种现象便是折射。折射公式为

$$n = \left[1 - \frac{N_e e_t^2}{4\pi^2 f^2 \varepsilon_0 m_e} \right]^{1/2}$$

式中，N_e 为电子密度；e_t 为电荷量，值为 1.6×10^{-19}；m_e 为电子质量，值为 $9.11 \times 10^{-31}\,kg$；ε_0 为真空介电常数，值为 $8.854\,187\,817$ F/m；f 为电磁波的频率。

电离层折射对载波测距的影响是随着观测时间和卫星位置的不同而变化的。若在夜间，卫星处于天顶方向时，电离层折射的影响最小，为 $1 \sim 3$ m；若在正午前后，卫星接近地平线时，电离层折射的影响最大，可达 150 m。对差分过程来说，当基线长度小于 20 km 时，可设信号经过的电离层介质的情况类似，其残差一般不超过 10^{-6}，可忽略不计。

4. 对流层延迟误差

对流层是从地面向上大约 40 km 范围内的大气层，该气层中的气体有很强的对流作用，并且含有水滴、冰晶、灰尘等许多杂质，它们对电磁波的传播有着很大的影响。对流层中的大气与电离层中的不同，是中性的。当频率低于 15 GHz 的电磁波在对流层中传播时，其传播速度不受频率的影响。但对流层中的折射率是随着高度的增加而降低的。当在对流层顶部时，折射率趋近于 1。由于对流层的影响，当卫星在天顶方向的时候，其对流层延迟可达 2.3 m；当卫星高度角为 $10°$ 时，其延迟可达 20 m。

对流层折射可分为干分量 N_d 和湿分量 N_w 两大部分。它们对传播路径的影响可表示为

$$\begin{cases} \Delta S_d = 10^{-6} \int_0^{H_d} N_d \, dH \\ \Delta S_w = 10^{-6} \int_0^{H_w} N_w \, dH \end{cases}$$

式中，ΔS_d 为干分量对传播路径的影响；ΔS_w 为湿分量对传播路径的影响。

于是对流层对传播路径的影响为 $\Delta S = \Delta S_d + \Delta S_w$。在正常的大气条件下，天顶方向的干分量对传播路径的影响 ΔS_d 约为 2.3 m，占折射误差总量的 90%；湿分量的影响较小。

当基线向量较短时，可根据基线两端的相关性对对流层的影响进行差分消除，也可以对对流层采用 Hopfield 模型、Saastamoinen 模型和 Marini 映射函数模型进行修正，通常情况下均能取得较好的效果。

5. 多路径误差

接收机接收的卫星信号，除了直接接收到的卫星信号外，还有可能接收到经周边物体反射的信号。这些信号可能经过一次反射，也可能经过多次反射。它们将会使载波观测量产生误差，这种现象称为多路径效应。它不仅影响观测值精度，严重时还会使信号失锁，是短基线测量的主要误差。

在载波相位测量的过程中，多路径误差大小与反射系数有着直接的关系。当发生全反射时，L_1 载波的最大路径误差为 4.8 cm；当多个反射信号同时被接收机接收时，多路径误差可达 10 m 以上。

多路径误差与反射物距观测站距离和反射系数有关，将其模型化很难，即使利用差分也不能减少其影响。通常减少它的措施为：

(1) 选择好的接收环境，尽量避开反射系数大的物体；

(2) 选择屏蔽性好的天线；

(3) 增加观测时间，减弱多路径误差的周期性影响。

6. 接收机钟差

GPS 接收机一般设有高精度的石英钟，日频率稳定度约为 10~11。定位中，接收机钟和卫星钟不能同步的情况下，如果接收机钟与卫星钟之间的同步差为 1 μs，那么引起的等效距离误差为 300 m。处理接收机钟差的方法如下：

(1) 作为未知数，在数据处理中求解；

(2) 利用观测值求差方法，减弱接收机钟差影响；

(3) 定位精度要求较高时，可采用外接频标，如铷、铯原子钟来提高接收机时间标准精度。

7. 天线相位中心位置偏差

GPS 定位中，观测值都是以接收机天线的相位中心位置为准的。在理论上，天线相位中心与仪器的几何中心应保持一致。实际上，随着信号输入的强度和方向的不同，天线的相位中心与其几何中心会产生偏差，该偏差称为天线相位中心偏差，其值可达数毫米至数厘米。如何减小相位中心的偏移，是天线设计中一个迫切需要解决的问题。

4.3　GPS 信号接收机

4.3.1　接收机的基本概念

GPS 信号接收机主要由天线单元和接收单元两部分组成，天线单元由前置放大器和频率变换器两个部分组成；接收单元主要由信号波道、微处理机、存储器和电源组成，如图 4-14 所示。其中频率变换器是核心部分，习惯上统称为 GPS 接收机，它是 GPS 卫星导航定位的仪器，主要功能是接收 GPS 卫星发射的信号并进行处理，获取导航电文和必要的观测量，实现对导航定位信号的接收、测量和跟踪。

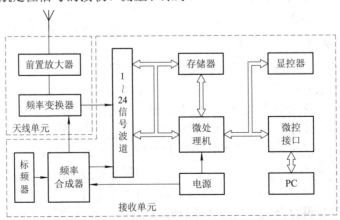

图 4-14　接收机结构图

4.3.2 接收机分类

1．根据工作原理分类

根据工作原理，接收机可划分为码相关型接收机、平方型接收机和混合型接收机。

(1) 码相关型接收机：由接收机产生与所测卫星测距码结构完全相同的复制码。通过移相器使复制码和接收码最大相关，然后得到用户接收机和卫星之间的信号传播时间。测距码利用的是 C/A 码或 P 码，码相关型接收机最主要的技术条件就是掌握测距码结构，因此码相关型接收机也被称为有码接收机。

(2) 平方型接收机：主要是利用载波信号的平方技术去掉调制码，以获得载波相位测量所必需的载波信号。通过接收机产生的载波信号和接收到的载波信号之间的相位差来测定伪距观测值。平方型接收机只利用卫星信号，无须解码，不必掌握测距码结构，所以也被称为无码接收机。

(3) 混合型接收机：综合利用了码相关技术和平方技术的优点，可同时获得码相位和精密载波相位观测量。这种接收机目前已被广泛使用，大部分的测量型接收机都是这种类型的。

2．根据接收机信号通道类型分类

根据信号通道类型，接收机可划分为多通道接收机、序贯通道接收机和多路复用通道接收机。

(1) 多通道接收机：具有多个卫星信号通道，每个通道只连续跟踪一个卫星信号，同时可得到卫星广播星历。它也被称为连续跟踪型接收机。

(2) 序贯通道接收机：只有 1～2 个信号通道，为了跟踪多个卫星，在软件控制下，按照时间次序依次可实现对不同卫星信号进行的跟踪和量测。当量测一个循环所需时间较长(大于 20 ms)时，由于控制软件较为复杂，将难以保持载波信号的跟踪，因此对卫星信号的跟踪是不连续的。

(3) 多路复用通道接收机：与序贯通道接收机相似，也只有 1～2 个信号通道，同样是采用软件控制，按一定时序对卫星进行量测，但依次量测一个循环所需时间较短，一般小于 20 ms，可保持对卫星信号的连续跟踪。

3．根据所接收的卫星信号频率分类

根据所接收的卫星信号频率，接收机可划分为单频接收机和双频接收机。

(1) 单频接收机：顾名思义，只能接收一种信号。通过接收调制 L_1 信号，测定载波相位观测值，利用差分技术进行定位。在定位过程中，不能消除电离层的延迟影响，但可利用导航电文提供的参数建立模型，对观测量进行电离层影响修正。由于修正模型不太准确，导致精度不高，因此该接收机主要用于小于 15 km 的短基线精密定位。

(2) 双频接收机：与单频接收机相比，可同时接收 L_1、L_2 两种载波信号；利用双频技术，可消除或减弱电离层折射电磁波信号延迟的影响，因此定位精度相比单频接收机高很多。该接收机可用于基线距离为几千千米以上的精密定位。

4．根据接收机的用途分类

按用途，接收机可划分为导航型接收机、测量型接收机和授时型接收机。

(1) 导航型接收机：主要用于动态用户的导航与定位，可给出用户的实时位置和速度；如用于船舶、车辆、飞机等运动载体的实时导航，可按预定路线航行或选择最佳路线，使载体到达目的地。对用户保障一般采用测码伪距为观测量的单点实时定位或差分GPS(RTDGPS)定位，这种方法精度低(定位精度约为 25 m)、结构简单、价格便宜和应用广泛。按实际作用的载体类型，该接收机可分为车载型、航海型、航空型等等。

(2) 测量型接收机：采用载波相位观测量进行相对定位。它利用差分技术可进行载体精密定位和精密的大地测量工作，且观测数据通过数据处理软件可进行实时处理。这种接收机价格昂贵，结构比较复杂，与导航型接收机相比，定位精度高。

(3) 授时型接收机：主要用于天文台或地面监控站，可进行通信中的时间同步。

4.3.3　接收机天线

天线的基本作用是将接收到的 GPS 卫星所发射的电磁波信号的能量转换为相应的电流，并经前置放大器进行频率变换，以便对信号进行摄取和处理。由于接收机天线接收到的信号直接影响接收机的定位结果，所以对于天线的构造都有一些基本要求。

(1) 天线与前置放大器要用盒子密封为一体，这就保证了在恶劣气象环境下接收机可以不受影响和干扰而正常工作。

(2) 天线需要采取一定的屏蔽措施，尽可能地减弱信号的多路径效应，以达到防止信号干扰的作用。

(3) 天线应呈全圆极化，要求天线的作用范围为整个上半球，天顶处不产生死角，以保证能接收来自天空任何方向的卫星信号。

(4) 尽量使天线具有轻便的几何尺寸和重量，使之具有高度稳定的机械性能。

由于卫星处在高空，因此接收机接收到的信号会很弱。前置放大器是接收机天线的核心部件，其主要作用就是将极微弱的 GPS 信号的电磁波能量转换成为弱电流并放大。

前置放大器分外差式和高放式两种。外差式前置放大器不仅具有放大功能，还具有变频功能，即将高频的 GPS 信号变换成中频信号，这有利于获得稳定的定位精度。

4.3.4　接收单元

接收单元主要是由信号波道、微处理器、存储器和电源组成的。

1. 信号波道

信号波道是接收单元的核心，主要用于对天线接收到的信号进行识别与处理。信号波道可按照捕获伪噪声码的不同方式分为相关型波道、平方律波道和码相位波道。

(1) 相关型波道。如图 4-15 所示，GPS 中频信号输入后，主要是通过伪噪声码的互相关器实现对信号的解扩，最后达到解卫星导航电文的目的。

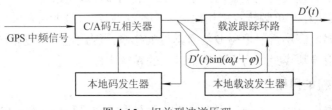

图 4-15　相关型波道原理

(2) 平方律波道。如图 4-16 所示，在接收到 GPS 信号后，将高频的 GPS 信号变频以得到中频 GPS 信号，这样可降低载波的频率；然后通过乘法器 B 输出二倍于原载频的重建载波，恢复了数据码。

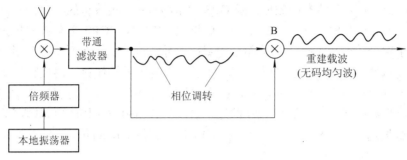

图 4-16　平方律波道原理

(3) 码相位波道。如图 4-17 所示，在接收到 GPS 信号后，将高频的 GPS 信号变频以得到中频 GPS 信号，然后通过 GPS 时延电路和自乘电路。这样，最后获取的信号不是重建载波，而是一种码率正弦波。

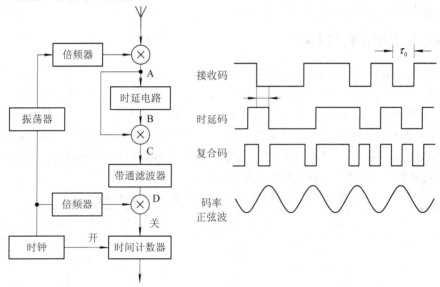

图 4-17　码相位波道原理

2．微处理器

微处理器主要用于接收机的控制数据采集和导航计算，是接收机工作的主要部件。微处理器的主要作用如下：

(1) 对接收机运作前的指令进行各波道自检，并测定、校正和存储各波道的时延值；

(2) 搜索卫星、跟踪卫星，解译卫星星历，从而计算出观测站的三维坐标，并更新卫星的位置；

(3) 提供卫星数据及卫星的工作状况，包括卫星的方位、高度角等，获得最佳定位星位，以提高定位精度；

(4) 通过定点位置计算导航的参数、航偏距、航偏角以及速度等。

3．存储器

为了进行导航定位的计算，接收机的存储器用来存储一小时一次的码相位的伪距观测量、载波相位测量和人工测量的数据以及 GPS 卫星的星历。接收机的存储器有盒式磁带记录器和内装式半导体存储器两种。20 世纪 80 年代，WM101 GPS 单频接收机采用每英寸 800 bit 的记录磁带，当每次观测 4 颗 GPS 卫星时，可以记录 19 h 的单频观测数据。而为了提高自身的便携性，Trimble 导航仪器公司使用了内装式半导体存储器代替盒式磁带记录器。如 Trimble4000 SSE 带有 8 M 内存，在 15 s 数据速率的采样下可存储 5 颗卫星并记录 19 h 的双频观测数据。LEICA 公司于 20 世纪末研制的 SR530GPS 接收机，其内部一张 4 MB 的卡在 15 s 数据速率的采样情况下，平均 5 颗卫星可记录 150 h 的双频观测数据。

4．电源

GPS 接收机一般有两种电源，一种为机内电源，一种为机外电源。机内电源一般用蓄电池作电源，如锂电池；另一种机外电源叫外接电源，如可充电的 12 V 直流镉镍电池。在接收机内设计机内电源，主要目的是在更换外接电源或者外接电源不稳的情况下，接通机内电源，以不影响连续观测。

4.3.5　GPS 卫星接收机参数

近几年来，国内引进了多种类型的 GPS 测地型接收机。各种类型的 GPS 测地型接收机用于精密相对定位时，其双频接收机精度可达 5 mm + 1 ppm D，单频接收机在一定距离内精度可达 10 mm + 2 ppm D；用于差分定位时，其精度可达亚米级至厘米级。

目前，接收机体积越来越小，重量越来越轻，便于野外观测。GPS 和 GLONASS(GLobal Orbiting NAvigation Satellite System，全球导航卫星系统)兼容的全球导航定位系统接收机已经问世。表 4-2 为几种双频 GPS 接收机的参数对比。

表 4-2　几种双频 GPS 接收机的主要参数

	Wild200S	Trimble4000SE	Ashtech Dimension	NovAtel RPK-3151
产地	瑞士	美国	美国	加拿大
首产年代	1994	1992	1991	1995
通道数	6	9	12	12
体积/cm³	1000	4784	1881	1085
重量/kg	1.6	2.5	1.6	1.0
天线类型	微带	微带	微带	扼流圈，微带
功耗/W	10	5	4.1	5
工作温度/℃	−20～50	−20～55	−20～60	−40～65
标称精度	5～10 mm + 2 ppm D	10 mm + 2 ppm D	10 mm + 2 ppm D	5 mm + 2 ppm D

4.4 GPS 现代化

4.4.1 概述

GPS 的设计方案是 20 世纪 70 年代初完成的，最初目的主要是满足军方用户导航定位的需求，但由于民用市场上存在的需求巨大，在 20 世纪 80 年代初，美国国防部与交通部决定将这一系统建设成为军民两用的定位、导航和授时系统。GPS 从最初设计完成到现在已经若干年，技术相对陈旧，系统本身也存在一些弱点，如容易受到人为干扰、欺骗等。虽然 GPS 取得过辉煌的成就，但随着 GPS 的应用领域不断深入，无论是系统组成、信号结构，还是在 GPS 政策上均存在不足，而且也面临 GLONASS 系统的竞争和挑战，因此，对现有的 GPS 系统的现代化改造步伐也在加快。

GPS 现代化是美国于 1999 年 1 月 25 日以副总统文告形式提出的，其主要目的是满足和适应 21 世纪美国国防现代化发展的需要。这是 GPS 现代化中第一位的、根本的要求，同时兼顾改善民用的标准定位服务，以阻止国际社会发展与其相类似的纯民用系统，从而扩大 GPS 产业和市场，达到保持 GPS 在全球民用导航领域中的主导地位的目的。其主要任务是更好地保护美方及其友方使用 GPS、发展军码的可靠性、增强保密性和抗干扰能力，阻挠和干扰敌对方使用 GPS，同时保持在战区以外能精确安全地使用 GPS。

GPS 现代化主要从军用和民用两个方面来考虑：要求 GPS 在 21 世纪继续作为军民两用的系统，既要更好地满足军事需要，又要继续扩展民用市场应用的需要。GPS 现代化主要有三方面的工作：一是提高抗干扰攻击能力；二是研究新的信号结构与调制方式，使军、民码信号分离，以确保军用；三是增加频点和信道，扩大民用，改善精度。

4.4.2 GPS 民用现代化

民用现代化主要针对民用导航、定位、大气探测等方面的需求。民用现代化的目的如下：
(1) 改善民用导航和定位的精度；
(2) 扩大服务的覆盖面和改善服务的持续性；
(3) 提高导航的安全性，如增强信号功率、增加导航信号和频道；
(4) 保持 GPS 在全球导航卫星系统中技术和销售的领先地位；
(5) 注意保持与现有的以及将来的民用其他空间导航系统的匹配和兼容。

美国对民用现代化方面采用的措施为：2000 年 5 月 1 日取消 SA 政策，解除对 GPS 民用信号的 SA 干扰，停止 SA 的播发，使目前民用导航精度提高了 3～5 倍；在 L2 频道上增加第二民用码，即 L2C 码，使民用用户可以方便地应用双频接收，也有利于电离层的修正，用户还可以采集更多的观测值，以实现民用导航精度的大幅度提高，最终达到米级；增加 L5 民用频率(1176.45 MHz)，使得 GPS 拥有三频信号，利于导航应用中采用载波相位测量技术。三频信号使载波相位测量时解算整周模糊值更为方便，并且在动态应用中，当一个频率失锁时，不致造成整周计数的全面丢失，并可以依靠其余数据自行修补恢复，这有利于提高民用实时定位的精度和导航的安全性。

4.4.3　GPS 军用现代化

美国创建 GPS 多年来，GPS 除在各类运载器的导航和定位方面发挥巨大作用外，在战场上精密武器的时间同步和协调、指挥以及在对战斗人员的支持和救援方面，也发挥了关键性作用。

针对需求，GPS 军用现代化的目标为：必须有更好的抗电子干扰能力，因为现代战争已开始信息化，并以"信息战"和"电子战"为背景，所以需要提高全系统的生存能力；采用一系列措施保护 GPS 不受敌方和黑客的干扰，增强军用信号抗干扰能力及阻止敌方使用 GPS 导航信息的能力；要有更短的 GPS 首次初始化时间；需和其他的军事导航系统和各类武器装备适配。

美国在军用现代化方面采取的措施有：将军用码和民用码信号完全分开，以阻止敌方利用 GPS 民用信号；在 GPS 信号频道上，增加新的军用码——M 码，M 信号采用二元偏置载波调制方案，这样可提高民用信号的完好性，且增强军用信号的保密性、安全性和可靠性；研制 GPS-IIF 卫星，增加新的 L5 频段用于发射新的民用信号，以使 GPS 系统的民用信号达到 3 个、军用信号达到 4 个；军事用户的接收设备要比民用的有更好的保护装置，特别是抗干扰能力和快速初始化功能。

4.4.4　GPS 现代化的阶段

GPS 系统现代化的计划分为如下三个阶段。

(1) 第一阶段：发射 12 颗改进型的 GPS BLOCK ⅡR 型卫星，并在 L2 上加载 C/A 码，在 L1 和 L2 频率上加载新的军用码 M 码。无论在民用通道还是在军用通道上，BLOCK ⅡR 型卫星的发射功率都有很大的提高。

(2) 第二阶段：发射 6 颗 GPS ⅡF 卫星，并增设第三个民用信号 L5，其载波频率为 1176.45 MHz，从而形成三种 GPS 信号，即 L1、L2 和 L5 同时进行导航定位的新格局，并于 2016 年 GPS 卫星系统全部以ⅡR/ⅡF 卫星运行，共计 24 + 3 颗。

(3) 第三阶段：发射 GPS BLOCK Ⅲ 型卫星。目前正在研究未来 GPS 卫星导航的需求，并讨论制定 GPS Ⅲ 型卫星系统结构、系统安全性、可靠程度和各种可能的风险；计划用近 20 年的时间完成 GPS Ⅲ 计划，并取代目前的 GPS Ⅱ。

4.5　GLONASS 系统

4.5.1　卫星结构与组成

GLONASS 是俄罗斯的卫星无线电导航系统，它是继 GPS 之后的第二个全球导航系统。从 20 世纪 70 年代初起，苏联国防部便开始研制 GLONASS 卫星导航系统，并于 1982 年 10 月发射了第一颗 GLONASS 卫星。由于受到众多因素的影响，该系统不能提供完备的导航定位功能。与 GPS 卫星导航系统相似，GLONASS 可为军民用户连续提供全天候的位置、速度和时间信息。但与俄罗斯境外 GPS 的利用率相比，GLONASS 的用户仍然很少。

GLONASS 星座由 24 颗卫星组成，如图 4-18 所示。其中，21 颗为工作卫星，环绕地球一圈的时间约为 11 小时 15 分；3 颗用于后备。24 颗卫星均匀地分布在三个轨道上面，其中的 8 颗卫星分布在同一轨道上，轨道的倾角为 64.8°。在同一个平面上，两颗相邻卫星之间的升交距角为 45°。

GLONASS 的 24 颗卫星中，在中国能够见到的 5° 以上的卫星为 11 颗，而只需 18 颗 GLONASS 卫星便能保证俄罗斯境内的卫星导航服务。

图 4-19 所示为 GLONASS 的卫星外形，它由水平传感器、激光后向反射器、12 单元导航信号天线和各种指挥、控制天线组成。附在增压圆柱体侧面的有太阳能电池板、轨道校正发动机、姿态控制系统和热控制通气窗。GLONASS 系统卫星的在轨重量约为 1400 kg，星体直径为 2.25 m，太阳能电池翼板宽度为 7.23 m，面积约为 7 m^2。每颗卫星上都有铯原子钟产生高稳定、高精度的时间标准，并向所有星载设备提供稳定的同步信号。

图 4-18　GLONASS 卫星星座

图 4-19　GLONASS 卫星外形

4.5.2　GLONASS 发展历程

GLONASS 经历了以下几个发展阶段。

(1) 研发阶段：
- 20 世纪 70 年代初，苏联国防部开始研制 GLONASS；
- 1982 年 10 月，发射第一颗 GLONASS 卫星。

(2) 试运行阶段：
- 1982 年 10 月—1985 年 5 月，10 颗 Block Ⅰ 型卫星投入使用。

(3) 正式运行阶段：
- 1985 年 5 月—1986 年 9 月，6 颗 Block ⅡA 卫星发射；
- 1987 年 4 月—1988 年 5 月，12 颗 Block ⅡB 卫星发射；
- 1988—1994 年，31 颗 Block Ⅱv 卫星发射；
- 1988 年 GLONASS 提供民用；
- 1989—1990 年，由于卫星故障，暂停发射一年；
- 1994 年 8 月，增发 GLONASS 卫星；
- 1993 年，俄罗斯政府正式把 GLONASS 计划交付俄罗斯航天部队(VKS)主管，该部队不仅负责 GLONASS 卫星部署、在轨维护和用户设备检验，还经管科学信息协调中心，由此对公众发布 GLONASS 信息；

- 1995 年 7 月，俄罗斯联邦政府正式宣布 GLONASS 可以作为全球卫星导航系统之一；
- 2005 年 12 月 25 日发射了三颗卫星。

截至 2020 年 5 月，GLONASS 系统由空间段、地面段和用户段组成。目前，空间段共有 30 颗卫星在轨，包括 3 颗 GEO 卫星、27 颗 MEO 卫星。其中的 MEO 卫星，有 24 颗在轨运行，2 颗在轨备份，1 颗在轨测试。地面段由 2 个系统控制中心、9 个参考站、6 个上行注入站和 3 个激光测距站组成，主要完成卫星轨道测量、时间测量、导航电文生成、遥测遥控等功能。

4.5.3 地面支持系统

地面支持系统由系统控制中心、中央同步器、激光跟踪站以及外场导航控制设备组成，它的功能由前苏联境内的许多场地来完成。系统控制中心是由俄罗斯航天部队操纵的军事设施；中央同步器用来形成 GLONASS 系统时间；激光跟踪站用来对无线电频率跟踪测量值进行校准；外场导航控制设备用来检测 GLONASS 导航信号。

地面控制设备主要完成的工作为：测量和预测各卫星的星历，使时间接收机的时间系统与 GLONASS 时间系统同步；并将卫星的时间校正值和历书上的信息加载给每颗 GLONASS 卫星，以对卫星实行指挥、控制、维护和跟踪。随着前苏联的解体，GLONASS 系统由俄罗斯航天局管理，地面支持段已经减少到只有俄罗斯境内的场地了。系统控制中心和中央同步器位于莫斯科，遥测遥控站位于圣彼得堡、捷尔诺波尔、埃尼谢斯克和共青城，如图 4-20 所示。

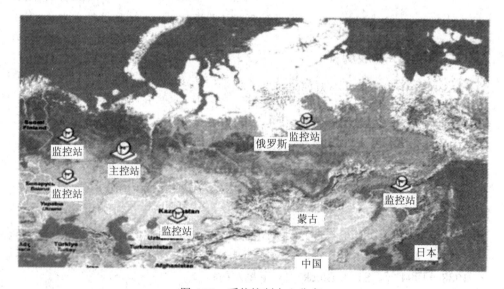

图 4-20 系统控制中心分布

4.5.4 GLONASS 与 GPS 系统的特征比较

GLONASS 的组成和功能与 GPS 导航系统的相似，可用于海上、空中、陆地等各类用户定位、测速及精密定时等。GLONASS 的技术参数与 GPS 的比较如表 4-3 所示。

表 4-3　GLONASS 与 GPS 的技术参数比较

类　别	技术参数	GLONASS	GPS
卫星	卫星数量	21+3	21+3
	轨道面数量	3	6
	轨道面倾角	64.8°	55°
	轨道半长轴	25 510 km	26 560 km
信号	原始钟频	5.0 MHz	10.23 MHz
	信号识别技术	频分多址	码分多址
	L1 载波频率/MHz	1602～1616	1575.42
	L2 载波频率/MHz	1246～1257	1227.60
	C/A 码/(MHz)	0.511	1.023
	P 码/MHz	5.11	10.23
	C/A 码长/(m)	587	293
	P 码长/m	58.7	29.3
C/A 码	帧长度/min	2.5	12.5
	每帧容量/Byte	7500	37 500
	每帧包留空间	～620	～2750
	字段长度/Byte	2.0	0.6
	每帧字数	100	30
	字段容量/Byte	15	50
	广播星历表述方式	地心直角坐标及其导数	开普勒根数和摄动因子
参考系统	时间参考系统	UTC(SU)	UTC(USNO)
	坐标参考系统	PZ-90	WGS-84

4.5.5　GLONASS 现代化

GLONASS 是 20 世纪 70 年代设计的。为了提高系统完全工作阶段的效率和精度性能及增强系统工作的完善性，俄罗斯已经开始了 GLONASS 的现代化计划，期待重新振兴 GLONASS。

2001 年 8 月 20 日，俄罗斯政府批准了 GLONASS 从 2001 年到 2011 年的现代化发展计划。该计划的主要目标是成功地开发和有效地应用 GLONASS，应用先进的卫星导航技术保卫国家、社会和经济的发展，保障国家安全；通过保证，为俄罗斯和全球用户提供高质量的服务来保持俄罗斯在卫星导航领域的领先地位。

其主要措施是：增加资金投入，对系统全面更新；寻求国际合作，开拓资金来源；实行军民两用，开发与 GPS 兼容的技术，扩展应用领域；保护生命安全，实施搜救服务，完善服务市场，使 GLONASS 系统尽快恢复到正常的工作状态。

GLONASS 现代化的内容如下：

(1) 俄罗斯着手改善 GLONASS 与其他无线电系统的兼容性。1993 年 9 月，由于多种原因，俄罗斯 GLONASS 决定让在同一轨道面上相隔 180°(即在地球相反两侧)的 2 颗卫星使用同一频道；于是，在仍保持频分多址的情况下，系统总频道数减少一半，因而可让出高端频率。解决 GLONASS 信号与其他电子系统相互干扰的另外一种有效办法是使用码分多址(CDMA)，即所有卫星均采用相同的发射频率。该频率可以很接近 GPS，也可以使用 GPS 的频率。采用这种方法，两个系统的兼容问题可大大改善，并可使某些干扰问题降到最小。

(2) 计划发射下一代改进型卫星并形成未来的星座。从 1990 年起，俄罗斯就已开始研制下一代改进型卫星——GLONASS-MI。这种新型卫星将进一步改进星上原子钟，提高频率稳定度和系统的精度，更为重要的是它的工作寿命可以达到 5 年以上。这对确保 GLONASS 空间星座维持 21~24 颗工作卫星发射信号至关重要。俄罗斯在 2011 年恢复 GLONASS 全系统运行的目标后，进一步更新换代 GLONASS，以提高系统的使用性。更换步骤为：一是使导航卫星数量增加到 30 颗，但仍维持部署在 3 个轨道面内；二是提高单星性能，用新一代的 GLONASS-K 替换 GLONASS-M。功能更强的 GLONASS-K 卫星除了对星上子系统作重要改进外，还将增加星间数据通信和监视能力。采用全新的设计后，卫星重量为 995 kg，设计寿命长达 10 年，定位精度将达到 5 m，在 GLONASS 现代化系统中占有极其重要的位置。

(3) 对地面控制部分也将进行改进。地面部分的改进主要包括改进控制中心，开发用于轨道监测和控制的现代化测量设备以及改进控制站和控制中心之间的通信设备。项目完成后，不仅可使星历精度提高 30%~40%，还可使导航信号相位同步的精度提高 1~2 倍(15 ns)，同时可降低伪距误差的电离层分量。

(4) 配置差分子系统。建立广域差分系统，包括在俄罗斯境内建立 3~5 个地面站，可为距离差分参考站 1500~2000 km 的用户提供 5~15 m 的位置精度；建立区域差分系统，在一个区域内设置多个差分站和用于控制、通信和发射的设备，可在距离参考台站 400~600 km 的范围内为空中、海上、地面及铁路和测量用户提供 3~10 m 的位置精度；建立局域差分系统，采用载波相位测量校正伪距，可为距离参考台站 40 km 以内的用户提供 10 cm 的位置精度。

4.6　Galileo 系统

4.6.1　概述

Galileo 系统是欧盟正在建设的新一代民用全球卫星导航系统。目前，全世界使用的导航定位系统主要是美国的 GPS，欧盟认为这并不安全。为了建立欧洲自己的民用全球导航定位系统，欧盟十五国在 2002 年 3 月 26 日的交通部长会议上一致决定启动 Galileo 卫星导航系统计划。但在之前，美国政府对该计划进行了数次阻挠，认为由于 GPS 系统能够满足全球用户未来的需要，没有必要建造该系统。但由于军事上的需要，欧盟需要创立欧洲共同的安全防务体系，这样能带来经济利益。建立 Galileo 系统的计划是一项战略性的计划，因此欧盟冲破了美国政府的阻挠，加速建设 Galileo 系统，这打破了美国 GPS 在世界上的垄断局面。

Galileo 系统星座由 27 颗工作卫星、3 颗在轨备用卫星总共 30 颗卫星组成。卫星采用中等地球轨道，均匀地分布在高度约为 2.3×10^4 km 的 3 个轨道面上。Galileo 卫星的轨道高度是 23 616 km，轨道倾角是 56°。Galileo 卫星与 GPS 卫星星座的主要参数对比如表 4-4 所示。

表 4-4　Galileo 和 GPS 的参数对比

参数	系 统 星 座	
	Galileo	GPS
卫星数/颗	27	24
轨道数/个	3	6
卫星轨道高度/km	23 616	20 200
卫星轨道倾角/(°)	56	55
卫星升交点进动率/(°/d)	−0.04	−0.04

相比于 GPS，Galileo 系统的卫星数量多、轨道面少，且轨道位置高；Galileo 接收机不仅可以接收本系统信号，而且可以接收 GPS、Galileo 这两大系统的信号，并且具有导航功能与移动电话功能相结合、与其他导航系统相结合的优越性能；可向地面提供免费使用的信号、加密且需交费使用的信号和加密且需要满足更高要求的信号等三种信号。相比于 GPS，Galileo 系统的最高精度提高了 10 倍。

4.6.2　系统的结构和组成

Galileo 系统主要由空间段、地面段和用户段三个段组成。

(1) 空间段。空间段由分布在 3 个轨道面上的 30 颗卫星组成，每条轨道上均匀分布 10 颗卫星。其中包括 9 颗工作卫星和 1 颗备用卫星，卫星寿命为 20 年，系统由原子钟提供精确的参考时间。

(2) 地面段。地面段由监测站、控制中心和上行站网络组成。Galileo 控制中心是地面段的核心，其功能是使卫星原子钟同步、控制星座，并对完好性信号、监控卫星以及由它们提供的所有服务的内部及外部数据进行处理。

(3) 用户段。在用户段，用户接收机能拥有区域和局域设施部分所提供服务的接口，并且能与其他定位系统互操作，实现 Galileo 系统所提供的各种无线电导航服务。

4.6.3　系统的开发计划

Galileo 系统开发包括两个阶段：

(1) 整体开发和验证阶段。开发和验证阶段包括设计、开发和在轨验证。在轨验证就是在轨系统配置，这种配置由 Galileo 卫星数目、关联的地面段及初始运动组成。该阶段完成之后，将部署附件卫星和地面段组件，以完成整个系统配置，如图 4-21 所示。

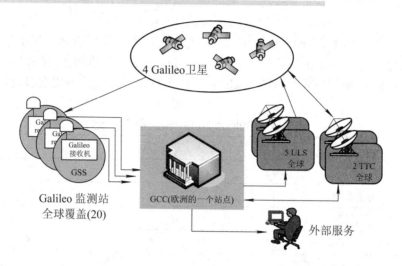

图 4-21　Galileo 系统的在轨系统配置

(2) 全面部署和运行阶段。全面部署和运行阶段包括持续 24 个月的全面系统部署、长期运行和补给。在此阶段将会发射剩余的卫星和部署全面运行的地面段，包括有要求的冗余配置，以在性能和服务区域等方面达到全面任务要求。运行阶段包括日常运行、地面段的维护以及出现故障时对卫星星座的补给。

4.7　北斗卫星导航系统简介

北斗卫星导航系统(Bei Dou Navigation Satellite System，BDS，以下简称北斗系统)是中国自主建设运行的全球卫星导航系统，是继 GPS、GLONASS 之后的第三个成熟的卫星导航系统。

北斗系统由空间段、地面段和用户段组成，能够为全球用户提供全天候、全天时、高精度的定位、导航和授时服务，还具备星基增强、地基增强、精密单点定位、短报文通信和国际搜救等多种服务能力，是国家重要的时空基础设施。

20 世纪后期，中国开始探索适合国情的卫星导航系统发展道路，逐步形成了三步走发展战略：2000 年年底，北斗一号系统建成，采用有源定位体制服务中国，中国成为世界上第三个拥有卫星导航系统的国家；2012 年 12 月，北斗二号系统建成，向亚太地区提供无源定位服务；2020 年 6 月，由 24 颗中圆地球轨道卫星、3 颗地球静止轨道卫星和 3 颗倾斜地球同步轨道卫星组成的北斗三号系统完成星座部署；2020 年 7 月，北斗三号系统正式开通全球服务。

目前，北斗系统已实现多样化的优质服务和全球范围常态化实时监测，定位精度已实现了 5 m 甚至更优，在局部地区可以达到 2～3 m 的定位精度；授时精度已达到 10 ns。

4.7.1　系统概述

北斗卫星导航系统是中国着眼于国家安全和经济社会发展需要，自主建设运行的全球卫星导航系统，是为全球用户提供全天候、全天时、高精度的定位、导航和授时服务的国家重要时空基础设施。

北斗系统提供服务以来，已在诸多领域得到广泛应用，服务国家重要基础设施，产生了显著的经济效益和社会效益。基于北斗系统的导航服务已被诸多厂商采用，广泛进入中国大众消费、共享经济和民生领域，深刻改变着人们的生产和生活方式。

1. 发展目标

建设世界一流的卫星导航系统，满足中国国家安全与经济社会发展需求，为全球用户提供连续、稳定、可靠的服务；发展北斗产业，服务经济社会发展和民生改善；深化国际合作，共享卫星导航发展成果，提高全球卫星导航系统的综合应用效益。

2. 远景目标

2035 年前将建设完善更加泛在、更加融合、更加智能的综合时空体系。

3. 基本组成

北斗系统由空间段、地面段和用户段组成。其中，北斗系统空间段由若干地球静止轨道卫星、倾斜地球同步轨道卫星和中圆地球轨道卫星等组成；地面段由运控系统、测控系统、星间链路运行管理系统，以及国际搜救、短报文通信、星基增强和地基增强等多种服务平台组成；用户段由北斗兼容其他卫星导航系统的芯片、模块、天线等基础产品，以及终端产品、应用系统与应用服务等组成。

4. 发展特色

北斗系统的建设实践，走出了在区域快速形成服务能力、逐步扩展为全球服务的中国特色发展路径，丰富了世界卫星导航事业的发展模式。

北斗系统具有以下特点：一是北斗系统空间段采用三种轨道卫星组成的混合星座，与其他卫星导航系统相比，高轨卫星更多，抗遮挡能力强，尤其低纬度地区性能优势更为明显；二是北斗系统提供多个频点的导航信号，能够通过多频信号组合使用等方式提高服务精度；三是北斗系统创新融合了导航与通信能力，具备定位导航授时、星基增强、地基增强、精密单点定位、短报文通信和国际搜救等多种服务能力。

5. 增强系统

北斗系统增强系统包括地基增强系统与星基增强系统。

北斗地基增强系统是北斗卫星导航系统的重要组成部分，按照"统一规划、统一标准、共建共享"的原则，整合国内地基增强资源，建立以北斗为主、兼容其他卫星导航系统的高精度卫星导航服务体系。利用北斗/GNSS(全球卫星导航系统)高精度接收机，通过地面基准站网，利用卫星、移动通信、数字广播等播发手段，在服务区域内提供 1～2 m、分米级和厘米级实时高精度导航定位服务。系统建设分两个阶段实施，一期为 2014 年到 2016 年底，主要完成框架网基准站、区域加强密度网基准站、国家数据综合处理系统，以及国土资源、交通运输、中科院、地震、气象、测绘地理信息等 6 个行业数据处理中心等建设任务，建成基本系统，在全国范围提供基本服务；二期为 2017 年至 2018 年底，主要完成区域加强密度网基准站补充建设，进一步提升系统服务性能和运行连续性、稳定性、可靠性，具备全面服务能力。

北斗星基增强系统是北斗卫星导航系统的重要组成部分，通过地球静止轨道卫星搭载卫星导航增强信号转发器，可以向用户播发星历误差、卫星钟差、电离层延迟等多种修正信息，实现对于原有卫星导航系统定位精度的改进。按照国际民航标准，开展北斗星基增强系统设计、试验与建设。目前，已完成系统实施方案论证，固化了系统在下一代双频多星座(DFMC)SBAS标准中的技术状态，进一步巩固了BDSBAS作为星基增强服务供应商的地位。

4.7.2　发展历程

中国立足国情国力，坚持自主创新、分步建设、渐进发展，不断完善北斗系统，走出了一条从无到有、从有到优、从有源到无源、从区域到全球的中国特色卫星导航系统建设道路。

1. 发展战略

北斗卫星导航系统采用"三步走"的发展战略。1994年，中国开始研制发展独立自主的卫星导航系统，至2000年底建成北斗一号系统，采用有源定位体制服务中国。中国成为世界上第三个拥有卫星导航系统的国家。2012年，建成北斗二号系统，面向亚太地区提供无源定位服务。2020年，北斗三号系统正式建成开通，面向全球提供卫星导航服务，标志着北斗系统"三步走"发展战略圆满完成。

2. 早期发展

20世纪70年代，从事"两弹一星"的科学家们就已经认识到卫星导航定位系统的重要性，他们曾在卫星导航领域进行探索，并在理论探索和研制实践方面开展了卓有成效的工作。立项于20世纪60年代末的"灯塔计划"可以说是北斗工程的前身，尽管这个计划最终因技术方向转型、财力有限等原因而终止，但却为后来上马的北斗工程积累了宝贵的经验。

3. 北斗一号系统

1994年，中国启动北斗卫星导航试验系统建设；2000年10月31日，发射首颗北斗导航试验卫星；同年12月21日，发射第2颗北斗导航试验卫星，初步建成北斗卫星导航试验系统，成为世界上第三个拥有自主卫星导航系统的国家；2003年5月25日，发射第三颗北斗导航试验卫星，进一步增强了北斗卫星导航试验系统性能。

北斗卫星导航试验系统由空间星座、地面控制和用户终端三大部分组成。空间星座部分包括3颗地球静止轨道(GEO)卫星，分别定点于东经80°、110.5°和140°赤道上空。地面控制部分由地面控制中心和若干标校站组成。地面控制中心主要完成卫星轨道确定、电离层校正、用户位置确定及用户短报文信息交换等任务；标校站主要为地面控制中心提供距离观测量和校正参数。用户终端部分由手持型、车载型和指挥型等各种类型的终端组成，具有发射定位申请和接收位置坐标信息等功能。

北斗一号系统的主要功能是定位、单双向授时、短报文通信；服务区域是中国及周边地区；定位精度优于20 m；授时精度单向为100 ns，双向为20 ns；短报文通信为120个汉字/次。

4. 北斗二号系统

2002 年，欧盟发起"伽利略"卫星计划，彼时，中方遇技术瓶颈，欧盟缺研发基金，双方决定联手开发。然而蜜月苦短，四年后，中国被排除在项目外，决议不让表态，资料不让浏览，技术不被告知。

由于欧盟合作诚意严重不足，中国开始独立研发北斗系统。2004 年 9 月，中国启动北斗区域卫星导航系统工程建设；2007 年 4 月 14 日，第一颗北斗导航应用卫星发射成功，北斗区域导航系统建设正式开始；2011 年，北斗区域卫星导航系统的基本系统建设完成；2012 年 10 月 25 日，北斗二号系统完成 5 颗地球静止轨道卫星、5 颗倾斜地球同步轨道卫星和 4 颗中圆地球轨道卫星组网，具备区域服务能力。

2012 年 12 月 27 日，国务院新闻办公室召开北斗卫星导航系统新闻发布会，宣告"北斗卫星导航系统是中国自主建设、独立运行，与世界其他卫星导航系统兼容共用的全球卫星导航系统，可在全球范围内全天候、全天时，为各类用户提供高精度、高可靠的定位、导航、授时服务"。至此，北斗卫星导航系统建设的"三步走"战略圆满完成了第二步的系统建设目标，北斗二号卫星导航系统，即北斗区域卫星导航系统建设完成。

北斗二号系统在兼容北斗一号系统技术体制基础上，增加了无源定位体制，为亚太地区用户提供定位、测速、授时和短报文通信服务。

北斗二号系统的主要功能是定位、测速、单双向授时、短报文通信；服务区域是中国及周边地区；定位精度平面为 10 m，高程为 10 m；测速精度优于 0.2 m/s；授时精度是单向 50 ns；短报文通信是 120 个汉字/次。

5. 北斗三号系统

2009 年 12 月，北斗三号卫星导航系统立项；2017 年 11 月 5 日，北斗三号系统的第一颗和第二颗组网卫星发射升空，北斗卫星全球组网正式开始；2018 年 11 月 19 日，北斗三号基本系统星座部署完成。

2020 年 6 月 23 日 9 时 43 分，中国在西昌卫星发射中心用长征三号乙运载火箭，成功发射北斗系统第 55 颗导航卫星，暨北斗三号最后一颗全球组网卫星，至此，北斗三号全球卫星导航系统星座部署比原计划提前半年全面完成。

2020 年 7 月 31 日上午 10 时 30 分，北斗三号全球卫星导航系统正式开通。

2023 年 5 月 17 日 10 时 49 分，中国在西昌卫星发射中心用长征三号乙运载火箭，成功发射第 56 颗北斗导航卫星。该卫星属地球静止轨道卫星，是北斗三号工程的首颗备份卫星；入轨并完成在轨测试后，将接入北斗卫星导航系统。此次发射是北斗三号工程高密度组网之后，时隔 3 年的首发任务。

北斗三号系统继承北斗有源服务和无源服务两种技术体制，能够为全球用户提供定位导航授时、全球短报文通信和国际搜救服务，同时可为中国及周边地区用户提供星基增强、地基增强、精密单点定位和区域短报文通信等服务。

北斗三号系统的主要功能是定位、测速、单双向授时、短报文通信，国际搜救服务；服务区域是全球；定位精度是全球定位精度优于水平 10 m、高程 10 m，亚太地区定位精度优于水平 5 m、高程 5 m；测速精度是全球测速精度优于 0.2 m/s，亚太地区测速精度优于 0.1 m/s；授时精度是全球授时精度优于 20 ns，亚太地区授时精度优于 10 ns；短报文通信是全球短报文通信服务为 40 个汉字/次，亚太地区短报文为 1000 个汉字/次。

6. 后续发展

2035 年，中国将建设完善更加泛在、更加融合、更加智能的综合时空体系，进一步提升时空信息服务能力，提供高弹性、高智能、高精度、高安全的定位导航授时服务，更好地惠及民生福祉、服务人类发展进步。

4.7.3 技术特点

1. 双星定位

20 世纪 80 年代，国外卫星导航系统纷纷上马，中国科学家也开始对自主卫星导航系统进行摸索。然而，对于当时的中国来说，要建立起一套覆盖全球的卫星导航系统，是耗资巨大且非常困难的事情。

1983 年，以"863"计划的倡导者之一陈芳允院士为代表的专家学者提出"双星定位"理论，即仅用两颗地球同步定点卫星，就可以覆盖很大区域，对地面目标和海上移动物体进行定位导航，且有通信功能。

通过两颗地球静止轨道卫星来实现一个区域的导航定位，既符合当时的国情，又能够真正走出中国自己的导航之路。2000 年，两颗静止轨道卫星北斗一号发射成功。和世界其他卫星导航系统相比，北斗一号系统只用两颗卫星定位，就建成了中国第一代卫星导航系统。

2. 短报文服务

北斗的短报文通信为用户提供了一种保底的通信技术手段。在通信设施损毁或信号覆盖弱的区域，人们无法通过移动通信信号传输信息，但可以通过北斗卫星信号传递重要信息；并且用户通过手机发送短报文信息后，还能得到系统对发送信息成功与否的回执确认，显著增强了遇险人员求生信心。

3. 高精度原子钟

星载原子钟精度要求高，技术难度大，曾长期为少数西方发达国家所垄断。由于国外技术封锁，星载原子钟成为北斗系统建设的技术瓶颈。

研制出的第一台星载原子钟产品在工作中经常信号突跳，精度很差，研制人员经过技术攻关，最终解决了这一问题。北斗二号系统首次采用了国产星载原子钟。

北斗三号卫星采用了中国自主研发的更高稳定度、更小漂移率的新型高精度铷原子钟和氢原子钟，实现了卫星时频基准性能指标的大幅提高。相对于北斗二号采用的第一代国产铷原子钟，其产品体积、质量方面大幅降低，北斗三号星载铷原子钟电路设计与温度控制进行了优化，保证了铷原子钟的稳定度指标大幅提高，星载铷原子钟综合水平达到国际领先水平。

4. 轨道分布

北斗系统空间段采用地球同步静止轨道、倾斜地球同步轨道、中圆地球轨道三种轨道卫星组成的混合星座，与其他卫星导航系统相比高轨卫星更多，抗遮挡能力强，尤其低纬度地区性能特点更为明显。这种混合星座布局，既能实现全球覆盖、全球服务，又可为亚太大部分地区用户提供精度更高的服务。

5. 卫星平台

北斗三号卫星采用导航卫星专用平台化设计，在保证卫星总体设计架构稳定的基础上，可为系统后续功能和需求拓展提供更大的适应能力。

北斗三号中圆地球轨道卫星采用新型的导航卫星专用平台，该平台采用桁架式主承力结构、单组元推进系统、综合电子体系和全调节供电系统，具有功率密度大、载荷承载比重高、设备产品布局灵活、功能拓展适应能力强等技术特点，适于采用运载火箭加上面级"一箭多星"直接入轨的发射方式。该卫星平台承载能力在 1100 kg 以上，卫星设计寿命大于 10 年。

6. 星间链路

北斗三号卫星配置了 Ka 频段星间链路，采用相控阵天线等星间链路设备，实现星间双向精密测距和通信。

通过星间链路相互测距和校时，实现多星测量，增加观测量，改善自主定轨的几何观测结构，利用星间测量信息自主计算并修正卫星的轨道位置和时钟系统，实现星-星-地联合精密定轨，提高卫星定轨和时间同步的精度，进而提高整个系统的定位和服务精度。通过星间和星地链路，实现了对境外卫星的监测、注入功能，实现了对境外卫星"一站式测控"的测控管理。

7. 新型导航信号体制

卫星导航信号是卫星系统提供定位、导航与授时服务的关键，其质量是衡量导航卫星水平和工程系统服务性能的重要标志。

为了进一步改善北斗导航卫星信号的性能，提高信号利用效率和兼容性、互操作性，北斗三号卫星下行导航信号在继承和保留部分北斗二号系统导航信号分量的基础上，设计采用了新型导航信号调制体制，实现了信号抗干扰能力、测距精度等性能的显著提升，为信号扩容奠定了基础。同时，卫星系统具备下行导航信号体制重构能力，可根据未来发展和技术进步需求进一步升级改进。北斗研制团队先后攻克了 500 余种器部件国产化任务，最终实现北斗系统核心器部件 100%国产化。

8. 架构体系

北斗三号系统研制团队花了近 5 年的时间，研究并设计了星间链路高轨和中轨结合的方案，首创了星间链路和混合星座的架构体系。星间链路在空中为北斗三号的 30 多颗导航卫星建了一个"群"，只要依靠国内的地面站，就可管理全球的卫星，解决了海外布站、卫星境外监测的难题。

4.7.4　应用与产业化

1. 基础产品及设施

北斗/GNSS 基础产品已实现大众应用。支持北斗三号系统信号的 28 nm 芯片已在物联网和消费电子领域得到广泛应用。22 nm 双频定位芯片已具备市场化应用条件，全频一体化高精度芯片已经投产，北斗芯片性能再上新台阶。北斗地基增强系统自 2017 年 7 月提供基本服务以来，在系统服务区内提供实时米级、分米级、厘米级和后处理毫米级增强定位服务，已在众多行业领域进行了应用推广。

2. 行业及区域应用

北斗系统提供服务以来，已在交通运输、水文监测、气象测报、通信授时、救灾减灾等领域得到广泛应用，服务国家重要基础设施。

交通运输方面，北斗系统广泛应用于重点运输过程监控、公路基础设施安全监控、港口高精度实时调度监控等领域，提升了中国综合交通管理效率和运输安全水平。水文监测方面，北斗系统成功应用于多山地域水文测报信息的实时传输，提高了灾情预报的准确性，为制定防洪抗旱调度方案提供了重要支持。气象测报方面，北斗系统应用于一系列气象测报型终端设备，提高了国内高空气象探空系统的观测精度、自动化水平和应急观测能力。通信授时方面，突破光纤拉远等关键技术，研制出一体化卫星授时系统，北斗系统单双向授时得到成功应用。救灾减灾方面，基于北斗系统的导航、定位、短报文通信功能，提供实时救灾指挥调度、应急通信、灾情信息快速上报与共享等服务，显著提高了灾害应急救援的快速反应能力和决策能力。

3. 大众应用

北斗系统大众服务发展前景广阔。基于北斗的导航服务已被电子商务、移动智能终端制造、位置服务等厂商采用，广泛进入中国大众消费、共享经济和民生领域。随着 5G 商用时代的到来，北斗正在与新一代移动通信、区块链、人工智能等新技术加速融合，北斗应用的新模式、新业态、新经济不断涌现。

4. 政策保障与产业发展

国家持续推进卫星导航法治建设。中国政府高度重视并全面推进国家卫星导航法治建设，积极推进《中华人民共和国卫星导航条例》立法进程，保障卫星导航产业健康、快速、持续发展。2013 年，发布《国家卫星导航产业中长期发展规划》，从国家层面对卫星导航产业长期发展进行总体部署，提供国家宏观政策指导。2016 年，发布《中国北斗卫星导航系统》政府白皮书，宣示北斗发展理念与政策主张。国家发展和改革委员会、科学技术部、工业和信息化部、公安部、交通运输部、农业农村部等主管部门，以及国内 30 多个省(自治区、直辖市)和地区出台了一系列推动北斗系统应用的政策文件和具体举措。

4.7.5 国际交流与合作

北斗系统作为全球卫星导航系统四大核心供应商之一，坚持开放合作、资源共享的发展思路，积极务实开展国际交流与合作，促进全球卫星导航事业发展。

1. 系统间协调与合作

北斗系统持续与其他卫星导航系统开展协调合作，推动系统间兼容与互操作，共同为全球用户提供更加优质的服务。

(1) 中俄卫星导航合作。在中俄总理定期会晤委员会框架下，成立了中俄卫星导航重大战略合作项目委员会；签署了中俄政府间《关于和平使用北斗和格洛纳斯全球卫星导航系统的合作协定》《中国北斗和俄罗斯格洛纳斯系统兼容与互操作联合声明》，以及《和平利用北斗系统和格洛纳斯系统开展导航技术应用合作的联合声明》等成果文件，并均已生效；围绕兼容与互操作、增强系统与建站、监测评估、联合应用等领域设立联合工作组，开展务实合作，推进 10 个标志性合作项目并取得阶段性进展，完成中俄卫星导航监测评估服务平台建设并开通运行，促进两系统优势互补、融合发展。

(2) 中美卫星导航合作。建立中美卫星导航合作对话机制，签署了系统间《中美卫星导航系统(民用)合作声明》《北斗与 GPS 信号兼容与互操作联合声明》，标志着两系统实现了射频兼容，北斗系统 B1C 信号与 GPS 系统 L1C 信号达成互操作；在兼容与互操作、增强系统、民用服务等领域设立联合工作组，推动合作交流。

(3) 中欧卫星导航合作。成立了中欧兼容与互操作工作组，开展多轮会谈；持续推进频率协调；在中欧空间科技合作对话机制下开展广泛交流。

2. 卫星导航多边合作

在国际电信联盟框架下，根据北斗系统建设规划和进展申报卫星网络资料，并开展国际协调。积极参与世界无线电通信大会以及国际电信联盟研究组、工作组会议。积极推动 S 频段无线电卫星测定业务全球扩展，并与各国共同将 S 频段(2483.5～2500 MHz)推动成为新的卫星导航频段。

中国作为联合国全球卫星导航系统国际委员会(ICG)及其供应商论坛成员，积极参加联合国外空委系列会议，以及联合国外空司举办的专题研讨会。北斗专家担任 ICG 多个工作组、子工作组及任务组联合主席，推动机制改革，发起国际倡议，提出中国方案，贡献北斗智慧。2012 年成功举办 ICG 第 7 届大会，首次发表全球卫星导航系统共同宣言。2018 年成功举办 ICG 第 13 届大会，大会发布了全球卫星导航系统空间服务域互操作手册，形成了共同发展卫星导航的西安倡议。2019 年 6 月第 62 届联合国外空委大会期间，在维也纳国际中心举行以"从指南针到北斗"为主题的中国古代导航展。

连续举办中国卫星导航年会，年度参会人数逾 3000 人，积极与美、俄、欧导航会议构建互动机制，参与、组织和承办卫星导航国际学术交流活动。

在亚太空间合作组织框架下，实施监测评估、北斗/GNSS 兼容减灾终端、北斗/GNSS 软件接收机、卫星导航教育培训等合作项目。

3. 北斗国际标准推进

持续推动北斗系统进入民航、海事、移动通信、搜救卫星、电工委员会等国际组织相关标准，获得国际组织认可。

在国际民航领域，2020 年 11 月，国际民航组织导航系统专家组第六次全体会议以视频会议的形式成功举办，北斗三号全球卫星导航系统(以下简称"北斗三号全球系统")189 项性能指标技术验证全部通过，标志着北斗三号全球系统进入国际民航组织标准工作的最核心和最主要任务圆满完成，表明北斗三号全球系统为全球民航提供服务的能力得到国际认可，为全面推进北斗航空应用奠定了坚实基础。

在国际海事领域，在国际海事组织框架下成功推动北斗系统加入世界无线电导航系统，获得北斗海事领域应用合法地位；正在推进国际航标协会星基增强系统标准的修订工作。

在移动通信领域，完成 26 项北斗 B1I 信号国际移动通信标准的制定，包括独立定位和网络辅助定位功能系列相关测试标准；正在开展支持北斗高精度应用的移动通信标准制定工作；支持北斗 B1C 信号的首项 5G 标准完成立项。

在国际搜救领域，推动将北斗搜救载荷相关技术参数和指标信息写入国际搜救卫星组织有关文件，完成第一批搜救载荷研制和在轨测试，正在按程序开展入网测试。

在国际电工委员会领域，2020 年 3 月 11 日，国际电工委员会(IEC)发布了首个北斗船载接收设备检测标准(IEC 61108-5)，这是由中国电子科技集团公司第二十研究所负责推进的一项重要的国际标准。该标准的发布使北斗接收设备能够作为独立设备应用于船舶，将使北斗接收机作为部件集成于多种海洋电子系统及设备，应用于各种领域。

4. 北斗国际标准推进

北斗系统相关产品已输出到 100 余个国家，为用户提供了多样化的选择和更好的应用体验。基于北斗的多种方案在东盟、南亚、东欧、西亚、非洲等得到成功应用。

与阿盟、东盟、南亚、中亚、非洲等地区国家和国际组织开展卫星导航合作与交流，建立合作机制，签署合作文件，实施合作项目。

在中国—中亚合作论坛框架下举办中国—中亚北斗合作论坛，签署合作文件，推动北斗系统服务中亚国家。举办中阿北斗合作论坛，举行卫星导航研讨会，建成中阿北斗/GNSS中心，推动北斗系统服务阿拉伯国家建设。建立北斗国际交流培训中心，支持建设联合国附属空间科技教育区域中心，助力合作国培养卫星导航领域专业人才。开展北斗全球用户体验评价活动。欢迎全球用户和设备供应商体验系统服务、评价系统性能，并为北斗系统优化升级提供输入。

北斗三号全球卫星导航系统的建成开通，是中国攀登科技高峰、迈向航天强国的重要里程碑，是中国为全球公共服务基础设施建设作出的重大贡献，是中国特色社会主义进入新时代取得的重大标志性战略成果，凝结着一代代航天人接续奋斗的心血，饱含着中华民族自强不息的本色，对推进中国社会主义现代化建设和推动构建人类命运共同体具有重大而深远的意义。

北斗卫星导航系统的建设与发展，得益于中国改革开放以来综合国力显著增强、经济持续稳定发展和科技创新能力大幅提升。中国将一如既往地推动卫星导航系统建设和产业发展，鼓励运用卫星导航新技术，不断拓展应用领域，满足人们日益增长的多样化需求；积极推动国际交流与合作，实现与世界其他卫星导航系统的兼容与互操作，为全球用户提供更高性能、更加可靠和更加丰富的服务。

小　结

卫星导航定位系统能够为人们提供全球性、连续的、可靠的和高精度的导航、定位和授时服务，保证了用户的安全和方便。随着定位技术的发展，卫星导航系统已越来越深刻地影响着世界各国的政治、经济、科技以及军事活动。在许多科学领域中，卫星导航系统带来了各学科技术的重大突破，给各学科领域带来了划时代的变革。因美国 GPS 导航系统的发展应用所带来的经济效益和社会效益，各国也都将卫星导航事业摆在发展的首位，逐渐形成了美国的 GPS、俄罗斯的 GLONASS、欧洲的 Galileo 和我国的北斗系统四大全球卫星系统，统称为 GNSS 系统。

　　本章通过重点介绍美国 GPS 全球定位系统的组成、坐标系统、时间系统、信号结构、定位原理和误差以及 GPS 信号接收机的基本组成，希望学习者掌握导航定位系统的原理和定位技术。

思考与练习 4

4.1　简述 GPS 定位系统的构成，并说明各部分的作用。

4.2　GPS 导航电文共有哪几种子帧？

4.3　简述 GPS 定位的应用前景。

4.4　简述 WGS84 大地坐标系。

4.5　简述 GPS 定位时间系统与协调世界时 UTC 之间的区别。

4.6　简述恒星时、真太阳时与平太阳时的区别。

4.7　简述 C/A 码及 P 码的产生过程和特点。

4.8　简述 GPS 定位原理。

4.9　简述 GPS 测量定位中都有哪些误差。

4.10　GPS 定位测量中，关于卫星的误差主要包括哪些？说明它们产生的原因。

4.11　GPS 定位测量中，电离层延迟和对流层延迟是如何产生的？需要采取什么措施来削弱影响？

4.12　GPS 定位测量中，多路径误差是如何产生的？应该采取什么措施来削弱影响？

4.13　简述 GPS 信号接收机的构成及其各部分的功能。

4.14　简述接收机的分类。

4.15　简述 GPS 现代化的三个阶段。

4.16　对比分析 GLONASS 与 GPS 的参数。

4.17　说明 GLONASS 系统的新进展和动态。

4.18　简述 Galileo 系统的开发计划。

4.19　简述"北斗一号"定位系统的组成和结构。

4.20　简述全球、国家和区域大地控制网的建设。

第 5 章

移 动 通 信

【本章教学要点】

- 移动通信的基本技术
- GSM 移动通信系统
- 第三代移动通信系统

　　随着通信业务的迅速发展和通信量的激增，未来的移动通信系统不仅要有大的系统容量，而且还要能支持语音、数据、图像、多媒体等多种业务的有效传输。

5.1　概　　述

5.1.1　移动通信的特点

　　移动通信是指通信双方至少有一方在移动中或临时停留在某非预定位置进行信息传输和交换的一种通信手段。与其他通信方式相比，移动通信有如下特点：

　　(1) 移动通信的电波传播环境恶劣。移动台处在快速运动中，多径传播会造成瑞利衰落、接收场强的振幅和相位快速变化。移动台处于建筑物与障碍物之间时，局部场强中值(信号强度大于或小于场强中值的概率为 50%)会随地形而变动，气象条件的变化同样会使场强中值随时变动，这种场强中值随环境和时间的变化服从正态分布，是一种慢衰落。另外，多径传播产生的多径时延扩展等效为移动信道传输的特性畸变，对数字移动通信影响较大。

　　移动通信电波传播的基本理论模型是超短波在平面大地上直射与反射的矢量合成。分析表明：直射波的扩散损耗正比于收/发距离的平方 d^2；而光滑地平面上的路径损耗正比于 d^4，与频率无关。对于不同地形和地物上的移动通信传播，必须根据不同的环境条件，应用统计分析方法来找出传播规律，以得出相应的接收场强预测模型。

　　(2) 多普勒频移会产生附加调制。由于移动台处于运动状态中，因此接收信号会有附加的频率变化，即多普勒频移 f_d。f_d 与移动体的移动速度有关，若电波方向与移动方向之间的夹角为 θ，则有

$$f_d = \frac{v}{\lambda}\cos\theta$$

(5-1)

式中，v 为移动台运动速度；λ 为信号工作波长。若运动方向面向基站，则 f_d 为正值；反之，f_d 为负值。当运动速度较高时，必须考虑多普勒频移的影响，而且工作频率越高，频移越大。

多普勒频移产生的附加调频或寄生调相均为随机变量,对信号会产生干扰。在高速移动电话系统中,其对 300 Hz 左右的语音信号的影响足以产生令人不适的失真。虽然多普勒频移对低速数字信号传输不利,但对高速数字信号传输的影响却不大。

(3) 移动通信受干扰和噪声的影响。移动通信网是多频道、多电台同时工作的通信系统。移动台工作时往往会受到其他电台的干扰;同时,还可能受到天电干扰、工业干扰和各种噪声的影响。

由于基站通常有多部收/发信机同时工作,而且服务区内的移动台分布不均匀且位置随时变化,因此干扰信号的场强甚至可能比有用信号高几十分贝(70~80 dB)。通常将这种近处无用信号压制远处有用信号的现象称为远近效应,这是移动通信系统中的一种特殊干扰。

在多频道工作的网络中,收/发信机的频率稳定度、准确度、采用的调制方式等因素会使相邻或邻近频道的能量部分落入本频道而产生邻道干扰;在组网过程中,为提高频率利用率,在相隔一定距离后要重复使用相同的频率,这种同频道再用技术将带来同频干扰。同频干扰是决定同频道再用距离的主要因素。移动通信系统中还存在互调干扰问题,当两个或多个不同频率的信号同时进入非线性器件时,器件的非线性作用将产生许多谐波和组合频率分量,其中与所需频率相同或相近的组合频率分量会顺利地通过接收机,从而形成干扰。鉴于上述各种干扰,在设计移动通信系统时,应根据不同形式的干扰,采取相应的抗干扰措施。

移动信道中噪声的来源是多方面的,有大气噪声、太阳噪声、银河系噪声以及人为噪声。在 30~1000 MHz 频率范围内,大气、太阳等噪声很小,可忽略不计,主要考虑的应是人为噪声(各种电气装置电流或电压发生急剧变化而形成的电磁辐射)。移动信道中,人为噪声主要是车辆的点火噪声,其大小不仅与频率有关,而且与交通流量有关。交通流量越大,噪声电平越高。

(4) 频谱资源紧缺。在移动通信中,用户数与可利用的频道数之间的矛盾特别突出。要解决这一问题,除开发新频段外,还应该采用频带利用率高的调制技术。例如,采用窄带调制技术以缩小频道间隔,在空间域上采用频率复用技术,在时间域上采用多信道共用技术等。频率拥挤是影响移动通信发展的主要因素之一。

(5) 建网技术复杂。因为移动台可以在整个移动通信服务区域内自由运动,所以为实现通信,交换中心必须知道移动台的位置,为此,需采用"位置登记"技术;移动台从一个蜂窝小区驶入另一个小区时,需进行频道切换(亦称过境切换);移动台从一个蜂窝网业务区移入另一个蜂窝网业务区时,被访蜂窝网亦能为外来用户提供服务,这种过程称为漫游。移动通信网为满足这些要求,必须具有很强的控制功能,如通信的建立和拆除、频道的控制和分配、用户的登记和定位以及过境切换和漫游控制。

现在,移动通信已向数字化方向发展,数字移动通信系统已逐渐取代了模拟移动通信系统。数字移动通信系统的特点如下:

(1) 频谱效率高。由于采用了高效调制器、信道编码、交织、均衡、语音编码等技术,因此系统具有高频谱效率。

(2) 容量大。每个信道传输带宽的增加使得同频复用信噪比要求降低,因此 GSM 系统的同频复用模式信噪比可以减小到 1/3,甚至更小。模拟移动通信系统的同频复用模式信噪比是 1/3 或 1/6,GSM 系统的容量比模拟系统的要高 3~5 倍。

(3) 抗噪性能强。由于采用了纠错编码、交织编码、自适应均衡、分集接收以及扩、调频等技术，因此可以控制由任何干扰和不良环境产生的损害，从而使传输差错率低于规定的阈值。

(4) 接口开放。GSM 标准提供的开放性接口便于电话网络中各设备之间不同厂商生产的设备之间的相互联网。

(5) 网络管理与控制灵活。可以设置专门的控制信道来传输信令消息，也可以把控制指令插入业务信道的语音比特流中来控制信息的传输，以便于实现多种可靠点控制功能。

(6) 安全性能好。通过鉴权、加密等措施，GSM 系统克服了模拟网容易被制作伪机及在无线信道上被窃听的缺点，达到了用户安全使用的目的；还使用了用户识别模块，该模块可以与手机分离，只要使用同一用户识别模块，即便更换手机，仍可达到用户号码不变、计费账号不变的目的。

(7) 业务范围广。除了提供模拟网所提供的语音业务的补充业务，如呼叫转移、呼叫等待外，还能提供短消息业务(Short Message System，SMS)和传真业务及移动因特网业务等。

5.1.2　移动通信的分类

随着移动通信应用范围的不断扩大，移动通信系统的类型越来越多，其分类方法也多种多样。

1．按设备的使用环境分类

按设备的使用环境，移动通信主要有陆地移动通信、海上移动通信和航空移动通信 3 种类型。作为特殊使用环境，还有地下隧道/矿井、水下潜艇、太空航天等移动通信。

2．按服务对象分类

按服务对象，移动通信可分为公用移动通信和专用移动通信两种类型。在公用移动通信中，目前我国有中国移动、中国联通经营的移动电话业务，它面向社会各阶层人士，因此称为公用网。专用移动通信是为保证某些特殊部门的通信所建立的通信系统，由于各部门的性质和环境有很大区别，故各部门使用的移动通信网的技术要求有很大差异，如公安、消防、急救、防汛、交通管理、机场调度等对其技术有不同的要求。

3．按系统组成结构分类

按系统组成结构，移动通信可分为蜂窝状移动电话系统、集群调度移动电话、无中心个人无线电话系统、公用无绳电话系统和移动卫星通信系统。

(1) 蜂窝状移动电话系统。蜂窝状移动电话系统是移动通信的主体，它是具有全球性用户容量的最大移动电话网。

(2) 集群调度移动电话。它可将各部门所需的调度业务进行统一规划建设和集中管理，每个部门都可建立自己的调度中心台。其特点是共享频率资源、共享通信设施、共享通信业务及共同分担费用，是一种专用调度系统的高级发展阶段，具有高效廉价的自动拨号系统，频率利用率高。

(3) 无中心个人无线电话系统。它没有中心控制设备，这是与蜂窝网和集群网的主要区别，它将中心集中控制转化为电台分散控制。由于不设置中心控制，故可以节约建网投资费用，并且频率利用率最高。系统采用数字选呼方式，并且采用共用信道传送信令，所以接续速度快。由于系统没有蜂窝移动通信系统和集群系统那样复杂，而且建网简易、投资低、性能价格比最高，因此适用于个人业务和小企业的单区组网分散小系统。

(4) 公用无绳电话系统。公用无绳电话是公共场所使用的无绳电话系统，如商场、机场、火车站等。通过无绳电话，手机可以呼入市话网，也可以实现双向呼叫。其特点是不适于乘车使用，只适于步行。

(5) 移动卫星通信系统。21 世纪通信的最大特点是卫星通信终端手持化和个人通信全球化。所谓个人通信，是移动通信的进一步发展，是面向个人的通信。其实质是任何人在任何时间、任何地点，可与任何人实现以任何方式进行的通信。只有利用卫星通信覆盖全球的特点，通过卫星系统与地面移动通信系统的结合，才能实现名副其实的全球个人通信。

4．其他分类方法

移动通信的其他一些分类方法如下：

(1) 按使用对象，可分为民用设备和军用设备；

(2) 按多址方式，可分为频分多址(FDMA)、时分多址(TDMA)和码分多址(CDMA)；

(3) 按覆盖范围，可分为宽域网和局域网；

(4) 按业务类型，可分为电话网、数据网和综合业务网；

(5) 按工作方式，可分为同频单工、异频单工、异频双工和半双工；

(6) 按信号形式，可分为模拟网和数字网。

通常，人们把模拟通信系统称作第一代通信产品，而把数字通信系统称作第二代通信产品。第三代通信系统的研究始于 20 世纪 80 年代中期，它提供了更高比特率的、更灵活的、可以为一个用户同时提供多种业务以及具有不同等级服务质量的业务。

5.1.3 移动通信系统的小区制

移动通信系统一般由移动台(Mobile Set，MS)、基站(Base Station，BS)、移动业务交换中心(Mobile Switch Center，MSC)等组成，如图 5-1 所示。

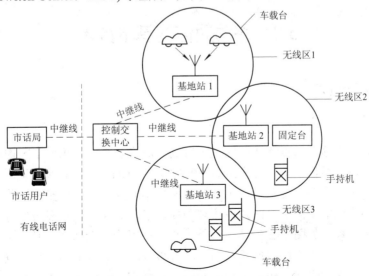

图 5-1　移动通信系统的组成

　　基站和移动台设有收/发信机、天线等设备。每个基站都有一个可靠通信的服务范围，称为无线小区(通信服务区)。无线小区的大小主要由发射功率和基站天线的高度来决定。根据服务面积的大小，移动通信网可分为大区制、中区制和小区制三种。大区制是指通信服务区(比如一个城市)由一个无线区覆盖，此时基站发射功率很大(50 W 或 100 W 以上，对手机的要求一般为 50 W 以下)，无线覆盖半径可达 25 km 以上。其基本特点是：只有一个基站；覆盖面积大；信道数有限；一般只能容纳数百到数千个用户。大区制的主要缺点是系统容量小；为了克服这一缺点而提供适合更大范围(大城市)、更多用户的服务，就必须采用小区制。小区制一般是指覆盖半径为 3～10 km 的多个无线区链合而形成整个服务区的制式，此时的基站发射功率很小(8～20 W)。多个小区可以结合组成一个移动通信网。用这种组网方式可以构成大区域、大容量的移动通信系统，进而形成全省、全国或更大的系统。

　　小区制有以下四个特点：

　　(1) 基站只提供信道，其交换、控制都集中在一个移动电话交换局(Mobile Telephone Switching Office，MTSO)，或称为移动交换中心完成。其作用相当于一个市话交换局。而大区制的信道交换、控制等功能都集中在基站完成。

　　(2) 具有"过区切换功能"(Handoff)，简称"过区功能"，即一个移动台从一个小区进入另一个小区时，要从原基站的信道切换到新基站的信道上，而且不能影响正在进行的通话。

　　(3) 具有漫游(Roaming)功能，即一个移动台从本小区进入到另一个小区时，其电话号码不能变，仍然像在原小区一样能够被呼叫到。

　　(4) 具有频率再用的特点。所谓频率再用，是指一个频率可以在不同的小区重复使用。由于同频信道可以重复使用，且再用的信道越多，用户数也就越多，因此，小区制可以提供比大区制更大的通信容量。

　　中区制是介于大区制和小区制之间的一种过渡制式。

　　目前的发展方向是将小区划小成为微区、宏区和毫区，并将其覆盖半径降至 100 m 左右。移动交换中心主要用来处理信息和进行整个系统的集中控制管理。

5.2　移动通信的基本技术

5.2.1　蜂窝组网技术

1. 蜂窝网

　　前面已经提到，移动通信服务的区域可以划分成许多小区，每个小区均设立基站来与用户移动台之间建立通信；小区的覆盖半径一般为 3～10 km。如果基站采用全向天线，那么覆盖区实际上是一个圆，但从理论上来说，图形小区邻接会出现多重覆盖或无覆盖，有效覆盖整个平面区域的实际上是圆的内接规则多边形，这样的规则多边形有正三角形、正方形、正六边形三种，如图 5-2 所示。显然，正六边形最接近圆形，所以对于同样大小的服务区域，采用正六边形小区组网所需的小区数最少，从而所需频率组数也最少，因此正六边形组网是最经济的方式。正六边形的网络形同蜂窝，蜂窝网亦由此得名。应该说明的是，正六边形小区图形仅仅具有理论分析和设计意义，实际中的基站天线覆盖区不可能是规则正六边形。图 5-3 给出了一个蜂窝网的展开图形，其中，A 表示一个小区的中心。

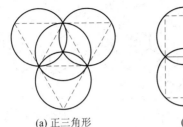

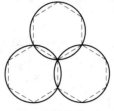

　　　　(a) 正三角形　　　　　　　　(b) 正方形　　　　　　　　(c) 正六边形

图 5-2　小区的形状

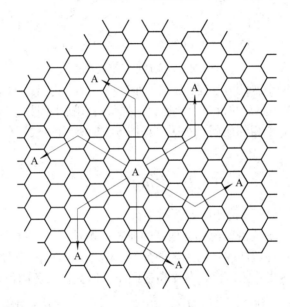

图 5-3　蜂窝网的展开图形

　　在频分信道体制的蜂窝系统中，每个小区均占有一定的频道，而且各个小区占用的频道是不相同的。假设给每个小区分配一组载波频率，而为避免相邻小区间产生干扰，各小区的载波频率不应相同。但因为频率资源有限，当小区覆盖区域不断扩大且小区数目不断增加时，将出现频率资源不足的问题。因此，为了提高频率资源的利用率，可使用空间划分的方法，在不同的空间进行频率复用，即将若干个小区组成一个区群或簇(Cluster)，区群内不同的小区使用不同的频率，另一区群对应小区可重复使用相同的频率。不同区群中相同频率的小区之间将产生同频干扰，但当两同频小区的间距足够大时，同频干扰将不影响正常的通信质量。

　　构成单元无线区群的基本条件如下：

　　(1) 区群之间彼此邻接且无空隙、无重叠地覆盖整个面积。

　　(2) 相邻单元中，同信道小区之间距离保持相等，且为最大。

　　满足上述条件的区群形态和区群内的小区数不是任意的，可以证明，区群内的小区数 N 应满足

$$N = a^2 + ab + b^2 \tag{5-2}$$

式中，*a* 和 *b* 分别是相邻同频小区之间的二维距离，不能同时取 0 的正整数。由式(5-2)可计算出 *N* 为不同值时正六边形蜂窝的区群结构，如图 5-4 所示。

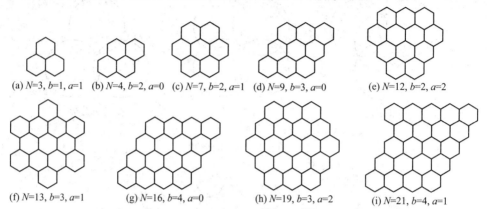

(a) *N*=3, *b*=1, *a*=1　(b) *N*=4, *b*=2, *a*=0　(c) *N*=7, *b*=2, *a*=1　(d) *N*=9, *b*=3, *a*=0　(e) *N*=12, *b*=2, *a*=2

(f) *N*=13, *b*=3, *a*=1　(g) *N*=16, *b*=4, *a*=0　(h) *N*=19, *b*=3, *a*=2　(i) *N*=21, *b*=4, *a*=1

图 5-4　正六边形区群的结构

确定相邻区群同频小区的方法是：自某一小区 A 出发，先沿边的垂线方向跨 *a* 个小区，再按逆时针方向转 60°，然后再跨 *b* 个小区，这样就可以找出同频小区 A。在正六边形的 6 个方向上，可以找到 6 个相邻的同频小区，如图 5-4(h)所示(*a* = 2，*b* = 3，*N* = 19)。区群间同频复用距离为

$$D = \sqrt{3N r_0} \tag{5-3}$$

式中，*N* 为区群内的区数；r_0 为小区的辐射半径。

当蜂窝移动通信系统覆盖区内部分地区的业务量增长时，可将该部分的蜂窝小区分裂成多个较小的区域，这种做法叫蜂窝小区的分裂。图 5-5 为用户分布密度不等时基站覆盖区划分的情形，中心区用户密度高，基站覆盖区小，所提供服务的信道数相对较多；边缘

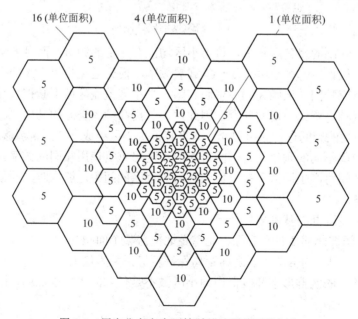

图 5-5　用户分布密度不等时基站覆盖区的划分

区用户密度低，基站覆盖区大，所提供服务的信道数相对较少。采用蜂窝分裂的方法，在频率资源有限的前提下，通过缩小同频复用距离将使单位面积的频道数增多、系统容量增大。具体实施方法有两种：一是在原基站基础上采用方向性天线将小区扇形化，如图 5-6(a)、(b)所示；二是将小区半径缩小并增加新基站，如图 5-6(c)所示，将原来较大的小区分裂成 4 个较小的小区，采用这种方法时应将基站天线高度适当降低，发射功率减小，以避免小区间的同频干扰。

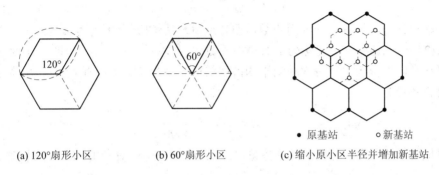

(a) 120°扇形小区　　　　　(b) 60°扇形小区　　　　(c) 缩小原小区半径并增加新基站

图 5-6　小区分裂方案

2. 多信道共用

所谓多信道共用，就是一个无线区内的 n 个信道为该区内所有用户共用，任何一个移动用户选取空闲信道及占用时间均是随机的。多信道共用可以提高信道的利用率，它保证着移动网的呼损率、中断率、系统容量等指标。下面分别阐述话务量、呼损率、信道利用率的概念及其与同系统用户数的关系。

话务量定义为在一特定时间内呼叫次数与每次呼叫平均占用信道时间的乘积，可分为流入话务量与完成话务量。流入话务量取决于单位时间内(通常为 1 小时)发生的平均呼叫次数与每次呼叫平均占用时间。在系统的流入话务量中，必然有一部分呼叫失败(信道全部被占用时，新传入的呼叫不能被接续)，而完成接续的那部分话务量称为完成话务量。如用 A 表示流入话务量，A_0 表示完成话务量，C 表示单位时间内发生的平均呼叫次数，C_0 表示单位时间内呼叫成功的次数，t 表示每次呼叫平均占用信道时间，则

$$A = C \cdot t \tag{5-4}$$

$$A_0 = C_0 \cdot t \tag{5-5}$$

式中，若 t 所取的单位与 C 所用的单位时间相同，则话务量单位称为"爱尔兰"(Erlang)，用 Erl 表示。

损失话务量(呼叫失败的话务量)与流入话务量之比称为呼损率，用来说明呼叫损失的概率，用 B 表示，有

$$B = \frac{A - A_0}{A} \times 100\% \tag{5-6}$$

显然，呼损率越小，呼叫成功的概率就越大，用户就越满意。呼损率也称为系统的服务等级，是衡量通信网接续质量的主要指标。

根据话务量理论，话务量、呼损率、信道数之间存在式(5-7)所示的定量关系，称为爱尔兰呼损公式：

$$B = \frac{A^n / n!}{\sum_{i=0}^{n} A^i / i!} \tag{5-7}$$

采用多信道共用技术能提高信道利用率，信道利用率可以用每个信道平均完成的话务量来表示，有

$$\eta = \frac{A_0}{n} = \frac{A(1-B)}{n} \tag{5-8}$$

在工程设计中，计算系统的用户数需要知道每户的忙时话务量(用 a 表示)。忙时话务量与全天(24 小时)话务量之比称为忙时集中系数(用 K 表示)，K 一般取 10%～15%。假设每户每天平均呼叫次数为 C，每次呼叫平均占用信道时间为 T(s/次)，忙时集中系数为 K，则每户忙时话务量为

$$a = C \cdot T \cdot K \frac{1}{3600} \tag{5-9}$$

一般地，对公众网，每户忙时话务量可按 0.01 Erl 取值；对专用网，可按 0.06 Erl 近似取值。

当每户忙时话务量确定后，每个信道所能容纳的用户数 m 可由式(5-10)计算：

$$m = \frac{\dfrac{A}{n}}{a} = \frac{\dfrac{A}{n}}{C \cdot T \cdot K \dfrac{1}{3600}} \tag{5-10}$$

若系统有 n 个信道，则系统所能容纳的用户数(M)为

$$M = m \cdot n = \frac{A}{a} \tag{5-11}$$

由以上分析可见，在进行系统设计时，既要保证一定的服务质量，又要保证系统能用有限的信道数给尽可能多的用户提供服务和尽量提高信道利用率。

那么如何实现多信道共用技术呢？移动通信系统要求每个移动台都必须具有自动选择空闲信道的能力，即由控制中心自动发出信道指令，移动台自动调谐到被指定的空闲信道上进行通信，这就是信道的自动选择问题。信道的自动选择方式有多种，但基本上可以分成两类。

(1) 专用呼叫信道方式。在给定的多个共用信道中，选择一个信道专门用作呼叫处理与控制，以完成建立通信联系的信道分配，而其余信道作为业务(语音或数据)信道。这种信道控制方式称为专用呼叫信道方式。由于专用呼叫信道处理一次呼叫过程所需的时间很短，一般约为几百毫秒，所以，设立一个专用呼叫信道就可以处理成千上万的用户呼叫。因此，这种方式适用于共用信道数较多的系统。目前大容量公众蜂窝移动通信系统均采用这种方式。

(2) 标明空闲信道方式。所有的共用信道中，任何一个信道都可提供通话，而且控制中心会在某个或全部信道上发空闲信号来供移动台守候。根据移动台守候方式的不同，标明空闲信道方式又可分为"循环不定位""循环分散定位"等方式。标明空闲信道方式是小容量专用网经常采用的方式。

3．位置登记与信道切换

位置登记是指移动台在所处位置上向控制中心发送规定的报文，表明它的位置信息及其被移动网登记存储的过程。在构造复杂的移动通信服务区，一般将一个 MSC 控制作为一个位置区或划分成若干个位置区。移动台将所处位置的位置信息进行"位置登记"，可以提高寻呼一个移动台的效率，移动台的位置登记信息被存储于 MSC 内。不同的蜂窝移动通信系统可以使用不同的"位置登记"方式。

信道切换可以分为两类，即越区切换和漫游切换。当正在通话的移动台从一个小区(扇区)移动到另一个小区(扇区)时，MSC 控制使一个信道上的通话切换到另一个信道上以维持通话的连续性，这一过程称为越区切换。判断发生越区切换的准则：① 信号电平准则；② 载干比准则。其中，信号电平准则是依据接收信号电平的高低来表征移动台是否远离基站；载干比准则是依据接收端的载波与干扰比的大小来表征移动台是否远离基站。

移动用户由其归属交换局辖区进入另一交换局辖区的小区时会发生漫游切换，并称所进入的新交换局为被访交换局。实现漫游切换后的通信即为漫游通信。这时，移动用户的归属交换局与被访交换局之间需要完成移动用户文档的存取和有关信息的交换，并建立通信链路。实现漫游的条件是：覆盖频段一样，无线接口标准相同，并且已完成漫游网的联网。将来出现多频多模手机后，也可以在不同频段、不同接口标准的系统中漫游。

5.2.2　多址技术

多址接入是多用户无线通信网中按用户地址进行连接的通信技术。在移动通信系统中，基站覆盖区内存在着许多移动台，移动台必须能识别出基站发射的信号中哪一个是发给自己的，基站也必须从众多移动台发射的信号中识别出每一个移动台所发射的信号。由此可见，多址(接入)技术在数字蜂窝移动通信中占有重要的地位。无线电信号可以表达为频率、时间和码型的函数，多址技术的原理正是利用这些信号参量的正交性来区分不同的信道，以达到不同信道提供给不同用户使用的目的。相应地，目前常用的多址技术可分为三类：频分多址(FDMA)、时分多址(TDMA)和码分多址(CDMA)。

1．频分多址

频分多址是按频率来区分信道的。频分多址方式将移动台发出的信息调制到移动通信频带内的不同载频位置上，这些载频在频率轴上分别排开，互不重叠。基站可以根据载波频率的不同来识别发射地址，从而完成多址连接。频分多址方式中，N 个波道在频率轴上严格分割，但在时间和空间上是重叠的，此时，"信道"一词的含义即为"频道"。模拟信号和数字信号都可采用频分多址方式来传输。该技术有如下特点：

(1) 每路一个载频。每个频道只传送一路业务信息，所以载频间隔必须满足业务信息传输带宽的要求。

(2) 连续传输。系统分配给移动台和基站一个 FDMA 信道，移动台和基站会连续传输，直到通话结束，此时信道收回。

(3) FDMA 蜂窝移动通信系统是频道受限和干扰受限的系统。其主要干扰有邻道干扰、互调干扰和同频干扰。

(4) FDMA 系统需要周密的频率计划，频率分配工作复杂。基站的硬件配置取决于频率计划和频道配置。

(5) 频率利用率低，系统容量小。

2．时分多址

时分多址是按时隙(时间间隔)来区分信道的。在一个无线频道上，按时间分割为若干个时隙，每个业务信道占其中的一个，并在规定的时隙内收/发信号。在时分多址方式中，分配给各移动台的是一个特定的时隙。各移动台在规定的时隙内向基站发射信号(突发信号)，基站接收这些顺序发来的信号，处理后转送出去。由于移动台在分配的时隙内发送，因此不会相互干扰。移动台发送到基站的突发信号是按时间分割的，所以相互间没有保护时隙。时分多址方式虽然在时间轴上按时隙严格分割，但在频率轴上是重叠的，此时，"信道"一词的含义为"时隙"。时分多址只能传送数字信息，对语音必须先进行模/数转换，再送到调制器对载波进行调制，然后以突发信号的形式发送出去。根据复用信道 N 的大小，时分多址又可分为 3、4 路复用和 8～10 路复用。该技术具有如下特点：

(1) 以每一时隙为一个话路传输数字信号。

(2) 各移动台发送的是周期性信号，而基站发送的是时分复用(TDM)信号；发射信号的速率随时隙数的增大而提高。

(3) TDMA 蜂窝移动通信系统是时隙受限和干扰受限的系统。

(4) 系统的定时和同步是关键问题。定时和同步是 TDMA 系统正常工作的前提，因为通信双方只允许在规定的时隙中收/发信号，故必须在严格的帧同步、时隙同步和比特(位)同步的条件下进行工作。

(5) 抗干扰能力强，频率利用率高，系统容量大。

(6) 基站成本低。N 个时分信道共用一个载波，占据相同宽带，所以只需一部收/发信机。

3．码分多址

码分多址基于码型分割信道。在 CDMA 方式中，不同用户传输信息所用的信号不是靠频率不同或时隙不同来区分的，而是用两个不相同的编码序列来区分的。如果从频域或时域来观察，多个信号是互相重叠的，但是接收机用相关器可以在多个 CDMA 信号中选出其中使用预定码型的信号，其他使用不同码型的信号则不能被解调。它们的存在类似于在信道中引入了噪声和干扰(称为多址干扰)。CDMA 系统中，无论传送何种信息的信道都是靠采用不同的码型来区分的，所以，此时"信道"一词的含义为"码型"。

CDMA 技术的特征是代表各信源信息的发射信号在结构上各不相同，并且其地址码相互间具有正交性，以区别地址。在移动通信中，要实现码分多址，必须具备以下三个条件：

(1) 要有数量足够多、相关性足够好的地址码，使系统能通过不同的地址码建立足够多的信道。所谓好的相关性，是指有强的自相关性和弱的互相关性。

(2) 必须用地址对发射信号进行扩频调制，并使发送的已调波频谱极大地展宽(几百倍)、功率谱密度降低。

(3) 在码分多址系统的接收端，必须具有与发送端完全一致的本地地址码。用本地地址码对收到的全部信号进行相关检测，从中选出所需要的信号。

从实现技术看，只有高速地址码才能支持大容量 CDMA 通信，因而 CDMA 必须采用扩频传输技术，也称直接序列扩频(DSSS)技术。

5.2.3 调制技术

调制的目的是把要传输的信息变成适合在信道上传输的信号。模拟移动通信系统中广泛使用角度调制(调频或调相),现代移动通信则已完成由模拟通信到数字通信的过渡,所以先进的数字调制技术是移动通信的研究方向之一。

1. 数字调制的要求

数字调制技术作为数字移动通信的关键技术,主要有如下要求:

(1) 频带利用率高。数字调制的频带利用率是指在单位频带内能传输的信息速率,用 b/(s·Hz)表示。提高频带利用率的措施很多,最基本的措施是窄带调制,以减少信号所占带宽。窄带调制要求频谱的主瓣窄,从而使主要能量集中在频带之内,而带外的剩余能量尽可能低。

(2) 误码性能好。由于移动通信环境以衰落、噪声、干扰为特点,包括多径瑞利衰落、频率选择性衰落、多普勒频移和障碍物阻挡的联合影响,因此,必须根据抗衰落和干扰能力来优选调制方案。误码性能的好坏,实际上反映了信号功率利用率的高低。

(3) 能接受差分检测,易于解调。由于移动通信系统接收信号具有衰落和时变的特性,因此相干解调性能明显变差,而差分检测不需载波恢复,且能实现快速同步及获得好的误码性能,因而差分检测的数字调制方案被越来越多地应用于数字蜂窝移动通信系统。

(4) 功效高。在非线性工作模式下,性能劣化小,电源效率高。

2. 主要的数字调制方式

移动通信的电波传播条件恶劣,地形地物对其影响较大,移动通信中的调制技术应适应这种变参信道的特性。

移动通信的数字调制技术,按信号相位是否连续,可分为相位连续的调制和相位不连续的调制;按信号包络是否恒定,可分为恒定包络调制和非恒定包络调制。其主要的数字调制方式如下:

(1) 最小频移键控(MSK);

(2) 高斯滤波最小频移键控(GMSK);

(3) QPSK 调制;

(4) π/4-QPSK 调制。

5.2.4 交织技术

数字通信中,由于传输特性不理想及各种干扰和噪声的影响,将会产生传输差错。虽然信道编码(分组编码和卷积编码)能纠正错误比特或有限连续错误比特,但在陆地移动信道上,大多数误码并非是单个出现的,很可能是长突发形式的信息串错误比特。采用交织技术的目的就是使误码离散化,使突发差错变为随机离散,这样在接收端纠正随机离散差错,就能够改善整个数据序列的传输质量。

交织技术的一般原理:假定有一些比特组成的消息分组,把 4 个相继分组中的第 1 个比特取出来,并让这 4 个第 1 比特组成一个新的 4 比特分组,称作第 1 帧;4 个消息分组中的第 2~4 比特,也做同样的处理,如图 5-7 所示。然后依次传送第 1 比特组成的帧,第

2 比特组成的帧……若在传输期间，第 2 帧丢失，如果没有交织，那么就丢失了某一整体消息分组；采用交织技术后，即使每个消息分组的第 2 比特丢失，利用信道编码后，全部消息分组中的消息仍可恢复，这就是交织技术的基本原理。概括地说，交织就是把码字的 b 个比特分散到 n 个帧中，以改变比特间的邻近关系。因而 n 值越大，传输性能越好(n 为交织深度)。但是交织将带来时延，由于在收/发双方均有先存储后读取数据处理的过程，故 n 值越大，传输时延也越大，所以在实际使用中必须折中考虑。

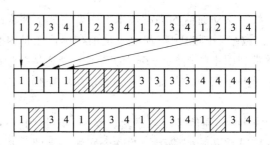

图 5-7　交织技术原理

　　在 GSM 交织方案的实施中，交织分两次进行，第一次为比特间交织——语音编码器和信道编码器将每 20 ms 语音数字化并进行编码，编为 456 bit，速率为 22.8 kb/s，并将 456 bit 按(57 × 8)交织矩阵分成 8 组，每组 57 bit 就成为经矩阵交织后的离散编码比特分布；第二次交织为块间交织——一个普通突发脉冲(时隙)中可传输 2 组 57 bit 数据，GSM 系统将相邻的两个语音块进行交织，每一个 20 ms 语音已成为 8 组 57 bit 数据，前一个 20 ms 的第 5、6、7、8 组分别与后一个 20 ms 的第 1、2、3、4 组结合，构成一个时隙(TS)的语音数据，如图 5-8 所示。

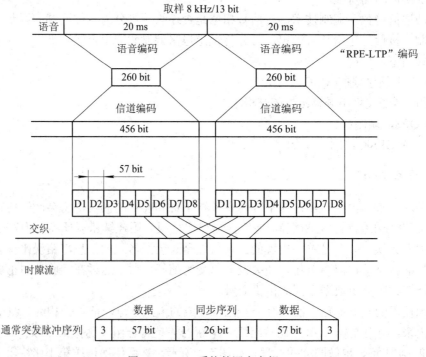

图 5-8　GSM 系统的语音交织

5.2.5　自适应均衡技术

均衡是对信道特性的均衡，即接收的均衡器产生与信道特性相反的特性，并用来抵消信道的时变多径传播特性引起的码间串扰。

均衡有两条基本途径：一是频域均衡，它使包括均衡器在内的整个系统的总传输函数满足无失真传输的条件。频域均衡往往分别校正幅频特性和群时延特性。二是时域均衡，就是直接从时间响应的角度来考虑，使包括均衡器在内的整个系统的冲激响应满足无码间串扰的条件。数字通信中面临的问题是时变信号，因而需采用时域均衡来实现整个系统的无码间串扰。

时域均衡的主体是横向滤波器，它由多级抽头延迟线、加全系数相乘器(或可变增益电路)及相加器组成，如图 5-9 所示。

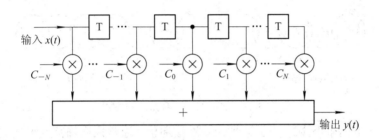

图 5-9　横向滤波器

自适应均衡技术的目标就是实现最佳抽头增益系数。它直接从传输的实际数字信号中根据某种算法来不断调整增益，因而能适应信道的随机变化，从而使均衡器保持最佳的工作状态并有较好的失真补偿性能。

自适应均衡器有三个特点：快速初始收敛特性、好的信道跟踪特性和低运算量。因此，实际使用的自适应均衡器在正式工作前先要发一定长度的测试脉冲序列，又称训练序列，以调整均衡器的抽头系数，使均衡器基本上趋于收敛后再自动变为自适应工作方式，最终使均衡器维持最佳状态。

5.2.6　信道配置技术

信号传输损耗是随着距离的增加而增加的，并且与地形环境密切相关，因而移动台与基站的通信距离是有限的。在 FDMA 系统中，通常每个信道有一部对应的收/发信机。由于电磁兼容等因素的限制，在同一区域工作的收/发信机数目是有限制的，因此，用单个基站覆盖一个服务区(通常称为大区制)时，可容纳的用户数是有限的，这样无法满足大容量的要求。

为了使服务区达到无缝覆盖以提高系统的容量，就需要采用多个基站来覆盖给定的服务区。每个基站的覆盖区称为一个小区。可以给每个小区分配不同的频率，但这样需要大量的频率资源，且频率利用率低。因此，需将相同的频率在相隔一定距离的小区中重复使用，只要使用相同频率的小区(同频小区)之间的干扰足够小即可。

当服务区域呈现条形结构时，通常使用带状网实现信道配置。带状网主要用于覆盖公路、铁路、海岸、狭长城市等的条形服务区，如图 5-10 所示。条形服务区的基站可以使用定向天线，整个系统由许多细长区域链接而成。

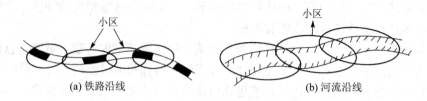

(a) 铁路沿线　　　　　　　　　　　　(b) 河流沿线

图 5-10　条形服务区

带状网频率复用常采用的方法有二频组和三频组。二频组是指采用不同频率组的两个小区组成的一个区群；三频组是指采用不同频率组的三个小区组成的一个区群，如图 5-11 所示。

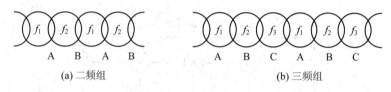

(a) 二频组　　　　　　　　　　　　　(b) 三频组

图 5-11　二频组和三频组工作方式

对于大面积的平面区域，为了达到无缝连接通信，通常采用蜂窝网形式实现信道配置。

信道(频率)配置主要解决如何将给定信道(频率)分配给一个区群内各个小区的问题。在 CDMA 系统中，所有用户均使用相同的工作频率，因而无须进行频率配置，频率配置主要针对 FDMA 和 TDMA 系统。

信道配置的方式主要有两种：一种是分区分组配置法；另一种是等频距配置法。具体的频率配置方法参见 5.3 节中的相关内容。

5.3　GSM 移动通信系统

欧洲各国为了建立全欧统一的数字蜂窝通信系统，在 1982 年成立了移动通信特别小组 (Group Special Mobile，GSM)，并提出了开发数字蜂窝通信系统的目标。1988 年，欧洲有关国家在进行大量研究、实验、现场测试、比较论证的基础上，制定出 GSM 标准；该标准于 1991 年率先投入商用，随后在整个欧洲、大洋洲以及其他许多国家和地区得到了普及，成为目前覆盖面积最大、用户数最多的蜂窝移动通信系统。

GSM 系统具有以下特点：

(1) 具有开放的通用接口标准。现有的 GSM 网络采用 7 号信令作为互连标准，并采用与 ISDN 用户网络接口一致的三层分层协议，这样易于与 PSTN、ISDN 等公共电信网实现互通，同时便于功能扩展和引入各种 ISDN 业务。

(2) 提供可靠的安全保护功能。在系统中，采用了多种安全手段来进行用户识别、鉴权与传输信息的加密，保护用户的权利和隐私。GSM 系统中的每个用户都有一张唯一的 SIM(客户识别模块)卡，它是一张带微处理器的智能卡(IC 卡)，存储着用于认证的用户身份特征信息和网络操作、安全管理以及保密相关的信息；移动台只有插入 SIM 卡才能进行网络操作。

(3) 支持各种电信承载业务和补充业务，增值业务丰富。电信业务是 GSM 的主要业务，它包括电话、传真、短消息、可视图文以及紧急呼叫等业务。由于 GSM 中所传输的是数字信息，因此无须采用 Modem 就能提供数据承载业务；这些数据业务包括电路交换异步数据、1200～9600 b/s 的电路交换同步数据和 300～9600 b/s 的分组交换异步数据，升级至 GPRS 后，更支持高达 171.2 kb/s 的分组交换数据业务。

(4) 具有跨系统、跨地区、跨国度的自动漫游能力。

(5) 容量大、频谱利用率高、抗衰落和抗干扰能力得到加强。与模拟移动通信相比，在相同的频带宽度下其通信容量增大了 3～5 倍。另外，由于在系统中使用了窄带调制、语音压缩编码等技术，频率可多次重复使用，从而提高了频率利用率，同时便于灵活组网。又因为在系统中采用了分集、交织、差错控制、跳频等技术，系统的抗衰落、抗干扰能力也得到了加强。

(6) 易于实现向第三代系统的平滑过渡。

正是由于系统具有以上诸多优点，真正实现了个人移动性和终端移动性，因此在全球得到了广泛的应用，占据了全球移动通信市场 70%以上的份额。

5.3.1 GSM 系统的网络结构

GSM 数字蜂窝通信系统的主要组成部分为网络子系统(NSS)、基站子系统(BSS)和移动台(MS)，如图 5-12 所示。

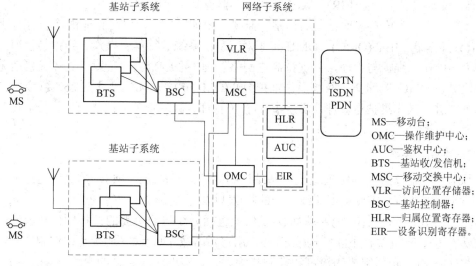

图 5-12　GSM 数字蜂窝通信系统结构示意图

网络子系统由移动交换中心(MSC)、归属位置寄存器(HLR)、访问位置寄存器(VLR)、鉴权中心(AUC)、设备识别寄存器(EIR)、操作维护中心(OMC)等组成；基站子系统由基站收/发信机(BTS)和基站控制器(BSC)组成。除此之外，GSM 网中还配有短信息业务中心(SC)，既可实现点对点的短信息业务，也可实现广播式的公共信息业务以及语音留言业务，从而提高了网络接通率。

1. 网络子系统

网络子系统由一系列功能实体构成。

(1) 移动交换中心(MSC)。移动交换中心的主要功能是对位于本 MSC 控制区域内的移动用户进行通信控制和管理。移动交换中心是蜂窝通信网络的核心,它是用于对覆盖区域中的移动台进行控制和语音交换的功能实体,同时也为本系统连接别的 MSC 和其他公用通信网络(如公用交换电信网 PSTN、综合业务数字网 ISDN 和公用数据网 PDN)提供链路接口。MSC 主要实现交换功能、计费功能、网络接口功能、无线资源管理与移动性能管理功能等,具体包括信道的管理和分配、呼叫的处理和控制、越区切换和漫游的控制、用户位置信息的登记与管理、用户号码和移动设备号码的登记与管理、服务类型的控制、对用户实施鉴权、保证用户在转移或漫游的过程中实现无间隙的服务等。

(2) 归属位置寄存器(HLR)。这是 GSM 系统的中央数据库,存储着该控制区内所有移动用户的管理信息,包括用户的注册信息和用户当前所处位置的信息等,每一个用户都应在入网所在地的 HLR 中登记注册。

(3) 访问位置寄存器(VLR)。这是一个动态数据库,记录着当前进入其服务区内并已登记的移动用户的相关信息,如用户号码、所处位置区域信息等。一旦移动用户离开该服务区而在另一个 VLR 中重新登记,该移动用户的相关信息即被删除。

(4) 鉴权中心(AUC)。AUC 存储着鉴权算法和加密密钥,在确定移动用户身份和对呼叫进行鉴权、加密处理时,提供所需的三个参数(随机号码 RAND、符合响应 SRES、密钥 Kb),用来防止无权用户接入系统和保证通过无线接口的移动用户的通信安全。

(5) 设备识别寄存器(EIR)。设备识别寄存器也是一个数据库,用于存储移动台的有关设备参数,主要完成对移动设备的识别、监视、闭锁等功能,以防止非法移动台的使用。

(6) 操作维护中心(OMC)。OMC 用于对 GMC 系统进行集中操作、维护与管理,允许远程集中操作、维护与管理,并支持高层网络管理中心(NMC)的接口,具体又包括无线操作维护中心(OMC-R)和交换网络操作维护中心(OMC-S)。OMC 通过 X.25 接口对 BSS 和 NSS 分别进行操作维护与管理,实现事件/告警管理、故障管理、性能管理、安全管理和配置管理功能。

2. 基站子系统

基站子系统包括基站收/发信机和基站控制器。该子系统由 MSC 控制,通过无线信道完成与 MS 的通信,主要实现无线信号的收/发以及无线资源管理等功能。

(1) 基站收/发信机(BTS)。基站收/发信机包括无线传输所需的各种硬件和软件,如多部收/发信机、支持各种小区结构(如全向、扇形)所需要的天线、连接基站控制的接口电路以及收/发信机本身所需要的检测和控制装置等。它实现对服务区的无线覆盖,并在 BSC 的控制下提供足够的、与 MS 连接的无线信道。

(2) 基站控制器(BSC)。基站控制器是基站收/发信机和移动交换中心之间的连接点,也为 BTS 和 OMC 之间交换信息提供接口。一个基站控制器通常控制多个 BTS,完成无线网络资源管理、小区配置数据管理、功能控制、呼叫和通信链路的建立和拆除、本控制区内移动台的越区切换控制等功能。

3．移动台

移动台即便携台(手机或车载台)，它包括移动终端(MT)和用户识别模块(SIM 卡)两部分。其中，移动终端可完成语音编码、信息加密、信息调制和解调，以及信息发射、接收等功能；SIM 卡则存有确认用户身份所需的认证信息以及与网络和用户有关的管理数据。只有插入后移动终端才能入网，同时 SIM 卡上的数据存储器还可用作电话号码簿，并支持手机银行、手机证券等 MIK 增值业务。

4．移动话路网结构

移动话路网由三级构成，即移动业务本地网、省内网和全国网。

在各大区设置一级汇接中心，称为 TMSC1。目前，我国各主要省份的省会均设有TMSC1，各一级汇接中心之间以网状相连，实现省级话路的汇接，从而构成全国网。

各省设两个或两个以上二级汇接中心，称为 TMSC2，彼此间以网状相连，并与其归属的 TMSC1 连接，完成省内地区移动业务本地网的话路汇接，构成省内网。

通常，长途区号为两位或三位的地区设为一个移动业务本地网，每个移动业务本地网中可以设立一个或几个移动端局(MSC)，并设立一个或多个 HLR，用于存储归属于该移动业务本地网的所有用户的有关数据。移动端局与其归属的二级汇接中心间以星状相连，如果两个移动端局间的业务量较大，则可申请建立直达专线。移动本地网与其他固定网市话端局(LS)、汇接局(TM)和长途局(TS)的互连互通是通过各自的关口局实现的。我国移动通信网的网络结构如图 5-13 所示。

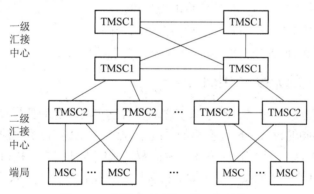

图 5-13　我国移动通信网的网络结构

5．移动信令网结构

GSM 移动信令网是我国 7 号信令网的一部分。信令网由信令链路(SL)、信令点(SP)和信令转接点(STP)组成。

我国信令网也采用与话路网类似的三级结构，在各省或大区设有两个高级信令转接点(HSTP)，同时省内至少还设有两个低级信令转接点(LSTP)，移动网中的其他功能实体(如MSC、HLR 等)则作为 SP。

为了提高传输的可靠性，MSC、VLR、AUC、EIR 等的每个 SP 至少应连接到两个省内的 LSTP 上；省内 LSTP 之间以网状相连，同时还与它们归属的两个 HSTP 相连；根据省际话务量的大小，还可将本地网的信令点直接与相应的 LSTP 相连；HSTP 之间以网状相连接。移动信令网的结构如图 5-14 所示。

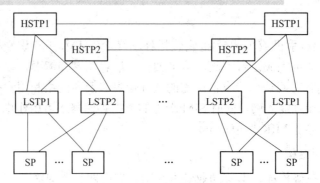

图 5-14　移动信令网结构

6. 编号方式

GSM 蜂窝电话系统中移动用户的编码与 ISDN 网的一致。我国国家码为 86，国内移动用户 ISDN 号码为一个 11 位数字的等长号码：

$$N_1N_2N_3 \; H_0H_1H_2H_3 \times \times \times \times$$

其中，$N_1N_2N_3$ 为数字蜂窝移动业务接入号(网号)，中国移动为 139、138、137、136、135，中国联通为 130、131 等；$H_0H_1H_2H_3$ 为(归属位置寄存器)识别号，表示用户归属的 HLR，用来区别不同的移动业务区；×××× 为 4 位用户号码。

相应的拨号程序如下：

- 移动用户→固定用户：0 + 长途区号 + 固定用户电话号码。
- 移动用户→移动用户：移动用户电话号码。
- 固定用户→本地移动用户：移动用户电话号码。
- 固定用户→其他区移动用户：0 + 移动用户电话号码。

5.3.2　GSM 系统的无线空中接口(Um)

在制定技术规范时，对 GSM 子系统之间及各功能实体之间的接口和协议也作了比较具体的定义，使不同的设备供应商提供的系统基础设备能够符合统一的 GSM 技术规范而达到互通/组网的目的。根据 GSM 系统技术规范，系统内部的主要接口有 4 个，如图 5-15 所示。除 Abis 接口外，其他接口都是标准化接口，这样有利于实现系统设备的标准化、模块化与通用化。

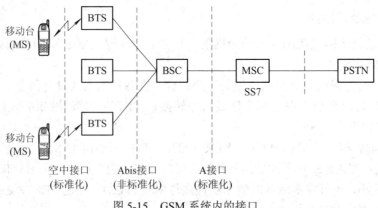

图 5-15　GSM 系统内的接口

移动台与 BTS 之间的接口，称为无线空中接口。无线空中接口(Um)规定了移动台(MS)与 BTS 间的物理链路特性和接口协议，是系统最重要的接口。

1．GSM 系统无线传输特性

1) 工作频段

GSM 系统包括 900 MHz 和 1800 MHz 两个频段。早期使用的是 GSM900 频段，随着业务量的不断增长，DCS1800(Digital Cellular System at 1800 MHz，即 1800 MHz 数字蜂窝系统)频段投入使用。目前，在许多地方这两个频段的网络同时存在，构成了"双频"网络。

GSM 使用的 900 MHz、1800 MHz 频段介绍如表 5-1 所示。

表 5-1　GSM 使用的 900 MHz、1800 MHz 频段

特　性	900 MHz 频段	1800 MHz 频段
频率范围	890～915 MHz(移动台发，基站收) 835～960 MHz(移动台发，基站收)	1710～1785 MHz(移动台发，基站收) 1805～1880 MHz(移动台发，基站收)
频率宽度	25 MHz	75 MHz
信号带宽	200 MHz	200 MHz
信道序号	1～124	512～885
中心频率	$f_u = 890.2 + (N-1) \times 0.2 \text{ MHz}$ $f_d = f_u + 45 \text{ MHz}$ $N = 1 \sim 124$	$f_u = 1710.2 + (N-512) \times 0.2 \text{ MHz}$ $f_d = f_u + 95 \text{ MHz}$ $N = 512 \sim 885$

注：f_u——上行频率；f_d——下行频率。

在我国，上述两个频段被分给了中国移动和中国联通两家移动运营商。

2) 多址方式

GSM 蜂窝系统采用时分多址/频分双工(TDMA/FDMA/FDD)制式。频道间隔为 200 kHz，每个频道采用多址接入方式，共分为 8 个时隙，时隙宽度为 0.577 ms；8 个时隙构成一个 TDMA 帧，帧长为 4.615 ms。当采用全速率语音编码时，每个频道提供 8 个时分信道；如果将来采用半速率语音编码，那么每个频道将能容纳 16 个半速率信道，从而达到提高信道利用率、增大系统容量的目的。收/发采用不同的频率，一对双工载波上、下行链路各用一个时隙构成一个双向物理信道，并根据需要分配给不同的用户使用。移动台在特定的频率上和特定的时隙内以突发方式向基站传输信息，基站在相应的频率上和相应的时隙内则以时分复用的方式向各个移动台传输信息。

3) 频率配置

在 FDMA 网络中进行组网和频率分配时，为了防止同频和邻频干扰，应遵循以下原则：

(1) 在满足同频抑制要求的条件下，减少小区数 N 值，即尽量减少一簇内的小区数，以提高频率利用率。

(2) 同一簇内的小区不得使用相同频率，只有不同簇中的小区才能使用相同的频率。

(3) 在同一个基站或同一个小区内，应尽量使用相隔频率以避免邻频引起的干扰。

常用的频分复用模式有：21 小区形式，即一簇中有 7 个基站，每个基站有 3 个扇区；12 小区形式，即一簇中有 4 个基站，每个基站有 3 个扇区；9 小区形式，即一簇中有 3 个基站，每个基站有 3 个扇区。12 小区和 9 小区形式示意图如图 5-16(a)、(b)所示。在 12 小区形式(4 基站、3 扇区)中，可使用 36 个连续频道号，按照上述频率分配原则，各基站的每个扇区分配的频道号如表 5-2 所示。当采用跳频技术时，多采用 9 小区(3 基站、3 扇区)频率复用方式。

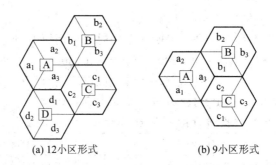

(a) 12 小区形式   (b) 9 小区形式

图 5-16   小区中频分复用示意图

表 5-2   12 小区形式(4 基站、3 扇区)频道号分配

频率组	a_1	a_2	a_3	b_1	b_2	b_3	c_1	c_2	c_3	d_1	d_2	d_3
频道号	1	5	9	2	6	10	3	7	11	4	8	12
	13	17	21	14	18	22	15	19	23	16	20	24
	25	29	33	26	30	34	27	31	35	28	32	36

2．无线空中接口信道定义

1) 物理信道

GSM 的无线空中接口采用 TDMA 接入方式，即在一个载频上按时间划分为 8 个时隙，构成一个 TDMA 帧。每个时隙称为一个物理信道，每个用户按指定载频和时隙的物理信道接入系统，并周期性地发送和接收脉冲突发序列，完成无线接口上的信道交互。每个载频的 8 个物理信道记为信道 0～7(时隙 0～7)，当需要更多的物理信道时，就需要增加新的载波，因为 GSM 实质上是一个 FDMA 与 TDMA 的混合接入系统。

2) 逻辑信道

根据无线接口上 MS 与网络间传送的信息种类，GSM 定义了多种逻辑信道来传送这些信息。逻辑信道在传输过程中映射到某个物理信道上，最终实现信号的传输。逻辑信道可分为两类，即业务信道(TCH)和控制信道(CCH)。

(1) 业务信道。业务信道主要传送数字语音或用户数据，在前向链路和反向链路上具有相同的功能和格式。GSM 业务信道又分为全速率业务信道(TCH/F)和半速率业务信道(TCH/H)。当以全速率传送时，用户数据包含在每帧的一个时隙内；当以半速率传送时，用户数据映射到相同的时隙上，但是在交替帧内发送。也就是说，两个半速率信道用户将共享相同的时隙，但是每隔一帧交替发送。目前使用的是全速率业务信道，将来采用低比特率语音编码器后可使用半速率业务信道，从而在信道传输速率不变的情况下，信道数目将加倍，也就是系统容量加倍。

(2) 控制信道。控制信道用于传送信令和同步信号。某些类型的控制信道只定义给前向链路或反向链路。GSM 系统中有三种主要的控制信道，即广播信道(BCH)、公用控制信道(CCCH)和专用控制信道(DCCH)，每个信道由几个逻辑信道组成，这些逻辑信道按时间分布给 GSM 提供必要的控制功能，如图 5-17 所示。表 5-3 总结了 CCH 类型，并对每个信道及其任务进行了详细的说明。

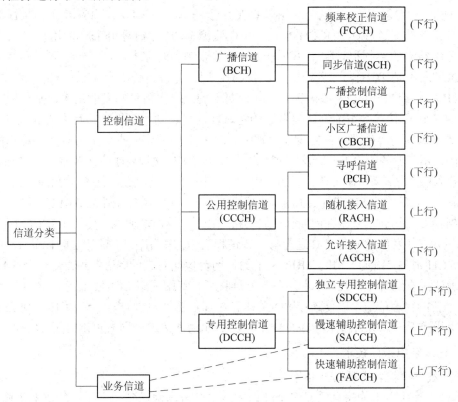

图 5-17 GSM 系统的信道分类

表 5-3 CCH 类型

信 道 名 称	方向	功能与任务
频率校正信道(FCCH)	下行	给移动台提供 BTS 频率基准
同步信道(SCH)	下行	BTS 的基站识别及同步信息(TDMA 帧号)
广播控制信道(BCCH)	下行	广播系统信息
寻呼信道(PCH)	下行	发送寻呼消息，寻呼移动用户
随机接入信道(RACH)	上行	移动台向 BTS 的通信接入请求
允许接入信道(AGCH)	下行	SDCCH 信道指配
小区广播信道(CBCH)	下行	发送小区广播消息
独立专用控制信道(SDCCH)	上/下行	TCH 尚未激活时在 MS 与 BTS 间交换信令消息
慢速辅助控制信道(SACCH)	上/下行	在连接期间传输信令数据，包括功率控制、测量数据、时间提前量及系统消息等
快速辅助控制信道(FACCH)	上/下行	在连接期间传输信令数据(只在接入 TCH 或切换等需要时才使用)

FCCH、SCH 和 BCCH 统称为广播信道，PCH、RACH 和 AGCH 又合称为公用控制信道(CCCH)。为了理解业务信道和各种控制信道是如何使用的，先讨论一下 GSM 系统中移

动台发出呼叫的情况。首先,用户在检测 BCH 时,必须与相近的基站取得同步,通过接收 FCCH、SCH 和 BCCH 信息,用户将被锁定到系统及适当的 BCH 上。为了发出呼叫,用户先要拨号,并按下 GSM 接收机上的发射按钮。移动台用其基站的射频载波(ARFCN)来发射 RACH 数据突发序列。其次,基站以 CCCH 上的 AGCH 信息来响应,且 CCCH 为移动台指定一个新的信道进行 SDCCH 连接,正在监测 BCH 中时隙 0(TS0)的用户将从 AGCH 接收到分配给它的载频和时隙,并立即转到新的载频和时隙上,这一新的载频和时隙分配就是 SDCCH(不是 TCH)。一旦转接到 SDCCH,用户先等待传给它的 SACCH 帧(等待时间最多持续 26 帧或 120 ms),该帧告知移动台要求的定时提前量和发射功率,基站根据移动台以前的 RACH 传输数据能够确定合适的定时提前量和功率等级,并且通过 SACCH 发送适当的数据供移动台处理。在接收和处理完 SACCH 中的定时提前量信息后,用户能够发送正常的、语音业务所要求的突发序列消息。当 PSTN 从拨号端连接到 MSC,且 MSC 将语音路径接入服务基站时,SDCCH 检查用户的合法性及有效性,随后在移动台和基站之间发送信息。最后,基站经由 SDCCH 告知移动台重新转向一个为 TCH 安排的 ARFCN 和 TS,一旦再次接到 TCH,语音信号将在前向和反向链路上传送,这时呼叫成功建立,SDCCH 被清空。

当从 PSTN 发出呼叫时,其过程与上述过程类似:基站在 BCH 适当帧内的 TS 期间广播一个 PCH 消息;锁定于相同 ARFCN 上的移动台检测对它的寻呼;并回复一个 RACH 消息,以确认接收到寻呼;当网络和服务基站连接后,基站采用 CCCH 上的 AGCH 给移动台分配一个新的物理信道,以便连接 SDCCH 和 SACCH;一旦用户在 SDCCH 上建立了定时提前量并获准确认,基站就在 SDCCH 上重新分配物理信道,同时也确立了 TCH 的分配。

3. 无线空中接口技术

1) 无线空中接口上的信息传输

GSM 无线接口上的信息需经多个处理才能安全可靠地送到空中无线信道上传输。以语音信号传输为例,模拟语音通过一个 GSM 语音编码器编码成 13 kb/s 的信号,经信道编码变为 22.8 kb/s 的信号,再经交织、加密和突发脉冲格式化变为 33.8 kb/s 的码流。无线空中接口上每个载频 8 个时隙的码流经 GMSK 调制后发送出去,因而 GSM 无线空中接口上的数据传输速率可达到 270.833 kb/s。无线空中接口接收端的处理过程与之相反。

2) 语音编码与信道编码

GSM 语音编码器采用规则脉冲激励-长期预测编码(RPE-LTP),其处理过程是先对模拟语音进行 8 kHz 抽样,将其调整为一帧后再进行编码,编码后的语音帧帧长为 20 ms,含 260 bit,因而语音的纯比特率为 13 kb/s。

为了提高无线空中接口信息数据传递的可靠性,GSM 系统采用了信道编码手段在数据流中引入冗余,以便检测和纠正信息传输期间引入的差错。信道编码采用带有差错校验的 1/2 码率卷积码,并进行交织处理。

在语音帧的 260 bit 中,根据这些比特对传输差错的敏感性,可将其分成两类:Ⅰ类 (182 bit)和Ⅱ类(78 bit)。GSM 信道编码器根据其传输差错敏感性对这两类数据进行不同的冗余处理。其中,Ⅰ类数据比特对传输差错敏感性比较强,可考虑对其进行信道编码保护;对于Ⅱ类数据比特,传输差错仅涉及误比特率的劣化,不影响帧差错率,故无须对之进行保护。Ⅰ类又可分成两个子类:a 类(50 bit)和 b 类(132 bit)。其中,a 类是非常重要的比特,其重要性在于这 50 bit 数据中任何一比特的传输差错都会导致语音信号质量的明显下降，致使该语音帧不可用，从而直接影响到帧差错率。因此在信道编码时，首先对这 50 bit 进行块编码，加入循环冗余校验(Cyclical Redundancy Check，CRC)码，再进行信道编码。接收端需对该 50 bit 确认其在传输中有无差错，如传输导致某一比特出现差错，则舍去该 50 bit 对应的整个语音帧，并通过外延时的方法保证语音的连续性和语音质量。

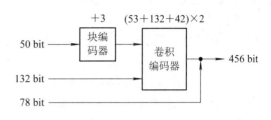

图 5-18　语音信号的信道编码过程

　　语音信号的信道编码过程如图 5-18 所示。经过信道编码后，GSM 一个语音帧的数据比特达到 456 bit，速率为 22.8 kb/s。

　　3) 交织

　　虽然信道编码为语音信号传输提供了纠错功能，但它只能纠正一些随机突发误码；由于移动传播环境的恶劣和移动用户移动的复杂性，常会遇到连续突发误码的情况，如 MS 快速通过大楼底部或快速穿过短隧道等，此时就无法充分发挥信道编码的纠错性能。因此，语音信号通过信道编码后，还需进行交织处理，以提高抗御连续突发误码影响的能力。

　　在 GSM 系统中采用了两次交织方法。第一次是内部交织，即将每 20 ms 语音数字化编码所提供的 456 bit 分成 8 帧，每帧 57 bit，组成 8 × 57 bit 的矩阵，进行第一次交织；然后将此 8 帧视为一块，再进行第二次交织，即将这样的 4 块彼此交叉，然后逐一发送，因为此时所发送的脉冲序列中的各比特均来自不同的语音块，所以即使传输中出现了成串差错，也能够通过信道编码加以纠正。

　　4) 不连续发射(DTX)

　　DTX 是通过语音激活，在语音帧有信息时开启发送，而无信息时关闭发送的系统传输控制技术。其目的在于降低空中干扰，提高系统容量和质量，降低电源消耗，增加移动台电池的使用寿命。

　　GSM 利用语音激活检测技术(VAD)检测语音编码的每一帧是否包括语音信息。当检测出语音帧时，开启发射机；当检测不到语音帧时，每 480 ms 时间向对方发送携带反映发送端背景噪声参数的噪声帧，以便接收端产生舒适噪声(Soft Noise)。此时，无线空中接口的数据速率从 270 kb/s 降到 500 b/s 左右。

　　舒适噪声有两个用途：抑制发射机开关造成的干扰和防止发射机关闭期间可能产生的电路中断错觉。

　　5) 跳频

　　所谓跳频，是指按跳频序列随机地改变一个信道占有频道频率的技术。在一个频道组内各跳频序列应是正交的，而且各信道在跳频传输过程中不应出现碰撞现象。跳频技术首先使用在军事通信领域以确保通信的保密性和抗干扰性能，如短波电台通过改变频率的方法来躲避干扰和防止被敌方窃听。

　　在移动通信系统中，跳频是 GSM 系统的特殊功能。无论在噪声受限还是干扰受限的条件下，跳频都能改善 GSM 系统的无线性能。通过跳频，系统可以得到以下特性：

　　(1) 改善衰落，提高系统性能。由于移动台与基站之间处于无线传输状态，因此电波传输的多径效应会产生瑞利衰落。其衰落程度与传输的发射频率有关，这样会因不同频道的不同频率而使衰落谷点出现在不同地点。因而当信号受衰落影响时，可以利用这一特性，采用跳频技术使通话期间的载波频率在多个频点上变化，从而避开深衰落点，达到改善误码性能的目的。

(2) 起到干扰分集的作用。在蜂窝移动通信中，若受到同频干扰的影响，采用相关跳频，则可以分离来自许多小区的强干扰，从而有效地抑制远近效应的影响。

跳频可以分为慢速跳频和快速跳频，顾名思义，它们之间的区别在于跳频的速率。慢速跳频的速率小于或等于调制符号的速率，反之为快速跳频。跳频速率越高，抗干扰能力越强，但系统复杂程度也随之增加。

GSM 采用慢速跳频方式，此时，无线信道在某一时隙(0.577 ms)用某一频率发射，到下一个时隙则跳到另一个不同的频率上发射，也就是每一 TDMA 帧(4.65 ms)跳一次，因此跳频速率为 216.7 跳/s。跳频序列在一个小区内是正交的，即同一小区内的通信不会发生冲突。具有相同载频信道或相同配置的小区(即同簇小区)之间的跳频序列是相互独立的。

6) GSM900/DCS1800 双频组网

经过十多年的飞速发展，GSM 移动通信网络已经具有了相当大的规模，而且拥有庞大的用户群。随着网络的逐期建设、用户数的不断增加，GSM900 网络变得越来越拥挤，其有限的频率资源已无法适应用户数的快速增长和数据业务及其他新业务的出现，所以开辟新的频段即建设 DCS1800 网络是解决这个矛盾的有效方法。

DCS1800 网络采用 1800 MHz 频段，其电波传播特征与 GSM900 网络相似。在现有GSM900 网络的基站站点条件下，采用 1800 MHz 频段可以有效解决 GSM900 的频率资源瓶颈问题。此外，可以通过参数设置和对 GSM900/DCS1800 网络进行双频段操作，使DCS1800 网络有较高的优先级，尽量处理 GSM900 网络的话务。GSM900 网络可实现大面积的覆盖，DCS1800 网络则主要在需要的地方提供容量。双频移动终端优先占用 DCS1800网络覆盖区域，DCS1800 网络忙或覆盖不到的地方则占用 GSM900 网络，因而 DCS1800成为缓解 900 MHz 频段上移动通信频率资源紧张和解决 GSM900 网络高话务地区无线信道不足的更为有效的手段。

DCS1800 网络组网方式有独立建网、独立 MSC 组网、独立 BSC 组网和共 BSC 组网 4种。除第一种组网方式外，DCS1800 网络都可以与 GSM900 网络使用相同的网号，实现网络资源共享。双频移动终端可以使用两个频段的资源，并在两个频段中自由切换。

(1) 独立建网。独立建网方式是完全新建一个网络，使用不同的网号、不同的号码段，独立发展用户，与原有的 GSM900 网络没有任何的资源共享。这种方式的好处在于技术方案简单，但不利于资源的有效利用和业务的发展。

(2) 独立 MSC 组网。独立 MSC 组网是指 DCS1800 和 GSM900 网络各自拥有独立的MSC、BSC 和 BTS，但使用相同的网号，构成统一的网络。当扩容时，需在原有设备基础上增加 DCS1800 BSC，新增加的 DCS1800 BSC 直接和 DCS1800 MSC 相连，不必改动原有的网络连接。这种组网方式的优点是独立组网，可以灵活选择设备供应商，不受原有网络的影响。但由于独立 MSC 组网方式下的移动终端进行频段切换时，要进行跨 MSC 小区重选、跨 MSC 间的切换和位置区更新，因而存在空闲模式下位置更新频繁、通话模式下跨MSC 的切换频繁、切换时间长、切换成功率和寻呼成功率较低、MAP 信令负荷重、MSC

及 HLR 由于位置更新和切换负荷重而使网元用户容量降低等诸多问题。其根本原因是覆盖同一区域的无线信号归属于两个不同的 MSC,所以必须使用不同的位置区,但这样会使原来根据位置区、MSC 进行移动性管理的机制出现问题,最终导致位置区设置与网络覆盖冲突。为减少位置更新和跨 MSC 切换的影响,需要降低两者的发生频率,因此需要 DCS1800 网络实现连续的覆盖;这样就需要大规模地建设 DCS1800 基站,而不能使用热点补点的方式;因为热点补点方式的投资很大,在业务量小的地区网络资源利用率低。

(3) 独立 BSC 组网。独立 BSC 组网方式是指 DCS1800 和 GSM900 系统的 BTS、BSC 各自独立,二者通过 A 接口(网络系统(NSS)与基站子系统(BSS)之间的通信接口)连到同一个 MSC 上。独立 BSC 组网方式可以有效地避免跨 MSC 切换和位置更新的问题,而且由于 A 接口公开,因此可以灵活地选用不同厂家的 BSS 设备,不受原 GSM900 网的限制。但在实际建设中也还存在着 BSC 间切换频繁、MSC 信令负荷较重的问题;同时,不同厂家的设备也需要保持良好的配合。

(4) 共 BSC 组网。DCS1800 基站与 GSM900 网使用相同的 BSC 的方式彻底解决了双频切换的问题。DCS1800 网可以用作热点话务处理,无须实现 DCS1800 全网连续覆盖,这是目前使用较多的方式。但存在的问题是,BTS—BSC 间的 Abis 接口为非标准接口,因此要求 GSM900 BSC 和新增加的 DCS1800 BTS 必须是相同厂家的设备,同时还需对原 BSC 进行相应的扩容;对于一些厂家的小容量 BSC,则需要增加 BSC,且随着单个 BSC 覆盖范围的减少,BSC 间的切换会相应增加。

综上所述,4 种方式各有优、缺点,独立建网方式适合新运营商的建网;独立 MSC 方式适合大规模的 DCS1800 网的建设,且需要良好的 DCS1800 无线覆盖的场合;独立 BSC 方式可以减少一定的系统投资,但会引发 A 接口配合问题;共 BSC 组网方式则较为节约投资,网络质量也有一定的保证,具有较明显的优势。

5.3.3 移动用户的接续过程

1. 开机进入空闲模式

(1) 移动台开机后搜索最强的 BCCH 载频,然后读取 BCCH 信道信息,并使移动台的频率与之同步。

(2) 移动台先读取 SCH 信道信息,然后再找出基站识别码(BSIC)和帧同步信息,并同步到超高帧 TDMA 帧号上。

(3) 移动台读取系统信息,如邻近小区情况、现所处小区使用频率及小区是否可用、移动系统的国家号码和网络号码等,这些信息都可在 BCCH 上得到。

2. 位置登记

移动台向网络登记的方式有如下两种:

(1) 开机登记。移动台登记后,接收广播信息 LAI(位置区域识别码),并更新位置储存器的内容;接着向 MSC/VLR 发送位置登记报文,MSC/VLR 接收并存储该移动台的位置信息,这时 MSC/VLR 认为此 MS 被激活,在其 IMSI 号码上作"附着"标记。

(2) 周期性登记。MS 关机时向网络发送最后一条消息,其中包含"使 IMSI 分离"的处理请求;MSC 收到后,即通知 VLR 在该 MS 对应的 IMSI 上作"分离"标记。但是此时如果无线链路质量不好，MSC/VLR 就有可能收不到分离处理请求而仍认为 MS 处于"IMSI 附着"状态。另外，MS 进入盲区时，MSC/VLR 却不知道，也会认为 MS 处于"附着"状态。此时，该用户被寻呼时，系统就会不断发出寻呼消息，无限占用无线资源。鉴于上述原因，系统采用强迫登记的措施，例如，要求移动台 30 s 便周期性登记一次，若系统收不到周期性登记消息，就给此移动台以"IMSI 分离"标记。

移动用户的登记过程如下：

(1) 移动台在 RACH 上发出接入请求；

(2) 系统通过 AGCH 分配给移动用户一个 SDCCH 信道；

(3) 移动台在 SDCCH 上与系统交换信息(如鉴权)，完成登记；

(4) 移动台返回空闲状态，并监听 BCCH 和 CCCH 信道。

3. 移动台被呼(以固定用户呼叫 MS 为例)

图 5-19 为入局呼叫建立的方案，过程如下：

(1) 从 ISDN/PSTN 来的呼叫通过固定途径送到最近的入口局 MSC(GMSC)(①②)。

(2) GMSC 询问该用户的 HLR，以获得呼叫来建立路由(③)。

(3) HLR 询问当前为该用户服务的 VLR(④⑤)，请求 VLR 为该用户分配一个漫游号码(MSRN)，然后 HLR 将漫游号码及访问 MSC(VMSC)地址发给 GMSC(⑥)。

(4) GMSC 根据从 HLR 获得的信息建立起到 VMSC 的呼叫(⑦)。

(5) VMSC 咨询 VLR，以便与被呼用户建立联系(⑧⑨)。

(6) VMSC/VLR 通过 PCH 呼叫被呼移动用户(⑨⑩)。移动用户在 RACH 上通过发寻呼响应来应答(⑪)，在 SDCCH 上发测试报告和功率控制。

(7) 系统通过 AGCH 为移动台分配一个 SDCCH。

(8) 系统与移动台在 SDCCH 上交换必要的信息，如鉴权、加密模式等。

(9) 系统通过 SDCCH 为移动台分配一个 TCH，并在 TCH 上开始通话。

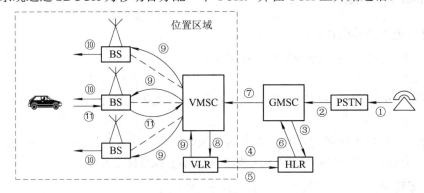

图 5-19　入局呼叫建立的方案

4. 移动台主呼(以 MS 呼叫固定用户为例)

(1) MS 在 RACH 上发送呼叫请求。

(2) 系统通过 AGCH 为 MS 分配一个 SDCCH 信道。

(3) MSC/VLR 与 MS 经 SDCCH 交换必需的信息，如鉴权、加密模式、TMSI 再分配等。

(4) 系统通过 SDCCH 为移动台分配一个 TCH，并建立与 PSTN/ISDN 的连接信道。

(5) 被叫用户摘机，进入通话状态。

5.4 第三代移动通信系统

第三代移动通信系统(简称 3G)处于研究和建设之中，目前有三种方案比较成熟：日本提出的 WCDMA 系统、美国提出的 CDMA2000 系统和中国提出的 TD-SCDMA 系统。

5.4.1 CDMA2000 系统简介

CDMA2000 系统是在窄带 CDMA 移动通信系统基础上发展起来的。CDMA2000 系统又分成两类，一类是 CDMA2000 1X，另一类是 CDMA2000 3X。CDMA2000 1X 属于 2.5 代移动通信系统，与 GPRS 移动通信系统属同一类；CDMA2000 3X 则是第三代移动通信系统。如果从 GPRS 系统升级到 CDMA2000 1X 系统，其基站 BTS 需要全部更新，而从 CDMA2000 1X 升级到 CDMA2000 3X，原有的设备基本上都可以使用。CDMA2000 1X 是用 1 个载波构成一个物理信道；CDMA2000 3X 则是用 3 个载波构成一个物理信道，在基带信号处理中将需要发送的信息平均分配到 3 个独立的载波中分别发射，以提高系统的传输速率。在 CDMA2000 1X 系统中，最大传输速率可以达到 150 kb/s，CDMA2000 3X 的最大传输速率则可达 2 Mb/s。虽然各有特点，CDMA2000 1X 系统与 CDMA2000 3X 系统却是相似的。

1．物理信道

(1) 上行链路物理信道。上行链路有 4 个不同的专用信道，基本信道和补充信道用来承载用户数据；帧长度为 5 ms 或 20 ms 的专用控制信道用来承载控制信息，如测量数据；导频信道则用作相干检测的参考信息。

(2) 下行链路物理信道。下行链路有 3 个不同的专用信道和 3 个公共控制信道，基本信道和补充信道用于承载用户数据和专用控制信道控制消息；同步信道由移动台使用，以获得起始时间同步；一个或多个寻呼信道用来寻呼移动台；导频信道为相干检测、小区捕获及切换提供参考信号。

当前，下行链路存在两种主要方式：多载频和直接扩频。

2．扩频

在下行链路中，CDMA2000 的小区是通过两个 2^{15} 长的 m 序列来区分的。因此，在小区搜索过程中只有这些序列需要被搜索。

CDMA2000 移动通信系统在无线接口方面有以下特征：

(1) 无线信道的带宽可以是 $N \times 1.25$ MHz，其中 N 可为 1、3、5、9、12，即带宽可选择 1.25 MHz、3.75 MHz、7.5 MHz、11.25 MHz、15 MHz 中的一种。但目前仅支持 1.25 MHz 和 3.75 MHz 两种带宽。

(2) 在前向信道上，CDMA2000 1X 系统用的是单载频，频宽是 1.25 MHz，CDMA2000 3X 用的则是三载频；在反向信道上用的都是单载频。

(3) 对于带宽为 $N \times 1.25$ MHz 的载频，扩频的码片速率为 $N \times 1.2288$ Mchip/s。

(4) 在前向链路上采用了发射分集方式。对多载波，使用不同的载波发射到不同的发射天线上；对单载波，采用正交分集发射。

(5) 用 Turbo 编码。

(6) 在前向信道上用了变长的 Wald 函数。码片速率为 1.2288 Mchip/s 时，Wald 长 128；码片速率为 3.6864 Mchip/s 时，Wald 长 256。

(7) 不仅前向链路上用了导频信道，反向链路上也使用了导频信道。

CDMA2000 1X 的网络结构如图 5-20 所示。CDMA2000 1X 的网络分成两大部分：基站子系统和核心网。基站子系统包括基站控制器(BSC)和基站(BTS)，它们的作用与 WCDMA 系统中的基站子系统一样；核心网分成电路域核心网和分组域核心网。电路域核心网包括移动交换中心(MSC)、访问位置寄存器(VLR)、归属位置寄存器(HLR)和鉴权中心。这部分设备的功能与第二代移动通信系统中的基本相同，但在归属位置寄存器中增加了与分组业务有关的用户信息；分组域核心网包括分组控制节点(PCF)、分组数据服务节点(PDSN)、归属代理(HA)和认证、授权、计费器(AAA)。

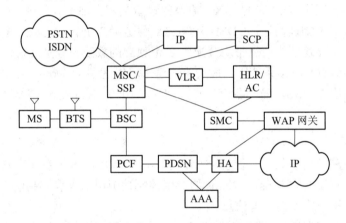

图 5-20　CDMA2000 1X 的网络结构

CDMA2000 1X 网络各设备的主要功能如下：

(1) 分组控制节点(PCF)管理与分组业务相关的无线资源和与基站子系统的通信，以便传送来自或送给移动台的数据，并负责建立、保持和终止至分组数据服务节点(PDSN)的连接，实现与分组数据服务节点(PDSN)的通信。

(2) 分组数据服务节点(PDSN)负责为移动台建立与终止分组数据业务的连接，为简单的 IP 用户终端分配一个动态 IP 地址，与认证服务器(RADIVS 服务器)配合向分组数据用户提供认证服务，以确认用户的身份与权限。

(3) 认证、授权、计费服务器(AAA)负责移动台使用分组数据业务的认证、授权和计费。

(4) 归属代理(HA)主要负责鉴别来自移动台的移动 IP 注册和动态分配归属 IP 地址。

第三代移动通信系统的出现是与人们对更高比特率的数据业务和更好的频谱利用率的迫切需求分不开的。国际电信联盟(ITU)于 1986 年开始对全球个人通信进行研究，并对未来"第三代"移动通信系统作了长期的频率需求预计。第三代(3G)移动通信系统将提供能进行全球接入和全球漫游的广泛业务。1992 年，ITU 将 2 GHz 波段上的 230 MHz 带宽划分出来以实现 IMT-2000。IMT-2000 是全球的卫星和陆地通信系统，它能提供包括声音、数据和多媒体在内的各种业务，且在不同的射频环境下通信质量和固定电信网一样好，甚至更好。IMT-2000 的目标是提供一个全球性的覆盖，使得移动终端能在多个网络间无缝漫游。

1998 年 3 月在美国负责 IS-95 标准的通信工业协会(TIA)TR45.5 委员会采用了一种向后兼容 IS-95 的宽带 CDMA 框架，称为 CDMA2000。但是，CDMA2000 最终的正式标准是 2000 年 3 月通过的。CDMA2000 的目标是提供较高的数据速率以满足 IMT-2000 的性能需求，即车辆环境下至少为 144 kb/s，室外环境下为 384 kb/s，室内办公环境下为 2048 kb/s。表 5-4 给出了 CDMA2000 的主要特点。

表 5-4　CDMA2000 的主要特点

带宽/MHz	1.25	3.75	7.5	11.5	15
无线接口的演进源于	ANSI TIA/EIA-95(formerly IS-95)				
网络结构的演进源于	ANSI TIA/EIA-41(formerly IS-41)				
业务的演进源于	ANSI TIA/EIA-95(formerly IS-95)				
码片速率/(Mchip/s)	1.2288	3.6864	7.3278	11.0592	14.7456
最大用户比特/(b/s) (单码或单信道)	307.2 k	1.0368 M	2.0736 M	2.4576 M	2.4576 M
最大用户比特/(b/s(多码))	1	4	8	12	16
频率复用	通用的(1/1)				
前向和反向链路上的相干解调	使用连接的导频信道				
小区间是否需要同步	需要同步				
帧的时长/ms	典型的为 20，也可选择 5，用于控制				

3. CDMA2000 的主要内容

CDMA2000 系列标准是为了满足 3G 无线通信系统的要求而提出的，其无线接口采用了码分多址(CDMA)扩谱技术。该标准包括以下部分：

(1) IS-2000-1.A，Introduction to CDMA2000 Standards for Spread Spectrum Systems。这部分是对 CDMA2000 标准整体的简要介绍。

(2) IS-2000-2.A，Physical Layer Standard for CDMA2000 Spread Spectrum Systems。这部分是对 CDMA2000 物理层标准的描述，主要包括空中接口的各种信道的调制结构和参数，是整个标准中的关键部分。

(3) IS-2000-3.A，Medium Access Control(MAC) Standard for CDMA2000 Spread Spectrum Systems。这部分是对 CDMA2000 第二层标准中的媒体接入控制(MAC)子层的描述。

(4) IS-2000-4.A，Signaling Link Access Control(LAC) Standard for CDMA2000 Spread Spectrum Systems。这部分是对 CDMA2000 第二层标准中的链路接入控制(LAC)子层的描述。

(5) IS-2000-5.A，Upper Layer (Layer3) Signaling Standard for CDMA2000 Spread Spectrum Systems。这部分是对 CDMA2000 高层(层 3)信令标准的描述。

(6) IS-2000-6.A，Analog Signaling Standard for CDMA2000 Spread Spectrum Systems。这部分是对模拟工作方式的规定，用以支持双模的移动台(MS)基站(BS)。

4．CDMA2000 的主要技术特点

CDMA2000 具有一些新的技术特点：

(1) 多种信道宽带，带宽可以是 $N \times 1.2288$ MHz；

(2) 快速前向功率控制；

(3) 前向发送分集；

(4) Turbo 码；

(5) 辅助导频信道；

(6) 反向链路相干解调；

(7) 灵活的帧长(5 ms、10 ms、20 ms、40 ms、80 ms、160 ms)；

(8) 可选择较长的交织器；

(9) 改进的媒体接入控制(MAC)方案。

5．CDMA2000 系统主要的新增业务功能

由于使用了上述的一些新技术，CDMA2000 系统可以为用户提供一些新的服务，如：

(1) 新的物理层技术能支持多种传输速率和 QoS 指标，每信道传输速率可达 1 Mb/s，每用户传输速率可达 2 Mb/s。

(2) 新的链路接入控制(LAC)和媒体接入控制(MAC)协议结构可以更加有效地使用无线资源，并支持灵活有效的复用控制与 QoS 管理。

(3) 新的频带和带宽选择可以满足运营商的多种需要，从而实现 CDMAOne 向 CDMA2000 系统的平滑过渡。

(4) 核心网协议除使用 IS-41 标准外，还可以使用 GSM-MAP 标准，以及新型的 IP 骨干网标准。

5.4.2 TD-SCDMA 系统简介

TD-SCDMA 是我国提出的经国际电联批准的第三代移动通信中的三种主要技术之一。

1．TD-SCDMA 采用的技术

TD-SCDMA 主要采用了如下技术：

(1) 采用时分双工 TDD 模式，不但能在不同的时隙中发送上行业务或下行业务，而且可以根据上、下行业务量的多少来分配不同数量的时隙。这样，TD-SCDMA 在上、下行非对称业务中可实现最佳的频谱利用率，而频分双工 FDD 在上、下行非对称业务中则不能实现最佳的频谱利用率。

(2) 同时采用了 FDMA、CDMA 和 TDMA 三种多址技术。

(3) 采用了智能天线技术。把不同方向性的波束分配给不同的用户，可以有效减弱用户间的干扰，并扩大小区的覆盖范围和系统的容量。

(4) 采用了多用户联合检测技术。多用户信号经联合处理后可精确地解调出用户信号，可以降低对功率控制的要求。

(5) 采用了软件无线技术。

(6) 一个载波的宽带为 1.6 MHz，扩频的码片速率是 1.2288 Mchip/s。

(7) 对高速率的数据编码采用 Turbo 码。

(8) 保持与 GSM/GPRS 网络的兼容性。这样可以从 GSM/GPRS 系统平滑过渡到 TD-SCDMA。

TD-SCDMA 的主要不足一个是移动终端的速度要比 FDD 时的速度低得多，TDD 的为 120 km/h，FDD 的为 500 km/h；另一个是覆盖半径较小，TDD 的不超过 10 km，而 FDD 的可达几十千米。

CDMA 是移动通信技术的发展方向。在 2G 阶段，CDMA 增强型 IS-95A 与 GSM 在技术体制上处于同一代产品，提供大致相同的业务。但 CDMA 技术有其独到之处，在通话质量好、掉话少、低辐射、健康环保等方面具有显著特色。在 2.5G 阶段，CDMA2000 1X RTT 与 GPRS 在技术上已有明显不同，在传输速率上 1X RTT 高于 GPRS，在新业务承载上 1X RTT 比 GPRS 成熟，可提供更多的中高速率的新业务。从 2.5G 向 3G 技术的体制过渡上来看，CDMA2000 1X 向 CDMA2000 3X 的过渡比 GPRS 向 WCDMA 的过渡更为平滑。

我国所提交的 TD-SCDMA 技术与 W-CDMA 和 CDMA2000 的技术相差很大，主要区别在于：宽带 CDMA 系统的关键技术为功率控制、软切换等，而 TD-SCDMA 的关键技术为同步技术、软件无线电、智能天线技术等。但是，就技术系统的兼容性而言，中国 TD-SCDMA 将允许 GSM 向 3G 平滑过渡，而 W-CDMA 却需要 GPRS 作为中间技术来实现从 GSM 向 3G 过渡，CDMA2000 更是建立在与 GSM 不兼容的窄带 CDMA 基础上。

2. TD-SCDMA 的特点

TD-SCDMA 即时分同步码分多址接入，该项通信技术也属于一种无线通信的技术标准，它是由中国第一次提出并在此无线传输技术(RTT)的基础上与国际合作，完成了 TD-SCDMA 标准，成为 CDMA TDD 标准的一员。这是中国移动通信界的一次创举，也是中国对第三代移动通信发展所作出的贡献。

TD-SCDMA 采用 TDD 模式，而且收/发使用的是同一频段的不同时隙，加之采用 1.28 Mchip/s 的低码片速率，所以只需占用单一的 1.6 M 频带宽度就可传送 2 Mb/s 的数据业务；而 3G FDD 模式(如 WCDMA)若要传送 2 Mb/s 的数据业务，则需要两个对称的 5 M 带宽分别作为上、下行频段。由于在目前频率资源日渐紧张的情况下，空闲频段十分有限，因此相比之下，TD-SCDMA 技术在频率选择上更加灵活，能够充分利用零碎频段，且占用的频带最节省，频谱利用率高。此外，在 TDD 工作模式中，上、下行数据的传输通过控制上、下行的发送时间来决定，以灵活控制和改变发送和接收的时段长短比例，这尤其适合今后的因特网等非对称业务的高效传输。因为因特网的业务中查询业务的比例较大，而查询业务中从终端到基站的上行数据量很少，只需传输网址的代码，但从基站到终端的数据量却很大，收/发信息量严重不对称，所以只有采用 TDD 工作模式才有可能自适应地将上行的发送时间减少和将下行的接收时间延长来满足非对称业务的高效传输。

TD-SCDMA 是目前世界上唯一采用智能天线的第三代移动通信系统。智能天线的采用，可以有效提高天线的增益。同时，由于智能天线可以使用多个小功率的线性放大器来代替单一的大功率线性放大器，而且前者的价格远远低于后者，因此智能天线可大大降低基站的成本。智能天线带来的另一个好处是提高了设备的冗余度，该系统中的 8 套收/发信机共同工作，任何一台收/发信机的损坏都不会影响系统的基本工作特性。

CDMA 系统是一个干扰受限的系统，干扰的大小对系统容量至关重要。智能天线和上行同步技术的结合，可极大地降低多址干扰；同时，智能天线技术还可有效地降低系统内的自干扰，从而有效提高系统容量和频谱利用率。TD-SCDMA 是第三代移动通信系统中系统容量最大的一种。

基站和基站控制器可采用接力切换方式。智能天线技术能大致确定用户方位和距离，并可判断出手机用户现在是否移动到了应该切换到另一基站的临近区域。如果进入切换区，便可通过基站控制器通知另一基站做好切换准备，实施瞬间切换，达到接力切换的目的。接力切换可提高切换的成功率，降低切换对临近基站信道资源的占用，从而节省系统资源，提高系统容量。

软件无线电技术在通用的芯片上通过软件来实现专用芯片的功能，并可以通过软件升级来增加系统功能和性能，以避免不必要的设备硬件更新。

综上所述，TD-SCDMA 技术特别适合于用户密度较高的城市及近郊地区，因为这些地区的人口密度高，频率资源很紧张，系统容量是最关键的问题；此外，这些地区对数据业务(特别是因特网等非对称数据业务)的需求较大。除高密度的城市小区应用外，TD-SCDMA 也适合大区制覆盖组网；与 FDD 模式一样，也适合大面积覆盖组全国大网。

随着第三代移动通信的推广，因特网等数据业务迅速普及。由于这类业务的特点是上行的数据量很少，下行数据则因涉及大量数据下载而下行信息量很大，因此第三代移动通信的发展必须要能够满足移动因特网业务的需求，有效支持 IP 型非对称业务的发展。

由于中国移动通信业务分布极其不均匀：在大中城市等人口密度大的区域，频谱资源紧张，问题突出，高速移动数据业务需求大；而在其他地区频率紧张程度并不严重，数据业务的需求也不是很大，因此在中国第三代移动通信的组网初期不必进行全覆盖，而是以第三代移动通信孤岛方式建网来解决大城市语音频率紧张和高速数据业务移动接入的问题。但它必须具备良好的后向兼容性，而依托现有的 GSM 系统混合组网，采用 3G/GSM 双频双模终端能有效解决上述问题。

由此可见，TD-SCDMA 技术所具备的频谱利用率高、系统容量大、支持不对称业务、能在 GSM 网络基础上平滑过渡、设备成本低等特点与中国第三代移动通信发展的要求一致，优势明显，所以是中国第三代移动通信组网的极佳选择。

5.5　第四代移动通信技术简介

移动通信在不到 40 年的时间里，从第一代到第二代，到第三代，一直到第四代，其技术也经历了四代的演进。

第一代移动通信基于模拟幅度调制(Amplitude Modulation，AM)，与传统的铜线电话类似，资源按照固定频率划分，即采用频分多址(Frequency Division Multiple Access，FDMA)技术。

第二代移动通信采用数字调制，语音经过信源压缩成为数字信号，并加入信道编码进行纠错，而且运用功率控制，使得信道的传输效率大大提高，系统容量也有很大提升。第二代移动通信主要的业务是语音通话，最典型的代表是欧盟国家主导制定的 GSM(Global System of Mobile Communications)标准。GSM 制式对无线资源采用时分多址(Time Division Multiple Access，TDMA)技术，每个用户占用的频带较窄，只有 200 kHz。

第三代移动通信有两大标准，即 cdma2000/EV-DO 和 UMTS/HSPA。在第三代移动通信中大规模应用了码分多址(Code Division Multiple Access，CDMA)技术。通过频率扩展，信道的抗干扰能力大大增强，从而提升了系统容量。系统容量的提高很大程度上得益于信道编码技术的突破，1993 年 Turbo Codes 的出现使信道链路性能逼近香农极限容量(Shannon Capacity)，因此迅速地在第三代移动通信中得到应用。

第三代移动通信还有一套由中国公司主导的标准：TD-SCDMA(Time Division Synchronous CDMA)，属于 3GPP 标准的一部分。TD-SCDMA 在中国有大规模的部署。TD-SCDMA 的上、下行共用一个频段，以时间划分，发射和接收不连续。由于共用频段，上、下行传播信道有很强的互易性(Channel Reciprocity)，十分有利于实现波束赋形以提高系统容量。上、下行共用频段无需成对频谱的要求，给运营商更大的部署自由，而且系统的上、下行时隙资源比例有多种选择，可以按照业务量的需求合理配置，从而增加整个系统的频谱利用率。

第三代移动通信还包括一些没有被广泛采纳的技术，例如朗讯贝尔实验室分出来的 Flarion 公司开发的 Flash-OFDM，是业界较早将正交频分复用(Orthogonal Frequency Division Multiplexing，OFDM)用于移动通信的技术，曾试图在 IEEE 国际通信组织进行标准化。Flash-OFDM 也可以看作第四代移动通信的一个预演。

5.5.1　第四代移动通信的系统要求

第四代移动通信是全 Interact Protocol(IP)的系统，全部是分组交换业务(Packet Switched Service)，语音全部通过 Voice over Interact Protocol(VoIP)技术进行传输，达到了数据和语音的完全融合，实现了大容量和高速数据业务的移动通信。无线网络的部署在第四代移动通信中体现出多样性，场景比以前的系统更加复杂，包括异构网，具有各自的独特性。因此场景的定义、模型的建立和参数的设置成为关键技术研究的重要部分。

以往，移动通信系统和标准对系统性能的要求较为宽泛，着重强调峰值速率，而对所占的频率资源以及用户的平均速率、小区边缘速率等指标并没有严格限定；部署的场景也较单一，郊区宏站的室外用户是常见的场景，而第四代移动通信考虑了多种场景，对每一种场景的性能指标都有明确要求。

5.5.2　第四代移动通信标准的发展

1. IEEE 802.16 家族

IEEE 早在 1999 年就已经成立了 802.16 工作组，负责制定固定无线接入空中接口标准的规范。随着 IEEE 802.16 开始转向制定支持移动特性的无线接入标准以及推动 IEEE 802.16 应用的 WiMAX 论坛的不断发展壮大，加之多个大公司的强力支持，目前 IEEE 802.16 尤其是 IEEE 802.16e 技术引起了很大的关注。

无线城域网 802.16 最初用于提供点到点高速视距传输的无线链路，将 802.11a 无线接入热点连接到互联网，其工作频率为 10～60 GHz。之后进一步发展为一点到多点、非视距传输的宽带无线接入网 802.16a，可作为电缆调制解调器和 DSL 的补充，提供固定无线宽带接入，工作频率降低到 2～11 GHz。再后来，经过完善成为 802.16d，现在进一步发展成为可以支持移动应用的 802.16e，工作频率降低到 2～6 GHz。

按照 IEEE 802.16 工作组的规划，IEEE 于 2009 年年底完成了 802.16m 标准的制定。其目标是形成一个具有竞争性和突破性的宽带无线接入技术，符合 ITU 对 4G 技术的要求，同时保持与现有移动 WiMAX 标准的互用性。802.16m 的传输速率目标为固定状态下达到 1 Gb/s，移动状态下达到 100 Mb/s，频谱利用率最高将达到 10 (bit $\cdot$ s^{-1})/Hz，并将提高广播、多媒体以及 VoIP 业务的性能等。

2. 3GPP 努力发展 IP 业务

3GPP 和 3GPP2 都已认识到其系统提供互联网接入业务的局限性，试图在原来的体系框架内，在下行链路中采用分组接入技术，大幅度提高 IP 数据下载和流媒体速率。

3GPP 在 R6 中引入的高速分组上行链路接入(High-Speed Uplink Packet Access，HSUPA)标准，使用与 IEEE 802.16d/e 相似的三项技术：自适应调制和编码(Adaptive Modulation and Code，AMC)、混合快速自动重发(Hybrid Automatic Repeat reQuest，HARQ)和快速调度(采用时分多址和码分多址)，以提高下行数据传输速率，适应突发型分组数据的要求。

快速调度实现多用户复用高速物理下行共享数据信道(High Speed Physical Downlink Share CHannel，HS-PDSCH)，采用短帧，每 2 ms 进行一次调度分配信道资源给多个用户，以适应突发型分组数据，提供高的吞吐量。

与 IEEE 802.16d/e 中采用 OFDMA 不同，高速分组下行链路接入(High Speed Downlink Packet Aceess，HSDPA)通过码分复用将多个子信道复用结合在一起，构成下行数据通道。高速下行共享数据信道(High-Speed Downlink Share CHannel，HS-DSCH)子信道帧长度为 2 ms，包含 3 个时隙。将 HS-DSCH 子信道映射到物理信道时采用扩谱技术，使用固定扩谱系数 SF=16，得到物理子信道 HS-PDSCH。15 个扩谱的物理子信道 HS-PDSCH 通过码分复用结合在一起构成 HS-DSCH。这样，终端站是以码分和时分两种方式共享信道的。HSDPA 和 IEEE 802.16d/e 在分组数据共享信道方面的原理是一样的，都是在子通道和时隙上进行规划和调度，但是 IEEE 802.16d/e 能够提供的子信道要多一些，调度也更灵活。

HSDPA 也采用 AMC，每 2 ms 进行一次信道质量测量，根据信道质量指数(CQI)决定采用的调制和编码方法。HSDPA 可采用不同参数的 QPSK 和 QAM 调制。采用 QPSK 调制时，一个物理子信道的传输速率为 480 kb/s，采用 64QAM 调制时达到 1440 kb/s，提高了 3 倍，而前述 15 个物理信道 HS-PDSCH 的码分复用提高了 15 倍速率，两者合计提高速率约 45 倍。这只是一个粗略的估计，说明为什么在 WCDMA 框架内采用快速调度和自适应调制编码可以提高数十倍速率，达到与 IEEE 802.16d/e 相当的水平。

HSDPA 采用的另外一项关键技术是 HARQ，其主要原理是：接收方在解码失败的情况下，保存接收到的数据，并要求发送方重传数据，接收方将重传的数据和先前接收到的数据在解码之前进行组合。HARQ 技术可以提高系统性能，并可灵活地调整有效码元速率，还可以补偿由于采用链路适配所带来的误码。

在 WCDMA R5 中引入 HSDPA 技术后，UTRAN 部分的结构基本不变，在 Node B 通过增加插卡新增了 MAC-hs 功能块，并在物理层新增了 3 种新的物理信道：15 个高速物理下行共享信道、1 个高速共享控制信道和 1 组上行的高速专用物理控制信道。

HSDPA 另外一项改进是将调度功能从基站控制器移到基站，这样可以减小时延。目前，3GPP 组织对 MIMO 与高阶调制等技术在做进一步的研究，希望可以继续提高下行链路的数据速率。HSDPA 实际使用的典型速率是：宏蜂窝为 1～1.5 Mb/s，微蜂窝为 4～6 Mb/s，微微蜂窝大于 8 Mb/s。

在 3GPP R6 中引入的 HSUPA 将解决上行链路分组化问题，提高上行速率，进一步引入自适应波束成形和 MIMO 等天线阵处理技术，从而将下行峰值速率提高到 30 Mb/s 左右。HSDPA 和 HSUPA 被称为 3.5G 技术，属于中期演化技术，受原体制束缚较大，性能不够理想。3GPP 发现在 HSDPA 和 ITU 部署的 B3G 之间存在一个空档，这正是 WiMAX 的目标。在一段时间内的宽带无线接入市场上，HSDPA、HSUPA 与 WiMAX 的竞争处于劣势。为了提高 3GPP 在新兴的宽带无线接入市场的竞争力，摆脱 Qualcom 的 CDMA 专利制约，需要发展 LTE(Long Term Evolution)计划，以填补这一空档。其基本思想是采用过去为 B3G 或 4G 发展的技术来发展 LTE，使用 3G 频段占有宽带无线接入市场。

LTE 的标准化工作始于 2004 年，研究阶段持续至 2006 年。第一期标准的版本编号是 8(Release 8)，于 2008 年完成。由于 UMB 标准化工作的停止和 WiMAX 标准的边缘化，更多的厂家和运营商加入了 LTE 标准的制定工作，参会人数和提案数有很大增加，LTE 标准逐渐成为世界上最主流的 4G 移动通信标准。版本 8 LTE 的设计性能还不能完全达到 IMT-Advanced 的要求，所以从 2008 年起，3GPP 开始了对 LTE-Advanced 标准化的研究。作为一个重大的技术迈进，LTE-Advanced 标准的版本编号是 10 (Release 10)，其研究阶段持续至 2009 年底，协议的制定于 2011 年上半年结束。当前标准化的是 UTE-Advanced 的修订版，改动相对较小，版本号是 11 (Release 11)。

TDD-LTE 尽管与通常的 FDD-LTE 相比有其独特之处，且融入了 TD-SCDMA 的一些关键技术，但是 TDD-LTE 在标准化的制定和产业链的发展方面一直保持着与 LTE/LTE-Advanced 的步调总体一致，已经有机地成为 LTE 的一部分。

WiMAX 发端于无线局域网，可以看成是广域移动通信的一个延伸，技术上仍然以低速移动终端为主要场景，但还带有相当多的 WiFi 技术的痕迹。WiMAX 早在 2007 年就已形成了标准(IEEE 802.16 e)，时间上较 LTE 和 UMB 占有市场先机；起初 Sprint 等运营商计划广泛部署，但由于 Sprint 本身的经营状况不佳，再加上产业联盟过于松散，商业模式不够健全，主要由一些小的运营商在部署，在未来相当长的时间里 WiMAX 还会继续发展。在 2012 年的国际电信联盟大会上，LTE/LTE-Advanced(包括 TDD-LTE)和 WiMAX(IEEE 802.16m)被认定为第四代移动通信的标准，并被纳入 IMT-Advanced，许可在全球范围内部署。

5.5.3　第四代移动通信主要技术简介

第四代移动通信标准一方面继承了前几代移动通信中的一些经典技术，另一方面融入了前沿无线通信的研究突破。其中的经典技术主要包括第三代移动通信中的 Turbo 信道编码、链路自适应、HARQ、多天线发射分集(Transmit Diversity)、VoIP 等。Turbo 信道编码使得单个链路的性能接近 Shannon 界，链路自适应保证传输在任何时刻都采用与信道最匹配的速率。HARQ 和发射分集提高了传输的健壮性，VoIP 技术大大降低了高层协议和底层控制信令的开销。除了以上这些技术，LTE/LTE-Advanced 采用了如下的几大类关键的空口技术，使得其系统的综合频谱效率、峰值速率、网络吞吐量、覆盖率等有了一个较明显的跃进，不仅适用于宏站为主的同构网，而且在宏站/低功率节点所组成的异构网当中也起了巨大的作用。

1. OFDM/OFDMA/SC-FDMA

第四代移动通信的几大标准都采用了 OFDM(Orthogonal Frequency Division Multiplexing，正交频分复用)技术，这体现了移动通信技术发展的必然性。首先，4G 的带宽要求为 20～100 MHz，远远超过 3G 的带宽 1.2～5 MHz。大带宽意味着更精细的时间采样粒度和更多的多径分量。如果仍然采用 CDMA 在这样宽的频带传送高速数据，会产生严重的多径间干扰。尽管通过线性均衡器或是非线性的干扰消除手段可以降低多径干扰，但是其复杂度远远高于 3G 的情形，效果也不是很好。相反地，OFDM 将宽带划分成多个窄带(又称子载波，Subcarrier)，每个子载波里的信道相对平坦，信号的解调无需复杂的均衡或干扰消除，大大降低了接收器的研发/生产成本。

低成本的 OFDM 接收器也降低了多天线接收器的复杂度，尤其对于大带宽系统，以前在工程上被认为难以实现的多天线技术成为可能。可以说，OFDM 的引入很大程度上促进了多天线技术在 LTE/LTE-Advanced 中的应用。

OFDM 往往跟 OFDMA(Orthogonal Frequency Division Multiple Access，正交频分多址)一起使用。在 OFDMA 中，多个用户同时频分整个带宽，多径传播造成的信道频率选择(Frequency Selectivity)特性在 OFDMA 通过合理的频率选择调度，能提高系统的整体吞吐量。

除了 OFDM，在 LTE/LTE-Advanced 的上行引入了单载波频分多址(Single Carrier Frequency Division Multiple Access，SC-FDMA)技术，一方面降低了终端发射信号的峰均比，另一方面也保持了从不同终端发来的信号之间的正交性。

2. 软件无线电

软件无线电的概念是由 MITRE 公司的美国人 Jee Mitala 在 1992 年 5 月的美国电信会议上首次明确提出的。其主要目的是解决美国军方不同军种之间由于通信装备不同而引起的通信不畅的问题，后来则逐渐引起了民用研究机构的广泛注意。软件无线电的出现是无线通信从模拟到数字、从固定到移动后，从硬件到软件的第三次变革。

软件无线电的基本思想就是将硬件作为其通用的基本平台，把尽可能多的无线及个人通信的功能通过可编程软件来实现，使其成为一种多工作频段、多工作模式、多信号传输与处理的无线电系统。也可以说，它是一种用软件来实现物理层连接的无线通信方式。

软件无线电的核心技术是用宽频带的无线接收机来代替原来的窄带接收机，并将宽带的模拟/数字、数字/模拟变换器尽可能地靠近天线，从而使通信电台的功能尽可能多地采用可编程软件来实现。

软件无线电的优势主要体现在以下几个方面：

(1) 系统结构通用，功能实现灵活，改进升级方便。

(2) 提供了不同系统间互操作的可能性。软件无线电可以使移动终端适合各种类型的空中接口，可以在不同类型的业务间转换。

(3) 由于通过软件实现系统的主要功能，因此更易于采用新的信号处理手段，从而提高了系统抗干扰的性能。

(4) 拥有较强的跟踪新技术的能力。由于它能够在保证硬件平台的基本结构不发生变化的情况下，通过改变软件来实现新业务和使用新技术，因此大大降低了设备更新通信产品的开发成本和周期，同时也降低了运营商的投资。

但软件无线电的实现还需要克服以下技术难点：

(1) 多频段天线的设计。软件无线电的天线需要覆盖多个频段，以满足多信道不同方式同时通信的需求，而射频频率和传播条件的不同，使得各频段对天线的要求存在着较大的差异，因此多频段天线的设计成为软件无线电技术实现的难点之一。

(2) 宽带 A/D、D/A 转换。根据奈奎斯特抽样定理，要从抽样信号中无失真地恢复原信号，抽样频率应大于信号最高频率的 2 倍。而目前 A/D、D/A 的最高采样频率受到其性能的限制，从而也限制了所能处理的已调信号频率。

(3) 高速 DSP(数字信号处理器)。高速 DSP 芯片主要完成各种波形的调制解调和编解码，它需要有更多的运算资源和更高的运算速度来处理经宽带 A/D、D/A 转换后的高速数据流，因此其芯片有待进一步研发。

3. 智能天线和 MIMO 技术

早在 1901 年，马可尼就提出用 MIMO(Multiple Input Multiple Output，多输入多输出)方法来抗衰落。20 世纪 70 年代有人提出将 MIMO 技术用于通信系统，但是对移动通信系统 MIMO 技术产生巨大推动的奠基工作则是 20 世纪 90 年代由 AT&T 贝尔实验室的学者完成的。

MIMO 技术是无线通信领域智能天线技术的重大突破。该技术能在不增加带宽的情况下成倍地提高通信系统的容量和频谱利用率。专家普遍认为 MIMO 将是新一代无线通信系统必须采用的关键技术。根据收、发两端天线数量，相对于普通的单输入单输出(Single Input Single Output，SISO)系统来说，MIMO 还可以包括单输入多输出(Single Input Multiple Output，SIMO)系统和多输入单输出(Multiple Input Single Output，MISO)系统。一般来说，MIMO 主要运行在两种模式下：分集模式(Diversity Mode)和空分复用模式(Spatial Multiplexing Mode)。

分集模式的主要原理：多个天线分别产生不同信号，无线信号在复杂无线信道中传播会产生多径瑞利衰落，在不同空间位置上，其衰落特性是不同的，因此不同的天线接收的信号也各不相同。信号发射端、接收端或者两端同时都可以采用分集模式。如果两个位置相隔较远(如 10 个无线信号波长以上)，就可以认为两处的信号是完全不相关的。利用这个特点，可以实现信号空间分集接收。空间分集一般用两副相距较远(如 10 个波长以上)的天线同时接收信号，然后在基带处理中把两路信号合并。根据两路信号的信号质量，合并的方法可分为选择合并、开关合并、等增益合并和最大比合并。

分集发射(Transmit Diversity)是一种更复杂的技术，发射端需要确认接收端的优先级，然后提供最优的传输路径。其最简单的实现思路是在选择之前已经成功实现了信号收/发的路径，在此基础上，通过在多个天线上传输信号，从而提供"备份线路"来传输，使得路径更加稳定。在这种情况下，同样的信息必须首先转换为不同的 RF 信号以避免相互干扰。复杂的信号变换技术需要接收端采用相应的"反变换"算法。

分集模式最大化了无线范围和覆盖范围，通过寻找较高质量的通路来提升网络的吞吐量，也能降低产生错包和重发的概率。一般来说，所使用的非关联天线的数量、分集次序同性能的关系大致是对数的关系。

空分复用模式的主要原理：在室内，电磁环境较为复杂，多径效应、频率选择性衰落和其他干扰源的存在使实现无线信道的高速数据传输比有线信道困难。通常多径效应会引起衰落，被视为有害因素。MIMO 是针对多径无线信道的。传输信息流 $s(k)$ 经过空时编码形成 N 个信息子流 $c_i(k)$，$i = 1, 2, \cdots, N$。这 N 个子流由 N 个天线发射出去，经空间信道后由 M 个接收天线接收。多天线接收机利用先进的空时编码处理技术，支持相应的逆行复用算法来恢复原始的信息流，从而实现最佳的处理。在理想的多路环境中，空分复用可以线性地提升单一频道的容量，天线数量越多，频道容量越高。

N 个信息子流同时发送到信道，各发射信号占用同一频带，因而并不增加带宽。若各发射、接收天线间的通道响应独立，则 MIMO 系统可以创造多个并行空间信道。通过并行空间信道独立地传输信息，数据传输速率得以提高。

空分复用模式需要非相关多路径。因为在不同空间位置上，其衰落特性是不同的。如果两个位置相隔较远(如 10 个无线信号波长以上)，就可以认为两处的信号是完全不相关的。由于多径衰减是随着运动而时刻变换着的，因此无法确定总是能找到不相关路径。在低 SNR(Signal to Noise Ratio，信号噪声比)环境中，距离、噪声衰减导致信号很弱，空分复用模式不能很好地工作。当空分复用模式不可用时，MIMO 系统将会恢复到分集模式。

MIMO 将多径无线信道与发射、接收视为一个整体进行优化，从而实现高的通信容量和频谱利用率。这是一种近于最优的空域、时域联合的分集和干扰对消处理方法。因此，MIMO 技术对于提高无线局域网的容量具有极大的潜力。

随着无线通信技术的飞速发展，人们对无线局域网性能和数据速率的要求也越来越高。理论上，作为高速无线局域网核心的 OFDM 技术，适当选择各载波的带宽和采用纠错编码技术可以完全消除多径衰落对系统的影响。因此，如果没有功率和带宽的限制，则可以用 OFDM 技术实现任何传输速率。而采用其他技术，当数据速率增加到某一数值时，信道的频率选择性衰落会占据主导地位，此时无论怎样增加发射功率也无济于事。这正是 OFDM 技术适用于高速无线局域网的原因。实际上，为了进一步增加系统的容量，提高系统传输速率，使用多载波调制技术的无线局域网需要增加载波的数量，但这会增加系统复杂度，增大系统带宽，对目前带宽受限和功率受限的无线局域网系统不太适合。而 MIMO 技术能在不增加带宽的情况下成倍地提高通信系统的容量和频率利用率。因此，将 MIMO 技术与 OFDM 技术相结合是下一代无线局域网发展的趋势。研究表明，在瑞利衰落信道环境下，OFDM 系统非常适合使用 MIMO 技术来提高容量。

4. CoMP 技术

协调多点传输与接收(Coordinated Multiple Points transmission/reception，CoMP)是指地理位置上分离的多个传输点，利用多个具有共同特点的相同技术或者不同技术，协同参与为一个终端的数据传输和/或接收一个终端发送的数据，从而增强系统性能和终端用户的感知。

在蜂窝部署中，来自相邻小区的干扰会降低系统的性能和客户的体验。CoMP 的基本原理是降低小区边缘的特定干扰。准确地说，使用 CoMP 技术的目的是在高数据传输速率、高小区边缘吞吐量和高系统吞吐量的条件下，增加覆盖范围，提高小区边缘的性能。

实施 CoMP 的复杂性在于网络侧，使用被称之为"合作基站"的技术，可动态协调调度和传输，包括联合处理接收信号、联合处理发送信号等。联合接收是指在多个站点接收的信号被联合起来，通过优化的分散处理或统一处理机制，从而得到更好的接收性能。例如，最大比合并与干扰抑制合并，就是可以被用来合并多个点上的上行接收信号的实例之一。联合发送是指数据从多个站点联合起来发送到一个终端。这不仅降低了干扰，还增大了接收功率。

无线系统是个时滞系统。联合发送/联合接收就是尽最大可能地避免在发送/接收的环节造成信息的积压和时间的浪费。实现用户的最小时间等待，甚至"零"等待是"无线人"的梦想，但这一梦想对通信链路上的各网络节点、性能各异的接收/发射天线等的低时延，提出了更高的要求。

5. 载波聚合

提高系统和用户吞吐量最直接的途径是使用更多的频率资源。LTE 终端需要支持 20 MHz 带宽，而 IMT-Advanced 鼓励带宽延展至 100 MHz。理论上，如果能用一个超长快速傅里叶变换(FFT)来处理 100 MHz 信号，那么 LTE 的标准就可以直接照搬过来。但实际情况更为复杂。首先，对于多数运营商，他们拥有的频谱并不连续，尤其超过 20 MHz 的整块频谱十分少见。不少运营商曾经或是还在经营 2G 和 3G 的网络，占用的资源碎片化，高的可达 2.6 GHz，低的可达 450 MHz。所以在这种情形下，需要一套新的技术来有效地将零散频谱聚合起来使用。频谱聚合的另外一个重要考虑因素是小区间的干扰协调。该基本思想在 GSM 时代就采用过——相邻小区的频率不一样，但那时的频率设置是静态的，一旦网络部署完毕，就固定不变。而频谱聚合中的终端所采用的频谱组合是可以根据实际的干扰情况合理调整的，频率的跨度也远比 GSM 情形的要大。如何支持异频下的小区间干扰，包括异构网的情形，成为载波聚合的一个重要考虑因素。

载波聚合(Carrier Aggregation)对射频器件的影响很大，功率放大、滤波器设计等都要引入新的设计以满足性能要求。所以很多的标准化工作涉及射频/基带性能指标的制定，而射频器件等的工程实现水平也是载波聚合标准的研究和制定的重要考虑因素。

6. 无线中继

无线中继(Relay)是一种特殊的异构网节点，与其他类型的低功率节点不同，中继与宏站的连接使用无线回传(Wireless Backhaul)，这样就大大地增加了节点部署的灵活性。无线回传也可以通过微波进行点对点发送，但是微波回传需要视距传播条件，再加上易受雨雪天气的影响，部署很受限制。LTE-Advanced 所研究的中继是通过解码转发(Decode-and-Forward)方式传输的。不同于传统的直放站(Repeater)，中继依靠解码再传输，从而可提高目的地接收器的信干噪比，提升系统容量。

中继的研究重点是带内(In-band)传输，即回传链路与其他链路采用同样的频率。带内中继的优点是频谱的花费少，不需要为另一个载波配备一套单独的射频线路，在频谱利用率和设备投入方面比较经济。但是，除非中继节点的收、发器件被充分隔离，带内中继一般只能工作在半双工模式，也就是回传链路和接入链路在任何一个时刻只有一条链路在传输。

LTE-Advanced 中继的研究阶段定义了两种类型中继：类型1(Type 1 relay)和类型2(Type 2 relay)。前者相当于一个独立的低功率基站，主要用于覆盖增强；而后者属于协同类中继，适于容量提升。其中类型1中继在版本10(Release 10)形成标准。因为类型1中继必须能与LTE Release 8 的终端兼容，其标准化的重点在无线回传链路上，包括下行物理控制信道(R-PDCCH)设计和回传子帧的配置。

7. ePDCCH

ePDCCH 是指加强的下行物理控制信道，旨在提高控制信道的频谱效率。随着异构网、多用户 MIMO 和 CoMP 等技术的迅速发展，下行控制信道逐渐成为系统容量的瓶颈。另外，同频异构网的研究表明，小区间下行物理控制信道(PDCCH)的干扰问题比下行物理共享信道(PDSCH)的干扰问题更难解决，即使采用几乎空白的子帧，小区公共参考信号仍然会对PDCCH 造成严重的干扰。

与 PDSCH 传输模式的不断升级形成鲜明对比，版本8的 PDCCH 到版本10的一直没有较大的改进，主要的设计思想依旧是干扰随机化和接收的可靠性，解调仍然依赖于小区公共参考信号。从技术的角度来看，R-PDCCH 突破了版本8的设计思想，R-PDCCH 的研究为 ePDCCH 提供了宝贵的参考价值，两者之间有一定的承接关系。ePDCCH 带有 PDSCH 和非交织的 R-PDCCH 的一些特征，例如采用解调参考信号(DMRS)进行解调，允许只占用部分频率资源，可以利用预编码/波束赋形、频率选择调度、频域上的干扰协调等手段增加控制信道的容量。

8. 云计算

云计算是一种 IT 资源的使用模式，将计算任务分布在大量计算资源构成的资源池上，使用户能够按需获取计算力、存储空间和信息服务。资源池就是一些可以自我维护和管理的虚拟计算资源，通常是一些大型服务器集群，包括计算服务器、存储服务器和网络资源等。

云计算的特点如下：

(1) 超大规模。"云"具有相当的规模，少者几万台到几十万台，多者几百万台到几千万台。

(2) 虚拟化。云计算支持用户在任意位置、使用各种终端(笔记本、PAD、智能手机等)获取服务。

(3) 高可靠性。"云"使用了数据多副本容错、计算节点同构可互换等措施来保障服务的高可靠性。

(4) 通用性。云计算不针对特定的应用，在"云"的支撑下可以构造出千变万化的应用。

(5) 高可扩展性。"云"的规模可以动态伸缩，满足用户和应用规模增长的需要。

(6) 按需服务。"云"是一个庞大的资源池，用户按需购买，像自来水、煤气和电那样使用和计费。

(7) 极其廉价。"云"的特殊容错机制，使得可以购买廉价的节点来构成"云"。"云"的自动化管理机制使得管理成本大大降低；"云"的公用性和通用性使得资源的利用率大幅提升。

云计算是对计算资源的统一管理和按需使用，而 VPN 技术是对线路资源的统一管理和按需使用。所以，从理解的角度看，云计算与 VPN 有相似之处。

第 8 章将对云计算进一步论述。

5.6　第五代移动通信技术简介

第五代移动通信系统又称为 5G 移动网络，是在已经普及的 4G 通信系统的基础上全方位地提升技术水平，使用户获得更快速、更稳定的通信体验，从而实现商用目的。与 4G 相比，5G 具有更高的速率、更宽的带宽、更高的可靠性、更低的时延等，能够满足未来虚拟现实、超高清视频、智能制造、自动驾驶等方面的应用需求。

1. 5G 发展现状

当前，各国通信行业均将 5G 技术当作研发的重点。我国移动通信技术起步虽晚，但在 5G 的研发上正逐渐成为全球的领跑者。在第一代移动通信系统(1G)、第二代移动通信系统(2G)发展的过程中，我国主要以应用为主，处于引进、跟随、模仿阶段；从 3G 开始，我国初步融入国际发展潮流，如大唐集团和西门子公司共同研发的 TD-SCDMA 技术成为全球三大标准之一。在 4G 时期，我国自主研发的 TD-LTE 系统成为全球 4G 的主流标准。我国 5G 标准化研究工作提案在 2016 世界电信标准化全会(WTSA16)第 6 次全会上已经获得批准，形成决议，这说明我国 5G 技术研发已走在全球前列。

政府层面，顶层前沿布局已逐步展开，明确了 5G 技术的突破方向。

1) 从国家宏观层面明确了 5G 的发展目标和方向

《中国制造 2025》提出全面突破 5G 技术，突破"未来网络"核心技术和体系架构：
"十三五"规划纲要提出要积极推进 5G 发展，布局未来网络架构，到 2020 年启动 5G 商用。2013 年，工信部、发改委和科技部组织成立"IMT-2020(5G)推进组"(以下简称推进组)。推进组负责协调推进 5G 技术研发试验工作，与欧、美、日、韩等国家建立 5G 交流与合作机制，推动全球 SG 的标准化及产业化。推进组陆续发布了《5G 愿景与需求白皮书》《5G 概念白皮书》等研究成果，明确了 5G 的技术场景、潜在技术、关键性能指标等，部分指标被 ITU 纳入到制定的 5G 需求报告中。

2) 依托国家重大专项等方式，积极组织推动 5G 核心技术的突破

国家"973"计划早在 2011 年就开始布局下一代移动通信系统。2014 年国家"863"计划启动了"实施 5G 移动通信系统先期研究"重大项目，围绕 5G 核心关键性技术，先后部署设立了 11 个子课题。

企业层面，国内领军企业已赢得先发优势。华为、中兴、大唐等国内领军通信设备企业高度重视，在 5G 技术的标准制定和应用等方面已获得业界认可。例如，中兴早在 2014 年就联合中国移动完成了全球首个 TD-LTE 3D/Massive MIMO 基的预商用测试，2016 开始大规模部署，在全球建设了 10 个商用网络；大唐在 2011 年启动 5G 的预研，2013 年提出 5G 关键能力指标和取值，被 ITU 纳入 5G 愿景和框架建议书的技术指标当中。此外，中国移动等电信运营商也积极布局 5G 产业，如中国移动发布《中国移动技术愿景 2020+白皮书》，希望与各方一起，实现"连接无限可能"的愿景。华为已经在 5G 新空口技术、组网

架构、虚拟化接入技术和新射频技术等方面取得了重大突破。2016 年 11 月 19 日，在美国内华达州里诺召开的 3GPP RAN1 87 次会议上，国际移动通信标准化组织 3GPP 确定华为 Polar 码方案为 5G 国际标准码方案；虽然只是 5G 标准的初级阶段，但极大地提振了我国 5G 标准研发的信心。

2. 1G 到 5G 的演进

5G 具有以下特点：

(1) 高速率。5G 的网络传输速率是 4G 的 10 倍以上，在 5G 网络环境比较好的情况下，1 GB 文件只需 1～3 s 就能下载完成。

(2) 低时延。5G 的网络时延已达到毫秒级，仅为 4G 的十分之一。

(3) 大容量。5G 网络容量更大，即使 50 个用户在一个地方同时上网，也能有 100 Mb/s 以上的速率。

5G 网络保持了稳定、高速、可靠的特性。在标准制定方面，无论是网络切片、边缘计算，还是网络功能虚拟化，都考虑了上述三个特点。

从 1G 到 5G 的演进可以看到移动通信的发展历程：

(1) 起始/部署时间：1970/1980 年→1980/1990 年→1990/2000 年→2000/2010 年→2015/2020 年。

(2) 理论下载速度(峰值)：2 kb/s→384 kb/s→21 Mb/s→1 Gb/s→10 Gb/s。

(3) 无线网往返时延：N/A→600 ms→200 ms→10 ms→≤1 ms。

(4) 单用户体验速率：N/A→440 kb/s→10 Mb/s→100 Mb/s。

(5) 标准：AMPS→TDMA/CDMA/GSM/EDGE/GPRS/1xRTT→WCDMA/CDMA2000/TD-SCDMA→FDD-LTE/TD-LTE/WIMAX→5GNR。

(6) 支持服务：模拟通信(语音)→数字通信(语音、短信、全 IP 包交换)→高质量数字通信(音频、短信、网络数据)→高速数字通信(VoLTE、高速网络数据)→eMBB、mMTC、uRLLC。

(7) 多址方式：FDMA→TDMA/CDMA→CDMA→OFDM→F-OFDM/FBMC/PDMA/SCMA。

(8) 信道编码：N/A→Turbo→Turbo→LDPC/Polar。

(9) 核心网：PSTN(公共交换电话网)→PS-CS Core(包-电路交换核心网)→EPC(全 IP 分组网)→5GC(虚拟化、网络切片、边缘计算)。

(10) 天线技术：全向天线→60°/90°/120° 定向天线→±45° 双极化、多频段天线→MIMO 天线→Massive MIMO 天线(16T16R 以上)。

(11) 单载波：N/A→200 kHz→5 MHz→20 MHz→根据场景可变(10～200 MHz)。

(12) 数字调制技术(最高)：N/A→GMSK/8PSK/16QAM→32QAM→256QAM→1024QAM。

5G 网络端到端的技术，从新终端、新无线网、新传输网到新核心网、新业务都有不同程度的创新和发展。

(1) 新终端：更高功率(26 dBm)，更多天线(2 个发射天线、4 个接收天线)，更多形态(智能手机、AR/VR 眼镜、无人机、机器人等)。

(2) 新无线网：更大带宽(100 MHz@3.5/4.9 GHz，400 MHz@26/39 GHz)，更多天线(标配天线 64 通道、192 阵子)，系统设计(波束管理、新参考信号、新编码等)，灵活参数(短帧结构、短调度等(空口时延 1～3.5 ms))，更新结构(CU/DU 分离、超密集组网)。

(3) 新传输网：更大交换容量(核心层由 640 GB 提升至 12.8 TB)，更高性能(节点时延达 10 ps 级，时间误差为 ns 级)，切片支持(支持分组，实现软、硬融合切片)，智慧运维(引入 SDN，实现全局视角智能调度)。

(4) 新核心网：IT 化(软件功能化、C/D(计算与数据)分离)，极简化(CP/UP(控制平面与用户平面)分离)，服务化(网络切片、边缘计算)。

(5) 新业务：eMBB、uRLLC、mMTC。

5G 网络的关键能力指标包括用户体验速率、峰值速率、流量密度、连接密度、时延、移动速度、频谱效率和能耗效率，如表 5-5 所示。

表 5-5　5G 网络关键能力指标

能力指标	ITU-T 目标值	实现技术
用户体验速率	100 Mb/s～1 Gb/s	用户随时随地体验，挑战大
峰值速率	10～20 Gb/s	大带宽、多流传输、高阶调制
流量密度	每平方千米 10 Tb/s	超密集组网、站间协作
连接密度	每平方千米 100 万个连接	物联网、非正交多址、免调度等
时延	1 ms 空口	帧结构、编解码、重传机制、网络架构
移动速度	500 km/h	主要采用低频段
频谱效率	3～5 倍	大规模天线、非正交多址
能耗效率	100 倍	传输技术、芯片技术、组网方案

3. 5G 核心网的网络架构

1) 5G 核心网络架构的两种呈现方式

5G 核心网采用控制转发分离架构，同时实现移动性管理和会话管理的独立运行，用户面上去除了承载的概念，QoS 参数直接作用于会话中的不同流。

通过不同的用户面，网元可同时建立多个不同的会话并由多个控制面网元同时管理，实现本地分流和远端流量的并行操作。5G 核心网网络架构的呈现方式有参考点架构和服务化架构两种，分别如图 5-21(a)、(b)所示。

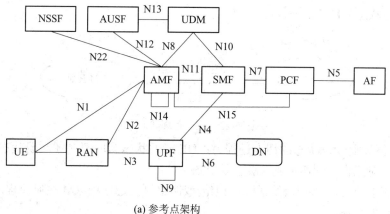

(a) 参考点架构

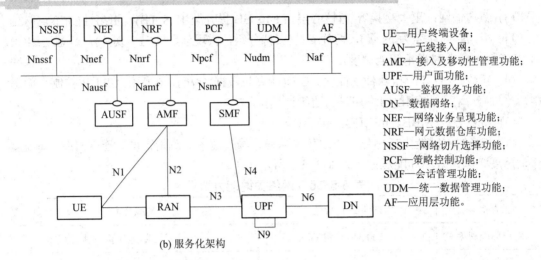

UE—用户终端设备；
RAN—无线接入网；
AMF—接入及移动性管理功能；
UPF—用户面功能；
AUSF—鉴权服务功能；
DN—数据网络；
NEF—网络业务呈现功能；
NRF—网元数据仓库功能；
NSSF—网络切片选择功能；
PCF—策略控制功能；
SMF—会话管理功能；
UDM—统一数据管理功能；
AF—应用层功能。

(b) 服务化架构

图 5-21　5G 核心网网络架构的呈现方式

服务化架构是在控制面采用 API 能力开放形式进行信令传输的。在传统的信令流程中，很多消息在不同的流程中都会出现，因此可将相同或相似的消息提取出来，以 API 能力调用的形式封装起来，供其他网元进行访问。服务化架构将摒弃隧道建立的模式，倾向于采用 HTTP 协议完成信令交互。

2) 5G 核心网的两种状态模型

5G 核心网网络架构借鉴 IT 系统服务化和微服务化架构的成功经验，通过模块化实现网络功能间的解耦和整合，解耦后的网络功能可独立扩容、独立演进、按需部署；控制面所有 NF 之间的交互采用服务化接口，同一种服务可以被多种 NF 调用，从而降低 NF 之间接口定义的耦合度，最终实现整网功能的按需定制，灵活支持不同的业务场景和需求。

5G 核心网定义了两种状态模型，即注册管理模型和连接管理模型。

(1) 注册管理模型。5G 核心网定义了两种注册管理(RM)状态，用于反映 UE 与网络侧的注册状态：一是取消 RM 注册状态。此状态下，UE 没有注册核心网，AMF 不知道 UE 在哪儿，没有 UE 的上下文，即 UE 对 AMF 来说是不可达的。二是 RM 注册状态。此状态下，UE 注册到核心网，可访问 5G 核心网提供的业务，AMF 知道用户具体位置，并建立 UE 的上下文。

注册管理状态如图 5-22 所示。

图 5-22　注册管理状态

5G 核心网注册管理状态的切换过程为：UE 初始状态为取消 RM 注册状态，发起注册请求并完成注册流程，则切换到 RM 注册状态。

当网络侧拒绝 UE 的注册(发送注册拒绝)或网络侧发起取消 RM 注册流程时，UE 停留在取消 RM 注册状态。

(2) 连接管理模型。5G 核心网络定义以下两种连接管理状态,用于在 UE 和 AMF 间通过 N2 接口实现信令连接的建立与释放。

(a) 空闲态:UE 与 AMF 间不存在 N1 接口的 NAS 信令连接,不存在 UE N2 和 N3 连接。UE 可执行小区选择、小区重选和 PLMN 选择。空闲态 AMF 应能对非 MO-only 模式的 UE 发起寻呼,执行网络发起的业务请求。

(b) 连接态:UE 所属的 AN 和 AMF 间的 N2 连接建立后,网络进入连接态。连接管理控制平面如图 5-23 所示。

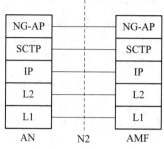

图 5-23　5G AN 和 AMF 之间的
连接管理控制平面

4. 5G 核心网的关键技术

1) 5G 核心网的 QoS 机制

5G QoS 参数分为 A-Type 和 B-Type 两种,A-Type 为预设值,B-Type 是实时下发的。5G QoS 的可选功能和 Reflective QoS 由核心网决定是否激活,由 UE 产生,可通过用户面和信令面传给 UE;用户面由 SMF(Session Management Function,会话管理功能)发给 UPF(User Plane Function,用户平面功能),UPF 在 N3 接口消息中加入 RQI(QoS Indicator),然后发给 RAN,再发给 UE。信令面为 SMF 通过 N1 信令直接发给 UE,UE 收到后生成衍生的 QoS 规则,并把上行数据和 QoS 流进行映射,对上行流也进行 QoS 处理。衍生规则包括 Packet Filter、QFI、优先值。

5G 核心网的 QoS 是基于 QoS 流的框架,QoS 流是 5G 核心网 QoS 控制的最小粒度。5G 系统中采用 QoS Flow ID(QFI)来标识 QoS 流。一个 PDU 会话中的 QFI 保持唯一,具有相同 QFI 的用户面业务流可获得相同的转发处理方式。

QFI 封装在 N3 接口报头内,可以被用于不同类型的净荷,如 IP 数据包、非 IP 数据包和以太网帧。RAN 可以根据需要,让多个 QoS Flow 共用一个 DRB,比如 GBR QoS Flow 用一个 DRB,Non-GBR QoS Flow 共用一个 DRB。5G 核心网的 QoS 机制原理如图 5-24 所示。

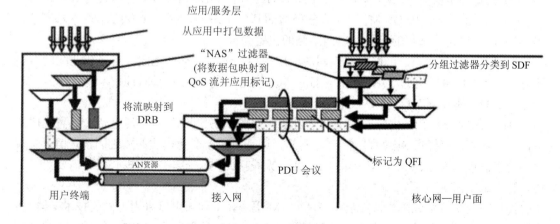

图 5-24　5G 核心网的 QoS 机制原理

5G 核心网的 Reflective QoS 机制是指 UE 侧根据下行数据包推演出上行数据的 QoS 规

则，无须 SMF 通过 NAS 提供上行 QoS 规则。5G 核心网的 Reflective QoS 机制主要体现在控制机制和退出机制两个方面。

(1) 控制机制。控制机制分为控制面和用户面。在控制面，当 SMF 确定激活 Reflective QoS 机制时，SMF 发送包含 RQI 的 SDF QoS 控制信息给 UPF，并发送包含 RQA 的 QoS Profile 给 AN。

在用户面，当 UPF 接收 SDF 对应的数据包时，在数据包的隧道中包含 RQI；AN 根据数据的 RQI 设置空口数据包，数据包头部包含 RQI；UE 接收到包含 RQI 的数据，并确定本地无对应数据的上行 QoS 规则后，生成一个 UE Derived 的 QoS 规则，同时启动一个定时器。

在确定本地有对应数据的上行 QoS 规则后，重启定时器。定时器超期时，删除 UE Derived 的 QoS 规则。如果本地有对应数据的上行 QoS 规则，但下行数据的 QFI 不同，则 UE 更新 QoS 规则对应的 QFI。

(2) 退出机制。退出机制分为控制面和用户面。在控制面，当 5G 核心网决定不再对某 SDF 使用 Reflective QoS 机制时，SMF 通过 N4 接口移除提供给 UPF 的相应 SDF 的 RQI。在用户面，当 UPF 接收到此 SDF 的指令时，UPF 不再在 N3 参考点的报文头中设置 RQI。UPF 将在一定时间内(运营商可配)在最初授权的 QoS Flow 上继续接收该 SDF 的 UL 业务。

2) 网络切片技术

网络切片将一个物理网络分成多个虚拟的逻辑网络，每一个虚拟网络对应不同的应用场景。网络切片可以按所需网络定制，在通用的物理基础设施上(可包含外部用户)提供具有不同特性和弹性能力的定制化网络。

网络切片分为公共部分和独立部分。公共部分是可以共用的，一般包括签约信息、鉴权、策略等相关功能模块。独立部分是每个切片按需定制的，一般包括会话管理、移动性管理等相关功能模块。

为了能够正确选择网络切片，3GPP 协议中引入了 S-NSSAI (Single Network Slice Selection Assistance Information，单一网络切片选择辅助信息)标识。S-NSSAI 包括：

(1) 切片业务类型(Slice Business Type，SBT)：指示所需切片的业务特性与业务行为。

(2) 切片租户标识(SD)：在切片业务类型的基础上进一步区分接入切片的补充信息。UE 可提供网络切片选择的信息，以网络侧的决定为准。

不同的网络切片中，可以根据不同的应用类型，灵活、动态地定义与之相匹配的网络能力。这样不仅可以提升应用体验，适配应用的快速创新，也可以通过减少不必要的功能，降低网络的成本和复杂度。

(3) 网络隔离和 SLA(Service Level Object，服务水平协议)保障：通过资源隔离生成网络切片，以向租户提供 SLA 保障的专有网络，这是实现新商业模式的关键因素。切片是端到端网络，包括 RAN(Radio Access Network，无线接入网)、传输网和核心网、需要跨域的切片管理系统。

切片需要实现资源隔离、安全隔离和 OAM 隔离，不同域可以采用不同的技术，如 CN 采用虚拟化技术；此外，切片是可以定制的，目前 R15 只定义了 eMBB(Enhanced Mobile BroadBand，增强型移动宽带)。网络切片有利于运营商按垂直行业的需求对网络进行定制，从而优化网络性能。

5G 支持端到端的网络切片，包括无线接入网络、核心网控制面、核心网用户面。不同网络切片的网络功能可以共享，典型的共享包括基站共享(Slice A&B&C)、控制面功能共享，如 AMF 共享(Slice A&B)；核心网用户面功能不共享。

UE 可同时接入共享 AMF 的多个网络切片(Slice A&B)，例如 UE 最多可同时接入 8 个切片。目前只定义了 3 种类型的网络切片，即 eMBB、uRLLC、mIoT(大规模物联网)。5G 核心网网络切片架构如图 5-25 所示。

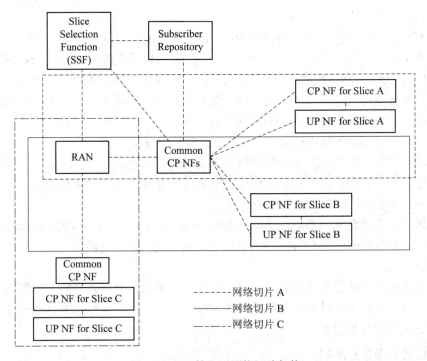

图 5-25   5G 核心网网络切片架构

切片功能相当于 VPN(Virtual Private Network，虚拟专用网络)，但是比 VPN 灵活。例如，VPN 不管怎么设置，还是需要满足一整套的 Internet 协议，而切片可以只包括部分 Internet 协议，不需要的可以不要，需求的可以定制，可以共享。

3) 5G 核心网的边缘计算技术

边缘计算(Edge Computing，EC)技术使得运营商和第三方业务能够部署在靠近 UE 附着的接入点，因而能降低端到端时延和传输网的负载，实现高效的业务交付。

5G 核心网支持边缘计算的能力包括：本地路由，即 5G 核心网选择 UPF 引导用户流量到本地数据网络；流量加速，即 5G 核心网选择需引导至本地数据网络中应用功能的业务流量；支持会话和业务连续性，支持 QoS 与计费；EC 服务兼容移动性限制要求；用户面选择和重选，如基于来自应用功能的输入。

5G 引入 MEC(Mobile Edge Computing，移动边缘计算)，一方面可以降低 E2E 时延，提升用户体验；另一方面，通过本地泄流，可以减小回传网络开销，降低网络成本。MEC 将移动网和互联网进行深度融合，开启了业务重回网络的契机，对运营商和设备商都有着重要的战略意义。

MEC 的引入对网络架构的影响主要体现在用户面，包括业务的分流、连续性的保障、UPF 的选择和重选，此外，对能力开放、QoS 和计费等也有影响。

除此之外，SMF 可以控制 PDU 会话的数据路径，使得 PDU 会话可以同时对应于多个 N6 接口。同一个 PDU 会话的不同 UPF，提供对同一 DN 的访问。

在 PDU 会话建立中分配的 UPF 与 PDU 会话的 SSC 模式相关联，并且在同一 PDU 会话中分配的附加 UPF(例如，用于选择性地向 DN 路由)独立于 PDU 会话的 SSC 模式。选择性 DN 业务路由支持将一些选定的业务转发到某个与 UE 更近的 DN 的 N6 接口。

4) 5G 核心网的网络能力开放

基于 EPC 中网络能力开放层 SCEF(Subscriber Controlled E-mail Filtering，一种基于用户控制的电子邮件过滤技术)的设计理念，结合 5G 需求和网络架构的特点，5G 网络能力开放架构被提出。5G 网络可构建端到端的业务域、平台域和网络域的能力开放。

其中，业务域包含第三方业务提供商、虚拟运营商、终端用户或运营商的自营业务。业务域可以向平台域输入网络能力的需求信息，并接受平台域提供的网络能力，也可以向平台域提供网络域需求的能力信息，实现反向的能力开放。

平台域则需要具备第三方业务的签约管理、对业务域的 API 开放和计费功能，以及对网络域的能力编排和能力调度功能。构建具有良好的互通能力、管理能力和开放能力的平台域，是 5G 网络能力开放的重要研究内容。

网络域则主要考虑 BSS/OSS(Business Support System，业务支撑系统/Operation Support System，运营支持系统)和 MANO 能力的结合，实现对网络切片的统一编排管理，以及对平台域的能力开放。

网元实体实现具体的网络控制能力、监控能力、网络信息以及网络基本服务能力的开放。大数据分析平台实现对网络基础数据的大数据分析，并将分析结果上报平台。

5. 5G 未来的发展趋势

1) 5G 将带动各行业的发展

5G 网络不仅带来了高速率大宽带、低时延高可靠、低功耗大连接的网络环境，更有助于传统工业、制造业的改造，并使海量的机器通信实现"万物互联"。5G 将深刻影响到娱乐、制造、汽车、能源、医疗、交通、教育、养老等各行业。

(1) 产品技术逐步聚焦四大应用场景。未来 5G 应用主要集中在 4 个场景：高铁、地铁等连续广域覆盖场景，住宅区、办公区、露天集会等热点高容量场景，智慧城市、环境监测、智能农业等低功耗大连接场景，车联网、工业控制、虚拟现实、可穿戴设备等低时延高可靠场景。因此，5G 技术与产品开发也应重点围绕这 4 个场景展开，及时做好前沿技术与产品开发。

(2) 5G 技术将激发新的消费需求。5G 的一个重要特征就是可以实现"人与人、人与物、物与物之间的连接"，形成万物互联，并融合在工作学习、休闲娱乐、社交互动、工业生产等各方面。逐步丰富的消费形态将促进用户体验需求的重大变革，进一步激发出新的产业、新的业态和新的模式。为此，要充分做好技术与产品储备，及时跟踪技术与产品的动态变化，尽早布局颠覆性技术与产品。

(3) 基于 5G 技术的支撑，产业变革及跨行业融合发展进一步加强。新型信息化和工业化将深度融合，引发产业领域的深层次变革；移动物联网场景等 5G 技术将深入到消费、生产、销售、服务等各行业，推动研发、设计、营销、服务等环节进一步向数字化、智能化、协同化方向发展，实现工业领域全生命周期、全价值链的智能化管理。

(4) 5G 应用于自动驾驶。5G 自动驾驶被认为是最具前景的应用。自谷歌 2012 年 5 月获得美国首个自动驾驶车辆许可证，自动驾驶迅速风靡全世界，传统车企、互联网巨头相继布局。然而，自动驾驶的发展过程始终伴随着"安全风险大"的诟病，特别是之前 Uber 的无人驾驶车辆事故，更让人对其产生了几分担忧。而 5G 通信技术具备庞大的带宽容量和接近零时延的特性，正在让自动驾驶照进现实。当前，已有不少企业推出了 5G 自动驾驶应用方案。

(5) 5G 应用于智能电网。5G 作为新一轮移动通信技术的发展方向，可以更好地满足电网业务的安全性、可靠性和灵活性需求，实现差异化服务保障，进一步提升电网企业对自身业务的自主控制能力。用 5G 网络来承载电网业务是一种新的尝试，将运营商的网络资源以相互隔离的逻辑网络切片，按需提供给电网公司使用，满足电网不同业务对通信网络能力的差异化需求；同时兼顾高性能、高可靠性、隔离性和低成本，成为智能配电网的有效解决方案。

(6) 5G 应用于无人机高清视频传输。5G 无人机可实现高清视频的传输，应用前景广阔。2018 年，中国电信与华为合作，在深圳完成 5G 无人机首飞试验及巡检业务演示。这是国内第一个基于端到端 5G 网络的专业无人机飞行测试，成功实现了无人机 360°全景 4K 高清视频的实时 5G 网络传输。在这次试验中，远端操控人员获得了第一视角 VR 体验，通过毫秒级低时延 5G 网络，进行无人机远程敏捷控制，顺利完成了巡检任务。

(7) 5G 应用于超级救护车。医学上挽救生命必须分秒必争，未来 5G 带来的毫秒级速度无疑是医疗救援的强心剂。5G 的高速率传输节省了急救的关键时间，也为更好地利用"紧急窗口"给出了创新思路。CT、X 射线扫描仪等医疗影像仪器，不仅可以被运用到救护车的院前急救中，还可以搭载上高速率传输的人工智能系统，辅助医生判断患者病情，在一定程度上缓解急救压力。以 5G 急救车为基础，配合人工智能、AR/VR 和无人机等应用，可打造全方位的医疗急救体系。

5G 的全面普及势必给人们的日常生活带来巨大的变化。对于物联网来说，其未来发展也需要适配更加先进的网络技术，5G 正是满足这一需求的重要条件。

2021 年 1 月，工信部发布《工业互联网创新发展行动计划(2021—2023 年)》，提出到 2023 年，我国将在 10 个重点行业打造 30 个 5G 全连接工厂。《工业互联网专项工作组 2021 年工作计划》中提出打造 3~5 个 5G 全连接工厂示范标杆；面向《工业互联网专项工作组 2022 年工作计划)(简称《计划》)的目标则是打造 10 个 5G 全连接工厂标杆。由此可见，5G 全连接工厂的建设已成为工业互联网发展的重要目标之一。

《计划》还提出，培育推广"5G+工业互联网"典型应用场景，推动 5G 由生产外围环节向内部环节拓展，推广已有的 20 个典型场景；挖掘产线级、车间级典型应用场景。

5G 应用于工业互联网已是必然趋势。一方面，工业互联网的发展离不开 5G 的支持。5G 的特性能够满足工业互联网连接多样性、性能差异化、通信多样化的需求和工业场景下高速率数据采集、远程控制、稳定可靠的数据传输、业务连续性等要求。另一方面，将 5G 技术应用于工业互联网，才能更好地体现 5G 的价值。

在国家政策的支持下,"5G+工业互联网"行业应用水平不断提升,赋能效应日益显现。最新数据显示,我国"5G+工业互联网"在建项目总数达到 2400 个,创新应用水平处于全球第一梯队。

"5G+工业互联网"逐步落地生花,在钢铁、矿业、家电、水泥、港口、电力等领域的应用已呈现出蓬勃发展之势,形成了协同研发设计、远程设备操控、设备协同作业、柔性生产制造、现场辅助装配、机器视觉质检、设备故障诊断、厂区智能物流、无人智能巡检、生产现场监测等典型应用场景,有力促进了实体经济提质、增效、降本、绿色、安全发展。

2) 影响全球 5G 网络发展的核心要素

(1) 全球政治因素:逆全球化。数字经济是未来数十年世界各国的核心驱动力,也是国家间竞争的主战场。美国为了减缓甚至扼杀中国崛起,以网络安全等为理由,对中国核心厂商,如华为、中兴等进行制裁;在需求侧,推动"清洁网络"计划,将中国供应商排除出相关国家 5G 网络供应商名单,并且要求对存量设备进行替代;在供给侧,在高技术元器件核心软件等方面,限制向中国厂商供货。

物美价廉且服务好的中国厂商不能参与新网络建设,并且还需要将存量设备移出,即便有政府补贴,也会让运营商减慢网络部署或缩小规模。

(2) 新冠疫情:数字化的加速器与基础建设的减速器。对于数字化而言,新冠是加速器,因为减少人与人接触的价值得到普遍认可,因此它在降本、增效与创新中,在萎缩的经济中获得生存空间;而对于 5G 网络等基础设施建设而言,新冠是减速器,因为它延缓了基站等产品的交付,也延缓了工程建设,尤其是涉及跨境的行为。

(3) 5G 网络及相关技术演进:落实场景化应用。5G 网络 R16 版本已经冻结,三大业务场景均获得相应技术支持;R17 正在制定当中,预期毫米波、空天地一体化网络等将被写入标准,同时工业互联网、车联网等垂直场景将得到细化和满足。

在完成 R17 版本后,按照 5G 规划路径图,5G 网络标准制定完善,后续随之而来的是5.5G、6G 标准的研发和制定工作。对此,业界已经在进行探讨,例如,华为提出了"1+N"5G 目标网,"1"指的是 1 张普遍覆盖的宽管道基础网,核心是中频大带宽结合 Massive MIMO;"N"指的是多个维度的能力,主要包括低时延、感知、高可靠、大上行、VX、高精度定位等,核心是简化部署,以满足各类场景化需要。不仅仅是 5G 网络技术,人工智能、区块链、云计算、大数据、边缘计算、物联传感等技术也将同步发展,为 5G 网络提供应用填充,并支撑运营。

(4) 5G 产业链协同:生态型产业放大。参考 2G/3G/4G 等前代移动网络,以及韩国等5G 发展较早地区的经验,5G 网络是生态协同的过程。其核心流程是"基础设施规模化—终端降价与用户规模化—内容与应用生态放大—5G 产业巩固"。

因此,未来能否顺利达到既定目标,基础设施建设应放在首要位置,这需要运营商和政府联手打造,但目前众多国家的建设缓慢,可能成为阻碍产业链放大的重要因素。

3) 5G 网络全球发展趋势判断

基于对 5G 发展现状和影响因素的分析,可形成对 5G 网络全球发展趋势的判断。

(1) 整体产业规模:持续放大,带动经济增长。根据全球移动通信系统协会(GSMA)的预测,到 2025 年,全球 5G 用户将达到 18 亿,占比为 20%,而爱立信的预测数值则为 28

亿和 31%。并且，在 2020—2035 年，全球范围内 5G 对经济的直接贡献为每年 2000 亿美元左右，合计将达到 35 万亿美元，提供总计 2200 万就业岗位(IHS 预测)。其中，对中国 GDP 的直接贡献从 2020 年的 0.1 万亿将增长到 2030 年的 29 万亿，年均复合增长率为 41%；对 GDP 的间接贡献从 2020 年的 0.4 万亿将增长到 2030 年的 3.6 万亿，年均复合增长率为 24%。

(2) 网络建设速度：预期先缓后快。现阶段，由于有些国家逆全球化的影响，全球 5G 设备商市场格局发生了调整，导致建设速度放缓。预计在 2～3 年内，新市场格局将逐渐形成。

与此同时，各个国家和地区以及相关运营商，基于提升产业竞争力等方面的考虑，势必在相关时间节点(如 2025 年)之前，实现 5G 基站的目标值，尤其是当各国认识到 5G 对社会经济的赋能作用后，建设规模与速度会进一步提升。例如，2020 年 6 月，日本内务和通信省宣布到 2023 年年底前完成 21 万个基站建设，比原目标提升了 3 倍。

(3) 网络商用的地区差异：分批规模化发展的格局明显，各个国家和地区分批化发展的态势明显。第一，从国家和地区角度而言，东亚地区将会领先 5G 网络建设；中东等较有实力开展数字基建的国家和地区，将会紧跟规模化发展；欧美等讲求网络实用性的地区，会逐步推进；南亚、非洲、拉丁美洲则相对滞后。第二，从内部建设部署情况看，由于 5G 网络需要更多数量的基站，因此都将从人口密集的重点地区开始建设，但最终能否达到全面覆盖则有所差异。韩国等人口相对密集且分布均匀的国家，能够实现全面覆盖；中国等强调服务的国家和地区，能够基本实现；而美国等人口分布不均且强调经济价值的国家，预期仍将集中覆盖。

(4) 网络商业价值实现：新生产力平台提供创新空间。5G 网络提供了新生产力平台，当前是在将 4G 时代的内容和应用迁移到 5G 网络当中，人们对 5G 生产力平台的感知有限。但是在未来，随着创新的深入，只有新生产力平台才能够承载的业务出现，其价值将得到发挥。目前，一些前瞻性业务已经出现，比如云手机，未来演进将是让本地存储与计算能力持续弱化。厂商仅需要在显示上不断下功夫即可，更超轻薄的终端形态可能会出现。在政企市场，5G 正在赋能千行百业，例如，一些危险的驾驶场景可以通过 5G 网络进行远程操控。

在新技术的引领下，在日益成熟产业的推动下，全球 5G 网络将得到逐步建设，产业规模将逐步放大，成为数字经济的核心推动力量。

5.7 正交频分复用

正交频分复用(OFDM)的思想早在 20 世纪 50 年代就已经提出，但由于当时使用模拟滤波器实现的系统复杂度较高，所以一直没有发展起来。70 年代，S. B. Weinstein 提出采用离散傅里叶变换(DFT)多载波调制算法来实现逆快速傅里叶变换/快速傅里叶变换(IFFT/FFT)；随着快速算法芯片的出现，多载波调制的实现变得非常简单，为 OFDM 的实用化奠定了理论基础。80 年代，L. J. Cimini 首先分析了 OFDM 在移动通信应用中存在的问题和解决方法。

5.7.1 OFDM 的基本原理

1. 多载波调制技术

图 5-26 是单载波调制示意图，图中 B 为系统带宽，数据仅在一个载波上传送。在这种

调制方式下，一方面，当系统带宽较宽时，信号极易遭受频率选择性衰落；另一方面，系统带宽增加会导致信号时域符号长度变短、符号间干扰(ISI)区域变大，从而需要较长的时域均衡器及增加系统复杂度。此外，为了在接收端用带通滤波器分离出信号，信号频带的两端需要留有一定的保护间隔，这就降低了系统频谱的使用效率。

图 5-27 是多载波调制示意图，数据在多个载波上同时传送。与 FDM 技术相似，多载波调制技术的系统总带宽被划分成了 N 个子信道，每个子信道带宽均为 B/N。由于子信道带宽相对于系统总带宽缩小到了 $1/N$，所以时域符号长度增加为原来的 N 倍，也就是说，在同样的信道环境下，符号间干扰区域相对缩小，所需时域均衡器长度缩短为原来的 $1/N$。由此，多载波调制系统将频率选择性信道划分为一系列频率平坦衰落子信道。然而，多载波调制系统的各子信道间仍需保护频带，因此系统频谱效率仍然不高。

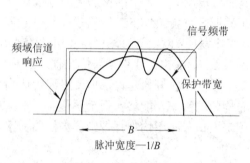

图 5-26　单载波调制示意图

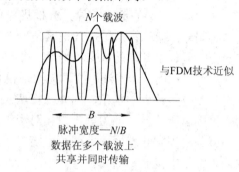

图 5-27　多载波调制示意图

图 5-28 给出了多载波调制系统的收/发机结构框图。在发送端，系统总的传信率 R(b/s)通过串/并(S/P)变换分成 N 路，每路的传输速率为 R/N(b/s)，每子信道的带宽是原来的 $1/N$，各路较低速率的数据经带通滤波器并进行各子信道调制后叠加在一起，最后通过射频单元发送出去；在接收端，信号经下变频后，用一组带通滤波器分离出各子信道下的信号，并进行相应的各子信道解调操作，将解调出的各路较低速率的数据通过并/串(P/S)变换恢复为系统传送的高速数据流。

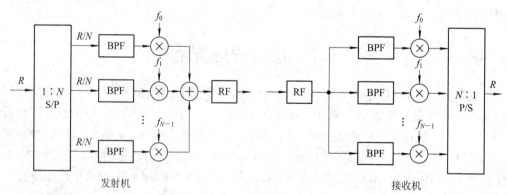

图 5-28　多载波调制收/发机

OFDM 最核心的思想是采用并行传输技术降低子路上传输的信号速率，这使得 OFDM 符号长度比系统采样间隔长很多，从而极大地降低了时间弥散信道引入的符号间干扰(ISI)对信号的影响。OFDM 系统将宽带信道转化为许多并行的正交子信道，从而将频率选择性信道转化为一系列频率平坦衰落信道，这在频域内仅需简单的一阶均衡器。OFDM 系统的子载波间隔已达最小，所以所选择的子载波间隔使得不同子载波上的波形在时域上相互正交且在频域上相互重叠。不同子载波间不需要保护间隔，这就最大化了系统频谱效率。图 5-29 比较了传统频分复用多载波系统和 OFDM 系统的频谱。传统频分复用多载波系统的各子载波间需要较大的保护频带，比较浪费频谱资源；而 OFDM 系统的各子载波频谱相互重叠，提高了频谱效率的同时，还引入了循环前缀(CP)来消除时间弥散信道的影响。而且只要 CP 的长度大于信道最大时延，就可完全消除符号间干扰(ISI)和子载波间干扰(ICI)。OFDM 系统采用 IFFT/FFT 来进行相应的调制和解调操作，使得 OFDM 系统的实现变得非常简单，且具有较低的成本。OFDM 系统最主要的缺点是对频偏比较敏感和具有较大的峰值平均功率比(PAPR)。

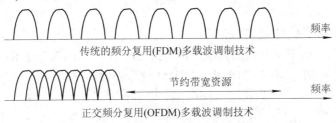

图 5-29　FDM 与 OFDM 带宽利用率的比较

2. 正交频分复用技术

正交频分复用(OFDM)作为一种多载波传输技术，要求各子载波保持相互正交。OFDM 在发送端的调制原理框图如图 5-30 所示。N 个待发送的串行数据经过串/并变换之后得到码元周期为 T_s 的 N 路并行码，码型选用双极性不归零矩形脉冲；然后用 N 个子载波分别对 N 路并行码进行 2FSK 调制，相加后得到的波形表示为

$$s_m(t) = \sum_{n=0}^{N-1} A_n \cos \omega_n t \tag{5-12}$$

其中，A_n 为第 n 路并行码；ω_n 为第 n 路码的子载波角频率，$\omega_n = 2\pi f_n$。

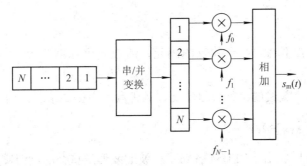

图 5-30　OFDM 调制原理框图

OFDM 调制是用 N 个子载波并行传输 N 路信号，相当于时分复用的信号。为了使这 N 路信号在接收端能够完全分离，就要求它们必须满足正交条件。在码元持续时间 T_s 内，任意两个子载波都能正交的条件是

$$\int_0^{T_s} \cos(2\pi f_k + \varphi_k)\cos(2\pi f_i + \varphi_i)\mathrm{d}t = 0 \tag{5-13}$$

与最小频移键控(MSK)类似，任意两个正交的子载波频率 f_k、f_i 有如下关系：

$$2\pi(f_k + f_i)T_s = 2m\pi \tag{5-14}$$
$$2\pi(f_k - f_i)T_s = 2n\pi$$

其中，m、n 为整数。容易得出任意一个子载波的频率为

$$f_k = \frac{n+m}{2T_s} = \frac{k}{2T_s} \quad (k=0, 1, \cdots) \tag{5-15}$$

各子载波的频率间隔等于码元持续时间 T_s 的倒数的整数倍，即

$$\Delta f = f_k - f_i = \frac{n}{T_s} = nf_s \quad (n=1, 2, \cdots) \tag{5-16}$$

上面的分析与 φ_k 和 φ_i 的取值无关。

OFDM 信号由 N 个信号叠加而成，每个信号频谱为 $\mathrm{Sa}(\omega T_s/2)$ 函数(中心频率为子载波频率)，相邻信号频谱之间有 1/2 重叠。OFDM 信号的频谱结构示意图如图 5-31 所示。

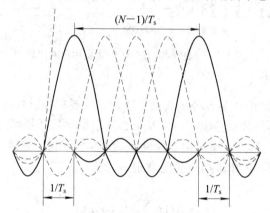

图 5-31 OFDM 信号的频谱结构示意图

忽略旁瓣的功率，OFDM 的频谱宽度为

$$\frac{N-1}{T_s} + \frac{2}{T_s} = \frac{N+1}{T_s}$$

由于信道中每 T_s 传输 N 个并行的码元，所以码元速率为 $R_B = \dfrac{N}{T_s}$，频带利用率为

$\dfrac{R_B}{B} = \dfrac{N}{N+1}$。与用单个载波的串行体制相比，频带利用率提高了近一倍。

3. OFDM 频域的特点

从上述的分析可以看出，OFDM 各路子载波的波形是重叠的，但实际上在一个码元持续时间内它们是正交的，故在接收端很容易利用此正交特性将各路子载波分离开。采用这样密集的子载波，也不需要子信道间的保护频带间隔，因此能够充分地利用频带，这是 OFDM 的一大优点。

在子载波受调制后，若采用的是 BPSK、QPSK、4QAM、64QAM 等类调制方式，则

容易看出其各路频谱的位置和形状是没有改变的，仅幅度和相位有变化，故仍保持其正交性。各路子载波的调制方式可以不同，并且可以随信道特性或其他因素的变化而改变，具有很大的灵活性，这是 OFDM 的又一大优点。

图 5-32 示出了单载波调制、FDM 及 OFDM 三种方式的比较。

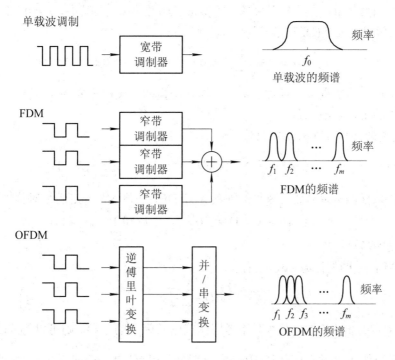

图 5-32　单载波调制、FDM 及 OFDM 三种方式的比较

在传输的信息量相同的情况下，多载波 OFDM 系统与单载波之间的比较如表 5-6 所示。OFDM 系统中共有 N 路子载波，符号码元持续时间为 T_s，而用一个载波传输，则对应的码元速率为 N/T_s，符号码元持续时间为 T_s/N，它们的频带宽度相同。显然，OFDM 系统最大的优点是将高码元速率的信息流转换为低码元速率的信息流传输，从而降低各路子载波的带宽来克服频率衰落信道的码间串扰。

表 5-6　多载波 OFDM 系统与单载波之间的比较

传输方式 系统参数	单载波	多载波 OFDM
一个符号时间	$\dfrac{T_s}{N}$	T_s
速率	$\dfrac{N}{T_s}$	$\dfrac{1}{T_s}$
总频带宽度	$\dfrac{2N}{T_s}$	$\dfrac{2N}{T_s}$ + 保护带
码间串扰的敏感程度	较敏感	较不敏感

4. OFDM 信号的实现

OFDM 系统是个比较复杂的调制系统,这里仅以 MQAM 调制为例,简要地讨论 OFDM 的实现方法。由于 OFDM 信号表示式的形式如同逆离散傅里叶变换(IDFT)式,所以可以用计算 IDFT 和 DFT 的方法来进行 OFDM 调制和解调。

对一个时间信号 $s(t)$ 进行 N 点采样,所得采样函数为 $s(n)$。其中,$n = 0,\ 1,\ \cdots,\ N{-}1$,则 $s(n)$ 的离散傅里叶变换(DFT)定义为

$$S(k) = \frac{1}{\sqrt{N}} \sum_{n=0}^{N-1} s(n) \mathrm{e}^{-\mathrm{j}(2\pi/N)nk} \qquad (n = 0,1,\cdots,N-1) \tag{5-17}$$

其中,$S(k)$ 的含义是 N 点采样函数 $s(n)$ 的傅里叶变换的频域信号的 N 点采样,即频域的采样点数与时域的采样点数都是 N。

$S(k)$ 的逆离散傅里叶变换(IDFT)为

$$s(n) = \frac{1}{\sqrt{N}} \sum_{k=0}^{N-1} S(k) \mathrm{e}^{\mathrm{j}(2\pi/N)nk} \qquad (k = 0,1,\cdots,N-1) \tag{5-18}$$

若信号的采样函数 $s(n)$ 是实函数,则其 N 点 DFT 的值 $S(k)$ 一定满足对称性条件:

$$S(N - k - 1) = S^*(k) \qquad (k = 0,1,\cdots,N-1) \tag{5-19}$$

式中,$S^*(k)$ 是 $S(k)$ 的复共轭。

若 OFDM 信号的相位 $\varphi_k = 0$,则有

$$s(t) = \sum_{k=0}^{N-1} \overrightarrow{B_k} \mathrm{e}^{\mathrm{j}2\pi f_k t} \tag{5-20}$$

式(5-18)和式(5-20)非常相似。若暂时不考虑两式常数因子的差异,则可以将式(5-18)中的 N 个离散值 $S(k)$ 当作 N 路并行子信道中的输入信号码元取值 $\overrightarrow{B_k}$,而式(5-20)的左端 $s(t)$ 就相当于式(5-18)左端的 OFDM 信号 $s(n)$。也就是说,可以用计算 IDFT 的方法来获得 OFDM 信号。

由上述内容可知,将高速串行数据变换为低速并行数据后,再将这些并行数据用正交的副载波进行调制,然后按 FDM 复用原理进行复用,便可得到 OFDM 信号。OFDM 的时域原理框图如图 5-33 所示。

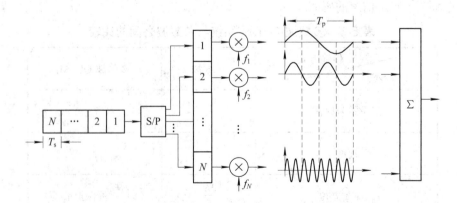

图 5-33　OFDM 的时域原理框图

由图 5-33 可见,1,2,$\cdots$,N 是输入端高速串行信息数据码元,S/P 是串/并变换单元,

f_1, f_2, …, f_N 是 N 个正交副载波，并行码元经正交副载波调制后，在时域波上相加合并发送至信道。

T_s 是串行码元的周期，T_p 是发送的并行码元的周期，一般有 $T_p \geqslant NT_s$，N 是给定信号带宽 B 中所使用的副载波数。N 越大，实际发送的并行码元信号周期 T_p 就越长，抗码间串扰(ISI)的能力也就越强，同时，OFDM 信号的功率谱也就越逼近于理想低通特性。

OFDM 系统收/发机的典型框图如图 5-34 所示。需传送的比特信息数据首先进行信道编码、串/并变换、基带信号调制；然后在加入虚子载波后，用 IFFT 变换进行 OFDM 调制、并/串变换并插入保护间隔；产生的时域信号经成型滤波器、数/模(D/A)转换，并由射频单元发送出去；信号经无线信道传播后，在接收端首先进行下变频、模/数(A/D)转换和低通滤波操作；在完成时间和频率同步操作后，用 FFT 变换即可分解出频域信号。信道估计器和信道均衡器分别对信道衰落进行估计和补偿，接着对均衡后的信号进行相应的信号解调和信道解码操作，以恢复出发送的比特信息。按目的的不同，虚子载波可以分为两类：一类是为了便于实际硬件的实现而留出的一些不传送数据的子载波，比如直流子载波和便于滤波操作留出的部分高频子载波，这部分子载波占用的是带内频带；另外一类虚子载波是进行过采样操作时产生的，这部分子载波占用的是带外频带，因此也不能用于传送数据。

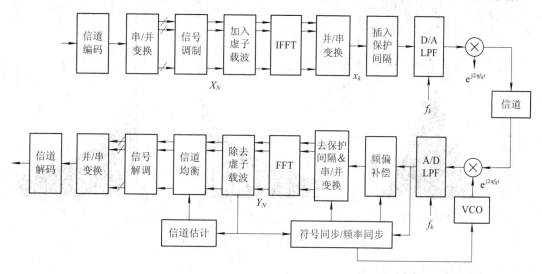

图 5-34　OFDM 系统收/发机典型框图

图 5-35 中的左图举例说明了 OFDM 符号中某些子载波(1、2、7 路子载波)的实部载波信号；右图表示了 OFDM 信号的频谱；图 5-36 表示了 OFDM 信号的时频特征，系统子载波数为 1024。由于 OFDM 信号是由大量独立同分布的子载波信号叠加而成的，且由中心极限定理可知 OFDM 信号幅度近似为高斯分布，因此，OFDM 信号具有较大的峰值平均功率比(PAPR)。另外，OFDM 信号也具有较大的带外能量，如图 5-36 所示。由于放大器的非线性特性，较大的 PAPR 值也将导致带外能量泄漏。

在接收端，OFDM 各子载波上的信号可以通过一组匹配滤波器来进行分离；采样后的数据可以用离散傅里叶变换(DFT)来实现解调。在 OFDM 系统中，DFT(通常由快速傅里叶变换(FFT)来实现)实际上实现了离散匹配滤波器接收机。

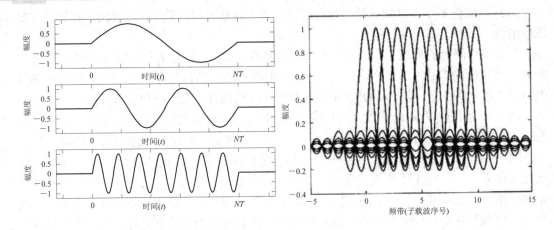

图 5-35　OFDM 信号的子载波

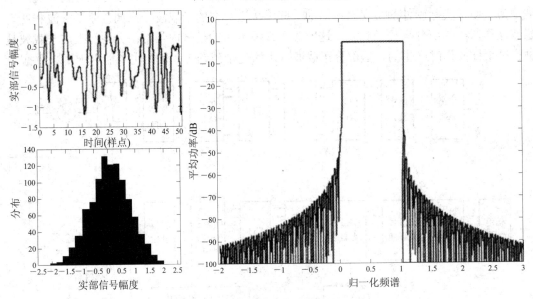

图 5-36　OFOM 信号的时频特征($N=1024$)

5.7.2　OFDM 的核心技术

OFDM 的核心技术包括 DFT 的实现，保护间隔、循环前缀和子载波数的选择，以及 OFDM 基本参数的选择等。

1. DFT 的实现

傅里叶变换将时域与频域联系在一起，但选择哪种形式的傅里叶变换则由工作的具体环境来决定，大多数信号处理使用的是离散傅里叶变换(DFT)。DFT 是常规变换的一种变化形式，其中信号在时域和频域上均被抽样。由 DFT 的定义可知，时间上波形的连续重复会导致频域上频谱的连续重复。快速傅里叶变换(FFT)仅是 DFT 计算应用中的一种快速数学方法，其高效性使得 OFDM 技术发展迅速。

从前面的论述可知，对于 N 比较大的系统来说，OFDM 复等效基带信号可以采用离散傅里叶逆变换(IDFT)方法来实现：首先是对信号 $s(t)$ 以时间间隔 T 的速率进行抽样得到 $s(n)$，这等效为对 $S(k)$ 进行 IDFT 运算。同样，在接收端为了恢复出原始数据符号 $S(k)$，可以对 $s(n)$ 进行逆变换，得到 $S(k)$。

可以看到，OFDM 系统的调制和解调可以分别由 IDFT 和 DFT 来代替；通过 N 点 IDFT 运算，把频域数据符号 $S(k)$ 变换为时域数据符号 $s(n)$，经过射频载波调制之后再发送到无线信道中。其中，每个 IDFT 输出的数据符号 $s(n)$ 都是由所有子载波信号经过叠加而生成的，即对连续的、多个经过调制的子载波的叠加信号进行抽样得到的。

在 OFDM 系统的实际运用中，可以采用更加方便快捷的快速傅里叶变换(IFFT/FFT)。N 点 IDFT 运算需要实施 N^2 次的复数乘法，而 IFFT 可以显著降低运算的复杂度。对于常用的基-2IFFT 算法来说，其复数乘法次数仅为 $(N/2)\mathrm{lb}N$，但是随着子载波个数 N 的增加，这种方法的复杂度也会显著增加。对于子载波数量非常大的 OFDM 系统来说，可以进一步采用基-4IFFT 算法来实施傅里叶变换。

2. 保护间隔、循环前缀和子载波数的选择

在时间弥散信道中，多径时延扩展将产生符号间干扰(ISI)。如图 5-37 所示，由于上一 OFDM 符号的时延分量进入到当前 OFDM 符号内，从而产生了符号间干扰(ISI)。无时延的子载波#1 分量与有时延的子载波#1 分量之间不再正交，从而产生子载波间干扰(ICI)。OFDM 系统的一个重要特点是可以有效地对抗时间弥散信道带来的符号间干扰：通过把输入数据流串/并变换到 N 个并行的子信道中，使得每一个调制子载波的数据周期可以扩大为原始数据符号周期的 N 倍，因此信道时延扩展与符号周期的比值降低了 N 倍，大大地降低了符号间的干扰。

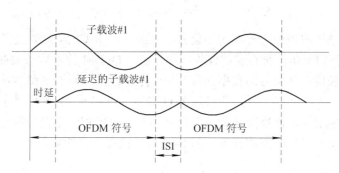

图 5-37　多径时延扩展产生符号间干扰(ISI)

为了最大限度地消除符号间干扰，可以在每个 OFDM 符号之间插入保护间隔(GI)，保护间隔长度 T_G 一般应大于信道的最大时延扩展，这样上一符号的多径分量就不会对下一符号造成干扰。在这段保护间隔内可以不插入任何信号，即为一段空白的传输时段，如图 5-38 所示。但在这种情况下，由于多径传播的影响，会产生子载波间干扰(ICI)，即子载波之间的正交性遭到破坏。不同的子载波之间产生干扰的效应如图 5-39 所示。由图可以看到，由于在 FFT 运算时间长度内，无时延的第一个子载波信号和有时延的第二个子载波信号之间的周期个数之差不再是整数，所以当接收机试图对第一个子载波进行解调时，第二个子载波的时延信号会对第一个子载波造成干扰；同样，当接收机对第二个子载波进行解调时，

也会存在来自第一个子载波的干扰，因此，空白保护间隔可以消除符号间干扰(ISI)，但不能消除子载波间干扰(ICI)。

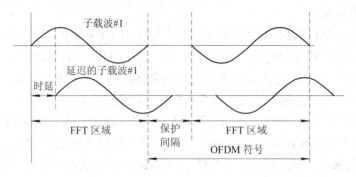

图 5-38　用保护间隔(GI)消除符号间干扰(ISI)

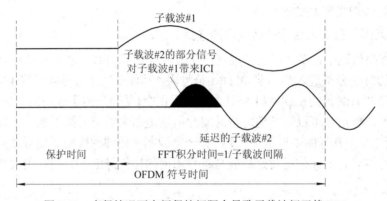

图 5-39　多径情况下空闲保护间隔会导致子载波间干扰(ICI)

　　另外，可以通过在每个符号的起始位置插入循环前缀(CP)来同时消除符号间干扰和子载波间干扰。循环前缀是一种特殊的保护间隔，它是 OFDM 符号后部数据的循环复制，增加了符号的波形长度。在符号的数据部分，每一个子载波内有一个整数倍的循环，此种符号的复制产生了一个循环的信号，即将每个 OFDM 符号的后 T_G 个时间样点复制到 OFDM 符号的前面以形成前缀，而在交接处没有任何间断。因此将一个符号的尾端进行复制并补充到起始点就增加了符号时间的长度，图 5-40 表示循环前缀的插入。

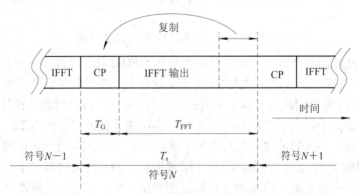

图 5-40　加入保护间隔的 OFDM 符号

循环前缀是一种特殊的保护间隔，只要其长度大于信道最大时延扩展的长度，就可以完全消除符号间干扰(ISI)。如图 5-41 所示，OFDM 符号内所有载波分量均具有整数个周期，先将 OFDM 符号后部信号拷贝插入到 OFDM 符号前端，扩展后的 OFDM 信号仍具有平滑的载波信号分量，从而将 IFFT/FFT 的线性卷积转化为循环卷积。自无 ISI 干扰的 CP 内的任何位置开始，一个 OFDM 符号时间内均包含完整的各子载波信息，即维持了各子载波间的正交性，同时消除了子载波间干扰(ICI)。

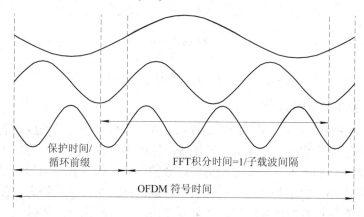

保护时间/循环前缀　　FFT积分时间=1/子载波间隔

OFDM 符号时间

图 5-41 用循环前缀(CP)同时清除符号间干扰(ISI)和子载波间干扰(ICI)

加入循环前缀后的符号总长度为 $T_s = T_G + T_{FFT}$。其中，T_s 为 OFDM 符号的总长度；$T_G = GT$ 为保护间隔长度；$T_{FFT} = NT$ 为 OFDM 符号的净数据长度，其中 T 为采样间隔。为达到同时消除符号间干扰和子载波间干扰的目的，接收端 FFT 开始的时刻 T_x 应满足

$$\tau_{max} < T_x < T_G \tag{5-21}$$

式中，τ_{max} 为信道的最大多径时延扩展。

当采样满足式(5-21)时，由于前一个符号的干扰只会存在于$[0, \tau_{max}]$内，所以当子载波个数比较大时，OFDM 的符号周期 T_s 相对于信道的脉冲响应长度 τ_{max} 会大很多，其符号间干扰(ISI)的影响则很小；而若相邻 OFDM 符号之间的保护间隔 T_G 满足 $T_G > \tau_{max}$，则可以完全消除 ISI 的影响。同时，由于 OFDM 延时副本信号中所包含的子载波的周期个数也为整数，所以时延信号就不会在解调过程中产生 ICI。为了进一步说明多径传播对 OFDM 符号造成的影响，来看一下如图 5-42 所示的两径衰落信道下的情况：实线表示经第一路径到达的信号，虚线表示经第二路径到达的实线信号的时延信号。实际上，OFDM 接收机所能看到的只是所有这些信号之和，但是为了更加清楚地说明多径的影响，还是分别画出每个子载波信号。从图中可以看到，OFDM 载波经过 BPSK 调制，即在符号的边界处，有可能发生符号相位 180°的跳变。对于虚线信号来说，这种相位跳变只能发生在实线信号相位跳变之后，而且由于假设多径时延小于保护间隔，这就可以保证在 FFT 的运算时间长度内，不会发生信号相位的跳变。因此，OFDM 接收机所看到的仅仅是存在某些相位偏移的、多个单纯连续正弦波的叠加信号，而且这种叠加也不会破坏子载波之间的正交性。但是，如果多径时延超过了保护间隔，且由于 FFT 运算时间长度内可能会出现信号相位的跳交，那么第一路径信号与第二路径信号的叠加信号内就不再只包括单纯连续正弦波信号，而是有可能导致子载波之间的正交性遭到破坏。

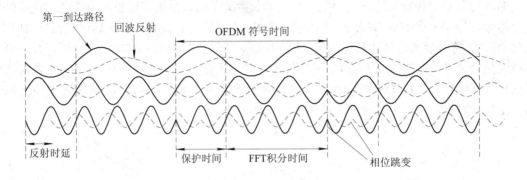

图 5-42　多径传播对 OFDM 符号造成的影响

3. OFDM 基本参数的选择

OFDM 的系统带宽为 B，采样间隔为 $T \leqslant 1/B$。OFDM 的符号长度一般大于等于系统的子载波数。为了保持数据的吞吐量，子载波数目和 FFT 的长度要相对较大，这样就导致了有用符号持续时间的增大。在实际应用中，载波的频率偏移和相位的稳定性会影响两个载波之间间隔的大小，如果是移动着的接收机，载波间隔则必须足够大，使多普勒频移可以被忽略。选择有用符号的持续时间，必须要以保证信道的稳定为前提。

系统子载波数 N，每个子载波占用的带宽 $1/NT$，系统带宽 $B \approx 1/T$，循环前缀的长度 N_{G}，均为设计 OFDM 系统时非常重要的参数。首先，循环前缀(CP)的长度应选择为 OFDM 符号长度的一小部分，以减小由于循环前缀的引入带来的系统功率损失；其次，由于循环前缀的长度直接与信道的最大时延扩展 $\tau_{\max}$ 有关，通常 OFDM 符号长度 NT 与 $\tau_{\max}$ 成正比例变化关系，也就是说，系统子载波数 N 与 $\tau_{\max}B$ 成正比例变化关系。然而，若 OFDM 符号长度 NT 太长，衰落信道中多普勒扩展引起的子载波间干扰(ICI)将限制系统性能；若选择的子载波间隔 $1/NT$ 比最大多普勒频率 f_{d} 大得多，系统对多普勒扩展和由此产生的 ICI 则相对不敏感。所以，系统子载波数应满足 $f_{\mathrm{d}} \leftrightarrow \dfrac{1}{NT}$，即 $N \leqslant \dfrac{B}{f_{\mathrm{d}}}$。于是，系统子载波数一般应满足如下约束条件：

$$\tau_{\max} B \ll N \leqslant \frac{B}{f_{\mathrm{d}}} \tag{5-22}$$

为恰当地设计 OFDM 系统，不等式(5-22)同时也限制了信道时延扩展和频率扩展间的关系，即 $f_{\mathrm{d}}\tau_{\max} \leftrightarrow 1$。这意味着时域或频域上的相关性越大，就越容易找到合适的子载波数 N。

4. OFDM 的主要优、缺点

通过以上论述，可以看出 OFDM 的主要优点有：

(1) 频谱效率高。OFDM 子载波是重叠的。

(2) 抗多径能力强。OFDM 将需要传输的数据分配在多个并行的子载波上传输，从而使得每个子载波上传输的数据速率远远小于相干带宽，所以符号间干扰(ISI)很小，可忽略。

(3) 信道均衡简单。在频域进行信道均衡，一般只需一个抽头的均衡器即可。

(4) 实现简单。由于数字信号处理(DSP)和集成电路技术的飞速发展，OFDM 的实现比较简单。

(5) 传输的数据速率高。由于是并行子载波传输，所以每个子载波只需有很小的数据传输速率，就可以获得很高的系统传输数据速率。

(6) 经串/并变换，大大降低了符号速率，同时插入了保护间隔，符号间的串扰几乎全部消除了。

(7) 带宽受限系统中的低符号速率传输，只需进行简单均衡，就可以实现很好的性能；传统单载波则需要采用很复杂的接收技术。

OFDM 的主要缺点有：

(1) 保护间隔的插入将带来功率与信息在速率上的损失。

(2) 由于 OFDM 系统各子载波间相互正交，因此 OFDM 系统的另外一个缺点是对系统频偏比较敏感。多载波系统对频率和定时同步的要求更加严格，同步误差会导致系统性能的迅速恶化。

(3) 由于 OFDM 符号是许多独立信号的叠加结果，且当子载波数非常大时，其包络遵从高斯分布，因此其峰值功率与平均功率的比值(PAPR)较大，并增加了对系统前端放大器线性范围的要求。

OFDM 技术除在数字环路(DSL)、数字音频广播(DAB)、高清晰度电视(HDTV)的地面广播系统、欧洲数字视频广播(DVB)等系统中得到应用外，在移动通信中也得到了切实的应用。第三代移动通信系统主要以 CDMA 为核心技术，第四代移动通信系统则采用了OFDM 技术，这是一大壮举。

小　　结

本章首先介绍了移动通信的基本概念、移动通信的特点、移动通信的分类及移动通信系统的组成；其次，阐述了移动通信的基本技术，包括蜂窝组网技术、多址技术、调制技术、交织技术、自适应均衡技术和信道配置技术；接着阐述了第一代、第二代移动通信技术，主要包括 GSM 系统的网络结构、GSM 系统的无线空中接口、通用分组无线业务(GPRS)、GSM 系统的区域定义、移动用户的接续过程等内容；然后，介绍了第三代移动通信技术的几种标准，如 WCDMA 系统、CDMA2000 系统、TD-SCDMA 系统；最后，介绍了第四代、第五代移动通信技术以及 OFDM 技术。通过本章的学习，读者能够迅速对移动通信技术有一个总的认识，也会对几代移动通信技术有一个全面的了解和总的概念，为今后的学习建立一个总体框架。

思考与练习 5

5.1 移动通信的特点有哪些？

5.2 移动通信是按照什么条件分类的？

5.3 简述移动通信系统的组成。

5.4　在移动通信中，为什么要采用蜂窝组网技术？

5.5　移动通信中采用的多址技术有哪些？

5.6　移动通信中主要的数字调制方式有哪些？

5.7　GSM 移动通信系统由哪些功能实体组成？各部分的作用是什么？

5.8　CDMA 通信系统的优势是什么？

5.9　分别说明 CDMA 系统中正向传输信道和反向传输信道的相同点和异同点。

5.10　人们关注 WCDMA 的发展的根本原因是什么？

5.11　CDMA2000 系统有什么特点？

5.12　TD-SCDMA 系统有什么优势？

5.13　移动通信技术有哪些？

5.14　简述第四代移动通信的主要技术与应用。

5.15　移动通信系统中的多址通信技术有什么意义？

5.16　移动通信中的多址技术与固定式通信中的信号复用技术有什么异同点？

第6章

光 通 信

【本章教学要点】
- 光纤通信
- 波分复用技术
- 相干光通信技术
- 光孤子通信
- 全光通信系统

光通信技术处于一个高速发展的时期，已从过去纯粹满足骨干网长途传输的需要向城域网、接入网拓展，并出现了长途、城域、接入传输系列。整个传送网正在努力成为一个高速、高质量、具有较高网络生存能力和统一网管的多业务传送平台。

6.1 波分复用(WDM)技术

6.1.1 WDM 的基本原理

目前，波分复用(WDM)技术发展十分迅速，已展现出巨大的生命力和光明的发展前景。我国的光缆干线和一些省内干线已开始采用 WDM 系统，国内一些厂商也在开发这项技术。

光通信网络也成为现代通信网的基础平台。随着技术的进步，光纤通信将会向超高速系统发展，向超大容量 WDM 系统演进。

波分复用技术在光纤通信出现伊始就出现了，20 世纪 80 年代双波长 WDM(1310/1550 nm)系统就在美国 AT&T 网中开始使用了，其传输速率为 2×1.7 Gb/s。但是直到 20 世纪 90 年代中期，WDM 系统的发展速度并不快，主要原因有两个：① TDM(时分复用)技术的发展，且 155～622 Mb/s～2.5 Gb/s TDM 技术相对简单。据统计，在 2.5 Gb/s 系统以下(含 2.5 Gb/s 系统)，系统每升级一次，每比特传输成本就会下降30%左右。所以，在过去的系统升级中，人们首先想到并采用的是 TDM 技术。② 波分复用器件还没有完全成熟，波分复用器/解复用器和光放大器在 20 世纪 90 年代初才开始商用。

从 1995 年开始，WDM 技术的发展进入了快车道，特别是基于掺铒光纤放大器(EDFA)的 1550 nm 窗口密集波分复用(DWDM)系统的出现，促进了 WDM 技术的快速发展。WDM 技术发展迅速的主要原因在于：① 光电器件的迅速发展，特别是 EDFA 的成熟和商用，使得在光放大器(1530~1565 nm)区域采用 WDM 技术成为可能；② 由于利用 TDM 方式已日益接近硅和镓砷技术的极限，因此 TDM 已没有太多的潜力可挖，并且传输设备的价格也很高；③ 已敷设的 G.652 光纤 1550 nm 窗口的高色散限制了 TDM 系统的传输，光纤色度色散和极化模色散的影响日益加重。现在，越来越多的人把兴趣从电复用转移到光复用，即从光域上用各种复用方式来改进传输效率，提高复用速率，而 WDM 技术是目前能够商用的最简单的光复用技术。

从光纤通信发展的几个阶段来看，所应用的技术都与光纤密切相关。20 世纪 80 年代初期的多模光纤通信所应用的是多模光纤的 850 nm 窗口；80 年代末 90 年代初的 PDH 系统所应用的是单模光纤 1310 nm 窗口；1993 年出现的 SDH 系统开始转向 1550 nm 窗口；WDM 是在光纤上实行的频分复用技术，更是与光纤有着不可分割的联系。目前的 WDM 系统是在 1550 nm 窗口实施的多波长复用技术，因而在深入讨论 WDM 技术以前，有必要讨论一下光纤的特性，特别是光纤的带宽和损耗。

1. 光纤的基本特性

单模光纤由于具有内部损耗低、带宽大、易于升级扩容和成本低的优点，因而得到了广泛应用。从 20 世纪 80 年代末起，我国在国家干线网上敷设的都是常规单模光纤。常规石英单模光纤同时具有 1550 nm 和 1310 nm 两个窗口，最小衰减窗口位于 1550 nm 窗口。多数国际商用光纤在这两个窗口的典型数值为：1310 nm 窗口的衰减为 0.3~0.4 dB/km；1550 nm 窗口的衰减为 0.19~0.25 dB/km。光纤频谱的损耗如图 6-1 所示。

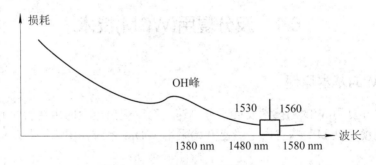

图 6-1   光纤频谱的损耗

从图 6-1 可以看出，除了在 1380 nm 有一个 OH-根离子吸收峰导致损耗比较大外，其他区域光纤损耗都小于 0.5 dB/km。现在人们所利用的只是光纤低损耗频谱(1310~1550 nm)极少的一部分，以常规 SDH 2.5 Gb/s 系统为例，它在光纤的带宽中只占很小一部分，大约只有 0.02 nm；全部利用掺铒光纤放大器 EDFA 的放大区域带宽 1530~1565 nm 的 35 nm 带宽，也只是占用光纤全部带宽 1310~1570 nm 的 1/6 左右。

理论上，WDM 技术可以利用的单模光纤带宽可达到 200 nm，即 25 THz。所以即使按照波长间隔为 0.8 nm(100 GHz)计算，理论上也可以开通 200 多个波长的 WDM 系统，但是目前光纤的带宽远远没有被充分利用。WDM 技术的出现正是为了充分利用这一带宽，而光纤本身的宽带宽、低损耗特性也为 WDM 系统的应用和发展提供了可能。

2. WDM 的基本原理

在模拟载波通信系统中，为了充分利用电缆的带宽资源，提高系统的传输容量，通常使用频分复用的方法,即在同一根电缆中同时传输若干个信道的信号。由于接收端各载波频率的不同,因此利用带通滤波器就可滤出每一个信道的信号。

同样,在光纤通信系统中也可以采用光频分复用的方法来提高系统的传输容量,并在接收端采用解复用器(等效于光带通滤波器)将各信号光载波分开。由于在光的频域上信号频率差别比较大,且人们更喜欢采用波长来定义频率上的差别,因而这样的复用方法称为波分复用。

WDM 技术就是为了充分利用单模光纤低损耗区带来的巨大带宽资源,并根据每一信道光波的频率(或波长)不同将光纤的低损耗窗口划分成若干个信道,然后把光波作为信号的载波,在发送端采用波分复用器(合波器)将不同规定波长的信号光载波合并起来送入一根光纤进行传输,最后在接收端再由一个波分复用器(分波器)将这些不同波长承载不同信号的光载波分开的复用方式。由于不同波长的光载波信号可以看作互相独立(不考虑光纤非线性时)的,从而在一根光纤中可实现多路光信号的复用传输;而且双向传输的问题也很容易解决,只需将两个方向的信号分别在不同波长传输即可。波分复用器不同,可以复用的波长数也不同,从两个至几十个不等,现在商用的一般是 8 波长和 16 波长系统,这取决于所允许的光载波波长的间隔。图 6-2 给出了波分复用系统的原理图。

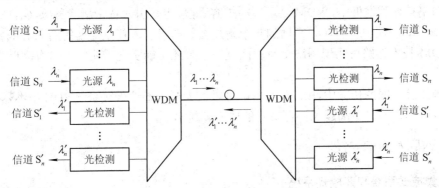

图 6-2   波分复用系统原理图

WDM 本质上是光域上的频分复用(FDM)技术,每个波长通路通过频域的分割来实现,每个波长通路占用一段光纤带宽,如图 6-3 所示。

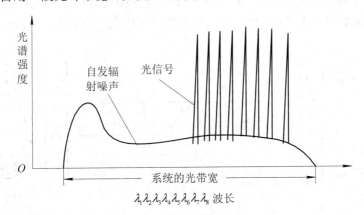

图 6-3   WDM 的频谱分布

WDM 技术与过去的同轴电缆 FDM 技术不同的是:① 传输媒质不同,WDM 系统是光信号上的频率分割，同轴电缆 FDM 系统是电信号上的频率分割；② 在每个通路上，同轴电缆 FDM 系统传输的是 4 kHz 的模拟语音信号，而 WDM 系统目前每个波长通路上是数字信号 SDH 2.5 Gb/s 或更高速率的数字信号。

3．WDM 的主要特点

WDM 技术可以充分利用光纤的巨大带宽资源来使一根光纤的传输容量比单波长传输容量增加几倍至几十倍。在大容量长途传输时，N 个波长复用起来在单模光纤中传输可以节约大量的光纤。另外，对于早期安装的芯数不多的电缆，利用波分复用之后，不必对原有系统做较大的改动即可方便地进行扩容。

由于同一光纤中传输的信号波长彼此独立，因而可以传输特性完全不同的信号，以完成各种电信业务信号的综合和分离，包括数字信号和模拟信号，以及 PDH 信号和 SDH 信号。

波分复用通道对数据格式是透明的，即与信号速率及调制方式无关。一个 WDM 系统可以承载多种格式的"业务"信号——ATM、IP 或者将来有可能出现的信号。WDM 系统完成的是透明传输，对于"业务"层信号来说，WDM 的每个波长就像"虚拟"的光纤一样。

在网络扩充和发展中，WDM 是理想的扩容手段，也是引入宽带新业务(如 CATV、HDTV 和 B-ISDN 等)的便捷手段，只需增加一个附加波长即可引入任意需要的新业务或新容量。利用 WDM 技术选路可实现网络交换和恢复，未来还可能实现透明的、具有高度生存性的光网络。

在国家骨干网的传输中，EDFA 的应用可以大大减少长途干线系统 SDH 中继器的数目，从而减少成本，而且距离越长，可节省的成本就越多。

6.1.2 WDM 通信系统

1．集成式系统和开放式系统

WDM 系统可以分为集成式 WDM 系统和开放式 WDM 系统。

集成式系统中的 SDH 终端设备都具有满足 G.692 的光接口：标准的光波长、满足长距离传输的光源(又称彩色接口)。这两项指标都是当前 SDH 系统不要求的。集成式系统整个系统的构造比较简单，没有多余设备。四路光信号集成式 WDM 系统如图 6-4 所示。

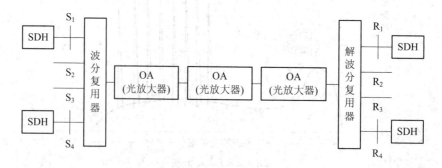

图 6-4 集成式 WDM 系统

开放式系统就是在波分复用器前加入 OTU(波长转换器)，将 SDH 非规范的波长转换为标准波长的系统。开放是指在同一 WDM 系统中可以接入多家的 SDH 系统；OTU 对输入端的信号没有要求，可以兼容任意厂家的 SDH 信号；OTU 输出端满足 G.692 的光接口要求：标准的光波长、可长距离传输的光源。具有 OTU 的 WDM 系统，不再要求 SDH 系统具有 G.692 接口，而是可继续使用符合 G.957 接口的 SDH 设备，从而可以接纳过去的 SDH 系统，实现不同厂家的 SDH 系统在一个 WDM 系统内工作。但是 OTU 的引入可能会对系统性能带来一定的负面影响。

开放的 WDM 系统适用于多厂家环境，彻底实现了 SDH 与 WDM 的分开。四路光信号开放式 WDM 系统如图 6-5 所示。

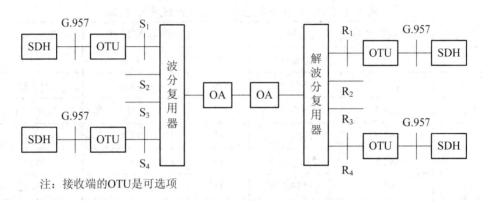

注：接收端的 OTU 是可选项

图 6-5　四路光信号开放式 WDM 系统

波长转换器 OTU 的主要作用在于把非标准的波长转换为 ITU-T 所规定的标准波长，以满足系统的波长兼容性。对于集成系统和开放系统的选取，运营者可以根据需要来进行选择，即可在有多厂商 SDH 系统的地区选择开放系统，而在新建干线和 SDH 制式较少的地区选择集成系统。现在采用开放系统的 WDM 系统越来越多。

2. 工作波长区的选择

对于常规 G.652 光纤，ITU-T G.692 给出了以 193.1 THz 为标准频率、间隔为 100 GHz 的 41 个标准波长(192.1～196.1 THz)，即 1530～1561 nm。但在实际系统中，由于当前干线系统中应用 WDM 系统的主要目的是扩容，所以应用所有标准波长的可能性几乎为零。因为在整个 EDFA 放大频谱 1530～1565 nm 内，级联后的 EDFA 增益曲线极不平坦，可选用的增益区很小，各波长信号的增益不平衡，所以必须采取复杂的均衡措施，并且当前业务的需求并没有那么大的容量。综合各大公司的材料，1548～1560 nm 波长区间的 16 个波长更受青睐，西门子和朗讯都采用了这一波长区间。在 1549～1560 nm 波长区间，EDFA 的增益相对平坦，其增益差在 1.5 dB 以内，而且增益较高，可充分利用 EDFA 的高增益区，如图 6-6 所示。

在多级级联的 WDM 系统中，容易实现各通路的增益均衡。另外，由于该区域位于长波长区一侧，因此很容易在 EDFA 的另一侧 1530～1545 nm 波长区间内开通另外 16 个波长，然后将其扩容为 32 通路的 WDM 系统。

16 通路 WDM 系统的 16 个光通路的中心频率应满足表 6-1 的要求；8 通路 WDM 系统的 8 个光通路的中心波长则应选择表 6-1 中加 * 的波长。

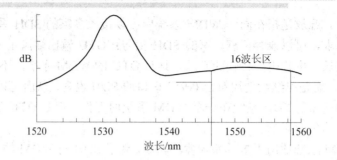

图 6-6　WDM 系统的频谱分布

表 6-1　16 通路和 8 通路 WDM 系统中心频率

序号	中心频率/THz	波长/nm	序号	中心频率/THz	波长/nm
1	192.1	*1560.61	9	192.9	*1554.13
2	192.2	1559.79	10	193.0	1553.33
3	192.3	*1558.98	11	193.1	*1552.52
4	192.4	1558.17	12	193.2	1551.72
5	192.5	*1557.36	13	193.3	*1550.92
6	192.6	1556.55	14	193.4	1550.12
7	192.7	*1555.75	15	193.5	*1549.32
8	192.8	1554.94	16	193.6	1548.51

　　WDM 系统除了对各通路的信号波长有明确的规定外，对中心频率偏移也有严格规定。通路中心频率偏移定义为通路实际的中心频率与通路中心频率标称值的差。通路间隔为 100 GHz 的 16×2.5 Gb/s WDM 系统，其寿命终了时的波长偏移应不大于 ±20 GHz。

3. 光接口分类

　　由于现在应用的 WDM 系统都是用于干线长途传输的，因而我国只选用有线路光放大器的系统，而不考虑两点之间无线路光放大器的 WDM 系统。现阶段只考虑 8 波长和 16 波长 WDM 系统的应用。

　　对于长途 WDM 系统的应用，规定了三种光接口，即 8×22 dB、3×33 dB 和 5×30 dB。其中，22 dB、30 dB 和 33 dB 是每一个区段(Span)允许的损耗，而前一个数字(8，3，5)则代表区段的数目。

　　图 6-7 为 8×22 dB 系统的示意图。其中，BA 和 PA 分别是功率放大器和预放大器，LA 是线路放大器。该系统由 8 段组成，每两个 LA 之间的允许损耗为 22 dB。假设光纤损耗以 0.275 dB/km 为基础(包括接头和光缆富裕度)，22 dB 对应于 80 km 的光纤损耗，则 8×22 dB 的 WDM 系统可以传输 8×80 km = 640 km 的距离，中间无电再生中继。

　　80 km 比较符合我国中继段的情况，可以满足大部分地区中继距离的要求。目前干线的中继段距离大多在 50～60 km。另外，8×22 dB 系统在技术上相对成熟，可靠性高、性能好，光信噪比(OSNR)比 3×33 dB 和 5×30 dB 系统要好 4～5 dB，因此可作为干线传输和省内二级干线传输的优选系统。

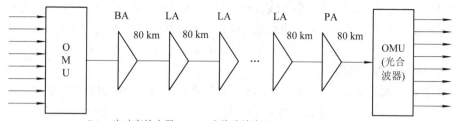

BA—光功率放大器；LA—光线路放大器；PA—预置光放大器。

图 6-7　8 × 22 dB 系统示意图

在 WDM 系统中，目前的 8 通路系统不能升级为 16 通路系统，除非该 8 通路系统是配置不完全的 16 通路系统的子集，否则都不能直接升级，即没有前向兼容性。这就要求运营者在建设 WDM 系统时，对本地业务量的发展要有正确的估计，以选择合适的通路数。

4. 光接口参数

在进行 WDM 系统设计时，对系统光接口的参数要规范化、标准化，特别是考虑到高功率条件下非线性效应和光信噪比的要求，应合理选择入纤功率，并对开放系统和集成系统提出相应要求。WDM 系统接收端的光信噪比(OSNR)数值要求是，对于 8 × 22 dB 的系统，其光信噪比为 22 dB；对于 5 × 30 dB 和 3 × 33 dB 的系统，则要求光信噪比分别为 21 dB 和 20 dB。系统的 OSNR 很大程度上取决于区段的损耗，区段的损耗越大，则最后系统的性能越差。

5. 性能要求

目前，WDM 系统还缺少一套衡量其传输质量的标准。虽然光信噪比可以用来衡量系统传输质量，但还存在一定缺陷。当光信噪比很高时(> 22 dB)，系统的质量还可以保证(一般 BER < 10^{-15})；但当 OSNR 工作在临界状态，如 15～17 dB 时，OSNR 就很难定量地评估信号传输质量了；再考虑到信号脉冲传输中出现的波形失真，有时 OSNR 较高时相应的误码率也较差。

实际上，国家骨干网的 WDM 系统是基于 SDH 系统的多波长系统，因而其网络性能应该全部满足我国 SDH 标准规定的指标，包括误码、抖动和漂移。WDM 系统在一个光复用段内只有一个电再生段，没有任何转接，因而不能用通道指标来衡量，而是暂时采用复用段指标来衡量，该指标与具体 WDM 系统的光复用段长度无关。

开放式 WDM 系统引入了波长变换器(OTU)，OTU 应具有和 SDH 再生中继器一样的抖动传递特性和输入抖动容限。

在 DWM 之后，又发展了密集波分复用(Dense Wavelength Division Multiplexing，DWDM)技术。DWDM 指的是一种光纤数据传输技术，这一技术利用激光的波长按照比特位并行传输或者字符串行传输方式在光纤内传送数据。

过去的 WDM 系统是几十纳米的波长间隔，现在的波长间隔则小多了，只有 0.8～2 nm，甚至小于 0.8 nm。密集波分复用技术其实是波分复用的一种具体表现形式。由于 DWDM 光载波的间隔很小，因而必须采用高分辨率波分复用器件来选取，如平面波导型或光纤光栅型等新型光器件，而不能再利用熔融的波分复用器件。

DWDM 长途光缆系统中，波长间隔较小的多路光信号可以共用 EDFA 光放大器。在两个波分复用终端之间，可采用一个 EDFA 来代替多个传统的电再生中继器，同时放大多路光信号，延长光传输距离。在 DWDM 系统中，EDFA 光放大器和普通的光/电/光再生中继器将共同存在，EDFA 则用来补偿光纤的损耗，而常规的光/电/光再生中继器则用来补偿色散、噪声积累带来的信号失真。

DWDM 只是 WDM 的一种形式，WDM 更具有普遍性，DWDM 缺乏明确和准确的定义，而且随着技术的发展，原来所谓密集的波长间隔在技术实现上也越来越容易，已经变得不那么"密集"了。一般情况下，如果不特指是 1310 nm/1550 nm 的双波长 WDM 系统，人们谈论的 WDM 系统就是 DWDM 系统。

6.2　相干光通信技术

从光纤通信系统问世至今，所有的系统几乎都采用光强调制—直接检测(IM-DD)的方式，这种系统的优点是调制、解调容易，成本低。但由于没有利用光的相干性，从本质上讲，这种系统还是一种噪声载波通信系统，不能充分利用光纤的带宽，且接收灵敏度低，传输距离短。为了充分利用光纤通信的带宽，提高接收机的灵敏度，人们开始考虑无线电通信中使用的外差接收方式是否可以用于光纤通信。因为光波也是一种电磁波，所以可以采用在无线电通信中使用的调制方式(幅移键控 ASK、频移键控 FSK、相移键控 PSK)和外差接收方式，从而出现了一种新型系统——相干光通信系统。

所谓相干光，就是光场具有空间叠加、相互干涉性质的激光。实现相干光通信，关键是要有频率稳定、相位和偏振方向可以控制的窄线谱激光器。

6.2.1　相干光通信的基本原理

图 6-8 给出了相干光通信系统的组成框图。在相干光通信系统中，信号以适当的方式调制光载波。当信号光传输到接收端时，首先与本振光信号进行相干混频，然后由光检测器进行光电变换，最后由中频放大器对本振光波和信号光波的差频信号进行放大。中频放大输出的信号通过解调器进行解调，从而可以获得原来的数字信号。

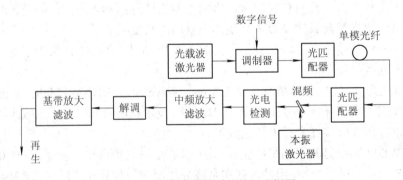

图 6-8　相干光通信系统的组成框图

在图 6-8 所示的系统中，光发射机由光载波激光器、调制器和光匹配器组成。光载波激光器发出相干性很好的光载波，由数字信号经调制器进行光调制，经过调制的已调光波再通过光匹配器进入单模光纤。在这里，光匹配器有两个作用：一是获得最大的发射效率，使已调光波的空间分布和单模光纤基模之间有最佳的匹配；二是保证已调光波的偏振状态和单模光纤的本征偏振状态相匹配。

在接收端，光波首先进入光匹配器，其作用与光发射机的光匹配器相同，主要是保证接收信号光波的空间分布和偏振方向与本振激光器输出的本振光波相匹配，以便得到高混频效率。

设到达接收端的信号光场 E_S 可表示为

$$E_S = A_S \exp[-j(\omega_0 t + \varphi_S)] \tag{6-1}$$

式中，A_S 为光信号的幅度；ω_0 为光载波频率；φ_S 为光场相位。本振光场 E_L 可表示为

$$E_L = A_L \exp[-j(\omega_L t + \varphi_L)] \tag{6-2}$$

由于光匹配器使信号光与本振光具有相同的偏振状态，所以两光场经相干混频后在光检测器上会产生光电流 I_S。I_S 正比于 $|E_S + E_L|$，即

$$I_S = R(P_S + P_L) + 2R\sqrt{P_S P_L}\cos(\omega_{IF} t + \varphi_S - \varphi_L) \tag{6-3}$$

式中，R 为光检测器的响应度；P_S 和 P_L 分别为信号光和本振光的光功率；ω_{IF} 为信号光频与本振光频之差，$\omega_{IF} = \omega_0 - \omega_L$，称为中频。

一般情况下 $P_L \gg P_S$，因此 $P_S + P_L \approx P_L$，式(6-3)等号右边的第一项代表直流分量，而第二项包含了由发射端传来的信息，该信息可以是调幅、调频或调相的形式。由此可见，该信号电流与本振光信号成正比，可以等效地看成是本振光信号使接收光信号得到了放大，称之为本振增益，这就使得接收机的灵敏度大大提高了。

在式(6-3)中，如果本振光频率 ω_L 与信号光频率 ω_0 相等，那么中频 $\omega_{IF} = 0$，这种检测方式称为零差检测。在零差检测中，信号电流 i_S 变成

$$i_S = 2R\sqrt{P_S P_L}\cos(\omega_{IF} t + \varphi_S - \varphi_L) \tag{6-4}$$

在这种检测方式中，光信号被直接转换成基带信号，但它要求本振光频率与信号光频率严格匹配，并且要求本振光与信号光的相位锁定，图 6-9 给出了这种检测方式的结构和信号的频谱分布。

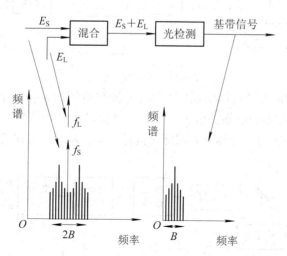

图 6-9　零差检测的结构和信号的频谱分布

如果本振光频率 ω_L 与信号光频率 ω_0 不相等，而是相差一个中频 ω_{IF}，那么这种检测方式称为外差检测。在外差检测中，信号电流

$$i_S = 2R\sqrt{P_S P_L}\,\cos(\omega_{IF}t + \varphi_S - \varphi_L) \tag{6-5}$$

与零差检测不同，外差检测不要求本振光与信号光之间的相位锁定和光频率严格匹配，但这种检测方式不能直接获得基带信号，信号仍然被载在中频上，因此需要对中频进行二次解调，图 6-10 给出了外差检测的结构和信号的频谱分布。根据中频信号的解调方式的不同，外差检测又分同步解调和包络解调。

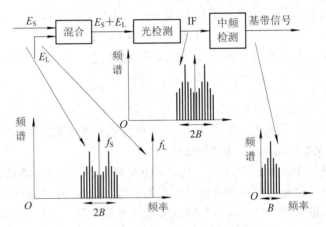

图 6-10　外差检测的结构和信号的频谱分布

外差同步解调如图 6-11 所示，光检测器上输出的中频信号首先通过一个中频带通滤波器(BPF，中心频率为 ω_{IF})，分成两路，其中一路用作中频载频恢复，恢复出的中频载波与另一路中频信号进行混频，最后由低通滤波器(LPF)输出基带信号。这种同步解调方式具有灵敏度高的优点。

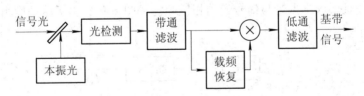

图 6-11　外差同步解调

在如图 6-12 所示的外差包络解调中，信号光没有中频载频的恢复过程，而是经带通滤波后直接经过包络检波器和低通滤波器，从而直接检测出基带信号。其光谱宽度的要求不高，采用分布反馈式(DFB)半导体激光器即可满足要求，因此这种方式在相干通信中很有吸引力。

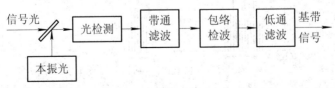

图 6-12　外差包络解调

6.2.2　相干光通信的关键技术

与 IM-DD 系统相比，相干光通信最显著的优点就是接收灵敏度高。由于相干检测对中频信号起重要作用的本振光功率较大，使中频信号较强，从而使接收灵敏度比 IM-DD 系统高 10～25 dB，中继距离大大加长。相干光通信的第二个优点是具有很好的频率选择性，通过对光接收机中本振光频率的调谐来对特定频率的光载波进行接收，可以实现信道间隔小至 1～10 GHz 的密集频分复用，从而有效增加传输容量，实现超高容量的传输。

在 IM-DD 系统中，只能使用强度调制方式对光波进行调制；而在相干光通信系统中，可以采用调幅、调频和调相等多种调制方式。但是，相干光通信对光源、调制、传输、接收的要求都比 IM-DD 严格得多。实现相干光通信的关键技术主要有两个：一是光源的频率稳定性问题，在相干光通信系统中，发射机的载波光源和接收机的本振光源的频率稳定性要求非常高，不容易实现；二是接收信号光波和本振光波的偏振必须匹配，以保证接收机具有较高的灵敏度。

目前这些问题并没有得到完全解决，所以相干光通信系统尚未进入实用阶段。但是近年来，已成功研制出一些相干光通信实验系统，它们向人们展示了相干光通信系统的优越性。我们有理由相信，随着技术水平的提高，在不久的将来，相干光通信将在光纤通信中发挥重要作用。

6.3　光孤子通信

光纤的损耗和色散是限制系统传输距离的两个主要因素，尤其是在传输率为兆位每秒以上的高速光纤通信系统中，色散将起主要作用，且脉冲展宽效应会使得系统的传输距离受到限制。能不能设法保持脉冲形状，使其在传输过程中不展宽，从而提高通信距离呢？

近年来出现了解决这一问题的新型通信方式——光孤子通信。所谓光孤子，是指经过光纤长距离传输后，其幅度和宽度都不变的超短光脉冲(ps 数量级)。光孤子的形成是光纤的群速度色散和非线性效应相互平衡的结果。利用光孤子作为载体的通信方式称为光孤子通信。

6.3.1　光孤子的基本特征

1973 年, Hasegawa 首先提出了光纤中的孤立子的概念, 称为光孤子。1980 年, Mollenaner 在实验中首次证实了光纤中光孤子的存在。这种光孤子与一般的光脉冲不同，它的脉冲宽度极窄，达到 ps 数量级，而其功率又非常大。

那么，光孤子是如何形成的呢？在光纤中传输高功率窄脉冲光信号时，非线性效应(自相位调制 SPM)和色散效应(群速度色散 GVD)的相互抵消作用可产生光孤子。光纤的非线性效应和色散效应原本都是破坏波形稳定的因素，色散效应使波形有散开(展宽)的趋势，这是因为组成光波的各频率分量具有不同的群速度，因而传输一段距离后，波形便展宽了；而非线性效应与色散效应恰恰相反，它使得较高频率分量不断积累，这样光波在传输的过程中形状越来越陡峭。如果把这两种效应巧妙地结合起来，相互制约、相互平衡，就有可能保持波形的稳定不变，成为光孤子。

在讨论光纤中的非线性光学效应时指出：在强光作用下，光纤的折射率 n 将随光强而变化，即 $n = n_0 + \bar{n}|E|^2$，进而引起光场的相位变化为

$$\Delta\varphi(t) = \frac{\omega}{c}\Delta n(t)L = \frac{2\pi L}{\lambda}\Delta n(t) \tag{6-6}$$

这种使脉冲的不同部位产生不同相移的特性，称为自相位调制(SPM)。如果考虑光纤损耗，式(6-6)中的 L 要用有效长度 L_{eff} 来代替。SPM 所引起的脉冲载波频率随时间的变化为

$$\Delta\omega(t) = -\frac{\partial\Delta\varphi(t)}{\partial t} = -\frac{2\pi L}{\lambda}\frac{\partial}{\partial t}[\Delta n(t)] \tag{6-7}$$

如图 6-13 所示，在脉冲的上升部分，$|E|^2$ 增加，$\dfrac{\partial\Delta n}{\partial t} > 0$，得 $\Delta\omega < 0$，频率下移；在脉冲的顶部，$|E|^2$ 不变，$\dfrac{\partial\Delta n}{\partial t} = 0$，得 $\Delta\omega = 0$，频率不变；在脉冲的下降部分，$|E|^2$ 减小，$\dfrac{\partial\Delta n}{\partial t} < 0$，得 $\Delta\omega > 0$，频率上移。频移会使脉冲频率分布发生改变，即前部(头)频率降低，后部(尾)频率升高。这就是脉冲被线性调频的现象，或称啁啾(Chirp)。

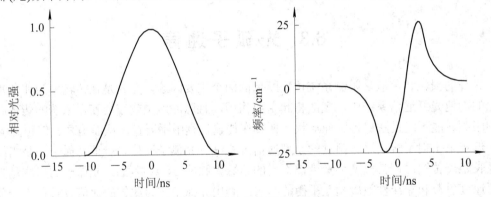

图 6-13　脉冲的光强频率调制

设光纤无损耗，在光纤中传输的已调波为线性偏振模式，其场强可以表示为

$$E(r,z,t) = R(t)U(z,t)\exp[-\mathrm{j}(\omega_0 t - \beta_0 z)] \tag{6-8}$$

式中，$R(t)$ 为径向本征函数；$U(z,t)$ 为脉冲的调制包络函数；ω_0 为光载波频率；β_0 为调制频率 $\omega = \omega_0$ 时的传输常数。

已调波 $E(r, z, t)$ 的频谱在 $\omega = \omega_0$ 处有峰值，频谱较窄，所以可近似为单色平面波。由于非线性克尔效应，传输常数应写成

$$\beta = \frac{\omega}{c}n = \frac{\omega}{c}\left(n_0 + n_2\frac{P}{A_{\text{eff}}}\right) \tag{6-9}$$

式中，P 为光功率；A_{eff} 为光纤有效截面积。由此可见，β 不仅是折射率的函数，而且是光

功率的函数。在 β_0 和 $P = 0$ 附近把 β 展开成级数，得

$$\beta(\omega, P) = \beta_0 + \beta_0'(\omega - \omega_0) + \beta_0''(\omega - \omega_0)^2 + \beta_2 P \tag{6-10}$$

式中，$\beta_0' = \left.\dfrac{\partial \beta}{\partial \omega}\right|_{\omega = \omega_0} = \dfrac{1}{v_g}$，$v_g$ 为群速度，即脉冲包络线的运动速度；$\beta_0'' = \left.\dfrac{\partial^2 \beta}{\partial^2 \omega}\right|_{\omega = \omega_0}$，与一阶

色散成比例，它描述群速度与频率之间的关系；$\beta_2 = \dfrac{\partial \beta / \partial P|_{P}}{\partial \omega} = \dfrac{\omega \overline{n^2}}{cA_{eff}}$。令 $\beta_2 P = \dfrac{1}{L_{NL}}$，$L_{NL}$

为非线性长度，表示非线性效应对光脉冲传输特性的影响。

式(6-10)虽然略去了高次项，但仍较完整地描述了光脉冲在光纤中的传输特性，式中右边第三项和第四项最为重要，这两项正好体现了光纤色散和非线性效应的影响。如果 $\beta_0' < 0$，同时 $\beta_2 P > 0$，那么适当地选择相关参数使两项绝对值相等，光纤色散和非线性效应便相互抵消了，因而输入脉冲宽度保持不变，形成稳定的光孤子。

6.3.2　光孤子通信系统

图 6-14(a)示出了光孤子通信系统的构成框图。光孤子源会产生一系列脉冲宽度很窄的光脉冲，即光孤子流。光孤子流作为信息的载体进入光调制器，并使信息对光孤子流进行调制。调制的光孤子流经掺铒光纤放大器和光隔离器后，进入光纤线路进行传输。

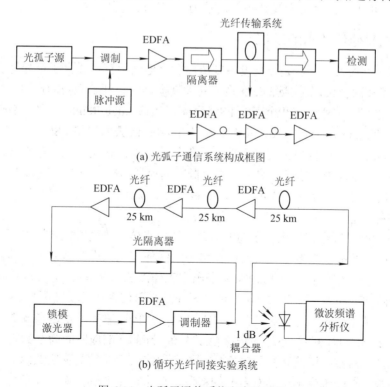

(a) 光弧子通信系统构成框图

(b) 循环光纤间接实验系统

图 6-14　光孤子通信系统和实验系统

　　为克服光纤损耗引起的光孤子减弱,在光纤线路上周期性地插入 EDFA 来向光孤子注入能量,以补偿因光纤引起的能量损耗,达到确保光孤子稳定传输的目的。在接收端,通过光检测器和解调装置来恢复光孤子所承载的信息。

　　目前,光孤子源是光孤子通信系统的关键,要求光孤子源提供的脉冲宽度为 ps 数量级,并有规定的形状和峰值。光孤子源有很多种类,主要有掺铒光纤孤子激光器、锁模半导体激光器等。

　　光孤子通信系统已经有许多实验结果。例如,对光纤线路直接实验系统,在传输速率为 10 Gb/s 时,传输距离可达到 1000 km;在传输速率为 20 Gb/s 时,传输距离可达到 350 km;对循环光纤间接实验系统,如图 6-14(b)所示;传输速率为 2.4 Gb/s 时,传输距离可达到 12 000 km;改进实验系统,传输速率为 10 Gb/s 时,传输距离可达 10^6 km。

6.4　无线光(FSO)通信

　　无线光通信又称自由空间光通信(Free Space Optical Communications,FSO),是一种宽带接入方式,是光通信和无线通信结合的产物,它利用光束信号通过大气空间,而不是通过光纤传送信号。这种技术的接入系统在组成结构上与光纤传送系统非常相似,系统的物理组成非常简单,用户无须申请无线频率,而且起始投资低、运营费用低,能快速装设,可提供与光纤系统相似的传送带宽。随着器件的成熟,特别是大规模应用无线光通信后,器件价格进一步下降,宽带无线光接入技术仍然在发展之中。

6.4.1　无线光通信技术的发展

　　2001 年 2 月美国的一些无线光设备制造商联合电信运营商成立了空间光通信联盟。该组织已举行了多次会议,对促进 FSO 系统的大规模推广起到了积极的作用。

　　在 FSO 领域,国外已有几个大的 FSO 厂家,包括 Light Pointe 公司、Air Fiber 公司、Canon 公司、Terabeam 公司。Air Fiber 公司和 Terabeam 公司已将 FSO 应用于商业服务。

　　Light Pointe 公司将自由空间光学技术用于创造、设计和制造光传输设备,并向电信服务商提供比传统光缆传输速度更快、成本更低的高速通信解决方案。Light Pointe 的系统以超快的速度提供安全可靠的无线传输,速度最高可达 2.5 Gb/s,且产品适应性强,可解决城市地区的连接问题。

　　国内 FSO 的发展也初步走上了商业服务之路。桂林某研究所主要推出了大气激光通信机的样机;中科院成都光电技术研究所在引进的国外公司先进的激光器及其附属电路的基础上,利用自己在光学器件上的优势,开发出了工作波长为 850 nm 并可以传输 1 km、4 km 两种距离的两款产品;上海光机所承担的"无线激光通信系统"项目在 2003 年 1 月通过了验收,该系统具有双向高速传输和自动跟踪功能,其传输速率可以达到 622 Mb/s,通信距离可以达到 2 km,自动跟踪系统的跟踪精度为 0.1 mrad,响应时间为 0.2 s。自动跟踪系统采用双波长同光路接收镜筒和高灵敏度位敏探测器来实现灵敏的伺服跟踪,并简化通信系统的机械结构,在降低成本上具有自己的特色,已申请了专利。深圳飞通有限公司利用自身强大的光电器件优势,开发出了在光收/发模块上加上 EDFA 系统方式的样机,其速率有

155 Mb/s、622 Mb/s 以及 1.25 Gb/s 几种，通信距离最远可达 4 km。清华同方研究发展中心一直致力于"最后一公里"解决方案的探索，并于 2001 年 12 月成立 FSO 技术跟踪研究小组，推出了自由空间光通信产品 TFOW100-1，完成了 1000 m 点对点通信样机的检测。TFOW100-1 能提供 100 Mb/s 的带宽。

随着互联网应用的兴起，在众多的宽带技术之中，无线光通信以其容量和价格的优势受到越来越多运营公司的注意，应用的范围不断扩大。

光纤传输无疑是最可靠的通信方式，但光纤敷设的周期较长、投资很大。虽然 LMDS(Local Multi-point Distribution Service，本地多点分配业务)技术日渐成熟，比 FSO 的传输距离远，但其接入方式需要高额的初始投资和频谱许可证，所以对业务提供商而言，这种接入技术不如 FSO 经济；尽管铜缆是一种易得的传输媒介，用铜缆相连的大楼也远多于光纤，但由于 DSL 的带宽太窄，使得这种基于铜缆的接入方式并不是解决"最后一公里"瓶颈问题的最可行的解决方案；FSO 相对而言是一种比较好的方案，带宽可扩展、建设速度快，并且十分经济，其应用前景非常广阔。

6.4.2 无线光通信系统的构成及工作原理

无线光通信是利用激光束作为载波，不使用光纤等有线信道作为传输介质，而是在空气中直接传输光信息的一种通信方式，也就是利用激光束作为信道在空间直接进行语音、数据、图像等信息双向传输的一种技术。FSO 可分为大气光通信、卫星间光通信和星地光通信。

无线光通信系统包括发射和接收两个部分。发射部分主要由激光器、光调制器和光学天线组成；接收部分主要由光学天线、光电检测器和电信号处理器组成。发射是先将待发送的信息源变换成电信号，然后将这些电信号输入光调制器，调制到一个由激光器产生的激光束上，并控制这个载波的某个参数，使光按照电信号的规律变化；接下来激光载波就运载着这些已调制成激光的信息，在经过处理后由发射天线发射出去。接收是发射的逆过程，接收天线接收到已调制的激光信号后送到光检测器取出电信号，然后由信号变换设备恢复出原始信息。

无线光通信系统中的发射天线和接收天线都由是透镜构成的。发射天线能把截面很小的激光束变成截面较大的激光束，以方便接收天线调整方位并接收信号；接收天线接收大面积的激光束，并聚集较小的光斑，起到恢复激光束本来面目的作用。

无线光通信系统具体的工作原理如图 6-15 所示，图中信号交换与处理、信息发送与接收属于电信号部分。

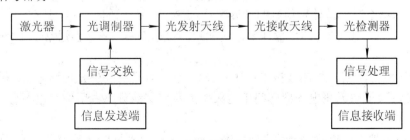

图 6-15　无线光通信系统工作原理

　　一般情况下，无线光通信设备的激光通信终端每一侧分别包括专用望远物镜(Telescope)、激光收发器部分、线路接口、电源和机械支架，但有的设备还包括伺服、监控、远程管理等部分。另外，部分设备中还集成了伺服装置，用于安装调试、组网调整以及由于环境因素引起的基座移动的调整。

　　激光通信终端中的光源(Light Source)主要分为 LD(Laser Diode，激光二极管)光源和LED(Light Emitting Diode，发光二极管)光源。其中，LD 多采用铝砷化钾二极管(AlGaAs Laser Diode)，接收器主要采用 PIN(Positive Intrinsic Negative Diode，光电二极管)或APD(Avalanche Photo Diode，雪崩光电二极管)。

　　只要无线光通信(FSO)系统的收、发两端机之间存在无遮挡的视距路径和足够的光发射功率，通信就可以进行。在点对点传输的情况下，每一端都设有光发射机和光接收机，可以实现全双工通信。由于大气空间对不同光波长信号的透过率有较大的差别，所以应选用透过率较好的波段窗口。

　　FSO 有两种工作波长：850 nm 和 1550 nm。850 nm 的设备相对便宜，一般应用于传输距离不太远的场合；1550 nm 波长的设备价格要高一些，但在功率、传输距离和视觉安全方面有更好的表现。1550 nm 的红外光波大部分都被角膜吸收，照射不到视网膜，因此，相关安全规定允许 1550 nm 波长设备的功率可以比 850 nm 的设备高两个等级。功率的增大有利于增大传输距离和在一定程度上抵消恶劣气候给传输带来的影响。FSO 和光纤通信一样，具有频带宽的优势，能支持 155 Mb/s～10 Gb/s 的传输速率，传输距离可达 2～4 km，但通常在 1 km 有稳定的传输效果。FSO 产品可以传输数据、语音、影像等内容。

6.4.3　无线光通信系统的优点

　　虽然无线光通信技术还有待进一步发展，但它以独特的方式、显著的优点拥有着巨大的市场潜能：

　　(1) 频带宽、速率高、信息容量大。理论上，无线光通信的传输带宽与光纤通信的传输带宽相同(光纤通信中的光信号在光纤介质中传输，而 FSO 的光信号在空气介质中传输)。目前，国外无线光通信系统一般使用 1550 nm 波长(频率约为 1.935×10^5 GHz)技术，传输速率可达 10 Gb/s(4×2.5 Gb/s)，即可完成 12 万个话路，其传输距离可达 5 km；国内无线光通信系统一般使用 850 nm 波长(频率约为 3.529×10^5 GHz)技术，传输速率为 10～155 Mb/s，传输距离可达 4 km。

　　光波作为信息载体可轻易传输高达 10 Gb/s 码率的数据，能满足大容量信息传输的要求。美国贝尔实验室成功演示了无线光通信数据链路，创造了在 2.4 km 的自由空间距离内以 2.5 Gb/s 的速率无差错传输信息的世界纪录。FSO 与光纤通信一样，具有频带宽的优势，能支持 155 Mb/s～10 Gb/s 的传输速率，传输距离可达 2～4 km，但通常在 1 km 内有稳定的传输效果。

　　(2) 频谱资源丰富。与微波技术相比，FSO 设备多采用红外光传输方式，有非常丰富的频谱资源，无须向无线电管理部门申请频率执照和交纳频率占用费，也不会和微波等无线通信系统相互干扰。

　　(3) 适用多种通信协议。无线光通信产品作为一种物理层的传输设备，可以用在 SDH、ATM、以太网、快速以太网等常见的通信网络中，并可支持 2.5 Gb/s 的传输速率，对语音、数据和图像可以做到透明传输。

(4) 部署链路快捷。FSO 设备可以直接架设在楼顶，甚至可在水域上部署，能完成地对空、空对空等多种光纤通信无法完成的通信任务；其施工周期较短，可以在数小时内建立起通信链路，而建设成本只有地下光纤的五分之一左右。

(5) 传输保密性好。无线光通信的安全性是非常显著的，由于它具有很好的方向性和非常窄的波束，因此，对其窃听和人为干扰几乎是不可能的。

(6) 不易出现传输堵塞。由于无线光通信系统使用点对点的系统，在确定发收两点之间视线不受阻挡的通道之后，因此无线光通信系统到端用户节点之间的信号通道仍然保持着光的形式，中间没有电转换的介入。这样，无线光通信系统内光信号的流动就没有光/电转换的障碍，所以信息在传输时不会出现堵塞现象。

(7) 便携性。由于光波的波长短，在同样功能情况下，光收/发天线的尺寸比微波、毫米波通信天线尺寸要小很多，同时功耗小、体积小、重量轻，而且无线通信装置可灵活拆装，并移装至其他位置，适于临时、应急通信。

(8) 全天候工作。FSO 全天候工作的可靠率高达 99.999%，远远高于国际规定的通信系统年可靠率 95%。

6.4.4 无线光通信的关键技术

1. 高功率光源及高码率调制技术

空间光通信系统大多可采用半导体激光器或半导体泵浦的 Nd:YAG 固体激光器作为信号光和信标光源，其工作波长满足大气传输低损耗窗口，即 $0.8 \sim 1.5\ \mu m$ 的近红外波段。用于 ATP(Acquisition，Tracking，Pointing，捕获、跟踪和瞄准)系统的信标光源(采用单管或多管阵列组合，以加大输出功率)要求能提供数瓦连续光或脉冲光，以便在大视场、高背景光干扰下快速、精确地捕获和跟踪目标；通常信标光的调制频率为几十赫兹至几千赫兹(或几千赫兹至几十千赫兹)，以克服背景光的干扰。用于数据传输的光信号源则选择输出功率为数十毫瓦的半导体激光器，但要求输出光束质量好、工作频率高，频率应达到几十兆赫兹至几十吉赫兹。据报道，贝尔实验室已研制出调制频率高达 10 GHz 的光源。此外，激光器的热稳定性和频率稳定性及工作寿命等性能都是需要考虑的因素；如采用直接调制方式，还需考虑频率啁啾、相位调制及电光延迟和张弛延迟等效应。

2. 精密、可靠的光束控制技术

在发射端，由于半导体激光器的光束质量一般较差、发散角大，而且水平和垂直两个方向的发散角不相等，因此必须进行准直，即先将发散角压缩到毫弧度级，然后再通过发射望远镜进一步将其准直成微弧度级；在接收端，接收天线的作用是将空间传播的光场收集并汇聚到探测器表面。发射和接收天线的效率及接收天线的口径都对系统的接收光功率有重要影响。

3. 高灵敏度和高抗干扰性的光信号接收技术

空间光通信系统中，光接收机接收到的信号是十分微弱的，加上高背景噪声场的干扰，会导致接收端信噪比小于 1。为快速、精确地捕获目标和接收信号，通常采取的措施有：

首先是提高接收端机的灵敏度，使其达到纳瓦至皮瓦量级，这就需要选择量子效率高、灵敏度好、响应速率快、噪声小的新型光电探测器件；其次是对所接收的信号进行处理，在光信道上采用光窄带滤波器，如吸收滤光片、干涉滤光片、新型的原子共振滤光器等，以抑制背景杂散光的干扰，在电信道上则采用微弱信号检测与处理技术。

4. 快速、精确的捕获、跟踪和瞄准(ATP)技术

快速、精确的捕获、跟踪和瞄准技术是保证实现空间远距离光通信尤其是星际间光通信的必要核心技术。

ATP 系统通常由两部分组成：

(1) 捕获(粗跟踪)系统，捕获范围可达 ±1°～±20° 或更大。通常采用阵列 CCD 来实现，并与带通光滤波器、信号实时处理的伺服执行机构完成粗跟踪即目标的捕获。

(2) 跟踪、瞄准(精跟踪)系统，通常采用四象限红外探测器 QD 或 Q-APD 高灵敏度位置传感器来实现，并配以相应的电子学伺服控制系统。精跟踪要求视场角为几百微弧度，跟踪精度为几微弧度，跟踪灵敏度大约为几纳瓦。

5. 大气信道

在地对地、地对空的激光通信系统的信号传输中，涉及的大气信道是随机的。大气中的气体分子、水雾、雪、霾、气溶胶等粒子的几何尺寸与半导体激光波长相近甚至更小，这就会引起光的吸收、散射。特别是在强湍流的情况下，光信号将受到严重干扰甚至脱靶。自适应光学技术可以较好地解决这一问题，并已逐渐实用。

6. 调制方式、编码方式及解调方式

目前，空间光通信系统多采用 IM-DD 方式，主要是考虑到系统能比较简单地实现这种方式。采用的编码方式多为开关键控(OOK)编码和曼彻斯特编码方式。在实际应用中，采用曼彻斯特编码方式的接收误码率通常比采用 OOK 编码的要低。

完整的星际间光通信系统还包括相应的机械支撑结构、热控制、辅助电子设备等部分及系统整体优化等技术。虽然这些技术的难度较大，但十分重要。

6.4.5 无线光通信的典型应用

1. 在局域网连接中的应用

在校园网、小区网或大企业的内部网建设中，经常会碰到这样一种情况：马路对面的新建大楼急需接通，但可挖路许可权却迟迟不能得到批准或者根本就无法取到。这时候无线光通信技术便可以大显身手，如图 6-16 所示。其中，SNMP 即简单网络管理协议，为可选项。无线光通信设备配备有标准 RJ45 接口或光接口，且对协议透明，可以非常方便地完成局域网的连接。

美国 Light Pointe 公司针对不同的应用场合开发了三种系列的产品，可用于不同的网络层次中：Flight Lite 及 Flight Path 系列，带宽为 10 Mb/s～1.25 Gb/s，可以解决 Access Layer(接入层)的应用，例如，当一个小区的一处居民楼离控制中心较远时，采用无线光通信的接入方案能很好地解决该处居民楼的联网问题；Flight Spectrum 系列，可解决 Core Layer(核心层)的应用。通常情况下，核心层要保证数据通信的快速，所以需要较高的带宽，Flight

Spectrum 系列产品很好地解决了相距较远(1～4 km)、较高带宽(155 MHz～2.5 GHz)要求的应用。

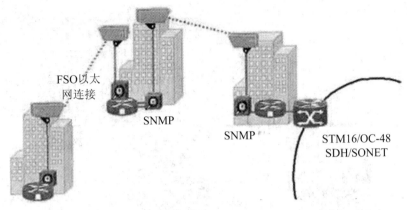

图 6-16 　 局域网的延伸

2. 在城域、边缘网建设中的应用

随着社会经济的飞速发展,城市建设的步伐和力度也在不断加大,城市的覆盖面积也在不断增加。早在几年前,各大运营商在抢占通信市场的时候,就纷纷着手建设自己的基础网络设施了。目前,城域网的建设可谓日新月异,通信带宽可达 10 GHz,已基本上能够满足数据通信的需求。随着城市的发展,以往的郊区也逐渐被纳入到城市中心来,如何高效、低成本地实现城域网的扩展并快速占领新市场,越来越为各大电信运营商所关注。

图 6-17 所示为一种采用无线光通信技术的解决方案。在这种方案中,无线光通信技术集中展现了高带宽的魅力。这种连接方式可以满足城市边缘网通信中对数据通信带宽的需求,因为它具有建设周期短、投入小的特点,已被欧美一些电信运营商采用。

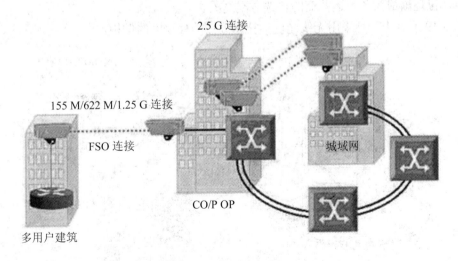

图 6-17 　 城域网的建设及扩展

3. 在"最后一公里"接入中的应用

由于接入 Internet 的需求不断增长,越来越多的公司、团体、个人要求加入 Internet。

但由于各种实际原因，例如公路开挖、敏感地区对微波使用的限制，很多接入还没有解决方案，而无线光通信的诞生为运营商抢占市场提供了一种可行的解决方案。图 6-18 就是光纤到楼的图示说明。

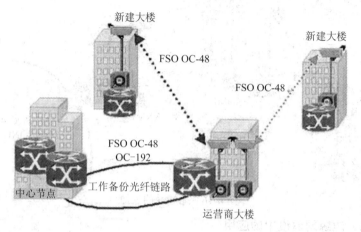

图 6-18　光纤到楼

4. 无线光通信在移动通信中的应用

移动通信是当今通信领域最为活跃、发展最为迅速的领域之一，也是对人类生活和社会发展有重大影响的科学技术领域之一。随着移动电话用户的迅猛增长和移动数据业务的推广，无线网络需要更高的带宽和容量。5G(第 5 代移动通信技术)已经成为当今电信业的热点，且如何充分地利用现有资源，在最低投入、最快速度的情况下实现第五代网络平滑过渡已成为移动网络运营商最为关注的问题。

无线光通信技术作为一种接入技术，因为其自身的特点和在施工、带宽、成本等方面的优点，已逐渐成为各大运营商的首选方案之一。

图 6-19 所示为一种采用无线光通信技术连接的移动网的结构。

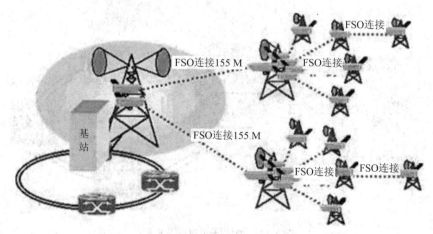

图 6-19　无线光通信技术在移动网中的应用

主干网到距离最近的天线之间采用光纤连接，经 NE1 接口转换器后，由无线光通信设备再连接到其他天线，所以所有的天线可以共用一个基站，且具有以下优点：

(1) 省却基站到天线之间的链路敷设，缩短了施工时间和施工费用；

(2) 可以多个天线共用一个基站，减少了基站数目；

(3) 大大减少了基站与中心节点之间的光纤敷设费用；

(4) 无线光通信技术采用红外激光传输，相邻设备之间不会产生干扰。

6.5 全光通信系统

20 世纪末出现的因特网标志着人类社会已进入一个崭新的时代——信息化时代。在这个时代，人们对信息的需求急剧增加，信息量像原子裂变一样呈爆炸式增长，传统的通信技术已经很难满足不断增长的通信容量的要求，于是，一些新兴的通信技术就应运而生了，如 CDPD 技术、CDMA2000 技术、GPRS 技术以及光通信技术。在这些通信技术中，光通信技术凭借其潜在的带宽容量巨大的特点，已成为支撑通信业务量增长最重要的通信技术之一。但在目前的光纤通信系统中，存在着较多的光/电、电/光转换过程，而这些转换过程存在着时钟偏移、严重串话、高功耗等缺点，所以很容易产生通信中的"信息瓶颈"问题。为了解决这一问题，要充分发挥光纤通信的极宽频带、抗电磁干扰、保密性强、传输损耗低等优点，于是全光通信技术就"隆重登场"了。

6.5.1 全光通信的概念

全光通信技术是一种光纤通信技术，该技术是针对普通光纤系统中存在较多的电子转换设备而进行改进的技术。该技术确保用户与用户之间的信号传输与交换全部采用光波技术，即从源节点到目的节点的数据传输过程都在光域内进行，各网络节点间的数据交换则采用全光网络交换技术。

全光通信网由全光内部部分和通用网络控制部分组成。内部全光网是透明的，能容纳多种业务格式，而且网络节点可以通过选择合适的波长来进行透明的发送或从别的节点处接收。通过对波长路由的光交叉设备进行适当配置，透明光传输扩展的距离更远。外部控制部分可实现网络的重构，这使得波长和容量在整个网络内动态分配以满足通信量、业务和性能需求的变化，并提供一个生存性好、容错能力强的网络。

6.5.2 全光通信的关键器件和技术

1. 全光通信的关键器件

全光通信的关键器件包括如下几种：

(1) 光分插复用器(OADM)。目前采用的 OADM 只能在中间局站上、下固定光信号，使用起来比较呆板。未来的 OADM 对上、下光信号将是完全可控的，就像目前的 ADM 上、下电路一样，通过网管系统就可以在中间局随意地选择上、下一个或几个波长信道的光信号，使用起来非常方便，组网十分灵活。

(2) 光交叉连接(OXC)设备。与 OADM 类似，未来的 OXC 将像现在的 DXC 一样，可以利用软件来对各路光信号波长随意进行灵活的交叉连接。OXC 对全光网络的调度、业务的集中与疏导及对全光网络的保护与恢复等都会发挥重大的作用。

(3) 可变波长激光器。目前的光纤通信用的半导体激光器只能发出固定波长的光波，还不能做到按需要随意改变半导体激光器的发射波长。将来为适应全光波长变换的要求，会出现可变波长激光器，即激光器的发射波长可按需要进行调谐发送，且具有光谱性能优越、输出功率高、稳定性和可靠性更高等特点。

(4) 全光再生器。目前的电再生器，都是需要经过 O/E/O 转换，通过对电信号的处理来实现再生的。采用线路放大器，只能解决系统损耗受限问题，而对于色散受限，EDFA 是无能为力的。未来的全光再生器，不需要 O/E/O 转换就可以对光信号直接进行再生定时、再生整形和再生放大，而且与系统的工作波长、比特率、协议等无关。由于全光再生器具有光放大功能，因此解决了损耗受限问题；又因为它可以对光脉冲波形直接进行再生整形，所以也解决了色散受限问题。

2. 全光通信的技术

实现透明的、具有高生存性的全光通信网，是宽带通信网未来发展的目标，而要实现这样的目标，需要有先进的技术来支撑。下面介绍实现准确、有效、可靠的全光通信应采用的技术。

(1) 光层开销处理技术。该技术是用信道开销等额外比特数据从外面包裹光信道(Och)客户信号的一种数字包封技术，它在光层具有管理光信道(Och)的 OAM(操作、管理、维护)信息的能力和执行光信道性能监测的能力；同时，该技术为光网络提供所有 SONET/SDH 网所具有的强大管理功能和高可靠性保证。

(2) 光监控技术。在全光通信系统中，必须对光放大器等器件进行监视和管理，一般采用额外波长监视技术，即在系统中分插一个额外的信道来传送监控信息；而光监控技术采用 1510 nm 波长，并且对此监控信道提供 ECC 的保护路由，当光缆出现故障时，可继续通过数据通信网(DCN)来传输监控信息。

(3) 信息再生技术。信息在光纤通道中传输时，如果光纤损耗大、色散严重，那么最后的通信质量将会很差。虽然可以通过全光放大器来提高光信号功率，但是损耗导致光信号的幅度随传输距离按指数规律衰减；色散会导致光脉冲发生展宽并产生码间串扰，使系统的误码率增大，严重影响通信质量，因此，必须采取相应措施来对光信号进行再生。目前，对光信号的再生都利用的是光电中继器，即光信号首先由光电二极管转变为电信号，经电路整形放大后再重新驱动一个光源，从而实现光信号的再生。这种光电中继器具有装置复杂、体积大、耗能多的缺点。近来，出现了全光信息再生技术，即在光纤链路上每隔几个放大器的距离接入一个光调制器和滤波器，从链路传输的光信号中提取同步时钟信号并输入到光调制器中，对光信号进行周期性同步调制，使光脉冲变窄、频谱展宽、频率漂移和系统噪声降低、光脉冲位置得到校准和重新定时。全光信息再生技术不仅能从根本上消除色散等不利因素的影响，而且克服了光电中继器的缺点，成为全光信息处理的基础技术之一。

(4) 动态路由和波长分配技术。全光通信需要给定一个网络的物理拓扑和一套需要在网络上建立的端到端光信道，而为每一个带宽确定动态路由和分配波长以建立光信道，是由动态波长与路由分配(RWA)技术来完成的。目前较成熟的 RWA 技术有最短路径法、最少负荷法、交替固定选路法等。根据节点是否提供波长转换功能，光通路可以分为波长通道(WP)和虚波长通道(VWP)，WP 可看作 VMP 的特例。当整个光路都采用同一波长时，就称其为波长通道；反之是虚波长通道。在波长通道网络中，由于给信号分配的波长通道是端到端的，且每个通路与一个固定的波长关联，因而在动态路由和分配波长时，一般必须先获得整个网络的状态，因此其控制系统通常必须采用集中控制方式，即在掌握了整个网络所有波长复用段的占用情况后，才可能为新呼叫选择一条合适的路由。这时，网络动态路由和波长分配所需的时间相对较长。而在虚波长通道网络中，波长是逐个链路进行分配的，因此可以进行分布式控制，这样可以大大降低光通路层选路的复杂性和选路所需的时间，但却增加了节点操作的复杂性。

(5) 光时分多址(OTDMA)技术。该技术是在同一光载波波长上把时间分割成周期性的帧，每一个帧再分割成若干个时隙，然后根据一定的时隙分配原则，使每个光网络单元(ONU)在每帧内均只按指定的时隙发送信号，最后利用全光时分复用方法在光功率分配器中合成一路光时分脉冲信号，经全光放大器放大后送入光纤中传输；在交换局，利用全光时分解复用。为了实现准确可靠的光时分多址通信和避免各 ONU 向上游发送的码流在光功率分配器合路时发生碰撞，光交换局必须测它与各 ONU 的距离，并在下行信号中规定光网络单元的严格发送定时。

(6) 光突发数据交换技术。该技术是针对目前光信号处理技术尚未足够成熟的情况而提出的。在这种技术中有两种光分组技术：包含路由信息的控制分组技术和承载业务的数据分组技术。控制分组技术中的控制信息要通过路由器的电子处理，而数据分组技术不需光电/电光转换和电子路由器的转发便可直接在端到端的透明传输信道中传输。

(7) 光波分多址(WDMA)技术。该技术是将多个不同波长且互不重叠的光载波分配给不同的光网络单元(ONU)，然后用来实现上行信号的传输，即各 ONU 根据所分配的光载波对发送的信息脉冲进行调制，从而产生多路不同波长的光脉冲，然后利用波分复用方法经过合波器(复用器，Multiplexer)形成一路光脉冲信号来共享传输光纤并送入光交换局。在WDMA 系统中，为了实现任何允许节点共享信道的多波长接入，必须建立一个防止或处理碰撞的协议。该协议包括固定分配协议、随机接入协议(包括预留机制、交换和碰撞预留技术)及仲裁规程、改装发送许可等。

(8) 光转发技术。在全光通信系统中，对光信号的波长、色散、功率等都有特殊的要求。为了满足 ITU-T 标准规范，必须采用光到电、再到光的光转发技术对输入的信号光进行规范，同时采用外调制技术来克服长途传输系统中色散的影响。光纤传输系统中所用的光转发模块主要有直接调制的光转发模块和外调制的光转发模块两种。外调制的光转发模块包括电吸收(EA)调制和铌酸锂($LiNbO_3$)晶体调制。

在全光通信系统中，可以采用多种调制类型的光转发模块；色散容限有 1800 ps/nm、4000 ps/nm、7200 ps/nm、12 800 ps/nm 等诸多选择，可满足不同的传输距离需求；为用户提供 1～640 km 的各种传输距离的最佳性能价格比解决方案；并且光转发单元发射部分的波长稳定度在 0℃～60℃ 范围内小于 ±3 GHz。

(9) 副载波多址(SCMA)技术。该技术的基本原理是将多路基带控制信号调制到不同频率的射频(超短波到微波频率)波上,然后将多路射频信号复用后调制成一个光载波。在 ONU 端进行二次解调,首先利用光探测器从光信号中得到多路射频信号,并从中选出该单元需要接收的控制信号,再用电子学的方法从射频波中恢复出基带控制信号。在控制信道上使用 SCMA 接入,不仅可降低网络成本,还可解决控制信道的竞争。

(10) 空分光交换技术。该技术的基本原理是将光交换元件组成门阵列开关,并适当控制门阵列开关,即可在任意输入光纤和输出光纤之间构成通路。根据其交换元件的不同,门阵列开关可分为机械型、光电转换型、复合波导型、全反射型和激光二极管门开关等。如耦合波导型交换元件铌酸锂,铌酸锂是一种电光材料,具有折射率随外界电场的变化而变化的光学特性。以铌酸锂为基片,在基片上进行钛扩散,以形成折射率逐渐增加的光波导,即光通路,再焊上电极后即可将它作为光交换元件使用。当将两条很接近的波导进行适当的复合后,通过这两条波导的光束可发生能量交换。能量交换的强弱随复合系数、平行波导的长度和两波导之间的相位差变化,只要所选取的参数适当,光束就在波导上完全交错。如果在电极上施加一定的电压,那么可改变折射率及相位差。由此可见,通过控制电极上的电压,可以得到平行和交叉两种交换状态。

(11) 光放大技术。为了克服光纤传输中的损耗,每传输一段距离,都要对信号进行电的"再生"。随着传输码率的提高,"再生"的难度也随之加大,这成了信号传输容量扩大的"瓶颈"。于是,一种新型的光放大技术就出现了,例如,掺铒光纤放大器的实用化实现了直接光放大,节省了大量的再生中继器,使得传输中的光纤损耗不再成为主要问题,同时使传输链路"透明化",简化了系统,几倍或几十倍地扩大了传输容量,促进了真正意义上的密集波分复用技术的飞速发展,是光纤通信领域的一次革命。

(12) 时分光交换技术。该技术的原理与现行的电子程控交换中的时分交换系统完全相同,因此它能与采用全光时分多路复用方法的光传输系统匹配。在这种技术下,可以时分复用各个光器件,这样能够减少硬件设备,构成大容量的光交换机。该技术组成的通信技术网由时分型交换模块和空分型交换模块构成。它所采用的空分交换模块与上述的空分光交换功能块完全相同,而在时分型光交换模块中则需要有光存储器(如光纤延迟存储器、双稳态激光二极管存储器)和光选通器(如定向复合型阵列开关),以进行相应的交换。

(13) 无源光网技术(PON)。无源光网技术多用于接入网部分。它以点对多点方式为光线路终端(OLT)和光网络单元(ONU)提供光传输媒质,而这又必须使用多址接入技术。目前使用的多址接入技术有时分多址接入(TDMA)、波分复用(WDM)、副载波多址接入(SCMA)三种方式;PON 中使用的无源光器件有光纤光缆、光纤接头、光连接器、光分路器、波分复用器和光衰减器;拓扑结构可采用总线状、星状、树状等多种结构。

6.5.3　全光通信网

1. 全光通信网的组成

随着信息社会的发展,人们对通信容量的需求急剧增长,这促使通信网的两大主要组

成部分——传输和交换不断地发展和革新。在传输方面，实现了光纤化，特别是波分复用
(WDM)技术的成熟，极大地提高了传输系统的容量，这给通信网中的电交换带来了巨大的
压力，因为要求处理的信息量越来越大、码速率越来越高，已接近电子速率的极限，限制
了交换速率的提高。为了解决"电子瓶颈"的问题，必须在交换系统中引入光子技术，从
而引发了全光通信的研究，光传送网(OTN)的概念被提了出来。

所谓全光通信网，就是网中所有单元以及到达用户节点的信号通道仍然保持着光的形
式，即端到端的完全的光路，中间没有电转换的介入。数据从源节点到目的节点的传输
过程都在光域内进行，而它在各网络节点的交换则使用高可靠、大容量和高度灵活的光
交叉连接(OXC)设备。在全光网络中，由于没有光/电转换的障碍，所以允许存在各种不
同的协议和编码形式，信息传输具有透明性，且无须面对电子器件处理信息速率难以提
高的困难。

OTN 是一种以波分复用(WDM)与光信道技术为核心的新型通信网络传输体系，它由光
分插复用器(OADM)、光交叉连接(OXC)设备、光放大(OA)设备等网元设备组成，具有超大
传输容量、对承载信号透明及在光层面上实现保护和路由选择(波长选路)的功能。因此，
这种光传送网又称为 WDM 全光通信网。在光网络中，信息流的传送处理过程主要在光域
进行，由波长标识的信道资源成为光层联网的基本信息单元。

OTN 的出现不仅解决了现行网络中因电子器件处理能力的限制而造成的"瓶颈"问题，
而且提供了一种用于管理多波长、多光纤网络宽带资源的经济有效的技术手段。OTN 具有
吞吐量大、透明度高、兼容性好和生存能力强等优点，将成为新一代国家、地区和城域主
干传送网和宽带光接入网的主要升级技术，是国家信息高速公路畅通工程建设的关键，具
有极其广阔的市场应用前景。

图 6-20 是一个全光通信实验网，该光网络含有两个光交叉连接器节点和两个光分插复
用器(OADM)节点。建网的目的是演示光信号的透明传输并研究传输中可能出现的问题。
图中，第一个 OXC 节点交叉连接来自骨干网两条 WDM 链路上的信号；第二个 OXC 节点
交叉连接骨干网和局域网之间的信号，局域网是一个含有 OADM 的 WDM 环状网。

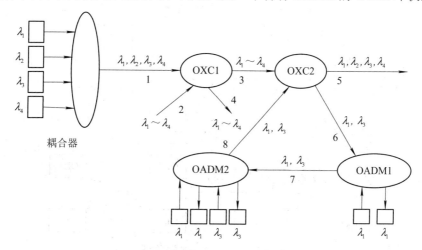

图 6-20　全光通信实验网

利用波分复用技术的全光通信网采用的是三级体系结构。最低一级(0 级)是众多单位各自拥有的局域网(LAN)，它们各自连接若干用户的光终端(OT)。每个 0 级网的内部都有一套波长，但各个 0 级网也可使用同一套波长，即波长或频率再用。全光网的中间一级(1 级)可看作许多城域网(MAN)，它们各自设置波长路由器，连接若干个 0 级网。最高一级(2 级)可以看作全国或国际的骨干网，它们利用波长转换器或交换机连接所有的 1 级网。全光网的基本结构可以分为光网络层和电网络层。

光网络层是光链路相连的部分，采用了 WDM 技术。一个光网络能传送几个波长的光信号，并在网络各节点之间采用 OXC，以实现多个光信号的交叉连接。光网络层通过光链路与宽带网络用户接口和局域网(LAN)相连。光网络层的拓扑结构可以是环状、星状、网孔状等；交换方式可采用空分、时分或波分光交换。

电网络层中的 ADM 为电子分插复用器，它能够把高速 STM-N 光信号直接分插成各种 PDH 支路信号或作为 STM-1 信号的复用器，它的速率可选 STM-1、STM-4 或 STM-16。DXC 相当于自动数字配线架的数字交叉连接设备，它可以对各种端口速率(PDH 或 SDH)进行可控的连接和再连接。所谓的交叉连接，也是一种"交换功能"，如电网络层中有各种电子交换，从程控交换(如 PABX)、ATM 交换(如视频、数据信号的交换)到未来的某种交换(如图像、多媒体信号的交换)。

2. 全光通信网的特点

全光通信网是通信网发展的目标，这一目标的实现分两个阶段完成：

(1) 全光传送网。在点到点的光纤传输系统中，整条线路中间不需要进行任何光/电和电/光的转换，这种完全靠光波沿光纤传播的长距离传输，称为发端与收端间的点到点全光传输。那么整个光纤通信网的任意用户地点应该都可以设法与任意其他用户地点实现全光传输，这样就组成了全光传送网，如图 6-21 所示。

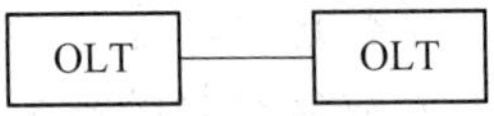

图 6-21　全光传送网

(2) 完整的全光传送网。图 6-22 所示为由骨干核心网、城域网和接入网组成完整的全

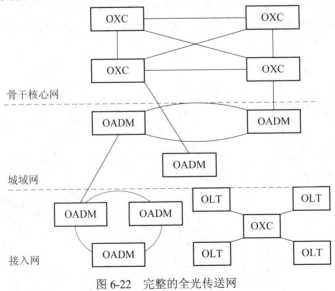

图 6-22　完整的全光传送网

光网络，它可完成用户间全程光传送，以完成用户间信息的全光传送，并在光波段层实现信号处理、存储、交换，以及多路复用/分接、进网/出网等功能，最终完成端到端的光传输、交换和处理，实现真正意义上的全光传送网络。

WDM 技术把信号复用方式从电信号转移到了光信号，在光域用波分复用的方式提高了光载波信号的传送速率和传送容量，是未来全光网络发展的基础。全光网络则是未来信息传送网的发展方向，它可以直接对高速率光信号进行处理、交换和传送，不仅大大简化了网络结构，降低了成本，而且实现了超长距离、超大容量的无中继通信，极大地提高了网络的透明性、可扩性、稳定性与可靠性。

全光通信网络是在 WDM 基础上发展起来的，它比传统的电信网络和电＋光网络具有更大的通信容量，并具有如下优点：

(1) 结构简单，端到端采用透明的光通道连接，沿途无光/电转换与存储；网络中的许多光器件是无源的，便于维护，可靠性高、可维护性好。

(2) 加入新的网络节点时，不影响原有的网络结构和设备，具有网络可扩展性。

(3) 采用波长选择路由，对传输码速率、数据格式以及调制方式均透明；可提供多种协议业务，不受限制地提供端到端的业务连接。

(4) 可根据通信业务量的需要，动态地改变网络结构、充分利用网络资源，具有网络的可重组性。

6.5.4   光时分复用

提高码速率和增大容量是光纤通信的目标。电子器件的极限速率为 40 Gb/s 左右，现在通过电时分复用(TDM)已经接近了这个极限速率。若要继续提高码速率，就必须在光域中想办法，一般有两种途径：波分复用(WDM)和光时分复用(OTDM)。

OTDM 是在光域进行时间分割复用的，一般有两种复用方式：比特间插和信元间插。比特间插是目前广泛使用的方式，信元间插也称为光分组复用。图 6-23 所示为 OTDM 系统框图。

系统光源是超短光脉冲光源，由光分路器分成 N 束，待传输的电信号分别被调制到各束超短光脉冲上后，通过光延迟线阵列使各支路光脉冲精确地按预定要求在时间上错开，再由光合路器将这些支路光脉冲复接在一起，这样便完成了在光时域的间插复用。

接收端的光解复用器是一个光控高速开关，在时域将各支路光信号分开。

要实现 OTDM，需要解决的关键技术有超短光脉冲光源、超短光脉冲的长距离传输和色散抑制技术、帧同步及路序确定技术、光时钟提取技术、全光解复用技术。对于这些技术，国内外已有大量的理论和实验研究，有些技术有一些成熟方案，有些技术却还存在着相当大的困难。同时，OTDM 要在光上进行信号处理、时钟恢复、分组头识别和路序选择，都需要全光逻辑和存储器件，这些器件至今还不成熟，所以 OTDM 离实用化还有一段距离。

光多址技术、全光时钟提取技术、全光信息再生技术、光放大技术、光线性(光孤子)传输技术等，是将以电子技术为基础的信息处理技术升级到光子技术的关键技术。在全光通信时代，电子将被光子取代，传统的"电话""电视""电报"将改朝换代，成为"光话""光视""光报"，我们期待着这个美好时代的到来。

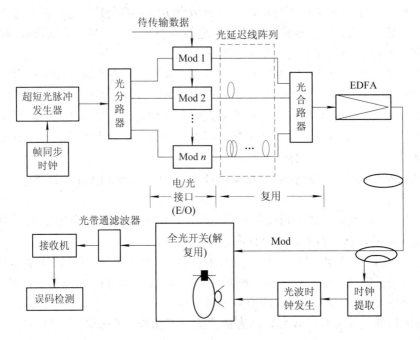

图 6-23　OTDM 系统框图

6.6　紫外光通信技术

6.6.1　紫外光通信简介

按照通信使用的电磁频谱，目前的通信主要可分为无线电通信和光通信。无线电通信发展迅猛，是现在的主流通信方式，广泛用于航天、军事、工业现场、民用等领域。其特点是通信建立速度快，较少受地理、天气的影响；不足是较容易被捕获、窃听、跟踪，信息的相对保密性较差。

光通信现已经成为一种主要的通信方式，包括光纤通信和无线光通信。光纤通信以其优越的性能在通信领域中脱颖而出，在构建电信网络中起着举足轻重的作用，与其他的有线通信方式一样，都需要敷设繁杂的线路。无线光通信目前以大气激光通信为主，其通信容量大方向性好、保密度高、成本较低，但是激光的方向性极好，不适合用于相对运动的两个终端通信。

为了克服现有通信方式的缺点，以紫外光作为媒介的通信系统被提出，以其高保密度、高抗干扰能力及全天候的通信优点而备受关注，成为新型的光通信方式，目前主要用于国防事业。

1. 紫外光

紫外光波(UltraViolet，简称 UV)是一种电磁波，它的波长范围为 10～400 nm。紫外段光谱按照不同的划分方法可分成多个区域，如图 6-24 所示。由于在此段波中，不同波长的物理特性不同，为了研究和应用的方便，将该波段分为三个部分：紫外区 UVA(315～

400 nm)、中紫外区 UVB(200～315 nm)和紫外区 UVC(100～200 nm)。波长低于 200 nm 的紫外线会被大气(主要是氧气)强烈吸收，所以只适合在真空环境下使用，称为超紫外区 EUV 紫外线的应用、探测及其新发展。

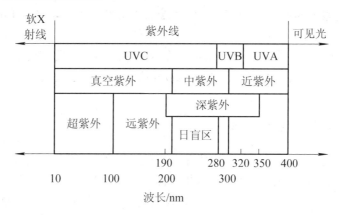

图 6-24　紫外段光谱分布

太阳光光强能量主要集中在波长为 500～550 nm 的范围内，波长低于 400 nm 的紫外光的能量很弱，相对可以忽略不计。

紫外光通信采用波长为 200～280 nm 的中紫外波段。宇宙空间的紫外射线在通过大气中对流层时，受到氧气和臭氧的强烈吸收，在透过大气层后，仅剩下近紫外波段的紫外线。系统工作在这一波段，可以在全黑的背景上形成亮点，因其波长较短，在空气中易受到粒子的散射而改变其传播路径，可以做到非直视(Non-Line Of Sight，NLOS)传播，探测器可以轻松将其捕获。同时，紫外光会随着距离的增加呈指数衰减，传播半径较小，所以只要控制发射机的光功率，在短距离通信中就可以做到高度保密，非常适合于舰船及直升机群通信。

2. 紫外光通信的特点

紫外光不仅具有与其他光波相同的物理效应，而且由于它的波长更短，因此它有非常强的散射效应。这一效应决定了大气紫外光通信的一些主要特征：

(1) 太阳光的紫外辐射在通过地球大气层时，会受到对流层上臭氧层的强吸收作用，使得这一波段的紫外辐射在海平面附近几乎衰减为零，属于日盲区。

(2) UVC 段光波在空气中的衰减率不是很大。

(3) 由于低空的分子密度高，UVC 波段紫外光波具有强的瑞利散射效应。直视紫外光通信是基于大气散射，采用日盲区中紫外波段(200～280 nm)光波进行传输的，主要应用于短距离的、保密的通信，是常规通信的一种重要补充。

3. 紫外光通信的优点

紫外光通信具有如下一些优点：

(1) 数据传输的保密性高。由于大气的强吸收作用，系统辐射的紫外光通信信号的强度按指数规律衰减，这种强度衰减是距离的函数，因此可根据通信距离的要求来调整系统的辐射功率，使其在通信范围之外的辐射功率减至最小，以提高传输保密性。

(2) 系统抗干扰能力强。紫外光传输的优点之一是系统的辐射功率可根据通信距离要求而减至最小，因此，常规的无线电设备很难干扰远方站台的紫外光通信信号。

(3) 可用于非直视通信。由于大气中存在大量的粒子，紫外辐射在传输过程中存在较大的散射现象，这种散射特性使紫外光通信系统能以非直视方式传输信号，从而能适应复杂的地形环境，克服了其他自由空间光通信系统必须工作在可视距方式(Line Of Sight，LOS)的弱点。

(4) 无须 ATP 跟踪。采用紫外光通信既克服了有线通信需要敷设电缆的缺点，节省了收放电缆所需的时间，又克服了无线通信易被监听的弱点，还大大减少了通信设备和线路敷设及拆除时间。

6.6.2　紫外光通信的基本原理

紫外光通信基于两个相互关联的物理现象：一是大气层中的臭氧对波长为 200～280 nm 的紫外光有强烈的吸收作用，这个区域被叫做日盲区，到达地面的日盲区紫外光辐射在海平面附近几乎衰减至零；另一现象是地球表面的日盲区紫外光被大气强烈散射。日盲区的存在，为工作在该波段的紫外光通信系统提供了一个良好的通信背景。紫外光在大气中的散射作用使紫外光的能量传输方向发生改变，这为紫外光通信奠定了通信基础，但吸收作用带来的衰减使紫外光的传输限定在一定的距离内。紫外光通信是基于大气散射和吸收的无线光通信技术。其基本原理是以日盲区的光谱为载波，在发射端将信息电信号调制加载到该紫外光载波上，已调制的紫外光载波信号利用大气散射作用进行传播，在接收端通过对紫外光束的捕获和跟踪建立起光通信链路，经光/电转换和解调处理提取出信息信号。

紫外光通信系统一般由发射系统和接收系统组成，其中发射系统将信源产生的原始电信号变换成适合在信道中传输的信号；接收系统从带有干扰的接收信号中恢复出相应的原始信号。图 6-25 所示为紫外光通信的基本结构。

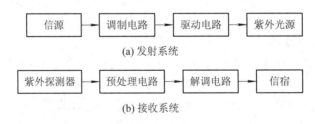

(a) 发射系统

(b) 接收系统

图 6-25　紫外光通信的基本结构

发射系统由信源模块、调制电路、驱动电路和紫外光源等组成，其工作过程如下：调制电路采用特定的调制方式将信源模块产生的电信号进行调制变换，再通过发端驱动电路使紫外光源将调制信息随紫外载波发送出去。

接收系统由紫外探测器、预处理电路、解调电路和信宿模块组成，其工作过程和发射系统刚好相反，紫外探测器捕捉并收集紫外光信号，对其进行光/电转换，接收端预处理电路对电信号进行放大、滤波等，解调电路将原始信息恢复出来送至信宿模块。

与传统的自由空间光通信一样，紫外光通信可以以视距方式进行通信，遵循"信号强度按指数规律衰减，与距离的平方成反比"的规律。由于大气分子和悬浮粒子的散射作用，紫外光在传输过程中产生的电磁场使大气中的粒子所带的电荷产生振荡，振荡的电荷产生一个或多个电偶极子，辐射出次级球面波。由于电荷的振荡与原始波同步，所以次级波与原始波具有相同的电磁振荡频率，并与原始波有固定的相位关系，次级球面波的波面分布和振动情况决定散射光的散射方向。因此，散射在大气中的紫外光信号与光源保持了相同的信息。

6.6.3 紫外光通信链路模型

紫外光通信按照通信方式，可划分为三种：可视距(LOS)通信、准视距(QLOS)通信和非视距(NLOS)通信。大气中存在大量的粒子，而紫外光波比较短，很容易被散射，因此在非视距范围内也可以进行通信，这一点不同于红外光通信，更加适合在较为复杂的地理环境中通信。

1. 可视距(LOS)通信链路模型

所谓可视距通信，即在发送端和接收端之间没有障碍物阻隔，可以构成面对面的视场。紫外光在传播中受到的衰减主要有两方面，大气吸收损耗和一部分散射能量丢失。在可视距通信中，大部分光子不经过散射而直接从发射机进入接收机。如图 6-26 所示，T 为发射端光源位置，R 为接收端探测器位置。ϕ_1 是光源的发散角，ϕ_2 是探测器的接收角。假设传输功率为 P_t，考虑紫外光通信中的路径损耗和衰减作用，通过 r_1 后的功率为 $P_t e^{-k_e r_1}/r_1^2$，经过 r_2 的距离损耗后，根据比尔朗定律，剩余功率变为 $(P_t e^{-k_e r_1}/r_1^2)[\lambda/(4\pi r_2)]^2$，$e^{-k_e r_1}$ 为大气衰减因子，k_e 为消光系数，λ 为紫外光波长，A_r 为接收孔径面积，探测器的接收增益为 $4\pi A_r/\lambda^2$。

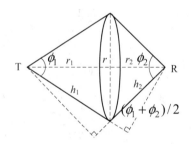

图 6-26 可视距通信链路 LOS 模型示意图

综上所述，到达接收端的光功率为

$$P_{r,LOS} = \frac{P_t A_r}{4\pi r_1^2 r_2^2} e^{-k_e(r_1+r_2)}$$

由图 6-26 可以得到

$$h_1 = \frac{r \sin(\phi_2/2)}{\sin(\phi_1/2 + \phi_2/2)}$$

$$h_2 = \frac{r \sin(\phi_1/2)}{\sin(\phi_1/2 + \phi_2/2)}$$

$$r_1 = h_1 \cos\frac{\phi_1}{2} = \frac{r \sin(\phi_2/2)\cos(\phi_1/2)}{\sin(\phi_1/2 + \phi_2/2)}$$

$$r_2 = h_2 \cos\frac{\phi_2}{2} = \frac{r \sin(\phi_1/2)\cos(\phi_2/2)}{\sin(\phi_1/2 + \phi_2/2)}$$

最后得到

$$P_{r,\text{LOS}} = \frac{4P_t A_r}{\pi r^4} \frac{\sin^4(\phi_1/2 + \phi_2/2)}{\sin^2\phi_1 \sin^2\phi_2} e^{-k_e r}$$

相应的路径损耗为

$$L = 10\lg\frac{P_t}{P_r}$$

由 $P_{r,\text{LOS}}$ 的计算式可知，影响接收光功率的因素有传输距离、光源的发散角和探测器的接收角、大气衰减因子以及探测器的接收增益。通过调节发射角和接收角，可改变路径损耗。同时，可以看出大气衰减服从指数分布。在远距离传输时，信号衰减非常严重，因此，紫外光通信只适合短距离的局部通信。

2. 非视距(NLOS)通信链路模型

非视距通信是指发射机和接收机之间存在障碍物，光信号路径需要绕过障碍物实现通信。在实际的应用环境中，大多数情况是非视距通信。由于紫外光在传播中受到的路径损耗和发散角有关，因此对非距视通信的分析应根据不同的发射和接收仰角进行。非视距通信示意图如图 6-27 所示。

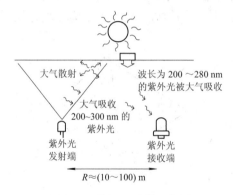

图 6-27　非视距通信示意图

图 6-28 所示为非视距通信链路模型，ϕ_1 为光源的发射角，ϕ_2 为探测器的接收角，θ_1、θ_2 为系统的发射和接收仰角。假设发射端的输出光功率为 P_t，每单位立体角的功率为 P_t/Ω_1，考虑到路径损耗和衰减，经过路径 r_1 以后，其功率变为 $(P_t/\Omega_1)(e^{-k_e r_1}/r_1^2)$。可以认为在 r_1 和 r_2 的交汇处有一个二次光源，是由大量的粒子散射构成的微小中继站。此时，从二次光源发出的光功率为 $(P_t/\Omega_1)(e^{-k_e r_1}/r_1^2)[k_s P_s V/(4\pi)]$。从二次光源到接收机的路径可以等效为直视信道模型。

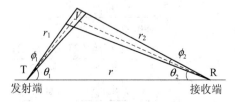

图 6-28　非视距通信链路模型

接收端探测到的光功率为

$$P_{\text{r,NLOS}} = \frac{P_t}{\Omega_1} \frac{\text{e}^{-k_e r_1}}{r_1^2} \frac{k_s P_s V}{4\pi} \left(\frac{\lambda}{4\pi r_2}\right)^2 \text{e}^{-k_e r_2} \frac{4\pi A_r}{\lambda^2}$$

其中，$[\lambda/(4\pi r_2)]^2$ 为自由空间路径损耗因子，$\text{e}^{-k_e r_2}$ 为大气衰减因子，$4\pi A_r/\lambda^2$ 为接收机探测器的增益。

由图 6-28 的几何关系可得

$$\Omega_1 = 2\pi\left(1 - \cos\frac{\phi_1}{2}\right)$$

$$r_1 = \frac{r\sin\theta_2}{\sin\theta_s}$$

$$r_2 = \frac{r\sin\theta_1}{\sin\theta_s}$$

$$\theta_s = \theta_1 + \theta_2$$

$$V \gg r_2\phi_2 d^2$$

将以上公式代入 $P_{\text{r,NLOS}}$ 的表达式，即可得到最终的结果：

$$P_{\text{r,NLOS}} = \frac{P_t A_r k_s P_s \phi_2 \phi_1^2 \sin(\theta_1 + \theta_2)\text{e}^{k_e r(\sin\theta_1 + \sin\theta_2)/\sin(\theta_1 + \theta_2)}}{32\pi^3 r \sin\theta_1}$$

上式中，r 为发射端和接收机的直视距离；λ 为紫外光波长；k_e 为大气信道衰减系数，$k_e = k_a + k_s$，其中，k_a 为吸收系数，k_s 为散射系数；A_r 为接收孔径面积；Ω_1 为发射立体角；V 为有效散射体体积；散射角 θ_s 的相函数为 P_s。

从公式中可以看出，接收机探测的光功率受无线大气信道衰减因子 k_e 的影响，这个由气候条件决定。同时，收、发仰角也是影响信号功率水平的重要因素。

3. 影响紫外光通信系统发展的关键技术

影响紫外光通信系统发展的关键技术主要包括发射接收器件的研究、信道模型的研究以及调制/解调、编码/解码、检测等方法的研究。

在紫外光通信系统中，由于大气中臭氧层的强烈吸收作用，所以需要具有性能好、功率高、调制性能好的发射光源。光学通信系统可采用的紫外光源一般可分为紫外线灯和紫外线激光器两大类。

紫外线灯常见的有高、低压充气汞灯，紫外线卤化物灯等。此类光源具有价格便宜、功率大(可以达到数十瓦和上万瓦)等特点。

由于紫外气体灯存在易碎、寿命短的缺点，人们开始将目光转向固体发光光源。处于绝对日盲区的紫外激光器主要有准分子 KrF(248 nm)激光器和 Nd:YAG 四倍频激光器(266 nm)。激光器相对气体光源而言，具有坚固耐用的显著特点，但它并不适用于低成本、低损耗、低功耗的应用场合。并且这种激光器还有转换效率低、价格昂贵、使用寿命短、脉冲重复周期对温度敏感以及不易低压高速驱动等缺点。此外，功率较大的紫外激光器不仅十分昂贵、体积较大，而且技术尚不成熟。如果希望进行非视距、非定向自由空间通信，紫外激光器尚不能满足要求。

由于需要具有性能好、功率高、调制性能好的发射光源，半导体紫外光源计划应运而生。美国国防高级研究计划局(DARPA)启动了研制可变波长(包括日盲光谱)的晶体管紫外光发射器的项目，其目标是研制用于隐秘非视距紫外光通信的紫外收发器。

紫外探测器是接收机最为重要的器件，其主要功能是完成紫外光信号到电信号的转换。对于非视距的紫外光通信，理想的探测器应该有较大的探测面积、较高的增益和带宽、高的透过率、极低的暗电流密度和"日盲"功能。

日盲型紫外光电倍增管由于具有大的探测面积、较高的增益、低的暗电流并且功率消耗约 100 mW，因此得到了广泛的应用。

6.6.4　紫外光通信在军事方面的应用

紫外光通信既可以补足传统光通信不能进行非视距通信，受气候影响严重的缺陷，也可以弥补传统无线及有线通信需要部署线路和基站等灵活性差的不足，是一种极具发展潜力的军事通信手段。

紫外光通信可用于 1~2 km 的非视距通信，如果采用聚光方式，定向视距通信距离可达 5~10 km。紫外光通信系统的语音通信频率通常为 19.2 kHz，在距离为 2~10 km 和数据传送速率为 4800 bit/s 时，系统的误码率可达 1×10^{-6}。与其他传统的通信方式相比，紫外光通信更加隐蔽，需要的发射功率大大降低，非常适用于短距离、窄带宽、能量受限的应用环境。

紫外光通信系统可用于超低空飞行的直升机小队进行不间断的内部安全通信。使用紫外光通信系统的每架飞机都装备有一套收/发系统，发射机以水平方向辐射光信号，接收机则面朝天方向安装，以收集散射在其视野区内的紫外光信号，从而使全小队的飞机都可收到相同的通信信号。

紫外光技术可用于改进舰载飞机的起飞导引系统。航母飞行甲板通信系统同时沟通指挥塔台与所有飞机之间的通信。光发射机可安装在航母的舰桥上，以水平方式向甲板辐射紫外光信号，每架飞机上装有一台小型接收机，面朝天方向安装，以收集散射在大气层中的导航数据。光发射机发出的紫外光具有散射和同播特性，能照射整个飞行甲板，这样飞机可以自由移动，并能同时接收数据。

人们目前所掌握的通信手段在军事通信联络中起到了重要的作用，但同时也存在一些不足。例如，无线电和微波通信比较容易被窃听、干扰和破坏，不适合"电磁寂静"的场合；有线通信和光纤通信需要预先敷设线路，不能达到灵活、机动和快速反应。为了在未来战争中立于不败之地，各国都在寻求更新颖、更隐蔽、更安全和不易被干扰的通信手段，紫外光无线通信就在这种要求下出现了。

紫外光通信是一种新兴的通信系统，是利用紫外光在大气中的散射来进行信息传输的一种新型通信模式。由于其具有非视距、短距离的抗干扰、抗截获能力强的特点，特别适合于军事应用，是满足战术通信要求的理想手段。但是对于紫外光通信系统的研究还处于初级阶段，特别是国内在这方面的研究不多，还没有形成系统，因此迫切需要进一步的研究。

紫外光通信系统在地面上可采用车载式，在空中可采用机载式，在海上可采用舰载式，因此可实现自组织网络移动式通信，克服了传统有线或无线通信需敷设电缆和基站的缺点，达到了跟随部队快速机动、适应战场环境的目的。

1. 海军方面

美国、俄罗斯等海军强国早已将紫外光通信应用于舰艇通信，且技术成熟。美海军已研制出应用于舰艇和舰载直升机的紫外光通信系统，为舰船和直升机之间提供通信。此外，紫外光通信还应用于航空母舰和舰载机之间的甲板通信，以及海军舰队秘密集结、隐蔽航渡、舰船进港导引、在航母机群起降导引、对潜通信等。其海军应用领域及特点如下：

(1) 代替旗语和灯语。目前舰艇所使用的灯语和旗语通信有明显缺点，如信息容量小、通信速率低、误码率高、自动化程度低、恶劣环境下无法工作等。而紫外光通信克服了以上缺点，即使在恶劣环境下，非视距通信也可达 1～3 km，视距通信可达 5 km 以上，且夜晚相比白天工作距离更远。

(2) 紫外夜视系统。随着海战场由近岸到近海再到远海的转变，海战场环境信息化保障面临新的挑战。在索马里或其他远洋运行中，我军舰艇为了保密需要，一般采取夜间补给的方式，夜间补给双方因无法看见对方而导致补给困难；灯光照明方式又易被敌人发现，而红外夜视系统，由于采用被动接收辐射图像，只能分辨出船体发热区域，无法覆盖整个船体。若采用紫外夜视系统主动照明方式，发射源采用紫外光波段，则可防止可见光暴露，接收可利用紫外 CCD 成像。紫外光由于在大气中衰减强烈，因此在一定距离外敌方无法探测。

结合紫外光通信系统，在战舰补给中采用紫外夜视系统，实现了无灯光保密作业。采用紫外光通信实现了无线电寂静，一方面，提高了海军补给的保密性，降低了夜间补给难度；另一方面，由于补给中通信、作业等的安全性，给予了海军战士心理上的保证。

(3) 海军舰艇编队内保密通信。当舰队必须保持无线电寂静时，可用紫外光通信系统提供舰船之间的近距离通信，具体可应用场合如下：① 舰艇编队内部舰—舰战术协同通信、报文和语音业务；② 单舰或舰艇编队通过沿海观通站或雷达站，需要战术情报或警报报知时的报文、语音通信；③ 舰或舰艇编队通过沿海观通站或雷达站，需转发机要报时；④ 单舰或舰艇编队进、出港，需与本军信号台联络等。

(4) 舰载飞机导引系统。紫外光通信技术可用于改进舰载飞机的惯性导航系统，与其他通信方式相同，航母飞行甲板通信系统将同时沟通航母与所有飞机之间的通信，紫外光发射机安装在航母的舰桥上，以水平方式向甲板辐射紫外光信号，每架飞机上装有一台小型轻便的接收机，面朝天方向安装，以收集散射在大气层中的脉冲编码惯性导航数据。这样飞机便可自由移动，并能同时收/发数据，如图 6-29 所示。

图 6-29 航母与载机编队通信

(5) 紫外敌我识别系统。可采用"日盲区"紫外光源作为发射源,前面加滤光片滤除可见光,并可连续发射敌我识别码;由于紫外光强烈的衰减特性,故不会出现暴露的可能。

(6) 紫外告警系统。

(7) 航母舰内部保密通信。

(8) 海军两栖作战部队通信。

2. 陆军方面

紫外光通信在机械化部队运动中的作战通信,坦克、炮兵和导弹部队的保密通信,特种作战小分队、战地指挥所内部间的通信等方面均有重要应用。传统通信方式的电缆或基站一旦被摧毁,将会导致通信彻底中断,对于战场环境,这是无法接受的。紫外光信号在战场上难以被侦测到,作为攻击目标的可能性小;即使被破坏,由于其机动性强,可使用备份设备快速抢通战时通信系统。紫外光通信过程中,发射机以某一方向和一定发射功率在通信范围内不断发射音频紫外光载波信号。对于地形复杂的地区,若数据链路的可视距方式无法实现,则可采用非视距通信方式来克服建筑物、树木等障碍物的影响。在接收端,接收机在有效范围内可方便地接收语音信号,同时还可自由移动并保持良好的语音质量。

在城区或地形复杂区域巡逻的小分队,若视距通信无法实现,也可采用紫外光通信传递秘密信息,以协调地面行动。

3. 空军方面

紫外光通信系统可用于超低空飞行的直升机小队不间断的内部安全通信。使用该系统的每架飞机均装备有一套收/发系统,发射机以水平方向辐射光信号,接收机则面朝天方向安装,以收集散射到其视野区内的紫外光信号,从而使全小队的电机均可收到相同的通信信号。还有一种方案是在该方案的基础上引申出来的,可用于与地面部队通信。因直升机驾驶员知道通信无法被敌人探测,故可向其地勤人员传送语音和数据。

紫外光通信具有其他无线电通信和红外视距通信等手段所不可替代并与之互补的独特优势,因此具有良好的军事应用前景。从长远发展的角度来看,紫外光通信的发展方向主要有两种:一种是基于短距离通信的便携式高速紫外光通信设备,可于单兵便携使用或装甲车上使用,该设备要求体积小、重量轻、功耗低、便于携带;第二种是基于较长距离的紫外光通信系统,采用先进的大功率紫外光源及大视场范围紫外接收系统,使紫外光通信设备向长距离的方向发展,应用范围更广,可安装于通信车、飞机或舰艇上。

4. 紫外光通信军事应用的特点

紫外光通信应用于军事方面,有如下特点:

(1) 保密性高。

① 低分辨率。紫外光是不可见光,肉眼很难发现紫外光源的存在;紫外光通过大气散射向四面八方传播信号,因而很难从散射信号中判断出紫外光源的所在位置。

② 低窃听率。由于大气分子、悬浮粒子的强吸收作用,紫外光信号的强度按指数规律衰减,这种强度衰减是距离的函数,因此可根据通信距离的要求来调整系统的发射功率,使其在非通信区域的辐射功率减至最小,使敌方难以截获。

(2) 环境适应性强。

① 防自然干扰。由于日盲区的存在，近地面日盲区紫外光噪声很小；另外，大气散射作用使得近地面的紫外光分布均匀，在信号接收端反映为以直流为主的电平信号，可利用滤波的方式去除这些背景信号。

② 防人为干扰。由于系统的辐射功率可根据通信距离要求减至最小，敌方很难在远距离对本地紫外光通信发射系统进行干扰；其他常规通信干扰对紫外光通信是无效的。

(3) 全方位全天候性。

① 全方位。紫外光的散射特性使紫外光通信系统能以非视距方式传输信号，从而能适应复杂的地形环境，克服了其他自由光通信系统必须以视距通信方式工作的弱点。

② 全天候。日盲区的太阳紫外辐射强度在近地面十分微弱，无论白天还是夜晚，都不会有太大的"噪声"干扰。地理位置、季节更替、气候变化、能见度等因素的影响和太阳辐射一样，都可以看成是一种可忽略的背景"噪声"。

(4) 灵活机动，可靠性高。

① 灵活机动。紫外光通信平台在地面上可采用车载式、在空中可采用机载式、在海上可采用舰载式的特点，实现了网络移动式通信，克服了传统有线或无线通信需要敷设电缆和基站的缺点，能跟随部队快速机动，适应瞬息万变的战场环境。

② 可靠性高。传统通信方式的电缆或基站一旦被摧毁，将会导致通信彻底中断，对于战场环境，将是无法接受的。紫外光信号在战场上很难被侦测到，作为攻击目标的可能性小；即使被破坏，由于其机动性强，可使用备份设备，快速抢通战时通信系统。

小　　结

本章首先讨论了光纤通信技术，使读者对光纤通信的基本概念、光纤通信系统的组成和光纤通信的应用有一个概括性的了解；由于波分复用(WDM)技术是比较新的通信技术，所以接下来论述了 WDM 的基本原理和 WDM 基本通信系统；最后介绍了相干光通信技术、光孤子通信、有源和无源光接入技术、无线光通信系统和全光通信技术这些新的通信技术。本章的目的就在于将这些新技术介绍给读者，使大家能很快地了解和掌握通信新技术，进而应用这些新技术。

思考与练习6

6.1　波分复用(WDM)的原理是什么？

6.2　什么是相干光通信？其原理是什么？

6.3　光孤子的概念是什么？

6.4　简述光孤子通信系统的组成和特点。

6.5 全光通信的概念是什么?

6.6 全光通信网有什么特点?

6.7 波分复用(WDM)工作波长区的选择有何特点?

6.8 全光通信技术有哪些?

6.9 简述光时分复用系统的组成和工作过程。

第 7 章

宽带接入网络

7

【本章教学要点】

- xDSL 接入技术
- WiFi 接入技术
- WiMAX 接入技术

随着科学技术的进步以及 Internet 业务的飞速发展，人们对通信业务的需求逐渐由语音变为对数据、图像和语音的综合需求。传统的通信网络已经越来越不能满足人们日益增长的通信需求，需要新的网络来提供丰富的语音、数据、图像以及多媒体业务，所以新型通信网络不断涌现。

7.1　xDSL 接入

目前流行的铜线接入技术主要是 xDSL 技术。DSL(Digital Subscriber Line，数字用户环路)技术是基于普通电话线的宽带接入技术，它在同一铜线上分别传送数据和语音信号。在 DSL 技术下，数据信号并不通过电话交换机设备，减轻了电话交换机的负载；并且不需要拨号，一直在线，属于专线上网方式，意味着使用 DSL 上网并不需要缴付另外的电话费。xDSL 中的"x"代表了各种数字用户环路技术，包括 HDSL、ADSL、VDSL 等。DSL 技术主要用于综合业务数字网(ISDN)的基本速率业务，可在一对双绞线上获得全双工传输，因而它是最现实、最经济的宽带接入技术。

7.1.1　HDSL 接入技术

HDSL(High-speed Digital Subscriber Line，高速率数字用户线路)是 ISDN 编码技术研究的产物。HDSL 技术是一种基于现有铜线的技术，它采用了先进的数字信号自适应均衡技术和回波抵消技术，以消除传输线路中的近端串音、脉冲噪声和波形噪声，以及因线路阻抗不匹配而产生的回波对信号的干扰，从而能够在现有的电话双绞铜线(两对或三对)上提供准同步数字序列(PDH)一次群速率(T1 或 E1)的全双工数字连接。使用 0.4～0.5 mm 线径的铜线时，HDSL 的无中继传输距离可达 3～5 km。

如图 7-1 所示是一个典型的铜线接入网系统——市内铜缆用户环。图中，端局与交接箱之间可以有远端交换模块(Remote Switching Unit，RSU)或远端(Remote Terminal，RT)。

端局本地交换机的主配线架(Main Distribution Frame，MDF)经大线径、大对数的馈线电缆(数百至数千对)连至分路点，进而转向不同方向；由分路点再经副馈线电缆连至交接箱，其作用是完成馈线或副馈线电缆中双绞线与配线电缆中双绞线之间的交叉连接。在北美地区起类似作用的装置称为馈线分配接口(Feed Distribution Interface，FDI)，从功能上可称之为灵活点(Flexible Point，FP)，也有人称之为接入点(Access Point，AP)。至于馈线和副馈线则常常不作区别，统称为馈线或馈线段。

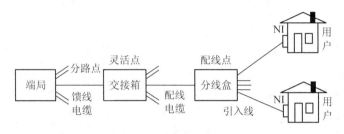

图 7-1　典型的铜线接入网系统

由交接箱开始经较小线径、较小对数的配线电缆(每组几十对)连至分线盒。分线盒的作用是终结配线电缆，并将其与引入线(又称业务线)相连。从功能上可以将分线盒称为配线点(Distributing Point，DP)或业务接入点(Service Access Point，SAP)。

由分线盒开始通常是若干单对或双对双绞线直接与用户终端处的网络接口(Network Interface，NI)相连，用户引入线为用户专用，NI 为网络设备和用户设备的分界点。

铜线用户环路的作用是把用户话机连接到电话局的交换机上。据统计，对于市内用户环路，其主干电缆长度通常为数千米(极少超过 10 km)，配线电缆长度一般为数百米，用户引入线一般只有数十米。

1. HDSL 系统的基本构成

HDSL 系统的基本构成如 7-2 所示，图中规定了一个与业务和应用无关的 HDSL 接入系统的基本功能配置。HDSL 系统由两台 HDSL 收/发信机和两对(或三对)铜线构成。两台 HDSL 收/发信机中的一台位于局端，另一台位于用户端，可提供 2 Mb/s 或 1.5 Mb/s 速率的透明传输能力。位于局端的 HDSL 收/发信机通过 G.703 接口与交换机相连，提供系统网络侧与业务节点(交换机)的接口，并将来自交换机的 E1(或 T1)信号转变为两路或三路并行低速信号，再通过两对(或三对)铜线的信息流透明地传送给位于远端(用户端)的 HDSL 收/发信机；位于远端的 HDSL 收/发信机则将来自交换机的两路(或三路)并行低速信号恢复为 E1(或 T1)信号送给用户。在实际应用中，远端机可能提供分接复用、集中或交叉连接的功能。同样，该系统也能提供同样速率的从用户到交换机的反向传输。所以，HDSL 系统在用户与交换机之间可以建立起 PDH 一次群信号的透明传输信道。

图 7-2　HDSL 系统的基本构成

HDSL 系统由很多功能块组成，一个完整的系统参考配置如图 7-3 所示。信息在局端机和远端机之间的传送过程如下：1 对传输时，收、发双方间是 2320 kb/s 双工信道；2 对传输时，各为 1168 kb/s 双工信道；3 对传输时，各为 784 kb/s 双工信道。图中 DCS 表示数字交叉连接，CPE 表示用户驻地设备。

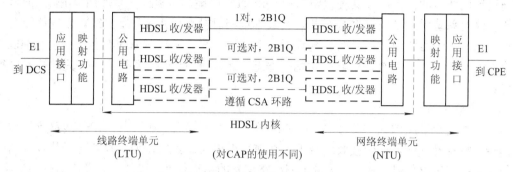

图 7-3　HDSL 系统的参考配置

从用户端发来的信息，首先进入应用接口，此时，数据流集成在应用帧结构(G.704，32 时隙帧结构)中，然后进入映射功能块，映射功能块将具有应用帧结构的数据流插入 144 字节的 HDSL 帧结构中，发送端的核心帧则被交给公用电路。在公用电路中，为了在 HDSL 帧中透明地传送核心帧，需加上定位、维护和开销比特。最后 HDSL 帧由 HDSL 收/发器发送到线路上。图 7-3 中的线路传输部分根据需要配置可选再生器(REGenerator，REG)功能块。在接收端，公用电路将 HDSL 帧数据分解为帧，并交给映射功能块；映射功能块将数据恢复成应用信息，再通过应用接口传送至网络侧。

HDSL 系统的核心是 HDSL 收/发信机，它是双向传输设备。发送机中的线路接口单元对接收到的 E1(2.048 Mb/s)信号进行时钟提取和整形。E1 控制器进行 HDB$_3$ 解码和帧处理。HDSL 通信控制器将速率为 2.048 Mb/s 的串行信号分成两路(或三路)，并加入必要的开销比特，再进行 CRC-6 编码和扰码，每路码速为 1168 kb/s(或 784 kb/s)，各形成一个新的帧结构。HDSL 发送单元进行线路编码。数/模(D/A)转换器进行滤波处理以及预均衡处理。混合电路进行收/发隔离和回波抵消处理，并将信号送到铜线对上。

接收机中混合电路的作用与发送机中的相同。模/数(A/D)转换器进行自适应均衡处理和再生判决。HDSL 接收单元进行线路解码。HDSL 通信控制器进行解扰，CRC-6 解码和去除开销比特，并将两路(或三路)并行信号合并为一路串行信号。E1 控制器恢复 E1 帧结构并进行 HDB$_3$ 编码。线路接口按照 G.703 要求选出 E1 信号。

由于 HDSL 采用了高速自适应数字滤波技术和先进的信号处理器，故它可以自动处理环路中的近端串音、噪声对信号的干扰、桥接和其他损伤，能适应多种混合线路或桥接条件。同时在没有再生中继器的情况下，传输距离也可达 3~5 km。而原来的 1.5 Mb/s 或 2 Mb/s 的数字链路每隔 0.8~1.5 km 就需要增设一个再生中继器，而且还要严格地选择测量线对。因此，HDSL 不仅提供了较长的无中继传输能力，而且简化了安装、维护和设计工作，也降低了维护运行成本，可适用于所有加感环路。

HDSL 既适合 T1，又适合 E1，这是因为 T1 和 E1 使用同样的 HDSL 帧结构。

2. HDSL 的关键技术

HDSL 技术的应用具有相当的灵活性，在基本核心技术的基础上，可根据用户需要改变系统组成。目前与具体应用无关的 HDSL 系统也有很多类型，按传输线对的数量，常见的 HDSL 系统有两线对系统和三线对系统两种。在两线对系统中，每线对的传输速度为 1168 kb/s；在三线对系统中，每线对的传输速度为 784 kb/s。因为三线对系统中每线对的传输速度比两线对的低，所以其传输距离相对较远(一般地，传输距离可增加 10%)。但是，由于三线对系统增加了一对收/发信机，其成本也相对较高，并且利用三线对系统传输会占用更多的网络线路资源。综合比较，建议在一般情况下采用两线对 HDSL 传输。另外，HDSL 还有四线对和一线对系统，但其应用均不普遍。下面就 HDSL 系统的一些关键技术进行讨论。

1) 线路编码

在二线用户环路的数字传输中，线路编码的目的主要有三个：其一，使线路信号与线路的传输特性相匹配，以使接收信号不失真或很少失真；其二，使接收端便于从收到的线路信号中提取定时信号；其三，尽量压缩线路信号的传输带宽，以便提高发送信码的速率。在二线用户环路上，线路信号的常用码型有 HDB_3 码、2B1Q 码和 CAP 码。这里着重介绍 2B1Q 码和 CAP(Carrierless Amplitude & Phase modulation，无载波幅度相位调制码)码。

(1) 2B1Q 码。2B1Q 码是无冗余的 4 电平脉冲幅度调制码，属于基带型传输码，在一个码元符号内传送 2 bit 信息。2B1Q 码用 2 位二进制(Binary)码组来表示 1 位四进制(Quaternary)码组。1 位四进制码有 4 个不同电平，正好可以一一对应 2 位二进制码组的 4 种不同组合。四进制码的 4 个不同电平分别是 −2、−1、+1 和 +2，它与 2 位二进制码组的对应关系是：00→−2，01→−1，10→+1，11→+2。这是双极性四电平码，一般不含直流分量。2B1Q 码的码元周期是比特周期的两倍，其速率是比特速率的一半。

这种编码具有实现电路简单、使用经验成熟、与原有电话和 ISDN BRA 兼容性好以及成本低等优点，故应用较多，已批量生产。但采用这种编码的 HDSL 系统与采用 CAP 编码的系统相比，其线路信号的功率谱较宽，故信号的时延失真较大，引起的码间串扰较大，同时近端串话也较严重，所以需要使用设计良好的均衡器和回波抵消器来消除码间串扰和近端串话的影响。

(2) CAP 码。CAP 技术是以 QAM 调制技术为基础发展而来的，可以说它是 QAM 技术的一个变种。CAP 码的编码原理是：输入数据被送入编码器，在编码器内，m 位输入比特被映射为 $k(k > m)$ 个不同的复数符号 $A_n = a_n + jb_n$，由此 k 个不同的复数符号再构成 k-CAP 线路编码；编码后，a_n 和 b_n 被分别送入同相 I(In phase，同相)和正交 Q(Quadrature，正交)数字带通滤波器，求和后送入 D/A 转换器；最后经低通滤波器将信号发送出去。CAP 编码原理如图 7-4 所示。这两个数字带通滤波器的幅频特性相同，但相频特性相差 90°。CAP 编码与 QAM 的唯一区别是 QAM 使用了载波，而 CAP 编码不使用载波。CAP 调制与 QAM

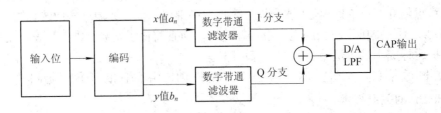

图 7-4　CAP 编码原理

较明显的差异是：CAP 符号经过编码之后，x 值及 y 值会各经过一个数字带通滤波器，然后才合并输出。CAP 中的"Carrierless(无载波)"是指生成载波(Carrier)与调制/解调部分合为一体，结构更加紧凑。

CAP 信号的功率谱是带通型，与 2B1Q 码相比，CAP 码的带宽减小了一半，传输效率提高了一倍。在 HDSL 系统中，CAP 码常与格码调制(TCM)结合使用，例如，TCM8-CAP64编码的信号星座图与 QAM64 的相同，但它的每个码元只包含 4 bit 信息，另外 2 bit 是 TCM引入的用于纠错的冗余位。采用这种编码的 HDSL 系统在两对双绞线上传输时，其传输性能优于 2B1Q HDSL 系统在三对双绞线上的传输性能，在 24 小时内统计的平均误码率可达 1×10^{-11}，传输质量接近光纤的传输质量。

CAP 码系统有着比 2B1Q 码系统更好的性能，但其价格相对较高。因此，2B1Q 系统和 CAP 系统各有优势，在接入网中应根据实际情况灵活选用。

2) 回波抵消

回波抵消(EC)技术已经成功地应用在线对增容系统中，它实现了在一对双绞线上进行ISDN BRA 双工传输。在 HDSL 系统中，回波抵消技术仍然是一个不可缺少的关键技术。由于 HDSL 系统中线路传输速率的提高，所以要求回波抵消器中的数字信号处理器(Digital Signal Processor，DSP)的处理速度更快，以适应信号的快速变化。同时，由于线路特性引起信号拖尾较长，因此要求回波抵消器具有更多的抽头。

3) 码间串扰与均衡

用户线路的传输带宽限制和传输特性较差会使接收信号发生波形失真。从发送端发出的一个脉冲到达接收端时，其波形常常被扩散为几个脉冲周期的宽度，从而干扰到相邻的码元，形成所谓的码间串扰。如果线路特性是已知的，那么这种码间串扰可以用均衡器来消除。均衡器能够对线路的衰减频率失真和时延频率失真予以校正，也就是说，将线路的非平直衰减频率特性和非平直时延频率特性分别校正为平直的，这样就能消除所产生的码间串扰。当线路的频率特性固定不变时，采用固定均衡器就可以了；当线路的频率特性随机变化时，则需要采用自适应可变均衡器。

一种常用的自适应可变均衡器是判决反馈均衡器，其工作原理与回波抵消器的工作原理相似。它将接收信号的判决结果反馈回去，根据信道传输特性估计其拖尾，并把它从其后跟随的接收信号中减去，以达到消除码间串扰的目的。

4) 性能损伤

影响 HDSL 系统性能的主要因素有两个：一个是 HDSL 系统内部两对双绞线之间产生的近端串话，它将随线路频率的增高而增大；另一个是邻近线对上的 PSTN 信令产生的脉冲噪声，这种噪声有时较大，甚至会使耦合变压器出现饱和失真，从而产生非线性效应。对于 HDSL 系统内部两对双绞线之间产生的近端串话，可以用回波抵消技术予以消除；对于脉冲噪声干扰，则需要采用纠错编码技术来对抗，不过这会引入附加时延。

3. HDSL 应用的特点

HDSL 技术能在两对双绞铜线上透明地传输 E1 信号至 3～5 km。我国大中城市用户线平均长度为 3.4 km 左右，因此，在接入网中可广泛地应用基于铜缆技术的 HDSL。

HDSL 系统既适合点对点通信，也适合点对多点通信。其最基本的应用是构成无中继的 E1 线路，此时，它可充当用户的主干传输部分。HDSL 的主要应用有：访问 Internet 服务器、装有铜缆设备的大学校园网，将中心 PBX 延伸到其他的办公场所，局域网扩展和连接光纤环，视频会议和远程教学应用，连接无线基站系统以及 ISDN 基群速率接入(Primary Rate Access，PRA)等方面。

HDSL 系统可以认为是铜线接入业务(包括语音、数据及图像)的一个通用平台。目前，HDSL 系统具有多种应用接口，如 G.703 和 G.704 平衡与不平衡接口，V.3.5、X.21 和 EIA503 等接口，以及会议电视视频接口。另外，HDSL 系统还有与计算机相连的 RS-232、RS-449 串行口，以便于用计算机进行集中监控；还有 E1/T1 基群信号监测口，用于进行在线监测；而且在局端和远端设备上，可以进行多级环测和状态监视。状态显示有的采用发光二极管，有的采用液晶显示屏，这给维护工作带来了较大方便。

较经济的 HDSL 接入方式将用于现有的 PSTN 网，它具有初期投资少、安装维护方便、使用灵活等特点。HDSL 局端设备放在交换局内，用户侧 HDSL 端机安放在 DP 点(用户分线盒)处，可为 30 个用户提供每户 64 kb/s 的语音业务；配线部分使用双绞引入线，不需要加装中继器及其他相应的设备，也不必拆除线对和原有的桥接配线，更无须进行电缆改造和大规模的工程设计工作。

HDSL 技术的一个重要发展是延长其传输距离和提高传输速率。根据应用需要，HDSL 系统还可用于一点对多点的星状连接，以实现对高速数据业务的灵活分配。在这种连接中，每一方向以单线对传输的速率最大均可达 784 b/s。另外，在短距离内(百米数量级)，利用 HDSL 技术还可以再提高线路的传输比特率：甚高数字用户线(VHDSL)可以在 0.5 mm 线径的线路上，将速率为 13 Mb/s、26 Mb/s 或 52 Mb/s 的信号，甚至能将速率为 155 Mb/s 的 SDH 信号，或者 125 Mb/s 的 FDDI(Fiber Distributed Data Interface，光纤分布式数据接口)信号传送数百米的距离。因此，它可以作为宽带 ATM 的传输媒质，实现图像业务和高速数据业务。

总之，HDSL 系统的应用在不断发展，其技术也在不断提高，在铜线接入网甚至光纤接入网中将发挥越来越重要的作用。

4. HDSL 的局限性

尽管 HDSL 具有巨大的吸引力，有益于服务提供商及用户，但仍有一些制约因素，因此，在有些情况下还不能使用。

其中最大的一个问题是 HDSL 必须使用两对线或三对线。此外，各个生产商的产品之间的特性不兼容，使得互操作性无法实现，这就限制了 HDSL 产品的推广。另一个不利因素是用户无法得到更多的增值业务，且 HDSL 在长度超过 3.6 km 的用户线上运行时仍然需要中继器。

不论用于 T1 还是用于 E1，如果 HDSL 仍然使用 2B1Q 线路码，那么就会限制带宽利用率和传输距离。而且，HDSL 需要用多对铜线，这使得某个地区获得的 T1 和 E1 服务至少减少了一半，在某些情况下甚至减少了 2/3。如果能制定出一对线上的 HDSL 标准，那么现有的同轴电缆设备将得到最大限度的利用。从目前来看，HDSL 设备的价格虽然已经下降了许多，但使用两对铜线要考虑的最重要因素仍然是价格。

另外，还有 SDSL(Single-line DSL)，这是 HDSL 的单线版本，它可以提供双向高速可变比特率连接，速率范围为 160 kb/s～2.084 Mb/s。其特点是：使用单对双绞线；支持多种速率到 T1/E1；用户可根据数据流量选择最经济合适的速率，最高可达 E1 速率，比用 HDSL 节省一对铜线；在 0.4 mm 双绞线上的最大传输距离达 3 km 以上。

7.1.2　ADSL 接入技术

1．ADSL 概况

不对称数字用户线(Asymmetric Digital Subscriber Line，ADSL)是一种利用现有的传统电话线路高速传输数字信息的技术。该技术将大部分带宽用来传输下行信号(即用户从网上下载信息)，而只使用一小部分带宽来传输上行信号(即接收用户上传的信息)，这样就出现了所谓不对称的传输模式。

与传统传输技术相比，ADSL 是一种宽带调制解调器技术。这种技术能把一般的电话线路转换成高速的数字传输通路，供互联网络及公司网络高速接收/发送信息使用，同时还可提供各种实时的多媒体服务，特别是丰富的影音服务。ADSL 系统可提供三条信息通道：高速下行信道、中速双工信道和普通电话业务信道。ADSL 将高速数字信号安排在普通电话频段的高频段，再用滤波器滤除环路不连续点、振铃引起的瞬态干扰等后，即可与传统电话信号在同一对双绞线共存而互不影响。目前使用的一般模拟调制解调器的传输速度均无法与 ADSL 相抗衡。互联网用户运用互联网时使用得最多的是多媒体业务，如视频点播(VOD)、多媒体信息检索和其他交互式业务，其上行速率要求较低，下行速率要求则比较高。

ADSL 是一种从铜质电话线路的一端通过互联网传送数据流到另一端的技术，相当于 OSI 网络 7 层中的第 1 层——物理层。ADSL 系统除了能向用户提供原有的电话业务外，还能向用户提供多种多样的宽带业务，如广播电视、影视点播、居家购物、远程医疗、远程教学、电视会议、多方可视游戏、Internet 接入、多媒体接入及多媒体分配等。

ADSL 系统的主要特点是"不对称"，这正好与接入网中的图像业务和数据业务的固有不对称性相适应。图像业务主要是从网络流向用户的，因而数据业务本身也具有不对称性。对 Internet 业务量的统计分析表明，不对称性至少为 10∶1 以上。所以，ADSL 系统正好适应这些不对称业务。

ADSL 技术的主要优点如下：

(1) 可以充分利用现有铜线网络，只要在用户线路两端加装 ADSL 设备，即可为用户提供服务。

(2) ADSL 设备随用随装，无须进行严格的业务预测和网络规划，施工简单、时间短，系统初期投资小。

(3) ADSL 设备拆装容易、灵活，方便用户转移，较适合流动性强的家庭用户。

(4) 充分利用了双绞线上的带宽。ADSL 将一般电话线路上未用到的频谱容量，通过先进的调制技术来产生更大、更快的数字通路，从而实现高速远程接收或发送信息。

(5) 双绞铜线可同时供普通电话业务的声音和 ADSL 数字线路使用。因此，在一条 ADSL 线路上可以同时提供个人计算机、电视和电话频道。

2．ADSL 系统的构成原理

ADSL 系统的构成如图 7-5 所示，它是在一对普通铜线两端各加装一台 ADSL 局端设备和远端设备而构成的。ADSL 系统除了向用户提供一路普通电话业务外，还能提供一个速率可达 576 kb/s 的中速双工数据通信通道和一个速率可达 6～8 Mb/s 的高速单工下行数据传送通道。

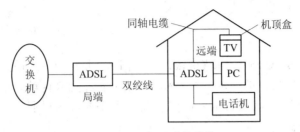

图 7-5　ADSL 系统结构

ADSL 系统的核心是由 ADSL 局端机和远端机构成的收/发信机，其原理框图如图 7-6 所示。局端的 ADSL 收/发信机结构与用户端的 ADSL 收/发信机结构是不同的。

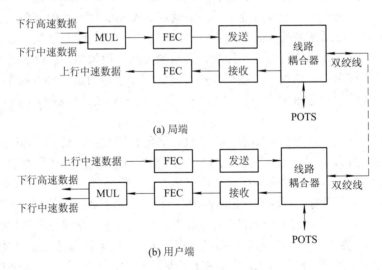

图 7-6　ADSL 收/发信机原理框图

局端 ADSL 收/发信机中的复用器(MULtiplexer，MUL)将下行高速数据与中速数据进行复接，经前向纠错(Forward Error Correction，FEC)编码后送往发信单元进行调制处理，最后经线路耦合器送到铜线上；线路耦合器将来自铜线的上行数据信号分离出来，经接收单元解调和FEC解码处理后恢复出上行中速数据。线路耦合器还完成普通电话业务信号的收、发耦合。

用户端 ADSL 收/发信机中的线路耦合器将来自铜线的下行数据信号分离出来，经接收单元解调和 FEC 解码处理后送往分路器(DeMULtiplexer，DMUL)进行分路处理，恢复出下行高速数据和中速数据后再分别送给不同的终端设备；来自用户终端设备的上行数据先经FEC 编码和发信单元的调制处理，然后通过线路耦合器送到铜线上。普通电话业务经线路耦合器进、出铜线。

3. ADSL 的传输带宽

ADSL 运用频分复用(FDM)或回波抵消(EC)技术将 ADSL 信号分割为多重信道。简单地说，一条 ADSL 线路可以分割为多条逻辑信道。这两种技术对带宽的处理如图 7-7 所示。

由图 7-7(a)可知，ADSL 系统是按 FDM 方式工作的。POTS 信道占据原来 4 kHz 以下的电话频段，上行数字信道占据 25～200 kHz 的中间频段(约 175 kHz)，下行数字信道占据 200 kHz～1.1 MHz 的高端频段。

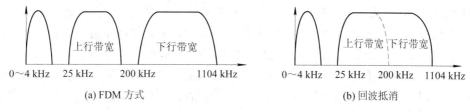

図 7-7　ADSL 的带宽

频分复用法将带宽分为两部分，分别分配给上行方向的数据及下行方向的数据使用；然后运用时分复用技术将下载部分的带宽分为一个以上的高速次信道(AS0、AS1、AS2、AS3)和一个以上的低速次信道(LS0、LS1、LS2)，再将上传部分的带宽分割为一个以上的低速信道(LS0、LS1、LS2，对应于下行方向)。这些次信道的数目最多为 7 个。FDM 方式的缺点是下行信号占据的频带较宽，而铜线的衰减随频率的升高迅速增大，所以其传输距离有较大局限性。

为了延长传输距离，需要压缩信号带宽。一种常用的方法是将高速下行数字信道与上行数字信道的频段重叠使用，两者之间的干扰用非对称回波抵消器予以消除。由图 7-7(b)可见，回波抵消技术是将上行带宽与下行带宽产生重叠，再以局部回波消除的方法将两个不同方向的传输带宽分离，这种技术也用在一些模拟调制解调器上。

4．ADSL 调制解调流程

ADSL 调制解调器利用数字信号处理技术将大量的数据压缩到铜质双绞电话线上，再运用转换器、分频器、模/数转换器等组件来进行处理。ADSL 不仅吸取了 HDSL 的优点，而且在信号调制、数字相位均衡、回波抵消等方面还采用了更为先进的器件和动态控制技术。

在信号调制方面，ADSL 先后采用了正交幅度调制(QAM)、无载波幅度相位调制(CAP)和离散多音频(DMT)调制。无论使用何种调制技术，基本的要求都是一样的。ADSL 调制解调器的发送与接收端的调制/解调流程如图 7-8 所示。可以说，所有的调制技术都具备了此流程图所列的各步骤的功能。在实体芯片组的设计中，通常将这些步骤予以模块化后合并到芯片组中。

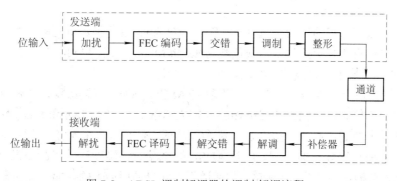

图 7-8　ADSL 调制解调器的调制/解调流程

发送端输入位经过调制以后，转换成为波形送入信道中；接收端接收了从信道送来的波形，经解调后将波形还原为先前的位；期间经过加扰、FEC 编码、交错、调制、整形、补偿、解调、解交错、FEC 译码及解扰。

(1) 加扰及解扰。多数 DSL 在发送端及接收端都有加扰以及解扰功能。对于以包为基础的系统或 ATM 系统，当传输过程中没有包或 ATM 信元传送时，发送器的输入端信号会维持在高位或低位，也就是会输入一连串的 1 或者 0，加扰的作用就是将包或信元的数据大小随机化以避免该现象的发生，再利用解扰的功能将被加扰的位还原。

(2) FEC 编译码。FEC 是一种极重要的差错控制技术，它比循环冗余检验(CRC)更重要，也更复杂。FEC 除了对数据进行核对检验外，还拥有数据校正的能力，可以保护传输中的数据，避免其遭受噪声及干扰影响。

(3) 交错及解交错。DSL 在数据传输中常会发生一长串的错误，FEC 较难实施对这种长串错误的校正。交错通常介于 FEC 模块与调制模块之间，是将一个代码字平均展开，同时将存储在数据中的长串错误也展开，经过展开以后的错误才能由 FEC 来处理。解交错的作用则是将展开的数据还原。

(4) 整形。整形就是维持传输数据适当地输出波形，通常置于调制模块的输出端。整形的困难之处在于，它必须将外频噪声恰当地衰减，但对于内频信号的衰减则必须达到最低程度。

(5) 补偿。当通信系统在接近理论阈值运行时，通常在其发送端及接收端都会采用补偿器，以获得最佳传输。在不同速率的信道以及多变的噪声环境中，运用这种方法可使系统在信号的传输方面更加灵活。

5. ADSL 信号的传输

ADSL 的传输方式是"按帧传输"。与其他"按帧传输"不同的是，ADSL 帧中的位流可以分割。一个 ADSL 物理间信道最多可同时支持 7 个承载通道，其中 4 个是只能供下行方向使用的单工信道(AS0~AS3)，3 个是可以传输上行与下行数据流的双向双工承载通道(LS0~LS2)，它们在 ADSL 物理层标准中定义为次信道。

需要注意的是，这 7 个次信道只是逻辑上的信道而非物理信道，实际的 ADSL 信道是指 ADSL 链路。在 ADSL 链路上，这些次信道可配置成不同的带宽来传输信息。目前多数产品仍然只能按照配置后的模式运行，但在将来，这些次信道的传输速度会变为可切换式RADSL(Rate adaptive ADSL，速率自适应 DSL)的。

1) 下行方向传输

任何承载通道都可编程为传输 32 字节流，32 kb/s 数据整数倍之外的数据则并入帧的附加信息区中。假如有一条数据，其位数为 1.544 Mb/s，除以 32 kb/s 的整数倍后的余数为8 kb/s，这 8 kb/s 数据便会被并入帧的附加信息区中。

ADSL 规范指定了 4 种下行单工承载通道(AS0~AS3)的传输级别，它们是 1.536 Mb/s(T1 速率)的简单倍数，分别是 1.536 Mb/s、3.072 Mb/s、4.608 Mb/s 和 6.144 Mb/s。双工通道可以包含一个控制通道和一些 ISDN 通道(BRI 或 384 kb/s)。承载通道的最高速率的上限仅受 ADSL 链路传输能力的控制，但是 ADSL 的产品对已经默认的承载通道比特流实现了不同的子通道数据速率。所有的 AS 承载通道不能同时使用最大的传输级别速率 6.144 Mb/s。

子频带(子带)AS0 是必须得到支持的，而可以在指定时间内激活的最大子带数目和传输的承载通道数目依赖于传输级别。在 ADSL 系统中，传输级别依赖于 ADSL 环路可以达到的线速率和子带的配置，而子带可以配置成最大化子带数目或者最大化线速度。配置的子带速度和数目中间的交换留待以后研究。

传输级别被编号为 1~4，这 4 个传输等级的各种配置组合如下：

(1) 传输级别 1 是必要的，常用于最短的回路上，所以可提供最快的速度。它可以以任意一种组合作为选择性配置，也就是 1.536 Mb/s 的 1~4 倍，但至少要支持 AS0 这个子带的使用。例如，4 个 1.536 Mb/s 的次信道组合，或一个 1.536 Mb/s 的次信道和一个 4.608 Mb/s 次信道的组合，以此类推。

(2) 传输级别 2 是可选择的，传输速率为 4.608 Mb/s。其配置组合的原则和级别 1 相同，系统可以按任一种或所有的载体速率来组合成 4.608 Mb/s。传输级别 2 不使用 AS3。

(3) 传输级别 3 也是可选择的，其速率为 3.072 Mb/s。系统可以按任一种或所有的载体速率来组合成 3.072 Mb/s。

(4) 传输级别 4 是必要的，常用于最长的环路上，所以只能支持最低的 1.536 Mb/s 的速度，而且只能在 AS0 次信道上运行。承载信道是 1.536 Mb/s 的 AS0。

ADSL 也定义了以相当于 E1 的 2.048 Mb/s 速率为基数的 2M-1、2M-2 和 2M-3 三个传输等级，相应地支持 AS0、AS1 和 AS2 三个次信道进行下行传输。三个传输等级都是选择性的，系统可以选择任一种或所有的载体速率来组合成不同的传输等级，但 ADSL 子信道的速率应匹配承载通路的速率，承载通路传送应服从相应的限制。

传输级别 2M-1 为 6.144 Mb/s，可以按以下可选的配置来运行：1 个 6.144 Mb/s，或 1 个 4.096 Mb/s 加 1 个 2.048 Mb/s，或 3 个 2.048 Mb/s 的承载通道，其总和都是 6.144 Mb/s。2M-2 及 2M-3 分别为 4.096 Mb/s 及 2.048 Mb/s，可按同样的原则来组合。

ATM 信元也可以在 ADSL 上传输(这只是一种选择性的功能，ADSL 并不一定都支持 ATM 信元传输)，不过只有 AS0 次信道支持 ATM 信元的下行单向传输，因此，载体次信道也只能配置为 AS0，然后按照下述传输等级中的任意一种速率来传输数据。ATM over ADSL 的单向下行传输等级分为四级，其速率分别为 6.944 Mb/s、5.216 Mb/s、3.488 Mb/s 和 1.760 Mb/s；也可分为三级，分别为 2M-1 的 6.944 Mb/s、2M-2 的 4.640 Mb/s 和 2M-3 的 2.336 Mb/s。

2) 上行方向传输

ADSL 系统最多可同时支持 3 个双工承载信道，即 LS0~LS2。其中，LS0 固定作为以 1.536 Mb/s 为基数(或以 2.048 Mb/s 为基数)的传输等级的控制信道，ATM 则使用 LS2 作为控制信道。控制信道也称为 C 信道，它携带服务选择以及呼叫建立信号信息，所有的单向下行链路的用户网络信令都是通过它传输的。如果需要，C 信道实际上可以携带单向及双向信号通道信令。在传输级别 4 和 2M-3 中，C 信道的速率是 16 kb/s。C 信道信令一般是在 ADSL 帧的特殊帧头部分传输的。其他传输级别使用 64 kb/s 的 C 信道，消息是在双向承载信道 LS0 中传输的。

除了 C 信道，ADSL 系统还有两个可选的双向承载信道：一个是 160 kb/s 的 LS1，另一个是 384 kb/s 或 576 kb/s 的 LS2。因为双向信道的结构随单向信道中定义的传输级别的不同而不同，所以与单向传输一样，双向传输也必须考虑传输等级。前述的最低等级——第

4 级和 2M-3，其 C 信道的速率为 16 kb/s，该等级的 C 信道必须一直保持在起作用状态；其余各传输等级的 C 信道速率都是 64 kb/s。LS1 的速率为 160 kb/s，LS2 的速率为 384 kb/s 或 576 kb/s。

ANSI TI.413.1998 标准中规定，ADSL 的 ATM 上行方向上的数据传输必须支持单等待时间模式，也就是说，只能选择快速或者交错路径中的一种进行传输，并且只能使用 LS0 次信道。若使用双等待时间模式(同时使用快速及交错路径)，则必须使用 LS0 及 LS1 次信道进行上行方向的传输，并分别配置这两个次信道供不同路径使用。ADSL 系统至少必须支持 AS0 单向载体次信道和 LS0 双向载体次信道，其数据速率必须支持以 32 kb/s 为基数的 32～640 kb/s 的速率。

如果双向信道用来支持 ATM 信元的传输，那么只使用 LS2 次信道，其速率为 448 kb/s 或 672 kb/s，而 4 个传输等级的 C 信道速率均为 64 kb/s。

ATM 规范将 AS 通道结构与 LS 通道结构以一种标准化同时又有意义的方式结合起来。每一条 ADSL 的下行次信道和上行次信道都可以独立配置其速率，用来满足现实中不同回路长度对不同带宽的需求。

6. ADSL 的分布模式

ADSL 的分布模式有 4 种：比特同步模式、分组适应模式、端到端分组模式和 ATM 模式。这 4 种分布模式的主要特征如图 7-9 所示。在这 4 种模式中有许多相同之处，也有不同之处。只有掌握了它们的特点才能更好地在 ADSL 中应用，同时也能了解 ADSL 能够做什么以及 ADSL 需要哪些网络元件才能为用户提供服务。

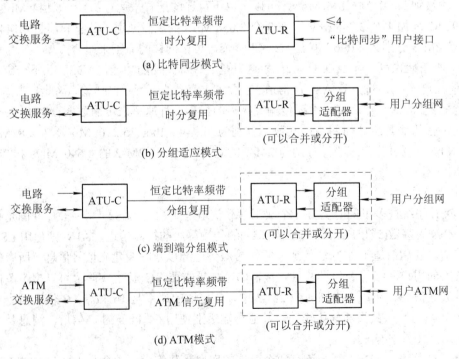

图 7-9   ADSL 的 4 种不同分布模式

1) 比特同步模式

ADSL 最简单的分布模式称为比特同步模式，如图 7-9(a)所示。其基本含义是链路远端 (ATU-R)缓冲区内的任何比特(快速数据或交错数据)会在局端(ATU-C)的缓冲区内弹出。根据用户需求，在比特同步模式中，最多有 4 个"比特同步"的用户设备可以连在一个 ATU-R 上，这是因为 ADSL 只有 4 个下行比特流(AS0～AS3)。如果 ADSL 链路仅提供 AS0，那么 ATU-R 上也就只有一个比特流可用，也就只能连接一个设备。用户设备可能是一个电视机机顶盒或一台 PC，但所有用户数据必须递交到所连接的设备上进行处理。上行和双向链路必须至少构成 C 信道，也可以同时包括 LS 结构。

在比特同步模式中，ADSL 接入节点的 ATU-C 可以将由 LS 或 C 信道传输来的用户数据交付给业务节点的电路交换服务。在这种方式下，ADSL 链路只是固定终端的数据管道(就像租用线一样)，且 ADSL 总是以线速度(常速率)运行，可以直接用时分复用(TDM)的方法在 ADSL 帧内为比特建立时隙。ATU-C 也可以连接到 Internet 的 IP 路由器上，给用户提供 Internet 服务。

2) 分组适应模式

第二种分布模式是分组适应模式，如图 7-9(b)所示。这种模式只是改变了用户的预设，与比特同步模式的主要不同点是：虽然数据仍然以比特流的模式在 TDM 信道中传送，但用户预设的设备(分组适配器)需要的是收/发分组而不是比特流。分组适配器通过分组适配功能将分组放到 ADSL 帧中。分组适配器可以是一个独立设备，也可以内嵌在 ATU-R 中。

3) 端到端分组模式

第三种分布模式是端到端分组模式，如图 7-9(c)所示。端到端分组模式与分组适应模式的主要不同点是：端到端分组是被复用到 ADSL 链路上的。换句话说，在许多用户设备之间传输的分组不是被映射到 AS 或 LS 的一系列 ADSL 帧上，而是将分组全部送到一个以指定速率运行上行和下行信道的、尚未划分频道的 ADSL 链路上。用户的分组必须与服务提供者的链路分组方式一样，用户设备从分组适应设备传送和接收分组。在端到端分组模式中链路的服务终点 ATU-C，分组不是全部传送到 LS 信道所代表的终点，而是根据分组地址传送到适当的服务器上，这种分组交换服务网络可基于 X.25 或 TCP/IP。

在端到端分组模式下，IP 分组可以在服务方的 ADSL 链路上复用和交换(路由)Internet，也可以同时使用比特同步和分组适应模式来收/发数据。不同之处在于，在比特同步和分组适应这两种模式中，ADSL 系统内的分组对于 ADSL 系统而言是透明的；分组交换是 ADSL 网络的一部分，分组内的比特必须组织成与比特同步且与分组适应模式不同的分组模式。在端到端分组模式 ADSL 中，ADSL 链路在 Internet 接入上变得更像中介系统路由器和一个小办公室路由器。当然，在这种模式中也可以使用其他的分组模式，如视频分组，也可以和 IP 分组一样进行传送，只要客户与服务方都理解所传送分组的类型即可。

4) ATM 模式

第四种分布模式是异步转移模式(ATM)，也可以说是端到端 ATM 模式，如图 7-9(d)所示。ATM 从 ATM 适配器(在 ATU-R)复用并传送的是 ATM 信元，而不是 IP 分组(或其他分组)。在 ADSL 服务提供侧，ATU-C 将信元传送给 ATM 网络，这些 ATM 信元的内容仍然可能是 IP 分组。ADSL 网络处理 ATM 信元时必须将它组成 ADSL 帧。

在上述分布模式中，ATM 模式是较有发展前途的一种：ATU-C 设备可能是数字用户环路接入复用器(Digital Subscriber Loop Access Multiplexer，DSLAM)设备的一部分。

7. ADSL 的基本应用

1) ADSL for TCP/IP 适应模式

ADSL 分组允许以分组分布模式通过填充 ADSL 的帧和超帧来传送数据。ADSL 最初的运用是让长时间等待的 Internet 和 Web 用户从 PSTN 转向它们自己的分组网，这个分组网有可能是基于IP的。随着 Internet 和 Web 应用的迅猛增长和流行，以及 Internet 和 Extranet 的不断变化，Internet 协议(IP)已处于越来越重要的地位。

图 7-10 所示为 ADSL 链路用于支持 TCP/IP 分组传输的基本方案。网络由预分配网络(Premises Distribution Network，PDN)，如一个 10 Base-T LAN(局域网)或客户电子总线(Customer Electrical Bus，CEBus)网构成。在服务提供者的交换局，DSL 接入复用器(DSLAM)被连接到 ATU-C 或作为 ATU-C 的组成部分。DSLAM 接入宽带网中，从而可接入到许多提供宽带服务的服务器。

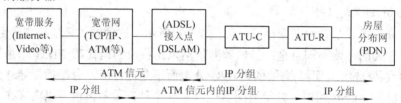

图 7-10　ADSL 链路用于支持 TCP/IP 分组传输的基本方案

ADSL 允许在 TCP/IP 适应模式使用两种不同类型的传输流。

(1) DSLAM 后面是 ATM 网络，而且 DSLAM 直接为 ATM 提供接口(或者 DSLAM 包含一些 ATM 交换功能)。在 DSLAM 的 ADSL 链路侧，ATM 信元的内容被适配到基于 IP 的分组流中，其目的是给那些没有、不想或买不起 ATM 设备的用户提供基于 ATM 的宽带服务。虽然这个方案利用了 PC 及其他平台上大量的 TCP/IP 软件，但是，不是所有提供视频及音频服务或其他类型宽带服务的服务器都可以应用 ATM，因为有许多视频、音频及图形服务是基于 TCP/IP 的，特别是考虑到 Web 的情况下不能应用 ATM。

(2) 允许基于 TCP/IP 的服务被 ATM 访问，此时，到 DSLAM 的传输仍然以 ATM 信元的形式进行。TCP/IP 分组内容不是被翻译成 ATM 信元，而是在 ATM 信元流中传送(ATU-R 远端)。或者说，只是利用了 ATM 信元携带 IP 分组的能力，这被称做 ATM 适应层 5(AAL5)。在 ATU-R 中，TCP/IP 分组从 ATM 信元中释放出来，再通过 AAL5 适配，然后经过 PDN 传输给终端用户设备。因而，服务提供者可以利用 ATM 这样的真正的宽带网络，使得信息为基于 TCP/IP 的服务器所利用，并且其所实施的任何 TCP/IP-to-ATM 的服务迁移都能更容易地进行。

2) ADSL for TCP/IP 端到端模式

ADSL 论坛为 ATM 和 TCP/IP 协议部分定义了 ADSL 网络的 TCP/IP 适应模式。如果信息只是在 ATM 网络和服务器上可用，那么有了适应模式就会允许预设的 TCP/IP 获取此信息。即使信息在通过 ATM 网络可达的 TCP/IP 服务器上，适应模式的变种也允许 TCP/IP 分组在 ATM 信元内传送。但是除了一些专门的应用和特殊的网络环境外，ATM 还是很少应用的。

为此，ADSL 论坛建立了对 TCP/IP 端到端模式的支持，它允许 TCP/IP 分组在所有的 ADSL 帧和超帧内从服务器传输到 DSL 接入复用器(DSLAM)，再经过 ATU-R 到达用户，然后再传输回来。这种方法如图 7-11 所示。

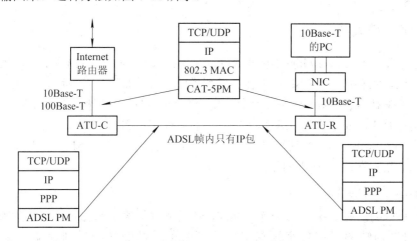

图 7-11　ADSL For TCP/IP 端到端模式

在 TCP/IP 端到端模式中，所有的宽带服务(由网络的带宽和时延决定)都是基于 Internet 的，所有的服务都可以通过运行 TCP/IP 的 Internet 路由器来实现。

从 IP 服务器到用户的下行流由一系列 ADSL 复帧结构流组成；ADSL 复帧又由一系列的 ADSL 帧组成，ADSL 链路最少也应该由 AS0、LS0 或 C 信道组成。在固定不变的线速率的情况下，帧又是由固定数目的 AS0 内的快速或间隔的比特加上固定数目的 LS0 或 C 信道缓冲区的快速或间隔比特组成的。当缓冲区内没有用户信息可放入帧内时，空的比特形式会不停地产生。这种空的比特形式是重复的 8 bit 码 01111110，称之为同步操作符。

在图 7-11 中，IP 包内的传输控制协议(Transmission Control Protocol，TCP)和用户报文协议(User Datagram Protocol，UDP)消息被放在点到点协议(Point to Point Protocol，PPP)帧中，从而可在以太网(IEEE 802.3)帧内通过五类双绞线(CAT-5)传输。ATU-C 在 ADSL 接入点或 DSLAM 内，含有一个 10Base-T 或 100Base-T 的接口。DSLAM 或 ATU-C 将 IP 分组拆包后传递到 ADSL 的物理媒质层，然后组成 ADSL 帧和复帧内的 PPP 帧(因为它有自己的链路控制和纠错协议)。帧根据所配置的信道设定固定数目的比特，帧内比特数一般情况下是相同的。由于要等待用户信息，所以内部信道的大部分时间都只是传送 01111110 比特。一旦 01111110 比特被打断，这个被打断的比特间隔就代表一个 PPP 帧。所以，PPP 帧是包含在 ADSL 帧中的，即传输帧(ADSL)包含了另一个数据链路帧(PPP 帧)。PPP 帧内是 IP 包，IP 内是 TCP 段，它形成需要传送的信息的一部分，包括语音、视频以及 E-mail 等。

在 ATU-R 中，可从 ADSL 帧内的 PPP 帧中取出 IP 包，因此 ADSL 可能一直是 1.536 Mb/s 的线速率。IP 包被放在以太网帧内，然后通过另一个 10 Base-T 的五类双绞线来传输到 PC 上，这样信息和包的传输才最终结束。必须认识到，在 TCP/IP 端到端模式中，ADSL 链路只传输 IP 帧。ATU-R 的另一个 10Base-T LAN 通向一台 PC(也可以是运行 TCP/IP 的电视或其他设备)，而该 PC 只需要配备低价的 10Base-T 网卡和适当的 TCP/IP 软件就可以通过家用五类双绞线来传输包含有 IP 包和 TCP/UDP 信息的 IEEE 802.3 媒质存取控制(Media Access Control，MAC)LAN 帧，而不是 PPP 帧。

这种方案对现存的 PC 和服务器(以及 Internet)的影响最小，很有可能成为流行的 ADSL 方案。

7.1.3　VDSL 接入技术

甚高速数字用户线(Very high speed Digital Subscriber Line，VDSL)系统是在 ADSL 基础上开发出来的，它克服了 ADSL 技术在提供图像业务方面带宽十分有限以及成本偏高的缺点。VDSL 可在对称或不对称速率下运行，每个方向上最高对称速率是 26 Mb/s。VDSL 的其他典型速率是 13 Mb/s 的对称速率、52 Mb/s 的下行速率和 6.4 Mb/s 的上行速率、26 Mb/s 的下行速率和 3.2 Mb/s 的上行速率，以及 13 Mb/s 的下行速率和 1.6 Mb/s 的上行速率。VDSL 可以和 POTS 运行在同一对双绞线上。

1. VDSL 系统的构成

VDSL 系统的结构如图 7-12 所示。在 VDSL 系统中，普通模拟电话线不须改动，图像信号只需通过局端的局用数字终端图像接口便可经馈线光纤送到远端，速率可以为 STM-4(622 Mb/s)或更高。图像业务既可以是由 ATM 信元流所携带的 MPEG-2 信号，又可以是纯 MPEG-2 信息流。在远端，VDSL 的线路卡可以读取信头或分组头，并将所需的信元或分组复制给下行方向的目的地用户双绞线。远端收/发信机模块带有一个普通电话业务耦合器，实际上是一个异频双工器，又称为普通电话业务分路器，它负责将各种信号耦合进现有双绞线铜缆。在用户端，首先利用相同类型的耦合器将模拟电话信号分离出来送给话机，剩下的其他信号再经 VDSL 收/发信机解调成 25 Mb/s 或 52 Mb/s 的基带信号，并分送给不同终端，如 TV、VCR 或 PC 等。收/发信机同时调制上行 1.5 Mb/s 数字信号并送给双绞线。

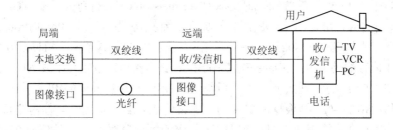

图 7-12　VDSL 系统的结构

VDSL 收/发信机通常采用离散多音频(DMT)调制或 CAP 调制，它具有很大的灵活性和优良的高频传送性能。在双绞线上，其上行传输速率可达 1.5 Mb/s，而下行速率可以扩展至 25 Mb/s，甚至达到 52 Mb/s；能够容纳 4~8 个 6 Mb/s 的 MPEG-2 信号，同时允许普通电话业务继续工作于 4 kHz 以下频段；通过频分复用方式将电话信号和 25 Mb/s 或 52 Mb/s 的数字信号结合在一起送往双绞线。VDSL 的传输距离可缩短至 1 km 或 300 m 左右。

2. VDSL 的体系结构

图 7-13 所示为一种 VDSL 的体系结构。远端 VDSL 设备位于靠近住宅区的路边，它对

光纤传来的宽带图像信号进行选择复制，并将它和铜线传来的数据信号及电话信号一起进行合成，最后通过铜线传送给用户家里的 VDSL 设备。用户家里的 VDSL 设备将铜线传送来的电话信号、数据信号和图像信号分离，再送给终端设备；同时将上行电话信号与数据信号合成一个信号，然后通过铜线送给远端 VDSL 设备。远端 VDSL 设备将合成的上行信号送给交换局。在这种结构中，VDSL 系统与 FTTC(Fiber To The Curb，光纤到路边)结合，实现了到达用户的宽带接入。值得注意的是，从某种形式上看 VDSL 是对称的。目前，VDSL 的线路信号采用频分复用方式来传输，同时通过回波抵消达到对称传输或非常高的传输速率。

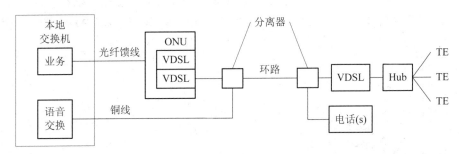

图 7-13　VDSL 的体系结构

　　VDSL 不仅是为了 Internet 的接入而出现的，它还将为 ATM 或 B-ISDN 业务的普及继续发展。例如，类似于 ADSL 与 ATM 的服务关系，VDSL 也会通过 ATM 提供宽带业务，宽带业务包括多媒体业务和视频业务。压缩技术在 VDSL 中将起关键作用，它将 ATM 技术和压缩技术相结合，以消除线路带宽对业务的限制。

3．VDSL 的传输模式

　　VDSL 标准中以铜线/光纤为线路方式定义了 5 种主要的传输模式，如图 7-14 所示。在这些传输模式中，大部分结构都类似于 ADSL。

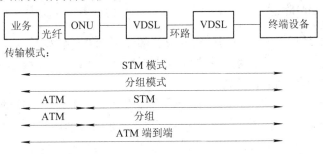

图 7-14　VDSL 传输模式

　　(1) STM 模式。同步转移模式(STM)是最简单的一种传输方式，也称为时分复用(TDM)。在这种传输模式中，不同设备和业务的比特流在传输过程被分配给固定的带宽，这与 ADSL 中支持的比特流方式相同。

　　(2) 分组模式。在这种模式中，不同业务和设备间的比特流被分成不同长度、不同地址的分组包后再进行传输；所有的分组包在相同的"信道"上以最大的带宽传输。

　　(3) ATM 模式。ATM 在 VDSL 网络中可以有三种形式。第一种是 ATM 端到端模式，它与分组包类似,每个 ATM 信元都带有自身的地址,并通过非固定的线路传输;不同的是,ATM 信元长度比分组包小,且有固定的长度。第二、三种分别是 ATM 与 STM、ATM 与分组模式的混合使用,这两种形式从逻辑上讲是 VDSL 在 ATM 设备间形成了一个端到端的传输通道。VDSL 在服务端提供 ATM 传输模式,以配合原来环路上的光纤网络单元和 STM 传输模式;光纤网络单元用于实现各功能的转换。利用现在广泛使用的 IP 网络,VDSL 也支持 ATM 与光纤网络单元和分组模式的混合传输方式。

4. VDSL 的传输速率与距离

图 7-15 为 VDSL 与 ADSL 的传输速率和传输距离的比较。由图可以看出,VDSL 涉及了 ADSL 没有涉及的部分。由双绞线的传输距离可知,VDSL 可以和 ADSL 同时使用。

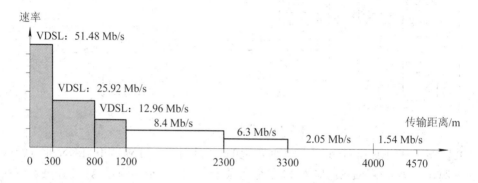

图 7-15   VDSL 与 ADSL 的传输速率和传输距离比较

7.2   无线高保真(WiFi)接入

7.2.1   无线接入的概念

无线接入技术是指接入网的某一部分或全部使用无线传输媒质来向用户提供固定和移动接入服务的技术。无线接入系统主要由用户无线终端(SRT)、无线基站(RBS)、无线接入交换控制器以及与固定网的接口网络等部分组成。

无线接入技术作为电信网当前发展最快的领域之一,主要是解决固定和移动电话通信的接入问题,同时解决移动终端访问 Internet 等窄带数据移动通信业务的接入问题,还提供一定程度的终端移动性,开设速度快、投资省。

无线接入的传输质量不如光缆等有线传输方式,易受干扰。

目前无线接入技术发展迅速,制式众多,新技术层出不穷,基本的通信系统大多采用 FDMA、TDMA 和 CDMA 三种多址接入技术中的一种或几种。也就是说,无线接入技术最为本质的技术分为 FDMA 制式、TDMA 制式和 CDMA 制式。

广义上讲,无线接入包括固定接入和移动接入,而固定接入由于不需要移动通信的漫游、切换等功能而简单得多(固定接入在光通信一章中已作了介绍)。移动通信系统主要有蜂窝移动通信系统和卫星移动通信系统。

7.2.2　无线高保真(WiFi)技术

1. WiFi 的概念

WiFi(Wireless Fidelity，无线高保真)又称 802.11 标准，其最大优点就是传输速度较高，可以达到 11 Mb/s；另外，它的有效传输距离也很长，同时又可与已有的各种 IEEE 802.11 直接序列展频技术兼容。

IEEE 802.11b 无线网络规范是 IEEE 802.11 网络规范的变种，最高带宽为 11 Mb/s。在信号较弱或有干扰的情况下，带宽可调整为 5.5 Mb/s、2 Mb/s 和 1 Mb/s。带宽的自动调整，有效地保障了网络的稳定性和可靠性。WiFi 的主要特性为：速度快，可靠性高；在开放性区域，通信距离可达 305 m；在封闭性区域，通信距离为 76~122 m；方便与现有的有线以太网络整合，组网的成本更低。

WiFi 技术与蓝牙技术一样，同属于办公室和家庭使用的短距离无线技术。该技术使用的是 2.4 GHz 附近的频段，此频段目前尚属不用许可的无线频段。它目前可使用的标准有两个，分别是 IEEE 802.11a 和 IEEE 802.11b。该技术由于有着自身的优点，受到厂商的青睐。

2. WiFi 的技术优势

(1) 无线电波的覆盖范围广。基于蓝牙技术的电波覆盖范围非常小，半径大约只有 50 英尺，约合 15 m；WiFi 的覆盖范围半径则可达 300 英尺左右，约合 100 m，办公室自不必说，就是在整栋大楼中也可使用。

(2) 虽然由 WiFi 技术传输的无线通信质量不是很好，数据安全性能比蓝牙差一些，传输质量也有待改进，但传输速度非常快，可以达到 11 Mb/s，符合个人和社会信息化的需求。

(3) 厂商进入该领域的门槛比较低。厂商可在机场、车站、咖啡店、图书馆等人员较密集的地方设置"热点"，并通过高速线路将因特网接入上述场所，这样，由于"热点"所发射出的电波可以达到距接入点半径数十米至上百米的地方，因此用户只要将支持无线 LAN 的笔记本电脑或 PDA 拿到该区域内，即可高速接入因特网。也就是说，厂商不用耗费资金来进行网络布线，从而节省了大量的成本。

根据无线网卡使用标准的不同，WiFi 的速度也有所不同。其中，IEEE 802.11b 最高为 11 Mb/s(部分厂商在设备配套的情况下可以达到 22 Mb/s)；IEEE 802.11a 为 54 Mb/s；IEEE 802.11g 也是 54 Mb/s。

WiFi 是由 AP(Access Point)和无线网卡组成的无线网络。AP 一般称为网络桥接器或接入点，它是传统的有线局域网络与无线局域网络之间的桥梁，因此任何一台装有无线网卡的 PC 均可通过 AP 分享有线局域网络甚至广域网络的资源，其工作原理相当于一个内置无线发射器的 Hub 或者路由，而无线网卡则是负责接收由 AP 所发射信号的 Client 端设备。

与有线网络相比较，WiFi 有如下优点：

(1) 无须布线。WiFi 最主要的优势在于不需要布线，可以不受布线条件的限制，因此非常适合移动办公用户的需要，具有广阔的市场前景。目前它已经从传统的医疗保健、库存控制和管理服务等特殊行业向更多行业拓展，甚至开始进入家庭以及教育机构等领域。

(2) 健康安全。IEEE 802.11 规定的发射功率不可超过 100 mW，实际发射功率约 60~70 mW。

3. WiFi 技术简述

一个 WiFi 联结点的网络成员和结构如下：

(1) 站点(Station)。这是网络最基本的组成部分。

(2) 基本服务单元(Basic Service Set，BSS)，也是网络最基本的服务单元。最简单的服务单元可以只由两个站点组成，站点可以动态联结(Associate)到基本服务单元中。

(3) 分配系统(Distribution System，DS)。分配系统用于联结不同的基本服务单元。分配系统使用的媒质(Medium)逻辑上是与基本服务单元使用的媒质截然分开的，尽管它们物理上可能会是同一个媒质，如同一个无线频段。

(4) 接入点(AP)。接入点既有普通站点的身份，又有接入到分配系统的功能。

(5) 扩展服务单元(Extended Service Set，ESS)。扩展服务单元由分配系统和基本服务单元组合而成。这种组合是逻辑上而非物理上的——不同的基本服务单元有可能在地理位置上相去甚远。分配系统也可以使用各种各样的技术。

(6) 关口(Portal)，也是一个逻辑成分。关口用于将无线局域网与有线局域网或其他网络联系起来。

这里有三种媒质：站点使用的无线媒质、分配系统使用的媒质，以及与无线局域网集成在一起的其他局域网使用的媒质，物理上它们可能互相重叠。IEEE 802.11 只负责在站点使用的无线媒质上进行寻址(Addressing)，分配系统和其他局域网的寻址不属于无线局域网的范围。

IEEE 802.11 没有具体定义分配系统，只是定义了分配系统应该提供的服务(Service)。整个无线局域网定义了 9 种服务，其中的 5 种服务属于分配系统的任务，分别为联结(Association)、结束联结(Diassociation)、分配(Distribution)、集成(Integration)和再联结(Reassociation)，其余 4 种服务属于站点的任务，分别为鉴权(Authentication)、结束鉴权(Deauthentication)、隐私(Privacy)和 MAC 数据传输(MSDU delivery)。

WiFi 是一种无线传输的规范，一般地，产品带有这个标志表明你可以利用它们方便地组建一个无线局域网。

4. WiFi 无线局域网的组建方法

一般无线网络的基本配置就是无线网卡及一台 AP，如此便能以无线的模式配合既有的有线架构来分享网络资源，其架设费用和复杂程度远远低于传统的有线网络。如果只是几台电脑的对等网，也可不要 AP，只需给每台电脑配备无线网卡即可。AP 主要在媒体存取控制层 MAC 中充当无线工作站及有线局域网络的桥梁。有了 AP，就像一般有线网络有了 Hub 一般，无线工作站可以快速且轻易地与网络相连。特别是对于宽带的使用，WiFi 更显优势。有线宽带网络(ADSL、小区 LAN 等)到户后，只要连接到一个 AP，然后在电脑中安装一块无线网卡即可使用宽带。普通家庭有一个 AP 已经足够，用户的邻里得到授权后，无须增加端口，也能以共享的方式上网。

尽管无线 WiFi 的工作距离不大，在网络建设完备的情况下，802.11b 的真实工作距离却可以达到 100 m 以上，而且解决了高速移动时数据的纠错问题、误码问题及 WiFi 设备与设备、设备与基站之间的切换和安全认证问题。

5. WiFi 技术标准比较

WiFi 是制造商为了推广 802.11b 和 802.11a 而创造出来的商标名。802.11 是电气与电子工程师协会规范的全球 WLAN 设备的标准。它不是一个单一的标准，而是一系列的标准，其中 802.11b 是目前普遍使用的标准。

(1) IEEE 802.11：IEEE 在 1997 年提出的第一个无线局域网标准，由于其传输速率最高只能达到 2 Mb/s，所以主要用于数据的存取。

(2) IEEE 802.11b：工作于 2.4 GHz 频带，物理层支持 5.5 Mb/s 和 11 Mb/s 两个新速率。它的传输速率因环境干扰或传输距离而变化，可在 11 Mb/s、5.5 Mb/s、2 Mb/s、1 Mb/s 之间切换，而且在 2 Mb/s、1 Mb/s 速率时与 IEEE 802.11 兼容。

(3) IEEE 802.11a：工作于更高的频带，物理层速率可达 54 Mb/s，基本满足现行局域网绝大多数应用的速率要求。而且，在数据加密方面，它采用了更为严密的算法。但是，IEEE 802.11a 芯片价格昂贵，空中接力(就是较远距离点对点的传输)不好，点对点连接也很不经济。需要注意的是，IEEE 802.11b 与工作在 5 GHz 频带上的 IEEE 802.11a 标准不兼容。

(4) IEEE 802.11g：IEEE 于 2002 年 11 月 15 日试验性地批准的一种新技术，它使得无线网络传输速率可达 54 Mb/s，是现在通用的 IEEE 802.11b 的 5 倍，但工作频带和 IEEE 802.11b 相同，这就保证了它与 IEEE 802.11b 完全兼容。

(5) IEEE 802.11b+：一个非正式的标准，称为增强型 IEEE 802.11b。它与 IEEE 802.11b 完全兼容，只是采用了特殊的数据调制技术，所以能够实现高达 22 Mb/s 的通信速率，这要比原来的标准快一倍。

此外，D-Link 等公司还推出了同时兼容 IEEE 802.11b 和 IEEE 802.11a 的接入点产品和网卡产品，提供双频无线接入，从而支持 IEEE 802.11a、IEEE 802.11b，或者同时支持两种方式。

7.2.3　WiFi 技术的应用

WiFi 技术作为一种无线接入技术，一直是世界关注的焦点，加之近几年人们对网络信息化、数字化要求的不断升级，也进一步推动了 WiFi 技术的发展，使得 WiFi 在家庭、企业用户以及许多公共场所，如咖啡厅、机场、体育场等都得到了迅速的发展。现在，WiFi 的应用领域还在不断地朝着电子消费方面迅猛发展，从笔记本电脑到相机再到游戏机、手机，甚至钢琴都内置了 WiFi 技术，WiFi 技术正在改变我们的生活方式。

1. WiFi 在家庭、企业中的应用

凭借 WiFi 技术，用户再也不需要为了把缆线接入各个房间而在家中或公司的墙壁上钻孔。相反，用户只要安装一个无线接入点(Wireless Access Point，WAP)，并在每台手提电脑上插入无线网卡(或使用内建无线模组的手提电脑)就可以在家中或办公室内轻轻松松地使用无线上网。有些企业也会架设无线局域网，以减低运作成本和增加生产力。

2. WiFi 打印机

由于有了 WiFi 的功能，因此最让人头痛的办公室布线问题将得到根本性的解决。此时网络线、程控电话交换线、打印线等都不复存在(当然电源还是无法省掉的)。如：WiFi 打

印机 ML-2152W 是三星公司定位于工作组用户推出的新款黑白网络激光打印机，除拥有 10/100 Mb/s 的有线网络连接选项外，还具备符合 802.11b 无线网络标准的无线功能。

WiFi 打印机不仅产品硬件配置出众，而且其整体造型小巧，体积只有 436 mm × 386 mm × 326 mm。ML-2152W 的打印速度高达 20 p/min，打印机分辨率为 1200 dpi，产品本身内置 16 MB 打印内存，支持的最大扩充至 144 MB。非常值得一提的是，该款产品提供了自动双面打印功能，且相关选项只需按下打印机面板的对应按键即可快速实现；而沿袭的"省墨"按键设计，也对降低整体打印成本大有帮助。

此外，由于 ML-2152W 隶属于网络打印设备，因此其安装选项也被设计得非常易用。与其他需要手动设置打印机端口的同类产品有所不同的是，ML-2152W 的网络设置程序可以在更改默认端口时自动搜索本地网络，从而省去了很多繁琐的操作步骤。其最大的特点在于集成了 802.11b 无线连接能力，可为无线办公打印提供一个比较不错的解决方案。

除此之外，像 Magicolor 2300DL 等都具有无线网内支持打印的功能，无线连接的功能让打印机也获得了可移动性，使用者可以将打印机放置在任何自己需要的位置，合理布局的同时省去了布线的麻烦。与蓝牙相比，WiFi 的发展显得顺风顺水，应用范围也更加广泛，应用该无线技术的打印机可让人们更方便地享受科技带来的便利。

3. 大型会展

目前越来越多的展览中心已经开始部署 WiFi 热点覆盖，因为展览中心是典型的位置信息与观众相关的场所。WiFi 热点除了可满足参展商和参观者对 WiFi 接入互联网的需求外，其实它最大的价值就在于加深了参展商和参观者之间的联系，比如针对性的广告发布、资料索取、联系方式等，这已使展览会改变了以往参观者夹着大袋小袋宣传单式的观展方式。在展览馆的不同区域，参观者接入 WiFi 网络会出现相应的展位介绍。参展商可以根据展馆的模板上传图片、文字、视频等信息，用户可以在展馆内部的 WiFi 内网浏览，当然也可以通过互联网来访问，实现永不落幕的网络展览，从而增加了展馆的盈利模式。现代的展览采用了越来越多的多媒体展示方式，以前用户需要拿到传统的平面宣传单，现在他们则通过 WiFi 终端下载产品的资料、视频后，保留到电脑上慢慢研究，同时可以通过搜索引擎来找到自己感兴趣的展区和展品，而不会因为场馆太大或分散而漏掉其中感兴趣的部分。

4. WiFi 遥控器

由于 WiFi 不具有方向性且可以实现对多设备的互相匹配，所以再也不会有找不到某个遥控器的尴尬了。WiFi 技术会将多个遥控器集成为一个多功能遥控器，可以在家里的任何一个角落随时打开音响播放美妙的音乐，或者打开热水器放满一缸洗澡水。这个遥控器是完全没有方向性的，也正是因为它的无方向性，使得 WiFi 的保密性比较差，甚至经常出现隔壁邻居家内有一个 AP(Access Point，接入点)，附近的人都可以搜索到并且使用这个 AP 上网的情况；但随着数据加密与设备匹配技术的发展，此种情况将最终得到解决。

5. WiFi 网络

在家里或者办公室内可以利用 WiFi 网络来实现高速无线上网以及拨打 IP 电话。对于运营商而言，这样的服务带来了对频谱资源更为有效的利用以及差异化的竞争优势。2007年，众多运营商已在全球范围内开展了 WiFi 网络部署，但基于覆盖范围及频谱等因素，一些运营商只部署数据网络，一些运营商则将语音业务也纳入了进来。如 TMobile 的 Hotspot@Home 业务允许从热点或家庭网络对用户进行无限制呼叫，该业务于 2007 年 6 月在全美推行；BT 的 Fusion 服务为家庭/办公网络和超过 2000 个 BTOpenzone 热点位置提供语音和数据服务；Orange 的 Unik for Professionals 服务提供 WiFi 和 GSM 之间的交接 (Handoff)，用户可通过 WiFi 网络进行无限制的呼叫；NTTDoCoMo 则为大企业客户提供基于 SIP 的语音服务。在 2007 年下半年通过测试语音相关的性能特性(如延迟和抖动)后，WiFi 网络可提供最佳用户体验。2008 年初，对面向企业的 WiFi 语音技术进行了客户设备及接入点中与语音相关特性的性能测试，包括排序、移动/漫游、呼叫承载能力、语音质量等。测试这些性能是否完全符合协议，以确保可互操作性，包括节能、安全、资源估测等。

利用 WiFi 技术构建家庭网络已成为新的应用热点。在中国，城区家庭对各类数字家庭应用有着浓厚的兴趣。In-Stat 针对北京、上海和西安的 488 户宽带网络家庭的调查显示，家庭网络用户中的 56.7%希望能够连接控制台、TV 或者 PC，以共享在线游戏；69.3%期待将 PC 与立体声系统相连接，以便多个房间共享音乐；70.5%盼望能够将 PC 与 TV 或者 STB 相连，从而在整个家庭中共享视频画面；72.7%对使用联网的 DVR 或者 STB 录制并共享电视节目很感兴趣。WiFi 则提供了一个满足上述需求的最简单、最经济高效的家庭联网方法，并且 802.11n 将显著提高吞吐量，从而能够支持多个高清晰度视频流。

6. 热点区域的公共接入

公共区域的无线接入最初是从酒店的大堂和咖啡厅开始的，也就是常说的无线局域网。随着无线技术的进步与发展，无线局域网逐渐摆脱了有线回程(无线网同互联网连接的部分称为回程)，从而使得热点区域成为可能。热点区域通常覆盖的范围较大，比如机场的候机大厅或大的会议中心，并能够做到无缝漫游，如图 7-16 所示。最新的技术发展，例如同步合成技术，使得人们可以在更广大的范围内部署无线互联网，比如像北京、纽约等方圆几百平方公里、人口上千万的大都会或广袤的农村，而成本又相当低廉。

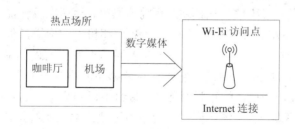

图 7-16　WiFi 接入方式示意图

无线城市互联网的地毯式覆盖可以满足非常多的应用，包括农民、商务或旅游人士的互联网接入，以及公共安全的提升。同时，也可以在很多地方建立公共信息亭，为市里的旅游者或没有电脑的城市居民提供上网服务。这些服务可以是免费的，也可以是付费的。不论哪种方式，无线城市互联网都将促进城市的经济发展，提高旅游的吸引力，降低城市居民的互联网接入费用，消除数字鸿沟。

7. WiFi 在电子产品中的应用

随着 WiFi 标准技术的不断发展，WiFi 应用的领域、终端和内容均在不断扩展。应用领域从先前特定的热点区域开始扩展至更为广泛的办公室、家庭、学校等；应用终端从计算机终端逐步扩展至手机、数码相机、游戏机等更多种类的消费类数字终端；应用内容也相应地从商务应用扩展至生活、娱乐类等各种数字家庭应用。

WiFi 技术在各种消费类电子产品中的应用有助于构建一个全新的数字世界。目前，市场上涌现出大量令人兴奋的新型融合产品，如 MP3 类、数码相机类、游戏机类、电视机类产品等。通过为各种消费类电子产品添加通信功能，WiFi 使得之前独立存在的消费类电子产品摆脱了传输线的束缚，即通过无线的方式就可与计算机、打印机等其他终端连接在一起，以完成内容的传递和共享。

WiFi 手机在电子消费领域是个不错的选择，这种手机在热点覆盖的范围内可以实现免费通话，这对于一些行业和个人用户来说诱惑力巨大。有的 WiFi 手机还支持在蜂窝网络和 WiFi 网络中来回切换，以实现更强的机动性和低成本优势。自从 2004 年 WiFi 联盟推出 WiFi 认证以来，目前经过 WiFi 认证的手机已经接近 100 款，并且数量有望持续增长。WiFi 手机数量的增多，大大丰富了运营商的选择，他们能够根据自己的业务需求来选取不同功能和性能的产品。WiFi 手机可以节约大量的话费，备受用户的喜爱，因此带有 WiFi 功能的智能手机被相继推出。

2006 年 3 月，北京派瑞天科无线技术有限公司研发出了全球首款 GSM/WiFi 双模手机。这款名为"hipi"的手机主要投放在 IT 卖场，资料显示，当时他们借用的是 CECT 的手机生产牌照。据悉，该款产品可以在 GSM 与 WiFi 之间自动转换：当没有 WiFi 热点时，手机通过正常的 GSM 网络通信；一旦进入 WiFi 热点区域，手机拨打电话就自动切换到了网络电话模式。手机拨打网络电话不需要和任何人谈合作，只要有 WiFi 无线互联网的地方，就可以通过这款手机拨打电话。这款手机在 WiFi 热点区域拨打电话时资费便宜得令人咋舌。

今天的 WiFi 终端，早已超越了笔记本电脑。除了蜂窝移动通信的双模手机以及单模手机之外，各种消费类电子产品也都成为 WiFi 终端，例如 MP3 类 Microsoft Zune、数码相机类 Nikon Coolpix、游戏机类 Sony PS3 等。以数码相机为例，尼康早期的专业数码单反 D2X、D2H、D2Hs 就已经具有了无线传输模块。目前，尼康、柯达以及佳能等著名的数码相机生产厂商都推出了数款 WiFi 数码相机。WiFi 在数码相机上的应用，使用户可以不受数据线的限制而直接将照片传输至 PC，以轻松快捷地与他人分享自己的作品，或者传输到打印机直接打印。随着 WiFi 的成熟和普及，它将在越来越多的消费类电子产品中出现。

WiFi 使手机变成一个真正的互联网终端，带给手机用户更多的互联网功能。WiFi 手机作为 WLAN 的移动终端，其系统结构与现代一般无线终端的系统结构相似，即也由射频模块与基带处理模块两大部分组成。射频模块又由天线、射频子系统组成；基带处理模块主要由基带子系统、电源子系统、操作设备、功能设备、存储设备及通信接口等几小部分组成。图 7-17 是 WiFi 手机的简单系统框图。

由图 7-17 可看出，基带系统对语音信号进行编码、调制以及接口等处理；射频系统负责将基带信号调制到射频上，然后由天线发射出去并进行传输，以及从天线接收信号进行放大滤波并变频到基带进行信号处理。

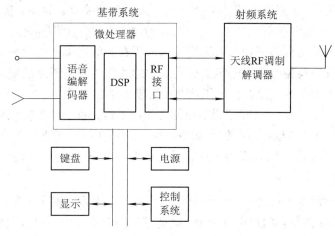

图 7-17　WiFi 手机的简单系统框图

8. WiFi 在其他行业的应用

1) 仓库

仓库中货品的出库和入库都要实行严格的管理，虽然利用计算机是个好方法，可是录入计算机的过程却很麻烦。日常对堆积如山的货物进行清点计算也不是一件轻松的工作，需要登高走低，对货物逐个进行标记。

利用 WiFi 无线局域网能够使仓库的管理工作变得轻松：货品上贴着射频标签，入库和出库时，检测设备能迅速识别出货物，并通过网络调出相关资料供管理员决策；日常维护时，仓库管理员只需手持设备在仓库里走上一圈，货物的存放资料就能及时通过网络传到管理员手中，管理员便可以根据这些信息进行移仓和清仓。

2) WiFi 酒杯

麻省理工学院媒体实验室人机交互技术专家 JackieLee 和 Hyemin Chung 开发了一款高科技 WiFi 酒杯，只要一方拿起 WiFi 酒杯或吮吸杯中的酒，另一方的 WiFi 酒杯将发亮。这一高科技 WiFi 酒杯整合了发光二极管、液体传感器以及无线连接技术，无论哪一方将自己的双唇接触到酒杯，另一方都将通过 WiFi 连接收到相应反应。根据 Drexel 大学一学术杂志所说，这一高科技 WiFi 酒杯目前只能够在到达的范围内发送和接收信息，也就是说 WiFi 使用的范围是有限制的。

3) WiFi 定位跟踪应用

据市场研究公司 In-Stat 发表的研究报告称，WiFi 正在越来越多地用于定位跟踪。到 2010 年，WiFi 资产标签(Assettag)的出货量预计将达到 200 万个，但 WiFi 定位跟踪市场仍处于早期的阶段，许多多变因素将决定未来几年这项应用的发展速度。WiFi 标签用于 WiFi 实时定位系统(RTLS)中，这个系统使用 WiFi 接入点来确定配置有外部 WiFi 标签的设备或者嵌入 WiFi 功能的设备的位置。

基于 WiFi 的实时定位系统有两个优势：① 利用标准 WiFi 基础设施进行定位跟踪(不用购买单独的定位阅读器设备)；② 可以跟踪任何嵌入 WiFi 技术的设备，包括笔记本电脑、扫描仪、电话以及那些配置了 WiFi 标签的设备。

到目前为止，WiFi 实时定位系统已经受到了医疗行业的青睐，WiFi 基础设施在这个行业已经大规模应用；而且医疗行业有许多值得跟踪的昂贵资产，如病人监视设备和轮椅等，所以 WiFi 的应用市场仍在不断扩大。如当医院的病人和医疗工作人员通过手机拨打对方的号码时，通过移动基站台即可使双方进行通话，所有的信息都通过无线方式送入到骨干基地台。当然，这其中难免存在着一定的问题，如建筑物挡住了基站的覆盖区域，这时可通过蜂窝移动系统中的小区予以补充，以便获得完整的信息。

WiFi 除了上网、广告、内容订阅等服务之外，根据其特点还可提供更多的服务，比如利用 WiFi 物理传输的特性可进行定位服务。国外公司在这方面进行了很多尝试，VoIP 用 WiFi 作为市场营销手段，比如麦当劳在店里免费提供 WiFi 作为一种促销手段。

4) 体育场馆

现在，通信应用水平已经成为一个城市体育赛事承办水平高低的衡量标准之一。在体育场馆中部署 WiFi 覆盖和门户平台应用，既能满足体育赛事中各种人员的需求，提高赛事承办水平，又可大大发掘 WiFi 运营平台的价值。正在举行运动会的体育场馆中，各体育场馆可能正在举行不同的赛事，或者同一赛事正处在不同的阶段，WiFi 可基于观众的无线终端所在网络的位置，或者由无线设备提供的定位信息，将预先设置绑定的网页推送到观众的无线终端上。同时该功能还为运动会组委会提供了新的广告投放途径，比如羽毛球赛事的门户网页上刊登羽毛球用品商家广告、篮球赛事刊登篮球用品的商家广告，这使得广告投放更有针对性，反过来可吸引更多的商家，使商家和运动会实现双赢。

7.2.4 WiFi 技术的展望

近年来，无线 AP 的数量迅猛增长，无线网络的方便与高效使其得到迅速普及。除了在目前的一些公共地方有 AP 之外，国外已经有先例以无线标准来建设城域网，因此，WiFi 的无线地位将会日益牢固。

WiFi 是目前无线接入的主流标准，但是，WiFi 能发展到什么程度呢？在 Intel 的大力支持下，WiFi 已经有了接班人，即全面兼容现有 WiFi 的 WiMAX。对比于 WiFi 的 802.11x 标准，WiMAX 就是 802.16x。与前者相比，WiMAX 具有更远的传输距离、更宽的频段选择以及更高的接入速度。Intel 计划将采用该标准来建设无线广域网络。相对于现在的无线局域网或城域网，这是质的变革，而且现有设备仍能得到支持，人们的投资一点儿都不会浪费。

总而言之，家庭和小型办公网络用户对移动连接的需求是无线局域网市场增长的动力。随着电子商务和移动办公的进一步普及，廉价的 WiFi 将成为那些随时需要进行网络连接用户的必然之选。

1. WiFi 是高速有线接入技术的补充

目前，有线接入技术主要包括以太网、xDSL 等。WiFi 技术作为高速有线接入技术的补充，具有可移动、价格低廉的优点。WiFi 技术广泛应用于有线接入需无线延伸的领域，如临时会场等。由于数据速率、覆盖范围和可靠性的差异，WiFi 技术在宽带应用上将作为高速有线接入技术的补充，而关键技术无疑决定着 WiFi 的补充力度。现在 OFDM、MIMO(多入多出)、智能天线和软件无线电等，都开始应用到无线局域网中以提升 WiFi 的性能，比如，802.11n 计划将 MIMO 与 OFDM 相结合，使数据速率成倍提高。

2. WiFi 是蜂窝移动通信的补充

WiFi 技术又是蜂窝移动通信的补充。蜂窝移动通信覆盖广、移动性高，可提供中低数据传输速率，它可以利用 WiFi 高速数据传输的特点来弥补自己数据传输速率受限的不足。而 WiFi 不仅可利用蜂窝移动通信网络完善的鉴权与计费机制，而且可结合蜂窝移动通信网络覆盖广的特点实现多接入切换功能，这样就可实现 WiFi 与蜂窝移动通信的融合，使蜂窝移动通信的运营锦上添花，进一步扩大其业务量。WiFi 是现有通信系统的补充，可看成 3G 的一种补充。

无线接入技术主要包括 IEEE 的 802.11、802.15、802.16 和 802.20 标准，相关连接有 WLAN、无线个域网 WPAN、蓝牙与 UWB、无线城域网 WMAN、WiMAX 和宽带移动接入 WBMA 等。一般来说，WPAN 提供超近距离的无线高数据传输速率连接；WMAN 提供城域覆盖和高数据传输速率连接；WBMA 提供广覆盖、高移动性和高数据传输速率连接；WiFi 则可以提供热点覆盖、低移动性和高数据传输速率连接。

对于电信运营商来说，WiFi 技术的定位主要是高速有线接入技术的补充，也会逐渐成为蜂窝移动通信的补充。当然，WiFi 与蜂窝移动通信也存在少量竞争。一方面，用于 WiFi 的 IP 语音终端已经进入市场，这对蜂窝移动通信起一部分替代作用；另一方面，随着蜂窝移动通信技术的发展，热点地区的 WiFi 公共应用也可能被蜂窝移动通信系统部分取代。但总的来说，它们是共存的关系，比如，一些特殊场合的高速数据传输必须借助于 WiFi，如波音公司提出的飞机内部无线局域网；而另外一些场合，使用 WiFi 较为经济，如高速列车内部的无线局域网。

此外，从当前 WiFi 技术的应用来看，热点公共接入在运营商的推动下发展较快，但用户数少并缺乏有效的盈利模式，使得 WiFi 呈现虚热现象，所以，WiFi 虽然是通信业发展的新亮点，但是主要定位于现有通信系统的补充。如果炒作过热，面对相对狭小的市场，可能会出现投资过度和资源闲置的状况。

另外，目前公共接入服务的应用，除了上网、接收 E-mail 等既有应用之外，并未出现对使用者具有独占性、迫切性、必要性，且可使消费者产生另一种新的使用需求的应用服务，这也是它难以吸引大量用户的原因。百年来，通信发展的历史证明，使用一种包括所有功能的通信系统是不可取的，各种接入手段的混合使用才能带来经济性、可靠性和有效性的同时提高。毫无疑问，第三代蜂窝移动通信技术是一个比较完美的系统，它有较高的技术先进性、较强的业务能力和广泛的应用。但是 WiFi 可以在特定的区域和范围内发挥对第三代通信的重要补充作用，所以 WiFi 技术与第三代通信技术相结合会有广阔的发展前景。

3. 卫星与 WiFi 的集成应用

WiFi 技术被广泛应用于各个领域，通常被用来为用户提供"最后一英里"的 IP 链接。目前，这种由卫星提供 IP 的方式，正在广泛部署。卫星和 WiFi 这两种技术在"盒外"兼容，不需要特殊的操作或配置。因为建立了基本的兼容，所以这两种技术的结合可使双方利益最大化。这样就能够实施这种经过仔细挑选的、非常适合卫星和 WiFi 长处的应用了。

卫星与 WiFi 的集成应用能启动单个技术应用不能提供很好服务的新型市场：① 卫星允许 WiFi "热点"配置在地面因特网链接因价格或根本就达不到的地方；② WiFi 能降低

卫星方案每个用户的成本，从而进入更多的对价格敏感的市场。

4. WiFi 为卫星宽带带来益处

与每个用户都配置卫星终端相比，卫星与 WiFi 的集成应用对于终端用户来说大大降低了交付业务的成本。这一更低成本方案能让卫星业务与 WiFi 的集成技术应用于传统卫星方式过于昂贵的领域，主要的应用是为农村地区提供宽带接入。

基于卫星的技术在农村宽带市场中没能成功的主要原因是成本太高，而农村地区宽带市场的每个用户都要求能明显降低安装和运营费用。链接到因特网的卫星 VSAT，加上当地接入的多个 WiFi 用户，就能够降低市场所要求的每个用户的费用。

WiFi 能用来为已有的 VSAT 网络提供更多的功能。这一方式通过利用已有设施可使得方案的实施成本最小化。

通过以上分析可以看出，卫星和 WiFi 的集成应用在今后将具有很大的机会：一是 VSAT 能帮助 WiFi 拓展至地面网络达不到的市场；二是 WiFi 的本地接入可通过提高每个 VSAT 的更多用户来提高卫星宽带的应用；三是特殊应用能开发出移动和快速配置等技术能力；四是 WiFi 能为已有的卫星应用提供新的收入资源。

7.3 全球微波接入互操作性(WiMAX)

继 3G、IP、ATM、OFDM、NGN 等技术之后，WiMAX 又是一个富有前景的无线宽带接入技术。

7.3.1 WiMAX 简介

WiMAX(World Interoperability for Microwave Access，全球微波接入互操作性)是基于 IEEE 802.16 标准的无线城域网技术。它可作为线缆和 DSL 的无线扩展技术，实现"最后一英里"宽带接入。

WiMAX 的最大传送距离为 50 km；每区段的最大数据速率是每扇区 70 Mb/s；每个基站通常配置 6 个扇区，每个扇区可同时支持 60 多个采用 T1 的企业用户和数百个采用 DSL 的家庭用户。

WiMAX 的关键技术有正交频分复用(OFDM)/正交频分多址(OFDMA)、混合自动重传要求(HARQ)、自适应调制编码(AMC)、多入多出(MIMO)、QoS 机制、睡眠模式、切换技术等。

7.3.2 WiMAX 的技术特点

WiMAX 是采用无线方式代替有线方式来实现"最后一英里"接入的宽带接入技术。WiMAX 的优势主要体现在集成了 WiFi 无线接入技术的移动性与灵活性，以及 xDSL 等基于线缆的传统宽带接入技术的高带宽特性。与其他技术相比，WiMAX 具有以下技术特点：

(1) 标准化，成本低。由于使用同一技术标准，不同厂商设备可在同一系统中工作，这增加了运营商选择设备时的自主权，降低了成本。

(2) 数据传输速率高。WiMAX 所能提供的最高接入速率是 75 Mb/s，目前实际应用时，每 3.5 MHz 载波可传输净速率 18 Mb/s，频率利用系数高。

(3) 非视距传输(NLOS)。WiMAX 采用 OFDM/OFDMA 技术，具备非视距传输能力，可方便更多的用户接入基站，大大减少了基础建设投资。

(4) 传输距离远。无线信号的传输距离最远可达 50 km，并能覆盖半径达 1.6 km 的范围，是 3G 基站的 10 倍。

(5) 部署灵活，配置伸缩性强，可平滑升级。可根据业务需求区域来灵活部署基站，网络建设初期可选用最小配置，然后根据业务的增长逐步增加设备。WiMAX 的一个基站可以同时接入数百个远端用户站。

(6) 信道宽度灵活。作为一种无线城域网技术，它可以将 WiFi 热点连接到互联网，也可作为 DSL 等有线接入方式的无线扩展，以实现"最后一英里"的宽带接入；WiMAX 能在信道宽度和连接用户数量之间取得平衡，其信道宽度从 1.5 MHz 到 20 MHz 不等。

(7) 同时支持数百个企业级和家庭 DSL 连接。

(8) 提供广泛的多媒体通信服务。能够实现电信级的多媒体通信服务，支持语音、视频和 Internet。

(9) QoS 性能。可向用户提供具有 QoS 性能的数据、视频和语音业务。

(10) 保密性好。支持安全传输，并提供鉴权与数字加密等功能。

由于具有上述特点及建网快、见效早的优点，WiMAX 具有重要现实意义与战略价值。而且就覆盖环境限制及部署成本来看，对于用 xDSL、Cable Modem 方式不能有效覆盖、不便于和不值得部署有线网络的区域，WiMAX 更是大有用武之地。

7.3.3　WiMAX 宽带无线接入的特点

1. 应用特点

作为宽带无线接入应用的 WiMAX，具有逐步投资和弹性部署的特点，即网络运营商可以根据用户容量增长的需要，逐步增加投入，逐步扩容到位，实现基本平坦的成本曲线；网络的规划可以不受地形地貌的限制，布局灵活，同时用户密度较低的地区仍可以以较低的成本实现覆盖，减小初期投资的风险；网络部署快速，安装和扩容方便，不需要复杂的网络规划，网络结构灵活，尤其在临时性和突发性应急通信中能发挥巨大作用；作为一种小区半径可达 50 km、接入速率可达 70 Mb/s 的宽带无线接入技术，既可作为城域网有线方式的无线延伸，也可作为线缆方式的替代方案。

WiMAX 论坛给出了 WiMAX 技术的 5 种应用场景定义，即固定、游牧、便携、简单移动和全移动。

(1) 固定应用场景。固定接入业务是 802.16 运营网络中最基本的业务模型，包括用户因特网接入、传输承载业务及 WiFi 热点回程等。

(2) 游牧应用场景。游牧式业务是固定接入方式发展的下一个阶段。这种场景下，终端可以从不同的接入点接入到运营商的网络中。在每次会话连接中，用户终端只能进行站点式的接入；在两次不同网络的接入中，传输的数据将不被保留。在游牧式及其以后的应用场景中均支持漫游，并应具备终端电源管理功能。

(3) 便携应用场景。在这一场景下，用户可以步行连接到网络，除了进行小区切换外，连接不会发生中断。便携式业务在游牧式业务的基础上进行了发展，从这个阶段开始，终端可以在不同的基站之间进行切换。当终端静止不动时，便携式业务的应用模型与固定式业务和游牧式业务的相同；当终端进行切换时，用户将经历短时间(最长为 2 s)的业务中断或者一些延迟。切换过程结束后，TCP/IP 应用对当前 IP 地址进行刷新，或者重建 IP 地址。

(4) 简单移动应用场景。在这一场景下，用户在使用宽带无线接入业务时能够步行、驾驶或者乘坐公共汽车等。但当终端移动速度达到 60～120 km/h 时，数据传输速度将有所下降。这是能够在相邻基站之间切换的第一个场景。在切换过程中，数据包的丢失将控制在一定范围，最差的情况下，TCP/IP 会话不会中断，但应用层业务可能有一定的中断；切换完成后，QoS 将重建到初始级别。简单移动和全移动网络支持休眠模式、空闲模式和寻呼模式。移动数据业务是移动场景(包括简单移动和全移动)的主要应用，包括目前被业界广泛看好的移动 E-mail、流媒体、可视电话、移动游戏、移动 VoIP(MVoIP)等业务，同时它们也是占用无线资源较多的业务。

(5) 全移动应用场景。在这一场景下，用户可以在移动速度为 120 km/h 甚至更高的情况下无中断地使用宽带无线接入业务。当没有网络连接时，用户终端模块将处于低功耗模式。

2. MAC 层

MAC 层支持 QoS 管理，可满足不同业务质量的要求。MAC 层根据业务 QoS 要求和业务参数，以轮询方式请求连接带宽或进行带宽调整，以保证语音和视频等实时业务的低延迟要求。同时，针对无线信道环境下较高的误码率和丢包率，它定义了基于每个应用流的自动重传请求(ARQ)，以保证 MAC 层业务数据单元 MSDU 的自动重发，最终确保端到端的包传输质量。

MAC 层具有 ATM(异步传输模式)业务和分组业务汇聚子层 CS，能方便地实现以 ATM 业务或 IP 业务为特征的网络应用。同时，MAC 层具有安全子层，支持 MAC 层安全机制，可实现鉴权、加密等安全管理。

3. 物理层

WiMAX 的工作频段为 2～66 GHz(对于 IEEE 802.16 标准，为 2～11 GHz；对于 IEEE 802.16a 标准，为 10～66 GHz)，信道带宽可在 1.5～20 MHz 范围内灵活调整，有利于在所分配的信道带宽内充分利用频谱资源。

WiMAX 采用宏小区方式，最大覆盖范围达 50 km，当在 20 MHz 的信道带宽时，可支持高达 70 Mb/s 的共享数据传输速率(此时，最大覆盖范围为 3～5 km)。WiMAX 可采用多扇区技术来提高系统容量，一个扇区可同时支持 60 多个采用 E1/T1 的企业用户或数百个家庭用户。

WiMAX 采用了 OFDM、收/发分集、自适应调制等多种先进技术来实现非视距 NLOS 和阻挡视距 ONLOS 传输，有效提高了城市内无线传输的效能。

WiMAX 的物理层支持 TDD/DMTA 和 FDD/TDMA 两种无线双工多址方式，以适应不同国家或地区的电信体制要求；支持单载波(SC)、OFDM(256 点)、OFDMA(2048 点)三种调制方式，用户可根据需要灵活选择。物理层可以根据传输信道性能的变化动态调整调制方式和物理层参数(例如调制参数、前向纠错参数、功率电平、极化方式等)，以保证较好的传输质量。

4．业务能力

WiMAX 采用面向连接的方式，可以向用户提供具有 QoS 性能的数据、视频和语音(VoIP)业务。在 IEEE 802.16 标准中，MAC 层定义了较为完整的 QoS 机制，还定义了四种不同的业务，分别为非请求的带宽分配业务(UGS)、实时轮询业务(rtPS)、非实时轮询业务(nrtPS)、尽力而为业务(BE)，它们可以向用户提供高质量的视频和语音业务、普通质量的视频和语音业务，以及质量无保证的诸如 Internet 等业务。WiMAX 可以根据业务的实际需要来动态分配带宽，具有较大的灵活性，因此，WiMAX 可为不同业务提供不同的服务质量 QoS。

5．网络结构的特点

WiMAX 支持点到多点(Point to Multipoint，PMP)的体系结构，可构建以 WiMAX 基站为中心的星状接入网结构。最新颁布的 IEEE 802.16a 同时也支持网状网 Mesh 体系结构，该结构中允许多个 WiMAX 节点采用无线互连方式构建网状网，这意味着可以灵活地拓展接入网的结构。在骨干网覆盖不到的地方，可采用 WiMAX 网状网覆盖，以实现城域网的弹性延伸。

7.3.4　WiMAX 网络架构的参考模型

作为 WiMAX 网络架构的参考模型，整个网络分成接入网(AN)和核心网(CSN)两大部分。在支持漫游和不支持漫游的情况下，两者的网络架构稍有不同。

WiMAX 网络与各种通信系统的连接方式如图 7-18 所示。

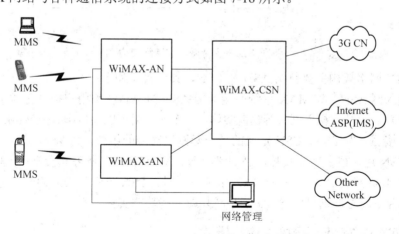

图 7-18　WiMAX 网络与各种通信系统的连接方式

根据是否支持终端的移动性，WiMAX 系统的网络模型可分为固定模式端到端参考模型和漫游模式端到端参考模型。

1．不支持漫游的网络架构

不支持漫游的网络架构如图 7-19 所示。

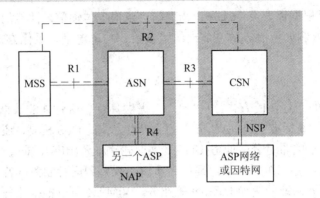

图 7-19 不支持漫游的网络架构

2. 支持漫游的网络架构

支持漫游的网络架构如图 7-20 所示，它在无漫游情况时的结构架上增加了若干接口。

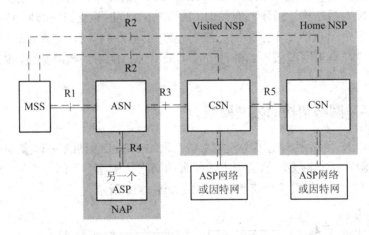

图 7-20 支持漫游的网络架构

WiMAX 网络架构主要包括 ASN 和 CSN，具体含义如下：

(1) 接入网 ASN。WiMAX 系统的接入网 ASN 为 WiMAX 用户提供无线接入，主要包括基站、基站控制器、接入网关等功能实体。一个接入网可以连接到多个 WiMAX_CSN 上。

(2) 连接服务网 CSN。CSN 定义的是一套网络功能的组合，为 WiMAX 用户提供 IP 连接服务。CSN 包含很多功能实体，例如路由器、AAA(认证、业务和授权)代理/服务器、用户数据库、互联网关等等。在 WiMAX 单独建网时，CSN 可作为独立的网络进行建设；与 3G 互联混合组网时，则可以与 3G 核心网共用一些功能实体。

7.3.5 WiMAX 宽带无线接入应用模式

WiMAX 的技术特性和应用特点决定了它能适应各种应用环境，具有不同的应用模式。下面对 WiMAX 宽带无线接入的应用模式进行初步分析和探讨。

1. PMP 应用模式

如图 7-21 所示，PMP 应用模式以基站(BS)为核心，采用点到多点的连接方式来构建星状结构的 WiMAX 接入网络。基站(BS)充当业务接入点(Service Access Point，SAP)，通过动态带宽分配技术，基站(BS)可以根据覆盖区用户的情况灵活选用定向天线、全向天线以及多扇区技术来满足大量的用户站(Subscriber Station，SS)设备接入核心网的需求。必要时，还可以通过中继站(Repeat Station，RS)来扩大无线覆盖范围；也可以根据用户群数量的变化，灵活划分信道带宽，对网络进行扩容，实现效益与成本的协调。

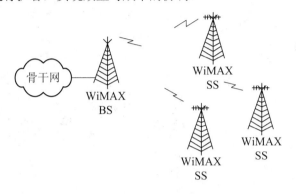

图 7-21　PMP 应用模式

PMP 应用模式是一种常用的接入网应用形式，其特点在于网络结构简洁、应用模式与 xDSL 等线缆接入形式相似，因此，是一种替代线缆的理想方案。

2. Mesh 应用模式

如图 7-22 所示，Mesh 应用模式采用多个基站(BS)，以网状网方式扩大无线覆盖区。其中，有一个基站作为业务接入点(SAP)与核心网相连，其余基站(BS)以无线链路与该 SAP 相连。因此，作为 SAP 的基站，既是业务的接入点，又是接入的汇聚点；其余基站也并非简单的中继站(RS)，而是业务的接入点。

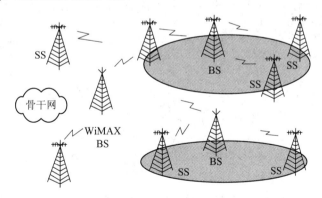

图 7-22　Mesh 应用模式

Mesh 应用模式的特点在于其具有的网状网结构可以根据实际情况灵活部署，以实现网络的弹性延伸。对于市郊等远离骨干网、有线不易覆盖的地区，可以采用该模式扩大覆盖范围，其规模取决于基站半径、覆盖区大小等因素。

3. 热点回传模式

如图 7-23 所示，热点回传(Backhaul)模式采用 WiMAX 无线接入网络把远端 WiFi 热点

Hotspot 业务回送到核心网。WiMAX 基站(BS)的作用仍为业务接入点(SAP)；而 WiMAX 用户站(SS)是热点侧的无线接入设备，提供标准接口与热点相连；作为 WLAN 接入点(AP)的热点设备，再通过 IEEE 802.11a/b/g 无线链路与无线终端连接。

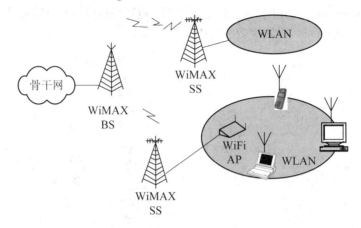

图 7-23 热点回传模式

WiMAX 接入网络可根据实际情况灵活采用 PMP 或 Mesh 结构形式。移动运营商也可以采用该应用模式，把各小区移动基站业务回传到移动交换中心。

WiMAX 热点回传模式的主要特点在于可作为业务回传应用和采用无线传输方式。与传统有线回传模式相比，其特点显而易见，因此可作为传统回传模式的补充或替代方案。

4. 终端接入模式

如图 7-24 所示，在终端接入模式下，用户终端设备(Terminal Equipment，TE)直接通过作为 SAP 的 WiMAX 基站(BS)接入核心网。而用户终端设备(TE)若要直接接入 WiMAX 网络，则必须配置符合 WiMAX 标准的用户单元(Subscriber Unit，SU)。用户单元(SU)一般是 WiMAX 无线网卡或无线模块形式。

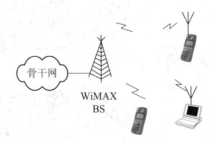

图 7-24 终端接入模式

由于 WiMAX 接入速率很高，而且支持城域内终端设备的移动性(对于即将颁布的 IEEE 802.16e)，因此特别适合于接入速率要求高并且有移动性要求的终端应用。

该模式的特点为：允许用户终端直接高速接入网络，并支持便携式终端在城域范围内的移动和漫游。从技术和业务的角度看，只要再增加支持 VoIP 的语音业务功能，WiMAX 就可成为名副其实的下一代移动通信网络。

5. 驻地网接入模式

如图 7-25 所示，驻地网接入模式主要针对集团用户，其目标是把诸如企业、校园和 SOHO(Small Office Home Office)等用户驻地网通过 WiMAX 接入城域网。与其他应用模式相同，基站(BS)还是作为 SAP 与核心网相连并提供无线接入服务。在用户侧，用户无线接入设备 SS 的一侧通过无线接口上联基站(BS)，另一侧则通过标准接口(如以太网接口、E1 等)与用户驻地网 CPN 设备相连。一般的用户站(SS)采用定向天线以及各种自适应技术，以灵活调整工作方式，保证用户的正常接入。

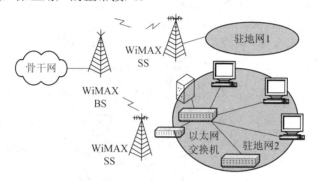

图 7-25　驻地网接入模式

用户侧驻地网 CPN 设备可以是用户路由器、交换机、集线器等网络设备，甚至可以是另一种无线接入点(如 WiFi 热点)，主要用于组成用户专用局域网。其典型实例是目前广泛存在的校园网、企业网、政府网或 SOHO 等形式。

驻地网接入模式特别适合线缆接入不方便、对接入带宽要求不高的驻地间接入应用。与线缆接入方式相比，部署快捷是该模式的竞争优势。

6. 无线桥接模式

如图 7-26 所示，无线桥接模式是一种点到点的无线链接方式。与远程网桥的作用相似，其目的是把地理位置分离的两个子网络通过 WiMAX 无线链路连接在一起。由于无线桥接采用点对点方式，两端 WiMAX 无线网桥设备天线的方向可以彼此对准固定，因此其传输性能相对稳定，部署也相对简单。

图 7-26　无线桥接模式

显然，采用 WiMAX 无线桥接方式可以避免专线敷设的困难或缴纳昂贵的线缆租金，并能迅速开通使用，且连接距离远，连接带宽完全能满足一般应用需要。在用户专网建设方面，无线桥接方式比有线桥接方式更具竞争力。

7.3.6　WiMAX 无线城域网的具体应用

只有让无线城域网的应用价值最大化，才能构建一个统一的、易接入的、稳定安全的无线宽带接入网络环境。基于 WiMAX 的技术特点和优势以及其组网的要求，下面介绍某市提出的 WiMAX 无线城域网解决方案，其组网拓扑图如图 7-27 所示。

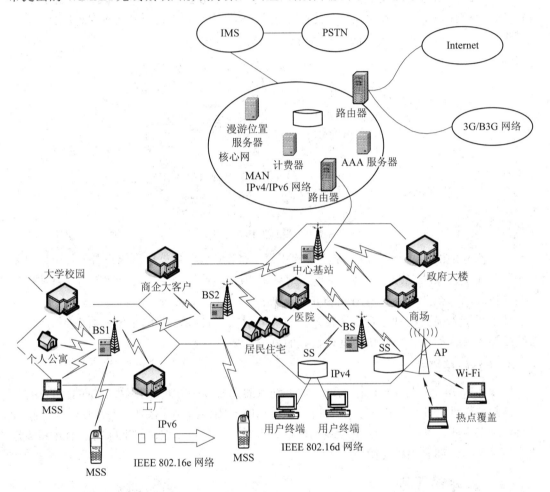

图 7-27　某市 WiMAX 无线城域网组网拓扑图

如图 7-27 所示，该无线城域网的核心网采用基于 IPv4/IPv6 的 WiMAX 核心网设计，此核心网具备与全 IP 网络无缝融合的能力，可以满足不同业务和应用的服务质量(QoS)需求，有效利用端到端的网络资源；具有可扩展性、伸缩性和灵活性，能够满足电信级组网要求；具备先进的移动性，包括寻呼、位置管理、不同技术之间的切换以及不同运营商网络之间的切换；同时具备安全性保障和全移动模式下的 QoS 保证。

本解决方案中各无线覆盖区域的基站之间通过蜂窝组网模式来对全市进行覆盖。由于 IEEE 802.16d 和 IEEE 802.16e 之间不能兼容，所以移动终端用户与固定终端用户之间的接入方式不同。

对于移动终端用户(MSS)，将采用符合 IEEE 802.16e 标准认证的接入方式，并采用 IPv6

协议。MSS 将用户信息发送给基站，基站则通过点到点无线传输方式连接中心基站，或通过其他基站中继至中心基站；用户信息经中心基站送入核心网的 AAA 服务器，经过 AAA 服务器授权后，基站可为 MSS 提供各种宽带接入服务。此外，用户信息还需要经过漫游位置的服务器进行处理。

固定终端用户可通过有线或"热点覆盖"方式与 SS 连接，而 SS 与基站之间将采用符合 IEEE 802.16d 标准认证的接入方式，即采用 IPv4 协议。其认证和授权过程同 MSS 一样，都是通过 AAA 服务器授权，从而获得各种宽带接入服务。其中 SS 采用热点覆盖方案的具体过程如下：

(1) 由 WiFi 接入点(AP)提供面向终端用户的 WiFi 无线宽带覆盖；

(2) WiMAX 用户单元(SS)作为 WiFi 接入点的汇聚点；

(3) 通过 WiMAX 基站接入点和用户单元间的点到多点连接来为各 WiFi 的汇聚点提供回传；

(4) 远程 WiMAX 基站本身使用点到点的无线传输方式来连接控制中心。

在本方案中，无线城域网可以选择 WiMAX 作为有线宽带接入方式的补充，为无线连接企业网用户和宽带个人用户提供服务。该连接方案能克服传统连线系统的物理障碍，适合应用在那些接入困难的大城市中心建筑、用户距局端很远的郊区，可以显著降低这些地区的宽带服务的基础建设成本。

此外，WiMAX 还可作为无线城域网技术直接用作用户终端的无线接入手段，解决无线城域网的无缝连接问题。

现根据图 7-27 所示的 WiMAX 无线城域网的解决方案来分析其主要的应用领域：

(1) 可用作蜂窝通信的回程。在部署一个较大区域的无线接入网络时，可以利用基站之间的无线链接，进一步延伸网络覆盖的范围。

(2) 对于在家庭和企业、单位部署了 WiFi 的用户，可能会临时移动到 WiFi 覆盖范围之外，这时候 IEEE 802.16e 作为 IEEE 802.16a/d 的扩展，可以保证移动用户在 WiFi 网络和 WiMAX 网络中平滑漫游，即客户端可以自动选择利用 WiFi 还是 WiMAX，从而保证了最佳的链接方式。当然，家庭和企业、单位的用户可以直接用 WiMAX 作无线宽带的接入。

(3) WiMAX 可用作 WiFi "热点"回程。在一个区域部署 WiFi "热点"，热点与互联网之间的远距离链接则由 WiMAX 完成，从而延伸了"热点"的使用范围。

(4) 一些 DSL 或者 Cable 接入方式难以覆盖的地方，例如社区的无线宽带的快速实现以及其他较少受距离和社区密度影响的场所、一些临时性的聚集地，例如展会等，WiMAX 可以用较短的时间、极其低廉的成本来实现无线宽带的覆盖，因此比 DSL 或者 Cable 接入方式拥有更大的灵活性。因而，WiMAX 可以率先从人口不稠密、DSL 和缆线宽带网络敷设不密集的地区进行，一旦 WiMAX 的成本下降到与 DSL 和缆线宽带网络差不多时，就可能会成为通信市场上的翘楚，也因此引来全球市场的高度期盼。

(5) 经济欠发达地区可能没有事先部署双绞线或者同轴电缆，如果重新布线，那么受用户密度的制约，成本会很高；另外，像故宫这类的文物单位，显而易见，重新布线是不被允许的，所以在经济欠发达地区或者需要保护的地方，WiMAX 就成为了一个最佳的选择。

(6) 无线通信的 ISP，可以用 WiMAX 进行大范围、低成本的快速覆盖。

(7) 后进入的当地运营商作为一个竞争者，可以采用 WiMAX 技术；其他地区性的小公司也可以提供地区无线的接入服务。

(8) 针对移动服务的提供商，也可以用 WiMAX 作为高速数据传输的补充手段。

WiMAX 作为城市无线宽带网，可使政府、远程医疗卫生、远程教育、交通、金融、物流等许多行业从中受益，具体的应用如下。

(1) 城市安全。警察局可以通过未来的 WiMAX 无缝漫游的高安全性的警察专用网，快速有效、及时地查找违法犯罪人员的记录情况。WiMAX 无线宽带技术的应用还能提升城市对紧急事件的快速处理能力，有效提升城市整体安全防范的水平。另外，WiMAX 无线城域网甚至可以应用在城市消防方面。在无线城域网的支撑下，各个消防员之间采用 WiFi 技术相互连接，可有效保证火场中能够进行数据的有效沟通，帮助消防人员在孤军奋战的时候能够取得联系；而且消防指挥员还能够根据实际状况，比如风向的改变、火势的大小，有效进行人员、器材的调度，快速控制火势。可以想象的是，通过 WiMAX 无线城域网系统，整个城市的安全方面信息的沟通和传达甚至命令将以更加有效、快速和更广覆盖的方式进行。

(2) 交通行业。目前国内的大中城市均有不同程度的交通堵塞现象，以及由于交通堵塞所带来的环境污染问题。利用基于 RFID 和 WiMAX 技术的智能交通综合管理方案，就可以事先预防并解决这类问题。例如，对进入特定区域的车辆，实行特定的收费。具体方案是采用 RFID 技术监控进入特殊路段的车辆，通过 WiMAX 技术全程跟踪车辆，并记录到后台系统，按月收取其费用。通过这种方式，政府可以在特定区域或者时间(上下班高峰期)控制交通拥堵，同时通过收取费用来收回成本。

(3) 医疗保健行业。医疗保健行业可能在无线应用上需要更多的创新。结合相应无线应用软件，城市内各医院之间的医生和保健人员，能够通过无线设备接收病人的信息，包括检验结果和分析数据，甚至通过无线设备下达药物治疗试验和临床试验的处方。随着更高带宽的 WiMAX 无线城域网的应用，以及移动设备图形处理能力的增强，医生、放射师以及其他医疗人员就能在无线设备上接收和查看 X 光照片、CT 扫描图以及其他医疗图像；再结合相应无线应用软件，还能更好地和语音系统集成起来，把所需的医疗及与病人相关的数据及时发送给相关的医疗人员。此外，它还可以代替昂贵的 T1 宽带服务，辅助提供家庭卫生保健工作和离退休老人的护理工作。未来，通过遥感测量可从与病人相连的数百万甚至是数十亿无线连接的感应器那里将自己家里病人的相关数据进行收集、调度，再通过类似 WiMAX 的无线网络直接传输到医生的移动设备中，进行分析和处理。所以，下一代无线宽带网络也会刺激具有流媒体功能的应用软件和内容的相应发展，以及移动视频会议技术在企业和消费者中的发展。

(4) 物流企业。在未来的智能城市中，无线网络将无处不在，其他类似 WiMAX 的技术也可能全面覆盖城市区域，以提供比 WiFi 热点范围更广的高速无线连接。利用 WiMAX 无线城域网，再配合传感器和相关的无线应用软件，对大型物流企业的车队和运送的包裹、货物进行有效的跟踪和管理，使用户可随时了解其委托物流企业的包裹、货物的实际状态，从而提高物流企业的服务效率。

(5) 电子政务。各级政府机构在办公室以外，都可以利用一个网络来获得资源或数据，政府强制性执行的行动可以立即获知民众的反应。WiMAX 无线城域网有助于提高政府工作的透明度，在任何时间、任何地点都能了解会议日程以及相关市/镇政府信息；在社区范围内及多个地区之间举行一些活动，如社区论坛、居民委员会反馈、年轻人的活动(如辩论赛)等，吸引市民参与到这些活动中来；在森林、国家公园以及户外娱乐场所使用 VoIP、图像传输和视频流来作为安全服务的一部分。

(6) 军事和国家安全。对于战术环境、战场梯队单位和行动编队，同静态环境下可见的基础通信相比，无线技术有其显而易见的优势。WiMAX 能够为这种环境提供更好的解决办法，首先，为农村和偏远地区的部队和法律执行机构的快速移动通信需求提供临时和有效的解决方案；其次，可以在车辆或其他合适的移动平台永久地安装某个系统，以增加军队的移动性。

(7) 数据采集。为了减少人力，减少消费和支付的周转时间，世界上有很多电气公司采用主动出击的方式远程监控和收取用户使用能源的费用。而普遍存在的基于 WiMAX 技术的无线网络，可以使公司在自动抄表时有效地远程接入所有的仪表。同时，随着智能电子和电气设施的逐渐引入和发展，能源公司将有能力让他们的客户自由地远程控制其能源消费，运用自动读取技术来节省时间和人力资源，并且提高准确率；通过使用数据采集及监视控制系统(SCADA)，可辅助无线监控污水处理设备和主要的管道结构。

(8) 中小企业网络。很多位于城郊的中小企业同样需要高速的因特网连接和远程办公。许多这类中小型企业也需要通过网络分享资源，包括数据的同步存储、VoIP 程控交换以及视频会议等等。他们可以通过 WiMAX 无线城域网获得高速的资源共享。

(9) Internet 接入。针对有综合布线的小区和大楼，可在楼顶安装 WiMAX 客户端的室外单元 ODU，并在建筑物或小区内安装用户侧室内单元和以太网交换机，利用现有综合布线接入用户，通过无线空中接口提供宽带上网服务。

WiMAX 真正实现了宽带无线化，使互联网摆脱了线的束缚；与此同时，WiMAX 又能根据用户需求提供高带宽，使终端用户真正获得高科技所带来的极速体验。

(10) LAN 局域网互联。对于大型企业，如果在地域内有多个企业分部，那么利用 WiMAX 宽带固定无线接入系统就可以方便地实现总部和各分部的局域网连接。

目前，在传统通信方式面临产业升级、通信与信息融合的情况下，对接入方式多样化、个性化和智能化的需求势不可挡。因此在具备了这种大的产业背景、行业背景和市场背景的情况下，WiMAX 的推进与发展已成为大势所趋。同时，随着 WiMAX 技术标准的不断完善及系统功能开发的日趋成熟，通过这一平台固话网络将会有更灵活的应用方式，移动网络有更佳的数据性能。因此，WiMAX 要在全网规划、频率分配、基站部署、业务推广上充分考虑各种因素，通过 WiMAX 的技术创新使市场获得更大的发展，业务获得更广泛的应用。

总而言之，WiMAX 技术所具有的核心竞争力正是电信技术的发展趋势。通过与第三代移动通信技术的比较，可以看出 WiMAX 是提供差异化服务的最好方式和有效手段。随着技术标准的逐步完善，WiMAX 在第四代移动通信中的技术应用有着更广阔的前景。

小　结

为了实现不同地理位置之间的信息交流，就必须建立通信网。随着信息源的多样化，通信网正由传统的电话网向综合业务数字网发展。

本章论述了 HDSL 接入技术、ADSL 接入技术和 VDSL 接入技术；在无线接入技术中，着重介绍了无线接入的概念、无线接入的基本方法以及无线接入新技术。本章内容较为全面，便于学习者很好地掌握接入网技术。

思考与练习7

7.1　简述铜线接入网的基本组成。

7.2　简述无线接入网的基本组成。

7.3　简述 HDSL 的工作原理。

7.4　试比较 HDB_3 码、2B1Q 码和 CAP 码的优、缺点。

7.5　在 ADSL 中采用频分复用(FDM)和回波抵消(EC)技术的传输带宽有何区别？

7.6　试比较 Cable Modem 和 ADSL Modem 的接入性能，并说明它们各自的优势。

7.7　影响 Cable Modem 运作的因素主要有哪些？

7.8　无线接入新技术有哪些？各自的特点是什么？

7.9　列出并简短定义 IEEE 802 的协议层。

7.10　MAC 地址和 LLC 地址之间的差别是什么？

7.11　列出并简短定义 LLC 服务。

7.12　接入点和入口之间的差别是什么？

7.13　分布式系统是一个无线网吗？

7.14　列出并简短定义 IEEE 802.11 的服务。

7.15　关联的概念如何与移动的概念相关联？

7.16　哪个特性使得无线 LAN 要面对有线 LAN 中所没有的、单独的安全挑战？

7.17　WiFi 基于哪个无线标准？它定义了哪几层？

7.18　WiMAX 的协议标准有哪些？负责的技术领域是什么？

7.19　IEEE 802.16 物理层的特点有哪些？

7.20　IEEE 802.16 MAC 层的特点有哪些？

7.21　WiMAX 的技术特点有哪些？

7.22　WiMAX 的关键技术是什么？解决了哪些问题？

7.23　WiMAX 的技术优势体现在哪些方面？

7.24　简述 WiMAX 的技术定位。

7.25　与 WiFi 相比较，WiMAX 的优点有哪些？

第 8 章

大数据和云计算技术简介

【本章教学要点】

- 大数据的概念
- 云计算的概念
- 大数据和云计算融合的必然趋势

大数据(Big Data)，或称巨量资料，指的是所涉及的资料量规模巨大到无法透过目前主流软件工具，在合理时间内达到撷取、管理、处理并整理成为帮助企业经营决策的资讯。大数据需要特殊的技术来有效地处理大量的规定时间内的数据。适用于大数据的技术包括大规模并行处理(MPP)数据库、数据挖掘电网、分布式文件系统、分布式数据库、云计算平台、互联网和可扩展的存储系统。

云计算相当于我们的计算机和操作系统将大量的硬件资源虚拟化之后再进行分配使用。整体来看，未来的趋势是云计算作为计算资源的底层，支撑着上层的大数据处理；而大数据的发展趋势是实时交互式的查询效率和分析能力，动一下鼠标就可以在秒级操作 PB 级别的数据。

本质上，云计算与大数据的关系是静与动的关系；云计算强调的是计算，这是动的概念；大数据则是计算的对象，是静的概念。如果结合实际应用，前者强调的是计算能力，后者看重的存储能力。大数据需要处理海量数据的能力(数据获取、清洁、转换、统计等)，其实就是强大的计算能力；另一方面，云计算的动也是相对而言的，比如基础设施即服务中的存储设备提供的主要是数据存储能力，所以可谓是动中有静。

8.1　大数据的概念

大数据是所涉及的资料量规模巨大，无法在规定时间内通过常规软件工具对其内容进行撷取、管理和处理的数据集合。大数据需要满足"4V"特征，即数据量大(Volume)、数据的种类多(Variety)、数据的增长及处理速度快(Velocity)、数据蕴藏价值大(Value)，而能满足这 4 个根本特征的才能称为大数据。

数据量大(Volume)指的是数据的采集、存储和计算的量都非常大，大数据通常指 10 TB 以上规模的数据量。造成数据量增大的原因很多，例如，监控和传感设备的使用，使我们感知到更多的事务，这些事务的数据将被部分或者完全存储；(移动)通信设备的使用，使得交流的数据量成倍增长；基于互联网和社会化网络的应用的发展，数以亿计的用户每天都会产生大量的数据。大数据是不断增长、没有限定的，今天的数据可能比昨天大，明天的数据可能比今天大。尽管太字节(TB，10^{12} B)、拍字节(PB，10^{15} B)、艾字节(EB，10^{18} B)、泽字节(ZB，10^{21} B)、尧字节(YB，10^{24} B)……级的数据很大，但仍不是大数据。

数据种类多(Variety)是指数据的种类和来源较多，例如多种传感器、智能设备、社交网络等，包括结构化、半结构化和非结构化，以及图片、音频、视频、地理位置等多类型的数据，实际上就是具有多个时段(历史的、现在的)、多种媒体、多个来源、异构(结构化、半结构化、非结构化)的数据。

数据的增长及处理速度快(Velocity)是指数据每分每秒都在爆炸性地增长，而对数据的处理速度要求也很高，数据的快速动态的变化使得流式数据成为大数据的重要特征，对大数据的处理要求具有较强的时效性，能够实时地查询、分析、推荐等。

数据蕴藏价值大(Value)是指在海量的数据中，存在着巨大的被挖掘的商业价值，然而由于数据总量的不断增加，数据的单位价值密度却相对较低，如何通过强大的数据挖掘算法，结合企业的业务逻辑来从海量数据中获取有用的价值，是大数据要解决的重要问题。大数据技术的战略意义不在于掌握庞大的数据信息，而在于对这些含有意义的数据进行专业化处理。换言之，如果把大数据比作一种产业，那么这种产业实现盈利的关键就在于提高对数据的"加工能力"，通过"加工"实现数据的"增值"。

除了上述的 4 个根本特征外，大数据与传统的数据处理技术最明显的一个区别是，大数据要求在线处理。例如，在用户使用某一网站或应用时，需要及时地把用户行为数据传送给企业，通过相应的数据处理或数据挖掘算法，分析出用户的行为特征，并根据处理结果对用户进行精准的内容推荐或行为预测，在提升用户体验的同时，增加用户黏度，为企业带来更多的商业价值。而离线的数据处理，则不能满足这一需求，在线实时处理也是大数据发展的重要趋势和特点。

大数据的总体架构包括三层，即数据存储、数据处理和数据分析。类型复杂和海量由数据存储层解决，快速和时效性要求由数据处理层解决，价值由数据分析层解决。

(1) 数据存储层。数据有很多种分类方法，有结构化、半结构化、非结构化，也有元数据、主数据、业务数据，还可以分为 GIS、视频、文件、语音、业务交易类各种数据。传统的结构化数据库已经无法满足数据多样性的存储要求，因此在 RDBMS 基础上增加了两种类型的数据库，一种是 hdfs 分布式文件系统，可以直接应用于非结构化文件存储；一种是 NoSQL 类数据库，可以应用于结构化和半结构化数据存储。

从存储层的搭建来说，关系型数据库、NoSQL 数据库和 hdfs 分布式文件系统三种存储方式都需要。业务应用一般根据实际的情况选择不同的存储模式，但是为了业务的存储和读取的方便性，可以对存储层进一步封装，形成一个统一的共享存储服务层，简化这种操作。用户并不关心底层的存储细节，只关心数据的存储和读取的方便性，因此通过共享数据存储层可以实现在存储上的应用和存储基础设置的彻底解耦。

(2) 数据处理层。数据处理层解决的核心问题在于出现分布式存储后，存储方式的改变所带来的数据处理上的复杂度，海量数据存储则带来了数据处理上的时效性要求。在传统的云相关技术架构上，可以将 hive、pig 和 hadoop-mapreduce 框架相关的技术内容全部划入到数据处理层的能力中。mapreduce 只是实现了一个分布式计算的框架和逻辑，而真正的分析需求的拆分、分析结果的汇总及合并还是需要 hive 层的整合能力。最终的目的很简单，即支持分布式架构下的时效性要求。

(3) 数据分析层。数据分析层的重点是挖掘大数据的真正价值所在，而价值的挖掘核心又在于数据分析和挖掘。那么，数据分析层的核心仍然在于传统 BI 分析的内容，包括数据的维度分析、数据的切片、数据的上钻和下钻、cube 等。

数据分析只关注两个内容，一个是传统数据仓库下的数据建模，在该数据模型下需要支持上面各种分析方法和分析策略；另一个是根据业务目标和业务需求建立的 KPI 指标体系，对应指标体系的分析模型和分析方法。解决了这两个问题，就基本解决了数据分析的问题。

传统的 BI 分析通过抽取和集中化大量的 ETL 数据，形成了一个完整的数据仓库；而基于大数据的 BI 分析，可能并没有一个集中化的数据仓库，或者数据仓库本身也是分布式的，BI 分析的基本方法和思路并没有变化，但是数据存储和数据处理方法却发生了大变化。

从技术上看，大数据与云计算的关系就像一枚硬币的正反面一样密不可分。大数据必然无法用单台的计算机进行处理，必须采用分布式计算架构。它的特色在于对海量数据的挖掘，但它必须依托云计算的分布式处理、分布式数据库、云存储和/或虚拟化技术。物联网、云计算、移动互联网、车联网、手机、平板电脑、PC 以及遍布地球各个角落的各种各样的传感器，无一不是数据来源或者承载的方式。

大数据最核心的价值在于对海量数据的存储和分析。相比现有的其他技术，大数据具有廉价、迅速、优化三大特点。

8.1.1　大数据处理的六大工具

大数据分析就是在研究大量数据的过程中，寻找模式相关性和其他有用的信息，帮助企业更好地适应变化，并作出更明智的决策。

1. Hadoop

Hadoop 是一个能够对大量数据进行分布式处理的软件框架，它是以一种可靠、高效、可伸缩的方式进行处理的。Hadoop 是可靠的，因为它假设计算元素和存储会失败，因此它维护多个工作数据副本；Hadoop 是高效的，因为它以并行的方式工作，通过并行处理加快处理速度；Hadoop 还是可伸缩的，能够处理 PB 级数据。此外，Hadoop 依赖于社区服务器，因此它的成本比较低，任何人都可以使用。

Hadoop 是一个能够让用户轻松架构和使用的分布式计算平台。用户可以轻松地在 Hadoop 上开发和运行处理海量数据的应用程序。它主要有以下几个优点：

(1) 高可靠性。Hadoop 按位存储和处理数据的能力值得人们信赖。

(2) 高扩展性。Hadoop 是在可用的计算机集簇间分配数据并完成计算任务的，这些集簇可以方便地扩展到数以千计的节点中。

(3) 高效性。Hadoop 能够在节点之间动态地移动数据，并保证各个节点的动态平衡，因此处理速度非常快。

(4) 容错性。Hadoop 能够自动保存数据的多个副本，并且能够自动将失败的任务重新分配。

Hadoop 带有用 Java 语言编写的框架，因此非常适于运行在 Linux 平台上。Hadoop 上的应用程序也可以使用其他语言编写，比如 C++。

2. HPCC

高性能计算与通信(High Performance Computing and Communications，HPCC)是 1993 年由美国科学、工程、技术联邦协调理事会向国会提交的"重大挑战项目：高性能计算与通信"的报告，也就是被称为 HPCC 计划的报告，即美国总统科学战略项目，其目的是通过加强研究与开发解决一批重要的科学与技术挑战问题。HPCC 是美国为实施信息高速公路而制订的计划，该计划的实施将耗资百亿美元，其主要目标是：开发可扩展的计算系统及相关软件，以支持太位级网络传输性能，开发千兆比特网络技术，扩展研究和教育机构及网络连接能力。

该项目主要由五部分组成：

(1) 高性能计算机系统(HPCS)，内容包括今后几代计算机系统的研究、系统设计工具、先进的典型系统及原有系统的评价等。

(2) 先进软件技术与算法(ASTA)，内容包括巨大挑战问题的软件支撑、新算法设计、软件分支与工具、计算及高性能计算研究中心等。

(3) 国家科研与教育网络(NREN)，内容包括中接站及 10 亿位级传输的研究与开发。

(4) 基本研究与人类资源(BRHR)，内容包括基础研究、培训和课程教材，通过长期的调查，在可升级的高性能计算中来增加被调查人员的创新意识流；通过高性能的计算训练和通信，增加人员之间的联络，以此来支持调查和研究活动。

(5) 信息基础结构技术和应用(IITA)，目的在于保证美国在先进信息技术开发方面的领先地位。

3. Storm

Storm 是自由的开源软件，是一个分布式的、容错的实时计算系统，用于处理 Hadoop 的批量数据且非常可靠。Storm 支持许多种编程语言，且易于配置及使用。Storm 由 Twitter 开源而来，其他知名的应用企业包括 Groupon、淘宝、支付宝、阿里巴巴、乐元素、Admaster 等等。

Storm 有许多应用领域：实时分析、在线机器学习、不停顿的计算、分布式 RPC(远程调用协议，一种通过网络从远程计算机程序上获得的请求服务)、ETL(Extraction-Transformation-Loading，即数据抽取、转换和加载)等等。Storm 的处理速度惊人，经测试，每个节点每秒钟可以处理 100 万个数据元组。

4. Apache Drill

为了帮助企业用户寻找更为有效以及加快 Hadoop 数据查询的方法，Apache 软件基金会发起了一项名为 Drill 的开源项目。Apache Drill 实现了 Google's Dremel。

据 Hadoop 厂商 MapR Technologies 公司产品经理 Tomer Shiran 介绍，Drill 已经作为 Apache 孵化器的项目来运作，将面向全球软件工程师持续推广。

该项目将会创建出开源版本的谷歌 Dremel Hadoop 工具(谷歌使用该工具来为 Hadoop 数据分析工具的互联网应用提速)。而 Drill 将有助于 Hadoop 用户更快地查询海量数据集。

Drill 项目其实也是从谷歌的 Dremel 项目中获得的灵感：该项目帮助谷歌实现海量数据集的分析处理，包括分析抓取 Web 文档、跟踪安装在 Android Market 上的应用程序数据、分析垃圾邮件、分析谷歌分布式构建系统上的测试结果等等。

通过开发 Drill Apache 开源项目，组织机构将有望建立 Drill 所属的 API 接口和灵活强大的体系架构，从而有助于支持广泛的数据源、数据格式和查询语言。

5. Rapid Miner

Rapid Miner 是世界领先的数据挖掘解决方案，其特点包括：

(1) 拖拽建模，自带 1500 多个函数，无须编程，简单易用；同时也支持各种常见语言代码的编写，以符合程序员个人习惯和实现更多功能。

(2) Rapid Miner Studio 社区版和基础版免费开源，能连接开源数据库，商业版能连接几乎所有数据源，功能更强大。

(3) 丰富的扩展程序，如文本处理、网络挖掘、Weka 扩展、R 语言等。

(4) 数据提取、转换和加载(ETL)功能。

(5) 生成和导出数据、报告和可视化。

(6) 为技术性和非技术性用户设计的交互式界面。

(7) 通过 Web Services 应用将分析流程整合到现有工作流程中。

这些内容侧重用 Rapid Miner 进行数据挖掘的基本方法，包括数据准备、相关分析、关联分析、聚类分析、判别分析、回归分析、决策树和神经网络。

6. Pentaho BI

Pentaho BI 平台不同于传统的 BI 产品，它是一个以流程为中心的，面向解决方案(Solution)的框架。其目的在于将一系列企业级 BI 产品、开源软件、API 等组件集成起来，方便商务智能应用的开发。它的出现，使得一系列面向商务智能的独立产品(如 Jfree、Quartz 等等)能够集成在一起，构成一项项复杂的、完整的商务智能解决方案。

Pentaho Open BI 套件的核心架构和基础是以流程为中心的，因为其中枢控制器是一个工作流引擎。工作流引擎使用流程定义来定义在 BI 平台上执行的商业智能流程。流程可以很容易地被定义，也可以添加新的流程。BI 平台包含组件和报表，用以分析这些流程的性能。目前，Pentaho 的主要组成元素包括报表生成、分析、数据挖掘和工作流管理等。这些组件通过 J2EE、WebService、SOAP、HTTP、Java、JavaScript、Portals 等技术集成到 Pentaho 平台中。Pentaho 主要以 Pentaho SDK 的形式发行。

Pentaho SDK 共包含五个部分：Pentaho 平台、Pentaho 示例数据库、可独立运行的 Pentaho 平台、Pentaho 解决方案示例和一个预先配制好的 Pentaho 网络服务器。其中 Pentaho 平台是 Pentaho 最主要的部分，囊括了 Pentaho 平台源代码的主体；Pentaho 数据库为 Pentaho 平台的正常运行提供数据服务，包括配置信息、Solution 相关的信息等，对于 Pentaho 平台来说，它不是必需的，通过配置是可以用其他数据库取代的；可独立运行的 Pentaho 平台是 Pentaho 平台的独立运行模式的示例，它演示了如何使 Pentaho 平台在没有应用服务器支持的情况下独立运行；Pentaho 解决方案示例是一个 Eclipse 工程，用来演示如何为 Pentaho 平台开发相关的商业智能解决方案。

Pentaho BI 平台构建于服务器、引擎和组件的基础之上，包括 J2EE 服务器、安全与权限控制、portal、工作流、规则引擎、图表、协作、内容管理、数据集成、多维分析和系统建模功能。这些组件的大部分是基于标准的，可使用其他产品替换。

8.1.2　大数据在我国的未来之路

1. 大数据的基本特点

大数据的基本特点如下：

(1) 数据体量巨大。从 TB 级别，跃升到 PB 级别。

(2) 数据类型繁多，如前文提到的网络日志、视频、图片、地理位置信息等等。

(3) 价值密度低。以视频为例，连续不间断监控过程中，可能有用的数据仅仅有一两秒。

(4) 处理速度快，遵循 1 秒定律。这一点也和传统的数据挖掘技术有着本质的不同。

2. 我国大数据的变革之路

国务院发布的《促进大数据发展行动纲要》(以下简称"纲要")将大数据发展确立为国家战略。党的十八届五中全会明确提出，实施"互联网+"行动计划，发展分享经济，实施国家大数据战略。大力发展工业大数据和新兴产业大数据，利用大数据推动信息化和工业化深度融合，从而推动制造业网络化和智能化，正成为工业领域的发展热点。明确工业是大数据的主体，工业大数据的价值正是在于它为产业链提供了有价值的服务，提升了工业生产的附加值。工业大数据的最终作用是为工业的发展、工业企业的转型升级提供有价值的服务。要顺利实现"中国制造 2025"的目标，中国工业企业必须做好两件事："顶天"——掌握高端装备行业的工业数据，在高端制造领域完全实现中国智造；"立地"——掌握中国制造行业的工业大数据，通过运用工业大数据，提升中国制造企业的效益，实现节能降耗，进一步提升中国制造产品质量。为了确保"顶天""立地"目标的实现，必须狠抓人才、知识、工具三方面工作。

8.2　云计算的基本概念

云计算(Cloud Computing)是基于互联网的相关服务的增加、使用和交付模式，通常涉及通过互联网来提供动态易扩展且经常是虚拟化的资源。云是网络、互联网的一种比喻说法。过去在图中往往用云来表示电信网，后来也用来表示互联网和底层基础设施的抽象。狭义云计算指 IT 基础设施的交付和使用模式，指通过网络以按需、易扩展的方式获得所需资源；广义云计算指服务的交付和使用模式，指通过网络以按需、易扩展的方式获得所需服务，这种服务可以是 IT 和软件、互联网相关，也可是其他服务。它意味着计算能力也可作为一种商品通过互联网进行流通。可以概括地说：云计算是通过网络提供可伸缩的廉价的分布式计算能力。

云计算是一个新名词，却不是一个新概念。云计算这个概念从互联网诞生以来就一直存在。很久以前，人们就开始购买服务器存储空间，然后把文件上传到服务器存储空间里保存，需要的时候再从服务器存储空间里把文件下载下来。这和 Dropbox 或百度云的模式没有本质上的区别，它们只是简化了这一系列操作而已。

云计算是世界各大搜索引擎及浏览器进行数据收集、处理的核心计算方式，推动着网络数据时代进入更加人性化的历史阶段。

云计算是商业化的超大规模分布式计算技术，即用户可以通过已有的网络将所需要的庞大的计算处理程序自动分拆成无数个较小的子程序，再交由多部服务器所组成的更庞大的系统，经搜寻、计算、分析之后将处理的结果回传给用户。

最简单的云计算技术在网络服务中已经随处可见并为我们所熟知，比如搜索引擎、网络信箱等，使用者只需输入简单指令即可获得大量信息。而在未来的云计算服务中，云计算就不仅仅是做资料搜寻工作，还可以为用户提供各种计算技术、数据分析等服务。透过云计算，人们利用手边的 PC 和网络就可以在数秒之内处理数以千万计甚至亿计的信息，享受到和超级计算机同样强大的网络服务，获得更多、更复杂的信息计算的帮助，比如分析 DNA 的结构、进行基因图谱排序、解析癌症细胞等。就普通用户而言，在云计算下，未来的手机、GPS 等行动装置都可以发展出花样翻新、目不暇接的应用服务。

8.2.1 广义的云计算和狭义的云计算

狭义的云计算是指 IT 基础设施的交付和使用模式，指通过网络以按需、易扩展的方式获得所需的资源(硬件、平台、软件)。提供资源的网络被称为"云"。"云"中的资源在使用者看来是可以无限扩展的，并且可以随时获取、按需使用、随时扩展、按使用付费。这种特性经常被称为像水电一样使用 IT 基础设施。广义的云计算是指服务的交付和使用模式，指通过网络以按需、易扩展的方式获得所需的服务。这种服务可以是 IT 和软件、互联网相关的，也可以是任意其他的服务。

当云计算系统运算和处理的核心是大量数据的存储和管理时，云计算系统中就需要配置大量的存储设备，那么云计算系统就转变成一个云存储系统，所以云存储是一个以数据存储和管理为核心的云计算系统。

通过使计算分布在大量的分布式计算机上，而非本地计算机或远程服务器中，企业数据中心的运行将与互联网更相似。这使得企业能够将资源切换到需要的应用上，根据需求访问计算机和存储系统。

好比是从古老的单台发电机模式转向了电厂集中供电的模式，这意味着计算能力也可以作为一种商品进行流通，就像煤气、水电一样取用方便、费用低廉，最大的不同在于它是通过互联网进行传输的。

核心观点：2016 年板块的核心驱动力将下沉为技术革新，从人脸识别到人工智能、虚拟现实到量子通信，创新的技术将进一步深化商业模式的变革。

易拓云指出云计算是技术驱动的核心，是商业模式变革的基础。云计算的 IT 架构变革使得"互联网+"、大数据战略蓬勃发展，庞大的计算能力使得深度学习、人工智能商业化进程加速。云计算是板块技术驱动的核心，其基础设施建设在未来 3～5 年内将维持高景气度；同时云计算所实现的应用线上化、数据资产化、服务生态化，也将成为商业模式变革的基础。

云计算的好处是：

(1) 安全。云计算提供了最可靠、最安全的数据存储中心，用户不用再担心数据丢失、病毒入侵等麻烦。

(2) 方便。它对用户端的设备要求低，使用起来很方便。

(3) 数据共享。它可以轻松实现不同设备间的数据与应用共享。

(4) 无限可能。它为人们使用网络提供了无限多的可能。

《中国云科技发展"十二五"专项规划》明确提出，到"十二五"末期，在云计算的重大设备、核心软件、支撑平台等方面突破一批关键技术，形成自主可控的云计算系统解决方案、技术体系和标准规范，在若干重点区域、行业中开展典型的应用示范，实现云计算产品与服务的产业化，积极推动服务模式创新，培养创新型科技人才，构建技术创新体系，引领云计算产业的深入发展，使我国云计算技术与应用达到国际先进水平。

8.2.2 云计算的工具与服务

1. 云计算的十大工具

(1) Cloudability。工具类型为云成本分析。

(2) S3 生命周期追踪器、EC2 预留探测器、RDS 预留探测器。工具类型为云优化。

(3) AtomSphere。工具类型为云集成。

(4) Enstratius。工具类型为云基础设施管理。

(5) Informatica Cloud 2013 春季版。工具类型为云数据集成。

(6) Cloud Hub。工具类型为云集成服务。

(7) Chef。工具类型为云配置管理。

(8) Puppet。工具类型为云配置管理。

(9) Right Scale Cloud Management。工具类型为云管理。

(10) Agility Platform。工具类型为企业云管理。

2. 云计算的几种服务

1) IaaS

IaaS(Infrastructure as a Service)：基础设施即服务。消费者通过 Internet 可以从完善的计算机基础设施中获得服务。IaaS 为客户提供处理能力、存储能力、网络和其他基本计算资源，客户可以使用这些资源部署或运行他们自己的软件，如操作系统或应用程序。客户无法管理和控制底层云基础设施，但可以控制操作系统，存储和部署应用程序，或拥有有限的网络组件控制权。

2) PaaS

PaaS(Platform as a Service)：平台即服务。PaaS 实际上是指将软件研发的平台作为一种服务，以 SaaS 的模式提交给用户。因此，PaaS 也是 SaaS 模式的一种应用。但是，PaaS 的出现可以加快 SaaS 的发展，尤其是加快 SaaS 应用的开发速度。PaaS 改变了传统的应用交付模式，促进了分工的进一步专业化，解耦了开发团队和运维团队，将极大地提高未来软件交付的效率。

3) SaaS

SaaS(Software as a Service)：软件即服务。它是一种通过 Internet 提供软件的模式，用户无须购买软件，而是向提供商租用基于 Web 的软件，来管理企业经营活动。

8.2.3　云计算的发展前景

1．云建站

云建站是随着云计算技术成熟而兴起的一种新型整合式技术平台，面向有初级建站经验基础的人员或美工，通常采用知名的 IaaS 提供商服务作为基础设施提供网络设备；同时提供云端开发平台，开发者在平台中编写网站模板代码，运行在浏览器中的开发器提供代码高亮、代码智能感知、数据接口等本地开发中也经常用到的辅助开发功能。与传统开发模式不同的是，模板开发完成后不需要将代码上传到 FTP 虚拟空间，因为整套系统与云基础设施相连，代码可直接无缝提交到云主机上，只要将域名解析到云主机即可上线，为开发者节省了大量开发环境部署、服务器搭建、代码上传的时间。云建站是一种提供代码级别的定制服务，以云计算为基础设施，低投入、高品质、省时、省心的新型建站方式。目前，国内较知名的云建站服务提供商有阿里云、乐云平台、万网。

云建站平台是集开发环境、分布式文件存取、服务器部署等于一体的云端 Web 开发平台。平台通过非常简单易学的模板语言允许开发者对网站进行 100%的前端样式定制设计，底层架构和基础设施提供防火墙、缓存、负载均衡、故障转移、CDN 文件 I/O 等来保障网站安全性、高性能和高可用性。

通常，云建站在开发时是完全免费的，只有在正式上线时才会收费。网站创建时系统将分配免费的二级域名绑定到开发网站，在绑定正式域名之前网站可以通过该二级域名在互联网上被访问到。

开发者可以通过开发平台对网站的所有页面，模板源代码，图片添加、编辑和删除等开发定制操作。开发平台中提供完善的代码高亮支持，常用前端类库等大大降低了开发者对平台和模板语言的学习成本。随着语法智能提示、可拖拽设计的控件库、在线图片处理等辅助开发工具的推出，Web 的快速开发得到实现，进一步降低了 Web 的开发成本。

因此，云建站平台中开发流程与主流开发方式差不多，但是所有步骤不是在开发者本地完成，而是在云端完成的。开发者可以从模板库中直接套用现成模板建站，之后在模板基础上进行二次开发来满足定制化需求；也可以只创建空网站，自行定制开发页面。

2．云物联

"物联网就是物物相连的互联网"。这有两层意思：第一，物联网的核心和基础仍然是互联网，是在互联网基础上延伸和扩展的网络；第二，其用户端延伸和扩展到了任何物品与物品之间，进行信息交换和通信。

物联网的两种业务模式：

(1) MAI(M2M Application Integration)，内部 MaaS；

(2) MaaS(M2M as a Service)，MMO，Multi-Tenants(多租户模型)。

随着物联网业务量的增加，对数据存储和计算量的需求将带来对"云计算"能力的要求：

(1) 云计算：仍处在从计算中心到数据中心的物联网初级阶段，PoP 即可满足需求；

(2) 在物联网高级阶段，可能出现 MVNO/MMO 营运商(国外已存在多年)，需要虚拟化云计算技术、SOA 等技术的结合实现互联网的泛在服务：TaaS(every Thing as a Service)。

3．云安全

云安全(Cloud Security)是一个从"云计算"演变而来的新名词。云安全的策略构想是：使用者越多，每个使用者就越安全，因为如此庞大的用户群足以覆盖互联网的每个角落，只要某个网站被挂或某个新木马病毒出现，就会立刻被截获。

"云安全"通过网状的大量客户端对网络中软件行为的异常进行监测，获取互联网中木马、恶意程序的最新信息，推送到 Server 端进行自动分析和处理，再把病毒和木马的解决方案分发到每一个客户端。

4．云存储

云存储是在云计算(Cloud Computing)概念上延伸和发展出来的一个新的概念，是指通过集群应用、网格技术或分布式文件系统等功能，将网络中大量的各种不同类型的存储设备通过应用软件集合起来协同工作，共同对外提供数据存储和业务访问功能的一个系统。当云计算系统运算和处理的核心是大量数据的存储和管理时，云计算系统中就需要配置大量的存储设备，那么云计算系统就转变成为一个云存储系统，所以云存储是一个以数据存储和管理为核心的云计算系统。目前提供云存储业务的国内企业有联想网盘和燕麦企业云盘(OATOS 企业网盘)。

5．云通信

云通信(Cloud Communication)是云计算技术在通信领域的一种受到推广应用的解决方案。云通信技术主要是在对 IaaS、PaaS、SaaS 等云计算技术应用层进行分析提取的基础上，将智能云、云存储、云交互、云数据、弹性云计算、云分享等云计算技术应用到传统的通信行业，实现对传统通信技术的革命性改造，让通信技术进入云应用及大数据管理时代。这对于提升用户体验，创造用户满意度有着非常重要的意义。在通信云技术领域，公共云和私有云技术成为两种不同的云应用选择。

6．云游戏

云游戏是以云计算为基础的游戏方式，在云游戏的运行模式下，所有游戏都在服务器端运行，并将渲染完毕后的游戏画面压缩后通过网络传送给用户。在客户端，用户的游戏设备不需要任何高端处理器和显卡，只需要基本的视频解压能力就可以了。

7．云教育

视频云计算应用于教育行业，流媒体平台采用分布式架构部署，分为 Web 服务器、数据库服务器、直播服务器和流服务器，如有必要，可在信息中心架设采集工作站，搭建网络电视或实况直播应用。在各学校已经部署录播系统或直播系统的教室配置流媒体功能组件，这样录播实况可以实时传送到流媒体平台管理中心的全局直播服务器上，与此同时录播的学校特色课件也可以上传存储到教育局信息中心的流存储服务器上，方便今后的检索、点播、评估等各种应用。

8．云会议

云会议是基于云计算技术的一种高效、便捷、低成本的会议形式。使用者只需要通过互联网界面，进行简单的操作，便可快速、高效地与全球各地团队及客户同步分享语音、数据文件及视频，而会议中数据的传输、处理等复杂技术由云会议服务商帮助使用者进行操作。

　　基于云计算的视频会议就叫云会议。目前国内的云会议主要集中于以 SaaS(软件即服务)模式为主体的服务内容，包括电话、网络、视频等服务形式。云会议是视频会议与云计算的完美结合，它带来了最便捷的远程会议体验。即时语音移动云电话会议，是云计算技术与移动互联网技术的完美融合，通过移动终端进行简单的操作，可以随时随地高效地召集和管理会议。

8.3　大数据和云计算融合的必然趋势

8.3.1　大数据发展现状

　　大数据行业是以数据及数据所蕴含的信息价值为核心生产要素，通过数据技术、数据产品、数据服务等形式，使数据与信息价值在各行业经济活动中得到充分释放的赋能型产业。近年来，伴随各国家和地区大数据产业政策鼓励以及数字经济的深入发展，全球范围内大数据市场呈快速发展态势。

　　大数据的特征体现在多个方面：在容量上，数据的大小决定了所考虑的数据的价值和潜在的信息；在种类上，体现为数据类型的多样性；在速度上，主要是指获得数据的速度高；在可变性上，体现为数据的变化导致质量的广泛变化；在真实性上，体现为可获得真实可靠的数据质量；在复杂性上，体现为数据量巨大、来源渠道多；在价值上，体现为合理运用大数据，以低成本获得高价值。

　　大数据产业链的上游基础设施环节主要包括 IT 设备、电源设备、基础运营商及其他设备；中游大数据行业有数据中心、大数据分析、大数据交易及大数据安全等；下游则是大数据应用市场，有政务大数据、工业大数据、金融大数据、医疗大数据及交通大数据等。

1. 行业概述

　　根据大数据行业生态参与企业所提供的产品或服务类型，大数据行业可划分为大数据硬件、大数据软件和大数据服务。根据大数据生命周期业务流程，大数据行业可划分为数据采集、数据处理、数据存储、数据分析挖掘、数据应用、数据治理、数据交易和数据安全等。

　　(1) 大数据硬件：主要包括支撑大数据软件和大数据服务运行的相关网络、存储和计算等 IT 硬件，大数据专属硬件包括超融合一体机、智能终端、高性能计算机、高性能服务器、超大存储设备等。

　　(2) 大数据软件：主要包括数据采集、数据处理、数据存储、数据分析挖掘、数据应用、数据治理、数据交易和数据安全等大数据生命周期业务流程中的相关工具、中间件、平台、应用等软件产品。

　　(3) 大数据服务：主要包括为金融、政府、电信、互联网等行业客户提供的基于其具体业务场景而开发的各类大数据解决方案，涉及业务咨询、设计开发、软硬件产品部署、系统运维等一系列服务；服务类型主要包括数据采集和预处理服务、数据分析挖掘服务、数据治理服务、数据交易服务等。

2. 全球现状

1) 数据量

随着物联网、电子商务、社会化网络的快速发展，全球大数据储量迅猛增长，成为大数据产业发展的基础。据统计，2021 年全球大数据储量达到 53.7 ZB，同比增长 22%。

从区域分布来看，我国国内的数据产生量约占全球数据产生量的 23%，美国的数据产生量占比约为 21%，EMEA(欧洲、中东、非洲)的数据产生量占比约为 30%，APJxC(日本和亚太)数据产生量占比约为 18%。

2) 市场规模

当前，数据正在成为重组全球要素资源、重塑全球经济结构、改变全球竞争格局的关键力量。随着互联网、移动互联网、物联网、5G 等信息通信技术及产业的不断发展，全球数据量呈爆发式增长态势。受益于数据量及数据应用的快速增加，全球大数据市场规模快速增长。据资料显示，2021 年全球大数据行业市场规模为 649 亿美元，同比增长 13.5%。

3. 中国现状

1) 市场规模

我国是数据资源大国，大力发展大数据技术，有利于将我国数据资源优势转化为国家竞争优势，实现数据规模、质量和应用水平的同步提升。随着互联网技术的快速发展以及数字技术的不断成熟，大数据的应用和服务将持续深化。与此同时，市场对大数据基础设施的需求也在持续升高，我国大数据产业也迎来快速发展。据资料显示，2021 年我国大数据行业市场规模为 849 亿元，同比增长 19.1%。

从市场结构来看，2021 年我国大数据行业市场中，硬件占比最高，为 41.3%，服务和软件占比分别为 31.1%和 27.6%。

2) 企业情况

随着近年来我国大数据产业的快速发展，行业相关企业数量也随之迅速增长。据资料显示，2021 年我国大数据行业相关企业注册量达 12.24 万家，同比增长 72.6%。

3) 投融资情况

随着我国大数据产业的快速发展以及价值的逐渐显现，吸引了大批投资者的目光，行业投资市场十分火热。但随着行业的不断发展，投资市场逐渐趋于冷静，行业整体投资规模逐渐下降。据资料显示，2021 年我国大数据行业投资事件为 151 起，投资金额为 321.67 亿元。

4. 发展背景

1) 政策

近年来随着互联网、移动互联网、物联网、5G 等信息通信技术及产业的不断发展，全球数据量呈爆发式增长态势。数据作为和土地、资本、劳动力、技术同等重要的生产要素，在数字经济不断深入发展的过程中，地位愈发凸显。我国高度重视大数据在推进经济社会发展中的地位和作用。国家陆续出台了多项政策来推动大数据产业高质量发展，为行业提供了良好的政策环境。

2) 经济

伴随着新一轮科技革命和产业变革的持续推进，数字经济已成为当前最具活力、最具创新力、辐射最广泛的经济形态，是国民经济的核心增长极之一。据资料显示，2021 年我国数字经济市场规模达 45.5 万亿元，同比增长 16.1%。

5. 发展趋势

1) 分析方法创新

数据分析方法受算法、理论的限制和影响，随着相关技术和领域的发展，数据分析方法也将面临革命性的改变。例如深度学习，极有可能成为未来数据分析的核心原理。将更多人脑功能融入到人工智能当中，将带来更高效的数据分析方法。在数据分析方法的革新上，医药、金融、智慧城市等领域备受瞩目，成为拉动数据分析方法创新的主要动力。

2) 数据共享程度提高

数据收集是大数据技术应用的基础环节，随着社会信息的爆发式增长，数据收集工作压力剧增。各行业、企业均有其专门的数据资源，若能实现数据资源的高度共享，将促使大数据技术得到更广泛的利用。

3) 大数据产业化应用

大数据与商业价值开发相挂钩，其自身也表现出资源化发展的趋势，即大数据已成为一种新的社会生产力。推进大数据的产业化发展，以保证其在企业发展过程中的充分利用，可为企业提供更稳固的数据支持，进而帮助企业进行生产方案优化及战略决策的制定。为保证大数据技术的应用质量，数据的分类整理和整合也将成为未来大数据技术的一大发展趋势。

8.3.2　大数据形成条件与运作模式

大数据的原理很简单。在统计学中，样本选取得越多，得到的统计结果就越接近真实的结果。海量的数据充斥世界，如果能将它们"提纯"并迅速生成有用信息，无异于掌握了一把能打开另一个世界的钥匙。

越来越多的政府、企业正逐步意识到这座隐藏在数据山脉中的"金矿"，数据分析能力正成为各种机构的核心竞争力。无论是社交平台之争还是电商价格大战，都有大数据的影子。

1. 大数据形成的条件

大数据需要庞大的数据积累，以及深度的数据挖掘和分析。大数据的形成有两个条件：一是丰富的数据源；二是强大的数据挖掘分析能力。

Google 公司通过大规模集群和 MapReduce 软件，每个月处理的数据量超过 400 PB。百度每天大约要处理几十 PB 的数据，大多数据需要实时处理，如来自微博等的数据。Facebook 注册用户超过 8.5 亿，每月上传 10 亿张照片，每天生成 300 TB 日志数据。淘宝网有 3.7 亿会员，在线商品 8.8 亿件，每天交易数千万件，产生约 20 TB 的数据。Hadoop 云计算平台有 34 个集群，超过 3 万台机器，总存储容量超过 100 PB。这些海量的数据正是大数据落地的前提。

从大数据中挖掘更多的价值，需要运用灵活的、多学科的方法。目前，源于统计学、计算机科学、应用数学和经济学等领域的技术已经被开发并应用于整合、处理、分析和形象化大数据。一些面向规模较小、种类较少的数据开发技术，也被成功应用于更多元的大规模的数据集。依靠分析大数据来预测在线业务的企业已经开始持续自主地开发相关的技术和工具。随着大数据的不断发展，新的方法和工具正不断被开发。

麦肯锡认为，可专门用于整合、处理、管理和分析大数据的关键技术主要包括 BigTable、商业智能、云计算、Cassandra、数据仓库、数据集市、分布式系统、Dynamo、GFS、Hadoop、HBase、MapReduce、Mashup、元数据、非关系型数据库、关系型数据库、R 语言、结构化数据、非结构化数据、半结构化数据、SQL、流处理、可视化技术等。

2. 大数据运作模式

云计算技术是目前解决大数据问题最重要且有效的手段。云计算提供了基础架构平台，大数据应用在这个平台上得以运行。大数据是未来的行业发展趋势，其发展已势不可挡，而 Hadoop 作为更大规模分布式计算和存储离线处理集群的代表。广大开发者应抓住大数据机遇，选择更适合的平台技术，借助最优的解决方案，利用大数据开发出更智能、更个性化的新一代应用，最终实现应用经济的转型升级。

8.3.3　大数据安全

1. 大数据遭遇"安全门"

大数据像一枚硬币，有其两面性：一方面它将催生新型科技公司，吸纳科技人才就业，并为企业发展转型提供新机遇；另一方面它为个人、企业甚至国家带来个人隐私危机，以及重构信息安全、竞争力差距拉大、数据产权争端等诸多挑战。

一项研究发现，2005～2009 年美国被盗用的数据数量增加了 30%，因此政府在赋予企业更大范围使用数据以获取潜在收益的同时，要减轻公众对隐私和个人信息安全的担忧。随着大数据时代的来临，信息安全、数据泄露的问题频频发生，对于企业来说，能够在信息安全防护中快速找出威胁源头是至关重要的。

2013 年 6～7 月，"棱镜门"事件可谓触动了人们脑中关于隐私的本就绷紧的神经，美国人斯诺登爆出了美国国家安全局对全球信息以及个人隐私进行窃听的丑闻。可能大家觉得这只不过是对信息的监控，对安全起不到实质性影响。但他所掌握的数据要是被其他国家利用，就会对美国安全构成严重威胁，数据就能够成为真实的"武器"。

也许有人会说信息安全对个人并无什么影响。其实不然，个人隐私也是数据的一种，一旦泄露，也会给个人带来很多麻烦。比如在淘宝搜索"家居装饰材料"，淘宝会在用户能见到的页面中提供一些家居材料的广告，这些广告能够为用户提供更好的选择，同时也能带动相关商家的交易，可谓一举两得。但是，若这些信息被一些装修公司掌握，那么用户的电话、电脑中就会出现骚扰电话与营销广告，可以说，数据对个人的影响也很大。

2. 大数据安全靠管理

关于大数据的安全，坦率地讲，任何一种安全，其关键的保障因素还是管理手段，特别是对密钥的管理，这将影响整个加密过程。大数据的应用诉求将促使商业模式变革，并对技术架构形成冲击，营运模式也将产生变化。

　　所以，为适应大数据时代的到来，要尽快制定信息公开法以加强网络信息的保护，界定数据挖掘、利用的权限和范围，使得大数据的挖掘和利用依法推进。应当既鼓励面向群体、服务社会的数据挖掘，又要防止侵犯个体隐私；既提倡数据共享，又要防止数据被滥用。

8.3.4　大数据时代的机遇与挑战

1. 大数据带来大变革

　　"大数据"正给很多不同的行业带来深刻的变革，这些变革表现在创造透明度，通过一些可控的实验发现新的需求，对用户进行细分，以及为客户定制服务等。更重要的是，大数据孕育了新的商业模式。数据会成为企业资产负债表上非常重要的一项。在医疗卫生行业，能够利用大数据避免过度治疗、减少错误治疗和重复治疗，从而降低系统成本、提高工作效率，改进和提升治疗质量；在公共管理领域，能够利用大数据有效推动税收工作开展，提高教育部门和就业部门的服务效率；在零售业领域，通过在供应链和业务方面使用大数据，能够改善和提高整个行业的效率；在市场和营销领域，能够利用大数据帮助消费者在更合理的价格范围内找到更合适的产品以满足自身的需求，提高附加值。

　　在过去几十年，全世界一直大力发展信息科学技术和产业，但主要的工作还是电子化和数字化。现在，数据为主的大数据时代已经到来，战略需求正在发生重大转变，关注的重点落在数据(信息)上，计算机行业要转变为真正的信息行业，应从追求计算速度转变为提高大数据处理能力，软件也要从以编程为主转变为以数据为中心。

　　大数据分析技术不仅是促进基础科学发展的强大杠杆，也是许多行业技术进步和企业发展的推动力。大数据的真正意义并不在于大带宽和大存储，而在于对容量大且种类繁多的数据进行分析并从中获取信息和价值。只要能够掌握大数据并且对其进行实时分析，就能有效地改变交通、运输、能源、医疗等产业，进而创造庞大的商机。

2. 大数据时代的国家战略

　　大数据不仅是企业竞争和增长的引擎，而且对于提高发达国家和发展中国家的生产率、创新能力和整体竞争力都有着重要作用。政策制定者需要认识到利用大数据可以刺激经济的下一波增长。

　　在大数据中心建设上，应将大数据管理上升到国家战略层面，从国家战略层面予以重视，因此特别要强调以下几点：

　　(1) 政府要由责任部门牵头进行专项研究，从国家层面通盘考虑国家大数据发展的战略。

　　(2) 大数据从数据生成、信息收集到数据的发布、分析和应用，涉及各个层面。目前，我国在数据的收集、使用上还存在一定的法律空白和欠缺，为保证大数据中心建设持续健康地发展，应通过定立法规，妥善处理政府、企业信息公开与公民隐私权利保护之间的矛盾，重点推动数据公开和加强隐私保护。

　　(3) 重视人才培养在大数据处理环节中的重要性，数据人才是点燃大数据价值的关键。

　　无论是从政府还是企业角度来讲，都应未雨绸缪，提前做好大数据人才的培养，不要等到大数据中心建好之后再来找人才，这势必造成大数据中心资源的极大浪费。

3. 大数据时代的挑战

鉴于数据的复杂性，大数据处理面临着一系列的挑战：

(1) 在类似文本或视频的非结构化数据上，如何理解及使用数据？

(2) 该如何在数据产生时捕获最重要的部分，并实时地将它交付给正确的人？

(3) 鉴于当下的数据体积和计算能力，该如何储存、分析及理解这些数据？

(4) 人才匮乏。

(5) 其他一些固有的挑战，如隐私、访问安全以及部署。

以下是 Intel 发布的大数据处理在中国的短板：

(1) 数据的海量性。大数据处理的重要前提是数据的海量性，中国独一无二的优势是人口数量带来的用户行为的数据海量性。但海量性仅仅是大数据处理的诸多前提之一，中国在数据的开放性、流动性、交互性上还远远不足。

(2) 数据处理技术。中国目前的数据处理技术仍然不成熟，没有做好迎接大数据时代的准备。移动互联网的发展，导致移动性与社交性融合，使时空定位于社会情境。这样的趋势带来了很多价值，如融合了移动和社交的应用会影响用户消费决策。但与此同时，出现的海量数据给精准的目标分析造成困难，国内目前的数据分析技术还不足以更好地利用这些数据。

(3) 信息公开。中国政府一直在完善《政府信息公开条例》。

(4) 数据的真实性。数据的真实性在中国也有可能会成为阻碍大数据时代的一块暗礁。社会上常见有利用数据弄虚作假的问题。

(5) 非结构数据的不足。企业的数据越是非结构化、杂乱无章，大数据的作用越能发挥得淋漓尽致。以银行为例，由于银行产生的数据更有组织且更结构化，因此银行反而不是大数据处理的先锋。而社交网站可以成为用户展示个性的多媒体地带，拥有大量的非结构化数据，可以弥补电子商务网站在这方面的缺失。

4. 云计算在大数据中的作用

大数据的爆发是产业和经济信息化发展中遇到的棘手问题。由于数据流量和体量增长迅速，数据格式存在多源异构的特点，而我们对数据处理又要求准确、实时，以帮助我们发掘出大数据中潜在的价值，促进经济发展和社会进步。物联网、互联网、移动通信网络技术在近些年来的迅猛发展，致使数据产生和传输的频度和速度都大大加快，催生了大数据问题，而数据的二次开发、深度循环利用则让大数据问题日益突出。大数据问题的解决，首先要从大数据的源头开始梳理。既然大数据源于云计算等新兴 IT 技术，就必然有新兴 IT 技术的基因继承下来。按需分配、弹性扩展、安全、开源、泛在化等特点是云计算的基因，这些基因也需要体现在大数据上。"云"的理念、原则和手段，也是理解大数据、克服大数据、应用大数据的制胜法宝和核心关键。大数据在系统及网络结构、资源调度管理、数据存储、计算框架等领域都是源自于云计算也依托于云计算的。云计算为大数据提供了坚实的基础设施支撑及保障。

5. 云计算与大数据的融合发展

从技术角度来说，云计算和大数据在很大程度上已经形成融合发展的态势。当前的很多云计算服务，由于其规模的扩展，后台都集成了大数据的存储和处理。比如很多的企业云存储服务商，因为要服务视频、社交网络等各种互联网及社交网络的企业应用，在基础的数据存储功能上，都增加了相应的数据处理算法及系统，以提供更加便捷和一体化的云服务，满足企业用户不断发展的需求。同样地，各行业的大数据处理系统，很多也不是采取自建自营的方式，因为这会带来很大的管理和运营成本；而是选择将大数据系统架构在公共云服务平台之上，与云服务进行集成，再以云服务的形式提供给行业使用。将来，这种趋势会更加明显，会看到更广泛的云计算与大数据的融合服务和应用，它们之间的界限也会变得越来越模糊。

从产业角度来看，云计算及大数据都已上升为中国的国家战略，相关的技术和应用已经渗透到各个传统行业及新兴产业，国家的政策、资金引导力度不断加大。在这一大背景下，传统行业的云计算应用将面临更加蓬勃的发展，但也应看到，还有很多行业仍着眼于基础硬件的建设和投入，以及在资源服务的层面(如智慧城市中的宽带建设、数据中心项目等)，而在核心软件和关键技术方面还缺乏战略投入，真正规模化的云计算和大数据应用也不多见。同时，由于大数据处理还面临着数据共享、数据融合和交换、数据确权、数据安全和隐私保障等多项挑战，因此单纯发展云计算和云服务还不能解决根本问题，还需要将与之关联的大数据挑战一并解决，才能起到融合发展、共同促进的效果。

目前，云计算和大数据融合发展最大的机遇还在于基础软件的突破。由于近些年云计算和大数据技术的蓬勃发展，整个软件基础设施栈，包括操作系统、存储、数据库、安全及备份，以及各种中间件都遇到了转型升级的压力和瓶颈。随着中美在贸易和技术创新领域竞争的加剧，美国单方面实施了对中国硬件厂商及互联网企业的打压，并实施"净网"行动，封杀中国的一些国际化的互联网应用，在科技和经济全球化的浪潮中带来了一股"逆流"和"寒流"。因此，也不能再寄希望于国外的基础技术的"拿来主义"，走原来购买租借、二次开发的老路子，而是要抓住机遇，迎头赶上，发展自主知识产权的创新和研究，才能减少绑架和依赖，实现弯道追赶和超越。

大数据上云其实有多种含义和选择。由于大数据的特征，企业要自己搭建大数据的存储及处理平台，其投入和挑战都是巨大的。因此，企业可以选择将大数据存储在云端。现在多数云服务商都提供云存储服务。然而，大数据的存储和分析挖掘是紧密关联的，如果仅仅是大数据上云，而大数据处理留在本地的话，每次还得把数据从云中取回来，计算完了再送回去，这显然不是很好的选择。因此，还需要把大数据的计算和处理也上云，这样整个企业的大数据系统就变成云服务了。但是，企业对这样的选择也还是不放心：万一企业的核心和敏感数据丢了怎么办?有很多实时的数据处理场景如何应付?等把数据存到云上再处理，可能就耽搁时间了。这其中也可以选择混合架构，就是同时也构建本地的大数据存储和处理台，核心和机密的数据可以保存在本地，一些关键的实时处理场景也可以在本地优先，其他的则选择放在云上处理。

当前，随着物联网技术的普及，很多边缘设备也都具备了比较强的存储和计算能力，因此出现了"云计算+边缘计算"的创新模式。在这种场景下的大数据解决方案，也可以采用数据存储和分析构建在公有云平台，采用离线训练模型；再结合边缘存储和计算，在生产现场利用实时数据和已经训练好的模型或实时模型进行关键业务处理的两级架构，以满足不断变化的应用需求。用这种方式结合的模式，可以降低成本，实现弹性扩展，提高容灾性，同时也使得数据共享更便利。

6. 云计算与大数据的应用场景

1) 在互联网金融证券业的应用

在大数据时代，大量的金融产品和服务都是通过网络和云服务的方式提供和展示的。移动网络将逐渐成为大数据金融服务的一个主要渠道。随着法律、监管政策的完善和技术的发展，支付结算、网贷、P2P、众筹融资、资产管理、现金管理、产品销售、金融咨询等都将以云服务的方式提供，金融实体店将受到冲击，功能也将弱化并转型，逐步向社区和体验模式过渡。

大数据带来的变化，首先是风险管理的理念和工具的调整。风险定价和客户评价理念将会以真实、高效、自动、准确为基础，形成客户的精准画像。基于数据挖掘的客户识别和分类将成为风险管理的主要手段，动态、实时的监测而非事后的回顾式评价将成为风险管理的主要手段。

其次，大数据能大大降低金融产品和服务的消费者与提供者之间的信息不对称现象。消费者可实时获知对某项金融产品或服务的支持和评价。基于此，可以逐步实现业务流程的自主信息化，结合时间、人、产品路径精准推送给精准人群；数据挖掘能力可将金融业务做到高效率、低成本。

第三，大数据使得产品更加安全可控和令人满意。精准数据定位模式，对消费者而言，是安全可控、可受的。可控，是指双方的风险可控；可受，是指双方的收益(或成本)和流动性是可接受的。同时，高效贴心的服务还能提升用户的满意度。

最后，大数据将促进行业的泛在化。金融供给将不再是传统金融业者的专属领地，许多具备大数据技术应用能力的企业都会涉足、介入金融行业。有趋势表明，银行与非银行间、证券公司与非证券公司间、保险公司与非保险公司间的界限将会非常模糊，金融企业与非金融企业间的跨界融合将成为常态。

2) 在通信运营领域的应用

由于 5G 提供了更大的带宽、更快的速度和更低的延迟，其技术将有助于运营商掌握全量客户的移动数据。手机购物、视频直播、移动电影/音乐下载、手机游戏、即时通信、移动搜索、移动支付等移动业务及云服务将会有更大的爆发式增长。这些技术及服务在为人们创造了前所未有的新体验的同时，也为通信运营商挖掘用户数据价值提供了大数据的视角。数据共享、数据分析、数据挖掘、数据应用已经成为通信运营商的发展新模式，基于移动数据的商业洞察力和价值发掘是未来通信运营的竞争核心。

据统计，全球百余家电信运营商和近万家关联企业有一半以上都在制定大数据战略和实施大数据业务转型，这是一个必然的发展方向。通过提高数据收集、数据分析和利用的能力，打造全新的产业链和商业生态圈，以摆脱管道的传统经营模式，将收取管道的建设费和过路费弱化，对管道内容进行粗加工和深加工，转而销售价值密度高的数据成品和数据半成品。依托数据服务将已经松散和疏远的客户关系重新变得紧密，维护客户的黏性和忠诚度。提升客户满意度，才能实现从通信运营商到数据服务商的转型升级。

通信运营商必须在技术上将通信和信息技术进一步紧密结合起来，发展自己的核心技术和基础技术，摒弃原有的经营理念，凭借数据分析和挖掘，来了解客户流量业务的消费习惯，识别客户消费的地理位置，洞察客户接触不同信息的渠道，打造基于大数据的数据服务模式，以全新的商业理念，服务于所有同移动和通信相关的行业和领域，确保所提供的数据服务内容是其他行业升级要素的组成部分。只有这样才能真正地走出来，实现可持续的发展。

3) 在物流行业的应用

物流运输业是现代的驿站系统，承载着全国经济流通的重大任务。在移动互联网和国际贸易、电商、网购充分发展的现代社会，物流更是与生产和生活息息相关的，必须安全、快捷、高效，同时又需要降低成本。其中，物流的运载类型、监控调度、路径规划、油耗乃至于司机的配属、相关的仓储配送等都影响着行业的效率和成本。在"互联网+"的环境下，智慧物流成为业界一致的追求；以大数据为基础的智慧物流，在效率、成本、用户体验等方面将具有极大的优势，也将从根本上改变目前物流运行的模式。

在美国，运输业是高度分散的行业，没有哪一家运输企业的市场份额会超过 3%。可见，如何从竞争对手中脱颖而出，比拼的不仅是效率，而且是较低的运营成本，通过切实有效的方法实现单位货运的利益最大化。美国的物流运输公司 US Xpress 通过引入大数据技术，掀起了运营行业的革新运动。

随着传感器越来越廉价和 GPS 定位越来越准确以及社交网络的急速发展，US Xpress 期望能掌握货运卡车的所有信息。US Xpress 通过一系列技术手段实现了油耗、胎压、引擎运行情况、当前位置信息甚至司机的博客抱怨等相关数据的收集，并进行整合分析，以提早发现货车故障并进行及时维护，同时全面掌握所有车辆的位置信息，以合理调度。最终，通过大数据分析，US Xpress 实现了美国一流的车队管理体系，提高了生产力，降低了油耗，实现了每年至少百万美元的运营成本缩减。

在国内，京东在智慧物流领域也率先进行了探索和实践。京东在 B2C 自营和电商平台上采集和积累了大量的用户数据、商品数据和供应商数据，此外还有其物流大数据系统——青龙系统所积累的仓储、物流以及用户的地理数据和习惯数据，这些数据可以很好地支持一些精准的模型。京东智慧物流包括四个层面，具体见表 4-1。

表 4-1　京东智慧物流

功能	说　明
数据展示	大数据结合青龙系统，展示整体运行状况，及时掌握物流运营情况
时效评估	通过数据和建模，判断机构、片区、分拣中心站点的健康度，KPI 数据也非常可靠
预测	通过利用历史消费、浏览数据和仓储、物流数据建模，对单量进行预测，可以进行设备、人员调配以及适时预警等
决策	智能选址建站、路由优化

京东作为一家具有电商、供应商、物流等能力的综合性平台，有综合的数据，把这些结合起来，并在可控的前提下进行决策，除了提升效率和节约成本外，还能够给消费者提供更好的体验。

4) 在公安系统的应用

大数据的应用和发展可以帮助公共服务更好地优化模式，提升社会安全保障能力和面对突发情况的应急能力。作为大数据方面的开拓者，美国在应用大数据治理社会和稳定社会这方面的成绩显著。

美国国家安全局(NSA)建立了全球最大规模的数据监测和分析网络,对用户通话记录进行分析,监控可能产生的恐怖事件。NSA 通过对美国电信运营商 Verizon 提供的通话数据进行图谱分析,研究用户之间的关系,完成了包含 4.4 万亿个节点、70 万亿个关联的图谱。通过强大的数据采集和分析能力,综合利用各种信息,包括通话、交通、购物、交友、电子邮件、聊天记录、视频等,可以识别恐怖分子并在恐怖行为发生前进行预警和事后进行分析排查。

同时,利用大数据也可预防犯罪案件的发生。美国加利福尼亚州圣克鲁兹市使用犯罪预测系统,对可能出现犯罪的重点区域、重要时段进行预测,并安排巡警巡逻。在所预测的犯罪事件中,有 2/3 真实发生了。系统投入使用一年后,该市入室行窃行为减少了 11%,偷车行为减少了 8%,抓捕率上升了 56%。美国纽约市的警察局也推出了基于大数据的犯罪预防与反恐技术——领域感知系统,能快速混合与分析从数千台闭路摄像机、911 呼叫记录、车牌识别器、辐射传感器及历史犯罪记录中获取的实时数据。

在我国,大数据也逐步应用到人脸识别、行为识别、安全及突发事件预警、跨省协同等领域。2021 年,在北京市西城区街头,智能机器人警察开始执勤,这些机器人警察配备有摄像头、扬声器、报警灯等,科技感十足,也加强了市民的安全感。

5) 在互联网行业的应用

互联网和现代数据作为生产要素投入了生产实践中,而数据生产要素的替代性和成长性远远超出预期,致使互联网行业呈现出了前所未有的变革和发展的速度和维度。

大数据背景下的新型互联网,以及新型互联网形势下的大数据,正向社会的各个角落渗透,对国计民生、社会发展和全球的经济运行产生了深刻的影响和变革,而其核心是大数据价值的深入挖掘和大数据价值的全面应用。互联网+政务,能够让人们和企业办事只跑一次;互联网+金融,如前所述,已经变革了金融的运行方式和服务方式;互联网+民生,能够让人们随时随地享受到医疗健康、保险、教育、旅游、文化娱乐等的好处;而面向大众的互联网应用和云计算、大数据的结合,更是渗透到了人们生活和工作的方方面面。

在互联网搜索引擎领域,云计算和大数据的核心技术的发源地就是谷歌、Yahoo、微软这些企业。正是为了方便处理其后台海量的网页文档及索引,才诞生了 GFS、Hadoop、MapReduce 这样的系统。随着互联网门户网站的崛起,也诞生了互联网广告这一吸金利器。微软自 2007 年就开始了精准广告平台及算法的研发,针对微软全球 30 多亿的用户,建立用户的行为、兴趣、爱好、情绪等各方面的画像,然后再根据用户浏览和搜索的上下文,进行精准的广告推送和服务推荐,取得了良好的广告投放效果。

领英作为互联网人力资源的龙头企业,大约 90% 的 Top100 企业都在使用其服务。领英在 2010 年成立了独立的数据分析部门,由此部门进行的深度数据分析最后成为推动其产品、营销、服务等各部门的创新动力。数据分析推动了用户增长、用户体验和数据增长之间的良性循环,进而又形成了新的解决方案和产品,也因此促进了领英有的业务规模增长了好几倍。

在互联网短视频领域,之前处于风口浪尖的抖音及其海外版 TikTok 是如何征服全球用户的呢?这也是大数据的功劳。抖音主要以 PGC+UGC 为运营模式,依靠精确的算法取得了完美的平衡与流量的持续性,提升了用户的参与度,打造出抖音短视频的影响力。抖音有个人界面、关注区域和推荐区域三个部分，用户可以从这三部分里寻找到自己的兴趣点，通过个人界面录制独具特色的专属小视频，然后进行发布。各个区域的用户之间都是网状连接的，用以增强用户之间的互动和黏性。抖音后台独特的分析、推荐、传播算法，可以让优质和特色内容迅速形成一种病毒式传播。一系列抖音神曲迅速走红，带动了全球的抖音热潮。

通过以上案例可以看到，互联网应用几乎都是以云服务结合多种大数据的存储、处理和计算模式进行的，而其中推荐算法起到了比较大的作用。在信息越来越碎片化、消费节奏越来越快的时代，服务的快捷、精准对于互联网企业维持竞争力、扩大规模和影响力起着至关重要的作用，这也是云计算和大数据发挥其核心价值的主战场。

小　　结

本章简要介绍了大数据的概念、大数据处理分析的六大工具及大数据的未来之路；同时论述了云计算的概念、广义的云计算和狭义的云计算、云计算的工具与服务及云计算的前景；根据大数据和云计算的发展趋势，进一步阐述了大数据和云计算融合的问题，包括大数据发展现状、大数据条件与运作模式、大数据安全以及大数据时代的机遇与挑战，对于指导大数据和云计算在我国的实践具有一定的借鉴作用。

思考与练习 8

8.1　什么是大数据？

8.2　大数据有哪几个特征？

8.3　大数据存在哪几方面的问题？

8.4　大数据处理分析的工具有哪些？

8.5　什么是云计算？

8.6　云计算的云服务有哪些？

8.7　简述大数据与云计算之间的关系。

8.8　大数据和云计算发展融合的趋势是什么？

8.9　简述大数据时代的机遇与挑战。

8.10　国家大数据战略的基本内容是什么？

8.11　简述大数据和云计算在我国的发展前景。

参 考 文 献

[1]   王兴亮．通信系统原理教程．西安：西安电子科技大学出版社，2007．

[2]   王兴亮．现代通信系统与技术．北京：电子工业出版社，2008．

[3]   王兴亮．现代通信原理与技术．北京：电子工业出版社，2009．

[4]   张德纯，王兴亮．现代通信理论与技术导论．西安：西安电子科技大学出版社，2004．

[5]   董晓鲁，等．WiMAX 技术、标准与应用．北京：人民邮电出版社，2007．

[6]   彭木根，等．下一代宽带无线通信系统 OFDM&WiMAX．北京：机械工业出版社，2007．

[7]   刘元安．宽带无线接入和无线局域网．北京：人民邮电出版社，2000．

[8]   唐雄燕．宽带无线接入技术及应用：WiMAX 与 Wi-Fi．北京：电子工业出版社，2006．

[9]   司鹏搏，等．无线宽带接入新技术．北京：机械工业出版社，2007．

[10] 陈林星，等．移动 Ad Hoc 网络．北京：电子工业出版社，2006．

[11] William Stallings．无线通信与网络．何军，等译．北京：清华大学出版社，2005．

[12] 阎德升，等．EPON：新一代宽带光接入技术与应用．北京：机械工业出版社，2008．

[13] 张中荃．接入网技术．北京：人民邮电出版社，2003

[14] 张智江，等．宽带无线接入系统 WiMAX 及工程建设．北京：人民邮电出版社，2007．

[15] 曾春亮，等．WiMAX/802.16 原理与应用．北京：机械工业出版社，2007．

[16] 刘基余．GPS 卫星导航定位原理与方法．北京：科学出版社，2006．

[17] 曹冲．卫星导航常用知识问答．北京：电子工业出版社，2010．

[18] 李天文．GPS 原理及应用．2 版．北京：科学出版社，2010．

[19] KAPLAN Elliott D．GPS 原理及应用．2 版．寇艳红，译．北京：电子工业出版社，2008．

[20] 鲁郁．GPS 全球定位接收机：原理及软件实现．北京：电子工业出版社，2009．

[21] 边少峰，等．卫星导航系统概论．北京：电子工业出版社，2005．

[22] 黄丁发，等．GPS 卫星导航定位技术与方法．北京：科学出版社，2009．

[23] 刘大杰，等．全球定位系统(GPS)的原理与数据处理．上海：同济大学出版社，1996．

[24] 谢岗．GPS 原理与接收机设计．北京：电子工业出版社，2009．

[25] 李征航，张小红．卫星导航定位新技术及高精度数据处理方法．武汉：武汉大学出版社，2009．

[26] 杨俊，等．GPS 基本原理及其 Matlab 仿真．西安：西安电子科技大学出版社，2006．

[27] 谢向进．GNNS 技术在变形监测中的应用．科技资讯，2008，NO.23．

[28] 何香玲．GPS 全球卫星定位技术的发展现状、动态及应用．综述焦点，2002, 18(5)．

[29] 徐鹏．2010 年世界航天技术发展回顾．年度报告，2008，NO.1．

[30] 樊昌信，等．通信原理．北京：国防工业出版社，1993．

[31] 沈振元，等．通信系统原理．西安：西安电子科技大学出版社，1993．

[32] 郭梯云，等．移动通信．西安：西安电子科技大学出版社，2000．

[33] 薛尚清，杨平先．现代通信技术基础．北京：国防工业出版社，2005．

[34] 李白萍，姚军．微波与卫星通信．西安：西安电子科大出版社，2006．

[35] 吕振寰，等．卫星通信系统．北京：人民邮电出版社，2003．

[36] 杨大成，等．CDMA2000 技术．北京：北京邮电大学出版社，2001．

[37] 张孝强，李标庆．通信技术基础．北京：中国人民大学出版社，2001．

[38] 张卫钢．通信原理与通信技术．西安：西安电子科技大学出版社，2003．

[39] 张宝富，等．现代通信技术与网络应用．西安：西安电子科技大学出版社，2004．

[40] 魏东兴，等．现代通信技术．北京：机械工业出版社，2003．

[41] [美] Ziemer R E，Tranter W H．通信原理：系统、调制与噪声．北京：高等教育出版社，2003．

[42] 唐贤远，李兴．数字微波通信技术．北京：电子工业出版社，2004．

[43] 彭林，等．第三代移动通信技术．北京：电子工业出版社，2001．

[44] 张贤达，包铮．通信信号处理．北京：国防工业出版社，2000．

[45] 刘元安，等．宽带无线接入和无线局域网．北京：北京邮电大学出版社，2000．

[46] 胡建栋．现代无线通信技术．北京：机械工业出版社，2005．

[47] 张中荃．接入网技术．北京：人民邮电出版社，2003．

[48] 徐澄圻．21 世纪通信发展趋势．北京：人民邮电出版社，2002．

[49] 袁弋非．LTE/LTE-Advanced 关键技术与系统性能．北京：人民邮电出版社，2013．

[50] 张克平．LTE/LTE-Advanced-B3G/4G/B4G 移动通信系统无线技术．北京：电子工业出版社，2013．

[51] 汤兵勇，等．云计算概论．北京：化学工业出版社，2014．

[52] 万川梅．云计算与云应用．北京：电子工业出版社，2014．

[53] 赵勇．架构大数据：大数据技术及算法解析．北京：电子工业出版社，2015．